普通高等学校机械制造技术基础理论与实践一体化课程系列教材

工程实践

（机械与近机械类）

（第二版）

主　编　周世权　杨　雄　廖结安

副主编　朱定见　罗烈雷　朱　超

华中科技大学出版社

中国·武汉

内容简介

本书主要论述了基本制造工程方法、工艺过程及现代工程技术和方法，教学中以项目制作的方式引导学生自主学习、自主实践，并把技能培训、工艺方法选择和应用、质量检测融于项目的制作中。全书分为8章，包括制造工程工艺概论，金属材料及其他工程材料的性能与应用，基本材料的液态成形、塑性成形和连接成形，基本机械加工技术（包括切削加工的基础知识，车削加工，铣削、刨削、磨削加工，齿轮齿形加工，钳工及装配等），数控加工与特种加工等，机械零件制造工艺过程。本书配备有《基于项目的工程实践实操指导书》，书中包括相应的重点内容的实习报告，供学生在任课教师和实践指导人员的指导下，选择制造方法、工艺参数并进行加工制造，对制作的产品进行分析，以此作为评定学生实践能力的重要依据之一。

本书是培养具有分析和解决工程实际问题能力、综合制造工艺能力和现代制造技术人才的入门教材，可供高等工科院校机械及近机械类专业“工程实践”，包括“金工实习”“认识实习”“生产实习”等实践性教学环节之用。

图书在版编目(CIP)数据

工程实践：机械与近机械类/周世权，杨雄，廖结安主编．—2版．—武汉：华中科技大学出版社，2016.12

普通高等学校机械制造技术基础理论与实践一体化课程系列教材

ISBN 978-7-5680-2290-3

Ⅰ.①工…　Ⅱ.①周…　②杨…　③廖…　Ⅲ.①机械制造工艺-高等学校-教材　Ⅳ.①TH16

中国版本图书馆CIP数据核字(2016)第261110号

工程实践（机械与近机械类）（第二版）　　周世权　杨雄　廖结安　主编

Gongcheng Shijian(Jixie Yu Jinjixielei)

策划编辑：万亚军
责任编辑：万亚军
封面设计：原色设计
责任校对：刘　峻
责任监印：周治超
出版发行：华中科技大学出版社（中国·武汉）　电话：(027)81321913
武汉市东湖新技术开发区华工科技园　邮编：430223
录　　排：武汉市洪山区佳年华文印部
印　　刷：武汉鑫昶文化有限公司
开　　本：710mm×1000mm　1/16
印　　张：20.75
字　　数：437千字
版　　次：2016年12月第2版第1次印刷
定　　价：45.00元

前　言

为了培养学生的工程意识、综合能力，使其掌握制造工艺的基本知识和初步的操作技能，在总结原《金工实习》教材内容的基础上，按照“机械制造技术基础理论实践一体化课程建设”改革过程中所提出的“理论与实践相结合，加强实践，促进自主学习和主动实践，培养创新能力”的要求，经过精选传统的金属工艺、扩充制造项目内容，形成理论-实践-项目指导系列教材，我们编写了本书。

本书以制造工艺方法与工艺过程为核心，以工艺 CAD/CAM 为主线，以数控加工为龙头，以大工程背景和工艺技能为基础，按照材料成形、制造工艺技能培训的教学模式，除包括常用的金属材料及其成形工艺之外，还突出了技术测量与质量检验、新材料和新工艺、现代制造技术的内容。

本书打破了传统教材按照工艺设备编排教学内容的方法，按照制造工程的系统和工艺特征编排教学内容，从而避免了不必要的重复和繁琐，内容更加精练和系统化。按照培养实践能力、提升综合工艺能力的要求，书中将不详述设备及工具和操作方法，而主要介绍工艺过程原理、工艺方法的特点和应用、CAD/CAM 的原理和技术。

书中的重要术语有英文注释，以方便双语教学。为使本教材具有可操作性，书中主要内容都配有可自主选择的实践项目，通过项目式教学方法，实现学生自主实践，避免单一的“师傅带徒弟”式的教学模式。

为更好地与后续课程相配合，使学生通过工艺实践建立工程系统和工艺技术的感性知识，将感性知识条理化并使之成为理性知识，最终掌握工艺原理和方法。本书理论课内容与实践课内容的比例为 1∶5，主要工艺原理和设计等内容将在后续机械制造技术基础课程中讲述，以保证本书以实践为主的特色。另外，按照理论与实践一体化教学模式的要求，二年级上学期进行基本工艺和现代制造技能培训，使学生建立制造工艺的基本感性认识和基本动手能力，地点可以选择校内和校外的工程实训中心；二年级下学期进行机械制造基础课程教学和典型项目的独立自主制作，以及综合项目的团队合作制造工艺训练，使学生初步掌握主要工艺方法和工艺过程，具有利用工艺原理进行工艺分析的初步能力，将理论与实践有机结合，并通过理论指导实践，完成项目的设计与制作。学生人数少的学校，也可以安排在一个学期完成。

本书为高等工科院校本科及专科机械及近机械类专业的“基本制造工艺工程实践”(包括“金工实习”和“认识实习”)课程的教材，以学生自学为主，教师讲授为辅。总学时为4～6周，可结合相关实践性课程，以开放的方式分散、自主地进行。每章论述了学习的重点内容，明确了学生的任务和指导教师的工作，并附有复习思考题，实习报告将在与本书配套的《基于项目的工程实践实操指导书》中给出。最后，学生要通过理论知识(20%)、实践能力(40%)和项目制造质量(40%)的综合考核。

本书由华中科技大学的周世权、长江大学的杨雄和塔里木大学的廖结安担任主编，湖北文理学院的朱定见、湖南文理学院的罗烈雷和昌吉学院的朱超担任副主编，参加编写的还有华中科技大学的田文峰、赵轶、李智勇。具体编写分工是：周世权编写绪论、第1章、第3章、第8章，杨雄编写4.2节和4.3节，廖结安编写5.3节，朱定见编写第2章、5.1节和5.2节，罗烈雷编写4.1节，朱超编写5.4节，田文峰编写第7章，赵轶编写第6章，李智勇编写5.5节。

自第一版问世以来，广大师生给予较好评价，同时也提出了许多有益的建议。本次再版对全书进行了细致的审定，精简了部分与教学联系不太紧密的内容，订正了存在的差错，以使本书趋于完善。

由于编者水平有限，时间仓促，书中难免有缺点和错误，恳请读者给予指正。

编　者

2016年9月

目　录

绪　论

1. “工程实践”课程的性质、地位和作用

“工程实践”(engineering practice)是一门实践性很强的技术基础课,是学生学习“工程材料”“材料成形技术基础”“机械制造技术基础”系列课程的先修课,也是获得机械制造基本知识的必修课。

“工程实践”课程研究产品从原材料到合格零件或机器的制造工艺技术。学生在工程实践过程中通过参观典型的制造工程系统、独立的实践操作和综合制造工艺过程训练,将有关制造工程的基本工艺理论、基本工艺知识、基本工艺方法和基本工艺实践有机结合起来,达到获取丰富的感性知识的目的。通过创新实践,将感性认知条理化,并上升为理性认知,实现认识的第一次飞跃,并为实现从理性知识到指导实践的第二次飞跃做好充分的准备。

“工程实践”课程还对学生成为工程技术人员的过程中所应具备的基本知识和基本技能等综合素质进行培养和训练。

2. “工程实践”课程的内涵和新特点

制造工程历史悠久,是一门研究物质从原材料到合格产品的制造工艺过程的学科。它源于机械制造工程,经过科学技术工作者的长期努力,现已发展成为包括机械制造工程、电子产品制造工程和化工产品制造工程在内的现代制造工程学科。制造工程主要指机械制造工程,即将原材料通过制造工艺变为具有一定功能的机器或零部件的过程。

制造业是国民经济的基础,它担负着向其他各部门提供工具、仪器、机械设备和技术装备的任务。据西方工业国家统计,制造业创造了社会财富的约60%、国民经济收入的约45%。如果没有制造业,信息技术、材料技术、海洋工程技术、生物工程技术以及空间技术等新技术的发展将会受到很大制约。可以说,制造业的发展水平是衡量一个国家经济实力和科学技术水平的重要标志之一。

制造工程的主要内容包括材料成形和机械制造两大部分。

材料成形主要是指在保证性能要求的前提下,优质、低成本地获取具有一定结构和形状的毛坯或产品的工艺,通常将其称为热加工工艺。但是,其内涵远远超过了传统的热加工的范畴,主要包括铸造、焊接、锻压、热处理、粉末冶金、塑料成型、陶瓷和复合材料的成形等。

机械制造一般是指将材料成形所获毛坯,通过切除的工艺,优质、低成本地获取具有一定结构和形状、一定的精度和表面质量产品的工艺,通常将其称为冷加工工艺。但是,其内涵远远超过了传统的冷加工的范畴,主要包括车削、铣削、刨削、磨削、钳工、现代计算机控制的加工工艺(如数控机床和加工中心加工)、特种加工(如超声加工、电火花加工和激光加工)等。

由于科学技术的发展,传统制造工艺受到现代制造技术日益严峻的挑战,同时,现代制造技术又要以传统制造工艺为基础,因此,“工程实践”课程将以基本制造工艺为主,以现代制造技术为辅。然而,现代制造技术已经成为大中型制造企业的主要生产技术,因此有必要逐步增加现代制造技术的知识——这是其新特点。

3. 现代制造技术的特征

所谓制造技术,是按照人们所需的目的、运用知识和技能、利用客观物质工具使原材料变成产品的技术的总称。制造技术是制造业的技术支柱,是一个国家经济持续增长的根本动力。

现代制造技术是计算机及信息技术应用于制造技术的总称,它在传统制造技术的基础上不断吸收机械、电子、信息、材料、通信及现代管理等方面的技术成果,将其综合应用于设计、制造、检测、管理、售后服务等产品生命周期的全过程。现代制造技术具有下列特征:

① 引入计算机技术、传感技术、自动化技术、新材料技术以及管理技术等,并与传统制造技术相结合,使制造技术成为一个能驾驭生产过程的物质流、信息流和能量流的系统工程。

② 传统制造技术一般单指加工制造过程的工艺方法,而现代制造技术则贯穿了从产品设计、加工制造到产品销售及使用维护等全过程,成为“市场—产品设计—制造—市场”的大系统。

③ 传统制造技术的学科、专业单一,界限分明;而现代制造技术的学科、专业间不断交叉、融合,其界限逐渐淡化甚至消失。

④ 生产规模的扩大以及对最佳技术经济效益的追求,使现代制造技术比传统技术更加重视工程技术与经营管理的结合,更加重视制造过程组织和管理体制的简约化及合理化,由此产生一系列技术与管理相结合的新的生产方式。

⑤ 发展现代制造技术的目的在于能够实现优质、高效、低耗、清洁、灵活生产并取得理想的技术经济效益。

4. 现代制造技术的范畴和分类

现代制造业已不再只是一个古老的工业,而是一个用现代制造技术进行了改造、充实和发展的多学科交叉的、综合的、充满生命力的工业。现代制造技术不仅需要数学、力学等基础科学知识,还需要系统科学、控制技术、计算机技术、信息科学、管理科学以及社会科学等知识。1994年,美国联邦科学、工程和技术协调委员会将现代制造技术分为三个技术群:主体技术群、支撑技术群和制造基础设施技术群,如图0-1所示。

这三个技术群相互联系,相互促进,组成一个完整的体系,每个部分均不可缺少,否则就很难发挥预期的整体功能效益。

根据现代制造技术的功能和研究对象,结合国家先进制造技术专项计划指南,可将现代制造技术归纳为五个大类。

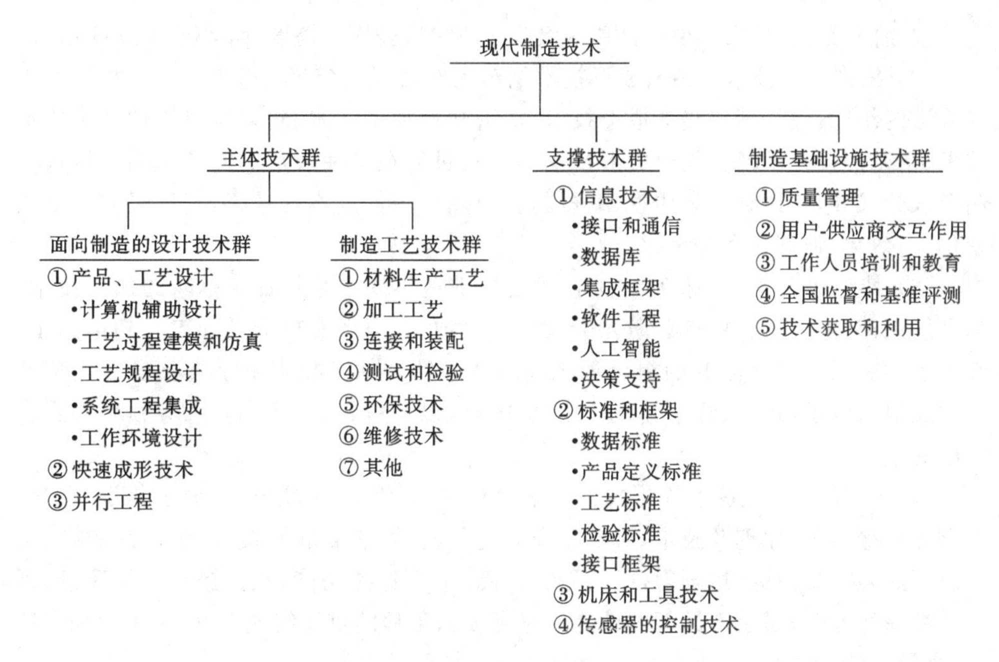

图 0-1　现代制造技术的体系结构

1）现代设计技术

现代设计技术是根据产品功能要求，应用现代和科学知识制订方案，并使方案付诸实施的技术，它是一门多学科、多专业而且相互交叉的综合性很强的基础技术。它的重要性在于使机械产品设计建立在科学的基础上，促使产品由低级向高级转化，功能不断发展，质量不断提高。现代设计技术包含如下的内容：

① 现代设计方法，指产品动态分析和设计，产品摩擦学设计，产品防腐蚀设计，产品可靠性、可维护性及安全设计，优化设计，智能设计等。

② 设计自动化技术，指应用计算机技术进行产品造型和工艺设计、工程计算分析、模拟仿真、多变量动态优化等，以达到整体最优功能目标，实现设计自动化。

③ 工业设计技术，指开展机械产品色彩设计和中国民族特色与世界流派相结合的造型设计，增强产品的国际竞争力。

2）现代制造工艺技术

(1) 精密和超精密加工技术　精密和超精密加工技术是指对工件表面材料进行去除，使工件的尺寸、表面性能达到产品要求所采取的技术措施。根据加工的尺寸精度和表面粗糙度，可大致分为三个不同的档次。

① 精密加工，其尺寸精度公差等级为 IT4～IT01，表面粗糙度 Ra 为 0.3～0.03 μm。

② 超精密加工，其尺寸精度公差等级为 IT01，表面粗糙度 Ra 为 0.03～0.005 μm，也称为亚微米加工。

③ 纳米加工，其尺寸精度公差等级高于IT01，表面粗糙度 Ra 小于0.005 μm。

(2) 精密成形技术　精密成形技术是对工件局部或全部进行少无余量加工的工艺方法的统称，包括精密凝聚成形技术、精密塑性加工技术、粉末材料构件精密成形技术、精密焊接技术及其复合成形技术等。其目的在于使成形的制品达到或接近成品形状的尺寸，并达到提高质量、缩短制造周期和降低成本的效果，其发展方向是精密化、高效化、强韧化和轻量化。

(3) 特种加工技术　特种加工技术是指那些不属于常规加工范畴的加工技术，如高能束流(电子束、离子束、激光束)加工、电加工(电解和电火花加工)、超声加工、高压水加工以及多种能源的组合加工技术等。特种加工技术由于其各自的独特性能，在机械、电子、化工、轻工、航空、建筑、国防，以及材料、能源和信息等领域得到了广泛的应用。

(4) 表面改性、制膜和涂层技术　采用物理学、化学(金属学、高分子化学、电学、光学和机械学等)原理及技术，对产品表面进行改性、制膜和涂覆，赋予产品耐磨、耐蚀、耐(隔)热、抗疲劳、耐辐射，以及光、热、磁、电等特殊功能，从而提高产品质量，延长产品使用寿命，赋予产品新的性能。它是表面工程的重要组成部分，是一种综合性强、高效、低成本的高新技术。

3) 制造自动化技术

制造自动化是指用机电设备、工具取代或放大人的体力，甚至取代和延伸人的部分智力，自动完成特定的作业，包括物料的存储、运输、加工、装配和检验等各个生产环节的自动化。制造自动化技术涉及数控技术、工业机器人技术和柔性制造技术等，是机械制造业最重要的基础技术之一，其目的在于减轻劳动强度，提高生产效率，减少废品数量，节省能源消耗，降低生产成本。

4) 现代管理技术

现代管理技术是指企业在市场开发、产品设计、生产制造、质量控制到销售服务等一系列的生产经营活动中，为了使制造资源(材料、设备、能源、技术、信息以及人力)得到总体配置优化和充分利用，使企业的综合效益(质量、成本、生产效率)得到提高而采取的各种计划、组织、控制及协调的方法(技术)的总称。它是现代制造技术体系中的重要组成部分，对企业最终效益的提高起着重要作用。

5) 现代生产制造系统

现代生产制造系统是面向企业生产全过程，将现代信息技术与生产技术相结合，其功能覆盖企业的预测、产品设计、加工制造、信息与资源管理直至产品销售和售后服务等各项活动，是制造业的综合自动化的新的模式。它包括计算机集成制造系统(CIMS)、敏捷制造系统(AMS)、智能制造系统(IMS)以及精良生产(LP)、并行工程(CE)等先进的生产组织管理和控制方法。

5. "工程实践"课程的主要任务

"工程实践"课程的基本内容为制造工程系统的认识实习，铸造、锻压、焊接、车削、铣削、刨削、磨削、钳工和热处理的基础工艺，产品的综合制造工艺训练，特种加工及数控技术的基础工艺和产品的综合制造工艺训练。可将原“金工实习”“认识实习”“生产实习”和“毕业实习与设计”进行有机整合，形成工程实践的多层次、校内与校外相结合、四年不断线的教学模式。

① 掌握现代制造工程系统的基本组成和主要类型，了解制造工程的背景知识；初步掌握制造工艺学的一般原理和基本知识，熟悉机械零件的常用制造方法及其所用的主要设备和工具；了解新工艺、新技术、新材料在现代机械制造中的应用。

② 初步具有选择简单零件加工方法和进行工艺分析的能力，能独立完成简单零件在主要工种方面的加工制造过程，并培养一定的工艺实验和工程实践的能力。

③ 培养生产质量和经济观念，理论联系实际、严谨、细致的作风，以及环保、节约的意识。

④ 初步学会用现代计算机辅助设计和制造技术，进行简单产品的设计和制造，培养创新意识和综合能力。

6. “工程实践”课程的学习方法

通过参观、实际操作、现场教学、专题讲座、课堂讲授、综合训练、实验、演示、课堂讨论、完成实习报告或作业以及考核等方式和手段，丰富教学内容，完成实践教学任务。为了有效地使用本教材进行“工程实践”课程的教学，希望注意以下几点：

(1) 以实践为主，在实践中学习制造工程的基本知识　本教材所介绍的基本知识和工艺方法都是看得见、摸得着的，对于其中应掌握的主要内容，教材中有相应的案例。学生应在自主选择实践内容得到指导人员（教师或工人师傅）的认可后再进行实际操作，并参考案例进行分析讨论。具体的操作规程本教材不作介绍，要求由实习单位提供，并由实习指导人员监督执行。对于由于实习条件不具备而一时难以实现的部分内容，可采取参观、现场教学和计算机辅助教学的方式进行简单的介绍，最好能进行校际间的合作，互相取长补短。

(2) 应确实贯彻以工艺过程为主的指导思想　本教材中只简单地介绍设备与仪器的外部结构和主要作用，重点介绍加工的工艺过程及工艺参数的变化，使学生建立起对各种制造方法的基本原理的感性知识和影响制造过程的技术经济性的工艺因素的初步概念。

(3) 应该注意与相关教学内容的分工和合作　本教材的内容具有自身的相对独立性，同时与其他教学环节又有一定的联系。制造工程背景知识与认识实习相结合，弥补专业认识实习中缺少的部分内容，使学生建立较为完整的制造工程系统的感性知识，同时减少教学重复，提高教学效率。制造工程工艺与技术的基本工艺实践可与生产实习内容相结合，以实践为基础，以建立感性知识为目标，尽量避免与后续课程的重复。先进制造技术、综合工艺实践与学生的课外科技活动、相关课程的设计与实验、毕业设计等相结合，以获取较好的综合效果。

(4) 关于教学内容的学时分配　本教材的教学内容是按照 4～6 周的实习学时

安排的。各学校可结合本校的实际情况进行适当的增减。对于主要内容的比例，建议第1～5章占总时间的1/2～2/3，第6～8章占总时间的1/3～1/2。其中冷加工部分和热加工部分按1∶1的比例安排。建议实习中的讲课时间不少于总时间的15%，但不要超过20%；其中包括基本原理和工艺操作现场的讲解。教材中的基本原理和工艺特点一般由任课教师讲述，现场教学一般由教师或者具有工程师职称的实习指导人员负责，操作实践部分由实习指导人员负责。

7. 本教材的特点

① 本着循序渐进、由浅入深和减少重复的原则来组织各章内容，力求系统化。任课教师应根据不同的实习内容进行讲授和指定自学范围。教材中所涉及的设备和工具一般给出结构原理图，不介绍具体型号。实习现场应有较为详细的设备和工具的操作说明书，介绍有关设备和工具的操作、维护及安全等内容。在实习过程中可结合具体情况，编写工艺卡及其他技术文件，制定安全操作和实习规程等。与本教材配合使用的还有《基于项目的工程实践实操指导书》。

② 实习报告主要培养学生记录实习条件，设备和工具及量具的型号、数量和作用，工艺参数的选择，每一工序的结果，以及最终的结果，并能对结果进行分析和比较。实习报告将作为评分依据之一。对实习报告的要求可参考《基于项目的工程实践实操指导书》。

③ 复习思考题是根据学生操作中所涉及的工艺问题安排的。其目的是启发学生独立思考，培养分析问题、解决问题的能力，引导学生积极进行现场观察，认真进行操作并获取结果，加深感性知识，培养实事求是的科学研究作风。在完成复习思考题时，学生不但要阅读教材，更要请教实习教学指导人员，翻阅相关技术文件，总结实习操作的记录，从而为考试做好复习准备。

第1章　制造工程概论

1.1　工程

1. 工程的起源

什么是工程？广义地讲，为了解决现实问题所实施的方法、手段和工具等都称为工程。很难准确地说工程起源于什么时候。应该说，有了人类就有工程，人类对工具的使用和人类活动的社会化是工程起源和发展的动力。

公元前1万年，人类处于原始游牧的部族社会，以狩猎和采摘野果维持生存。图1-1所示为猎人借助长矛来捕获猎物。长矛有效地延长了人的手臂，增加了成功的机会。这就是早期工程的例子。

公元前9000年，人们开始耕作，以便获取足够的粮食等物资。这时犁的发明极大地提高了生产效率。图1-2所示为犁的使用。犁，一个看似普通的发明，使人类能够养活自己并维持人口增长，成为几千年不变的农具。

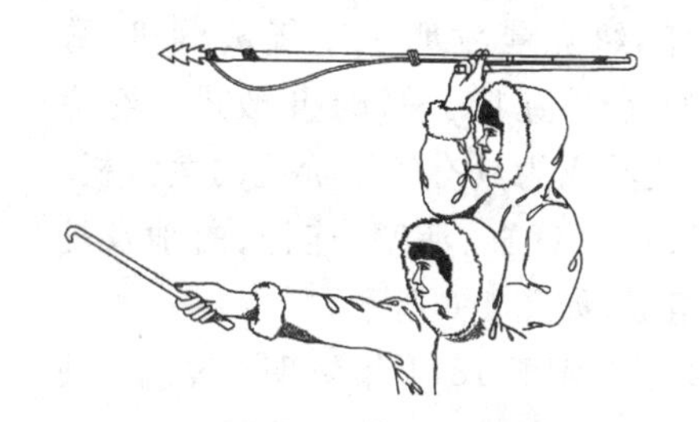

图1-1　长矛的使用

图1-2　犁的使用

随着生产的发展，人们开始通过模具制造矛和斧。图1-3所示为早期制造矛和斧的模具。这是制造业发展的萌芽，有力地推动了冶金技术和制造技术的发展。

水力机械的出现象征着机械时代的开始。水力磨的发明为谷物的脱壳、制粉提供了良好的解决方案，是一场从手工作业向机械作业转变的划时代革命。图1-4是典型的水力磨原理图，它通过水冲击桨叶，带动转轴旋转，实现磨盘转动，使谷物脱壳或被磨成粉。其后又出现的水力纺织机械，由此带动了纺织业的发展。

中国的万里长城是人类早期的一个规模宏大的工程，是早期土木工程和建筑工程完美结合的结晶，体现了我国先民的勤劳和智慧。图1-5所示为长城的一段。

人类在生存和发展中所面临的现实问题，通过采用不同的方法、手段和工具得到了解决。这些方法、手段和工具就构成了早期工程的起源，并为现代工程的发展奠定了基础。

2. 现代工程

现代工程是工业革命与信息技术的产物。工业革命的标志是蒸汽机的发明与应

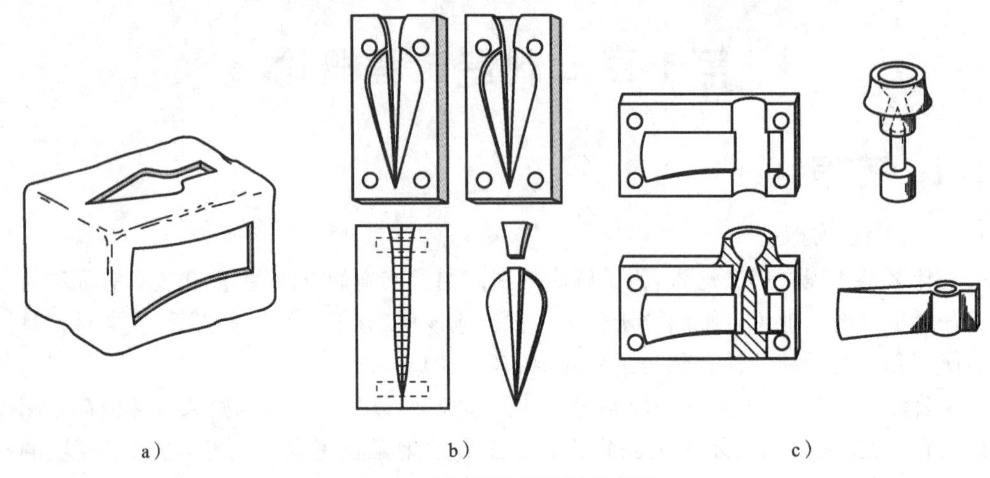

图 1-3　早期制造矛和斧的模具

a) 简单敞开的模具　b) 制造矛的模具　c) 制造斧的模具(带有型芯和浇口杯)

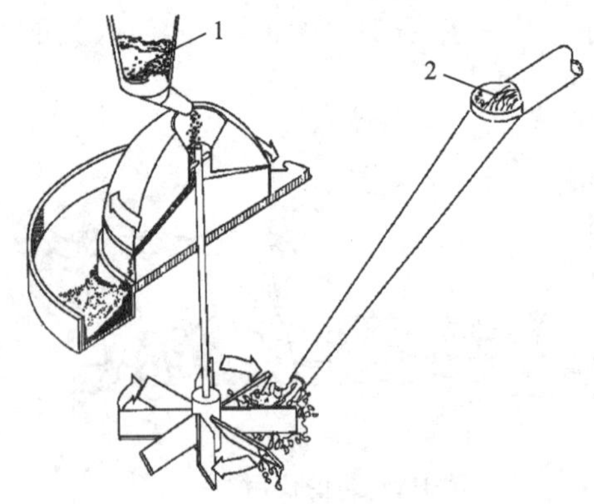

图 1-4　水力磨原理图

1—谷子　2—水

用,信息技术的标志则是计算机的发明和应用。

1705 年,纽克曼发明了空气蒸汽机,称为纽克曼蒸汽机;瓦特于 1784 年改进了纽克曼蒸汽机,使其成为具有实用价值的蒸汽机。瓦特的蒸汽机由汽缸、活塞、连杆、曲轴及配汽机构等组成,如图 1-6 所示。

不久,史蒂芬于 1814 年发明了火车,使蒸汽机用于交通运输,从而促进了冶金、矿山、交通、机械制造等产业的发展。图 1-7 所示为早期的火车,它是通过烧煤使锅炉中的

图 1-5　万里长城一段

水蒸发，产生水蒸气推动蒸汽机工作。同时应用蒸汽机的还有富尔顿，他于1807年发明了蒸汽机轮船，促进了船舶、海洋运输业的发展。

1890年，奔驰发明的电火花点火高速内燃机成为工业革命的标志性成果，至今，车用汽油机保持几乎与它相同的形式。图1-8所示为早期的奔驰汽车，尽管它比较简陋，但已经具备现代汽车的基本功能。汽车工业的发展，有力地推动了工业革命，并促进了制造业的发展，其后出现的大批量流水线作业方式，就是汽车工业发展的产物。

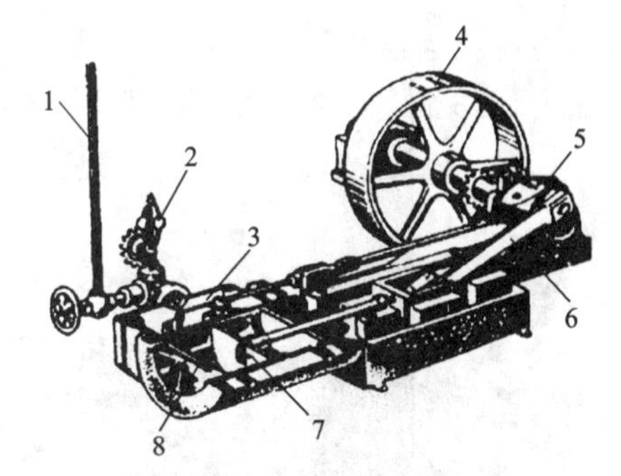

图1-6　瓦特的蒸汽机

1—进汽管　2—调速机构　3—滑阀配汽机构
4—飞轮　5—曲轴　6—连杆　7—活塞　8—汽缸

图1-7　早期的火车

图1-8　早期的奔驰汽车

现代汽车工业的开创者奔驰和福特(1903年)实现了标准化和流水线生产模式，使汽车的成本大大下降，并使汽车成为家用工具之一。

图1-9　现代的(2009年款)奔驰汽车

1946年以后电子计算机的发明和应用，使现代汽车发生了根本的改变，如电喷发动机、电子防抱死刹车系统等新技术在汽车中得到应用，使汽车的燃油效率、安全性等得到了根本的改善。现代的奔驰汽车(见图1-9)与早期的奔驰汽车相比，其流线型外壳使空气阻力更小，也更美观。

进入21世纪后，由于能源危机和环境污染问题，世界各国开始了新能源汽车的研究和应用，预计新兴电动汽车将在2020年得到大量应用，为太阳能电池、锂电池、燃料电池等的应用提供了良好的前景和广阔的市场。

在船舶与海洋领域，1959年4月15日下水的新中国第一条完全自行设计和建造的万吨级远洋货轮“东风号”(见图 1-10),标志着我国具有设计、建造大型远洋货轮的能力;而美国“尼米兹”级航空母舰(见图 1-11)代表了船舶与海洋领域的更高水平。

图 1-10 “东风号”万吨级远洋货轮

图 1-11 “尼米兹”级航空母舰

地球的资源是有限的,人类在不断地探寻新的太空资源和可能生存的星球。1957 年 10 月 4 日,世界上第一颗人造地球卫星“斯普特尼克 1 号”从苏联的拜科努尔发射场升空,1959 年,苏联的无人太空船首次成功登陆月球。而美国 20 世纪 60 年代末“阿波罗”飞船登月的壮举,则是人类踏上地球以外星球的第一步。图 1-12 所示为美国“发现号”航天飞机 2010 年 4 月 20 日返回佛罗里达州肯尼迪航天中心的风采,图1-13所示为中国载人飞船“神舟十号”返回舱在 2013 年 6 月 26 日成功着陆的英姿。这都标志着人类正在向尖端工程迈进。

图 1-12 “发现号”航天飞机

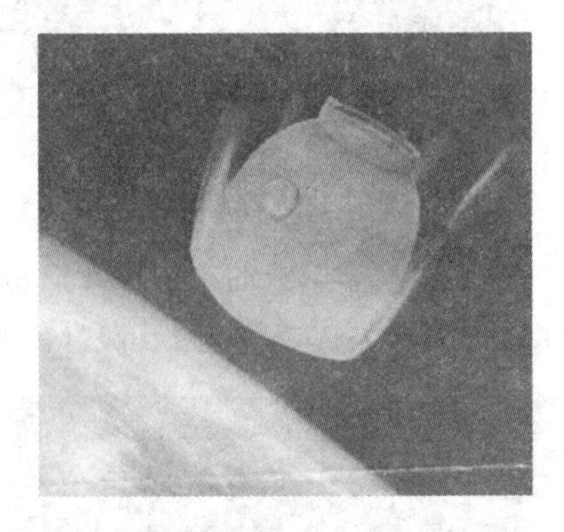

图 1-13 “神舟十号”飞船返回舱

由上可见,人类的生存和发展是与工程技术的发展和进步紧密相连的,各种工程领域需要不同专业技能的工程师,所以了解工程专业的内容,是一个工程学科大学生应该做的第一件事。

3. 工程专业的分类

当前世界主要大学的工程学科的主要专业如下:

(1) 农业工程　水利与土壤,食品生产、加工与储运。

(2) 建筑工程　房屋结构,给排水,电、汽与楼宇控制。

(3) 汽车工程　发动机,车身,燃料,电器与控制。

(4) 生物工程　生物医药，生物技术。

(5) 陶瓷工程　结构陶瓷，电子陶瓷。

(6) 化学工程　无机化工，高分子塑料与橡胶工程。

(7) 市政工程　道路与桥梁，废料处理。

(8) 计算机科学与工程　计算机软件，计算机硬件。

(9) 电气与电子工程　电机，电力系统，无线电，通信。

(10) 环境工程　水与大气质量，污染防治。

(11) 工业工程　系统工程，计算机集成系统。

(12) 制造工程　材料成形，机械制造，产品加工。

(13) 海洋工程　航海，船舶，港口与码头。

(14) 机械工程　机床，制冷与空调，车辆，农机等。

(15) 材料与冶金工程　材料制备与改性，粉末冶金，金属（钢铁、非铁金属）冶炼。

(16) 矿业与地球工程　矿产勘探，采矿。

(17) 核工程　核燃料，核能利用。

(18) 石油工程　油气勘探，打井，采油，炼油。

上述18个专业大类，在有些大学就是一个大口径，经过2年或3年的学习后，再选择专业方向；而有些大学的专业是按照大类中的方向设置的。大学新生应该了解专业的内容，并发现与自身兴趣一致的专业，同时还应了解这些专业的社会需求，以便提高学习的主动性，实现自我价值与职业发展的良性结合。

1.2　制造工程

1. 组成

在所有工程领域中，制造工程是最基础的，担负着向其他工程专业提供合格机器的任务。从整体和系统论的观点出发，典型的制造企业可看成是由不同大小规模、不同复杂程度的三个层次的系统（工艺系统、制造工程系统和生产系统）组成的。任何产品的制造过程和企业的各项生产活动，都是在这三类系统支持下进行工作的。

1）工艺系统

工艺系统（process system）是制造企业中处于最底层的一系列加工单元，传统上由机床、刀具、夹具和工件四要素组成，如车床加工系统、铣床加工系统、磨床加工系统等。不同的工艺方法要求不同的加工单元，选择不同的工艺系统。对于一个机械制造工程系统，除了切削加工工艺系统之外，还应有铸造、锻压、焊接、热处理和装配等工艺系统。

工艺系统的整体目标是在不同的生产条件下，通过自身的工艺装备、运动机构、控制装置以及能量供给等机构，按不同的工艺要求直接将毛坯或原材料加工成形，完成制造任务，并保证质量，满足产量和降低成本。工艺系统的运行如图1-14所示。

现代工艺系统一般是由计算机控制的、先进的自动化工艺系统，如数控（NC，

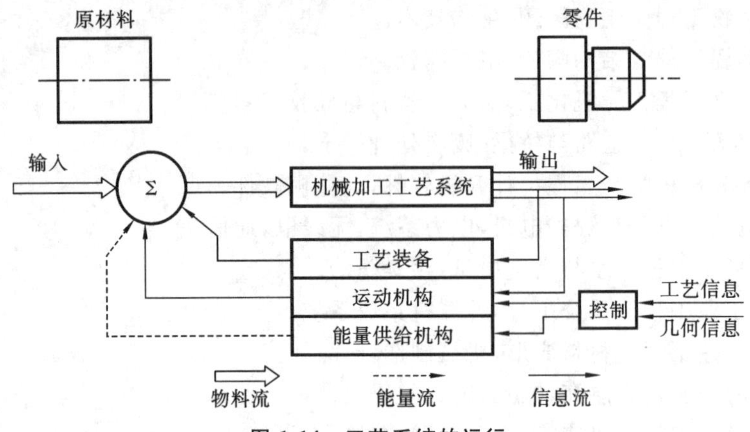

图 1-14　工艺系统的运行

numerical control)机床、加工中心(MC,machining center)、计算机控制的激光加工装置和硅片划片装置及光刻机、计算机控制的压铸机和注塑机、计算机控制的快速成形机等。计算机具有大容量存储、记忆能力,复杂数值计算处理能力以及通信联网的能力,已成为现代工艺系统中不可缺少的组成部分。由于计算机的应用,现代工艺系统具有较高的柔性度,便于控制和管理,已成为实现设计、制造以及与其他部门进行信息集成的重要基础。

2) 制造工程系统

工艺系统是各个生产车间生产过程中的一个主要组成部分。然而,单靠上述各种直接改变材料的形状、尺寸和性能的工艺过程是不能完成整个产品生产的。一个制造车间的生产活动不仅包括零件的加工成形,而且还包括物料的存储、运输、检验、计划和调度等工作。产品的生产需要有更高层次的系统支持,这个系统就是制造工程系统(manufacturing engineering system),如图 1-15 所示。

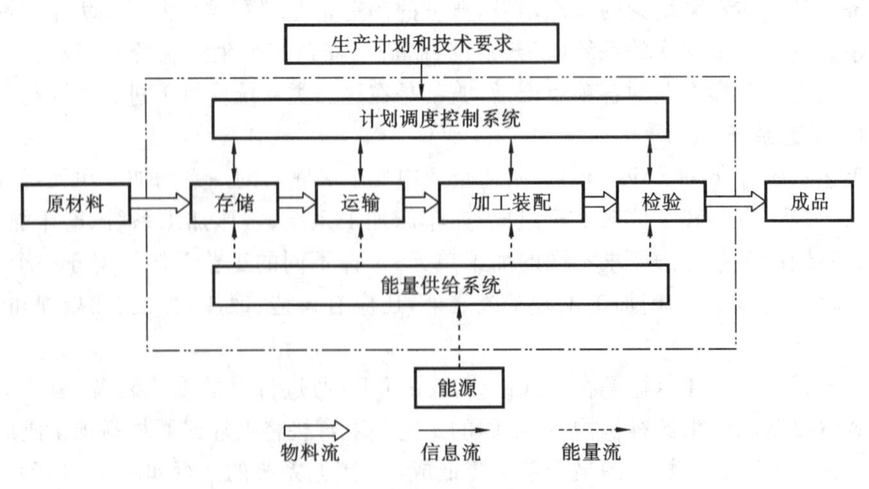

图 1-15　制造工程系统的组成

制造工程系统接受上级系统下达的生产计划和技术要求，通过自身的计划调度系统，合理分配各个加工单元的任务，适时地调整和调度各加工单元的负荷，使各个加工工艺系统和辅助系统能够协调有序地工作，取得整个系统最佳的生产效率。

3）生产系统

图 1-16 所示为典型的生产系统（production system）的组成。它不仅考虑了原材料、毛坯制造、机械加工、试车、油漆、装配、包装、运输和保管等多种因素，而且还必须把技术情报、经营管理、劳动力调配、资源和能源的利用、环境保护、市场动态、经济政策、社会问题以至国际因素等作为更重要的因素来考虑。整个系统可分为三个不同的层次，即决策层、经营管理层和生产技术层。

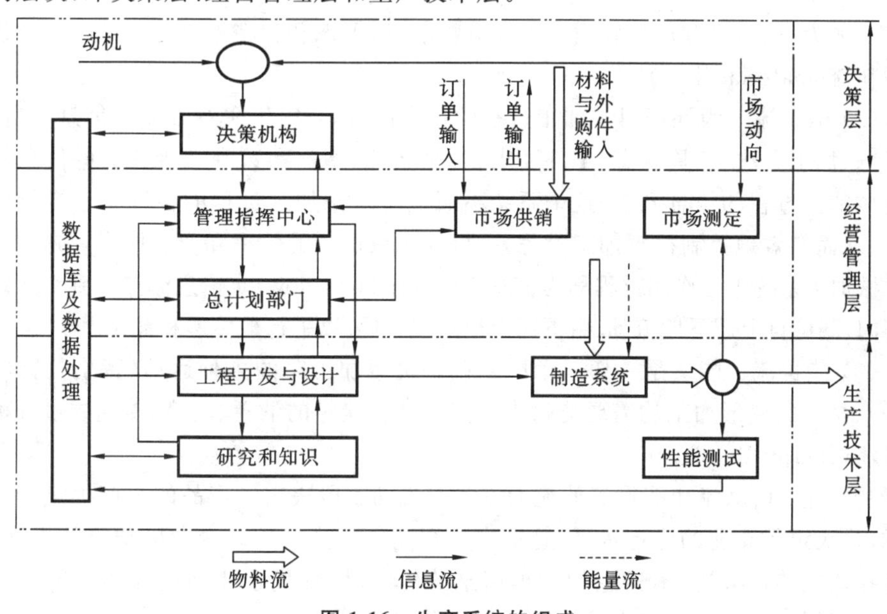

图 1-16　生产系统的组成

企业的生产活动一般分为三个阶段，即决策控制阶段、研究开发阶段和产品制造阶段，如图 1-17 所示。首先，工厂的最高管理机构根据市场信息，依据工厂的人员素质和物质条件，对本企业生产的产品类型、产量、性能和成本作出决策；然后，工程设计部门根据工厂的决策要求进行产品的开发设计和试验研究；最后，车间制造系统完成产品的制造任务。

4）制造企业内的物料流、信息流和能量流

制造企业内的各项活动，每时每刻都伴随着物料流、信息流和能量流的运动。它们之间相互联系、相互影响，构成一个不可分割的有机整体。下面以机械加工工艺系统为例予以阐述。

（1）物料流　机械加工工艺系统输入的是材料或坯料及相应的刀具、量具、夹具、润滑油、切削液和其他辅助物料等，经过输送、装夹、加工和检验等过程，最后输出半成品或成品。整个加工过程是物料的输入和输出的动态过程。这种以加工调整和

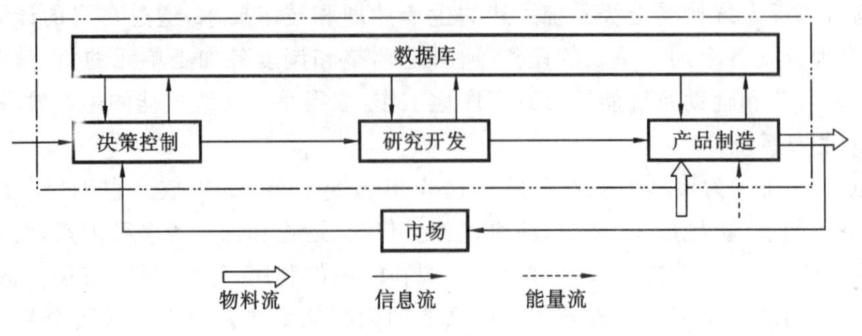

图 1-17 企业生产活动三阶段

加工工艺为中心，以有形的物质为对象，改变物质形态和存在地点变化的运动过程称为物料流(material flow)。

(2) 信息流 为保证机械加工过程的正常进行，必须集成各方面的信息，包括加工任务、加工方法、刀具状态、工件要求、质量指标、切削参数等。所有这些信息构成了机械加工过程的信息系统，这个系统不断地与机械加工过程的各种状态进行信息交换，从而有效地控制机械加工过程，以保证机械加工的效率和产品质量。这些信息在机械加工系统中的作用过程称为信息流(information flow)。信息流渗透到企业的各个部门，既可自上而下地流动、由下而上地反馈，也可以平行地传递和补充。

(3) 能量流 能量是一切运动的基础。机械加工时的各种运动(特别是物料的运动)、材料的变形加工均需要能量来维持。这种能量的消耗、转换、传递的过程称为能量流(energy flow)。

物料流、信息流和能量流的流动方式与流动手段决定了产品的生产批量和生产方式，也决定了企业的生产水平、管理水平和竞争能力。传统企业的信息流以文件、图样作为载体，完成技术信息和管理信息的传递；而现代企业则以计算机网络为工具，以电子信息为载体，实现整个企业的信息流快速、通畅、敏捷地流动。

在传统制造技术中，人们主要致力于解决企业内的物料流和能量流问题，而对信息流一般没有足够的认识。在现代制造技术中，企业内信息流的作用变得越来越突出，它像中枢神经一样支配着企业的各项活动。此时，我们除了需要继续考虑物料流和能量流的有关问题外，还必须注意生产系统中有关信息的获取、传输、处理与利用等信息流方面的问题，研究企业内产品设计信息、加工工艺信息、产品质量信息以及经营管理信息等各种信息的集约化、要素化和标准化，用系统论、控制论和信息论的观点和方法，借助于计算机来解决机械制造系统的各种难题。

2. 制造工程的发展

制造工程的发展是与工业革命紧密相连的。在工业革命前的制造工程是以手工作业为特征，而工业革命后则以机器作业为特征。如图 1-18 所示的剑，在工业革命前只能用手工制造，包括在煤炉中加热—手工热锻拔长—冷锻—铲锉—雕刻—淬火—开口粗磨—精磨—检验、装鞘等工序(见图 1-19)，其效率低，工人劳动强度大，

图 1-18　成吉思汗的佩剑

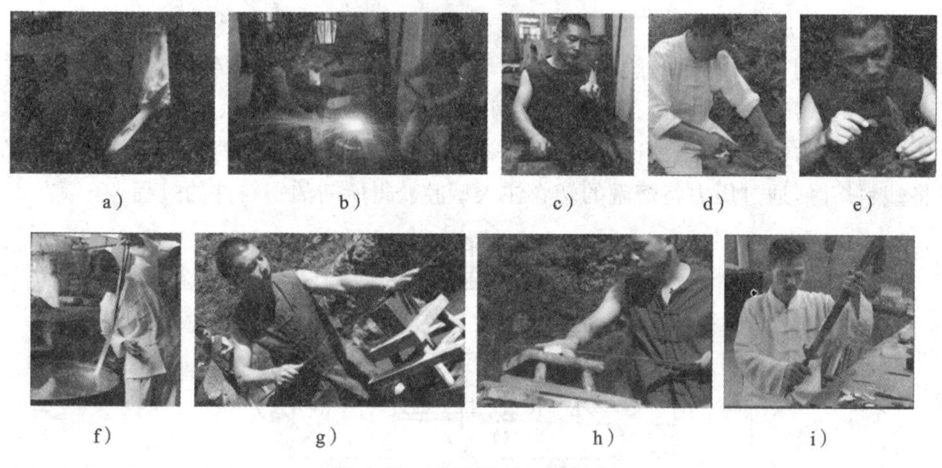

图 1-19　手工制剑工艺过程

a）加热　b）热锻　c）冷锻　d）铲锉　e）雕刻　f）淬火　g）粗磨　h）精磨　i）装鞘

质量控制困难，只能进行单件、小批生产。

而现代制剑工艺则采用电炉热炼—机器热锻—模锻成形—机器冷锻—磨床粗磨—精磨—检验、装鞘等工序，其效率高，工人劳动强度小，质量控制容易，可实现大批、大量生产。

自从第一台机床出现后，制造工程就进入用机器制造机器的时代。1774 年，英国的威尔金森发明较精密的炮筒镗床，这是第一台真正的机床——加工机器的机器。它成功地用于加工汽缸体，使瓦特蒸汽机得以投入运行。1842 年，英国的内史密斯发明蒸汽锤，使铁匠摆脱了繁重的体力劳动，实现机器锻造。1845 年，美国的菲奇发明转塔车床，提高了机床效率。随着计算机技术的发展，数控机床也应运而生。由此可见，制造工程的发展与其他工程技术的发展紧密相连，相互依存，共同发展。学习制造工程，就要明白它与其他工程技术的关系。制造工程是其他工程技术的基础，没有制造工程的进步，就不可能有汽车、飞机、电视机、手机等现代产品，同样，没有电子与计算机工程、材料工程和机械工程的发展，制造工程的水平也不会飞速提高。

3. 制造工程的分类和特点

广义地讲,所有将原材料转变为产品的过程都称为制造工程,包括电子和电气制造、机械制造等。但本门课程主要关心的是机械制造工程,电子和电气制造将在电工与电子制造课程中介绍。按照材料的状态变化,机械制造工程可分为材料成形与切削加工两大类。下面分别进行论述。

1) 材料成形

材料成形通常也称为体积不变过程。

(1) 铸造　铸造也称为液态成形。通常是指将液态金属浇注到有一定形状的铸型(使用最多的是砂型)空腔中,待其冷却凝固后获得铸件的工艺方法。砂型铸造的工艺过程如图 1-20 所示。由此可见,铸造工艺的特点就是可以制造形状复杂的零件,其成本低,但生产周期比较长,一般用于对力学性能要求不高的零件的生产。铸造包括重力铸造(如砂型铸造、壳型铸造、熔模铸造、陶瓷型铸造、金属型铸造、消失模铸造等)和压力铸造(如压力铸造、低压铸造、离心铸造等)。当今,采用铸造原理的还有注塑工艺,它是将塑料熔融,通过压力将熔融的塑料注入型腔获得所需的塑料件的过程。

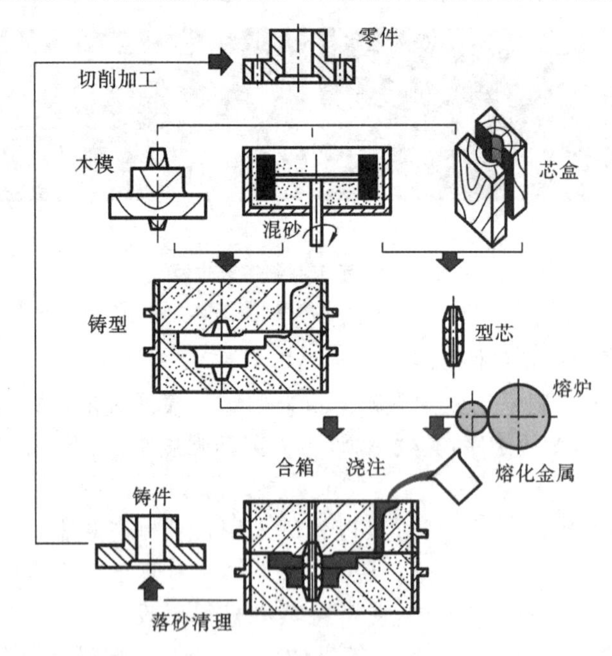

图 1-20　砂型铸造工艺过程

(2) 锻压　锻压也称为塑性成形,通常包括锻造和冲压两个工艺。锻造是指将金属加热到一定温度,施加压力使其变形获得锻件的工艺方法。由锻锤直接打击变形而获得锻件的工艺称为自由锻。手工自由锻俗称“打铁”,现在已很少应用。机器自由锻在单件小批生产中仍然应用广泛。由机械手操作的机器自由锻(见图 1-21)操作安全、工艺稳定。通过模具进行变形而获得锻件的工艺称为模锻,连杆模锻过程

图 1-21　机械手操作自由锻

如图 1-22 所示。模锻件质量稳定，生产效率高，适合力学性能要求较高零件的大批、大量锻造。冲压是指在室温下通过模具对薄板施加压力进行分离与变形的工艺，也称为冷塑性变形。冲压零件精度高，生产效率高，适合薄壁零件的大量生产。图 1-23 所示为不同冲压组合工序的模具结构。通过模具可以实现连续进行多种冲压工艺，因此生产率很高。但模具制造成本也很高，只能应用于大量生产。

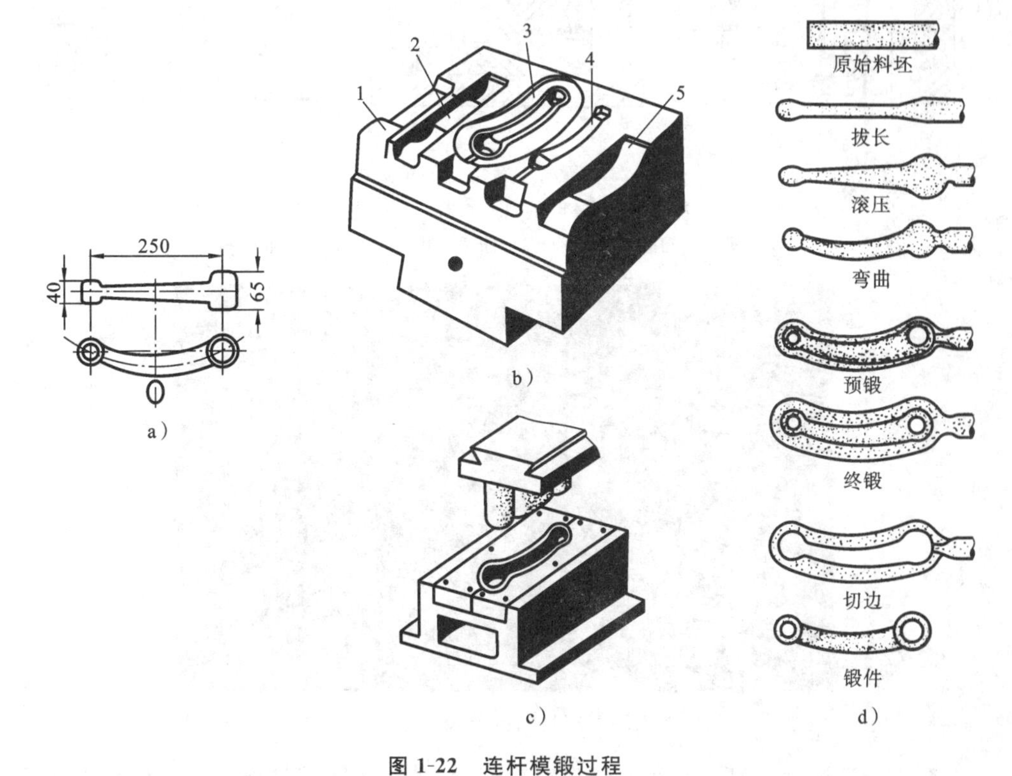

图 1-22　连杆模锻过程

a) 锻件图　b) 锻模模膛　c) 切边模　d) 模锻工步

1—拔长模膛　2—滚压模膛　3—终锻模膛　4—预锻模膛　5—弯曲模膛

(3) 焊接　焊接也称为连接成形，是指通过热和机械的作用，使两个分离的部分连接为一个整体的工艺过程，包括熔焊、压焊和钎焊等。焊接可以实现将大型机器部件转化为小型零件制造，然后用焊接工艺组装，因此可以简化零件的制造工艺，实现大型结构件的生产。比如汽车车身很大，但分为底板、前围、后围、侧围和顶盖后，制造工艺简单，然后通过焊接将它们连接为一个整体车身。车身的机器人装焊生产线如图 1-24 所示。

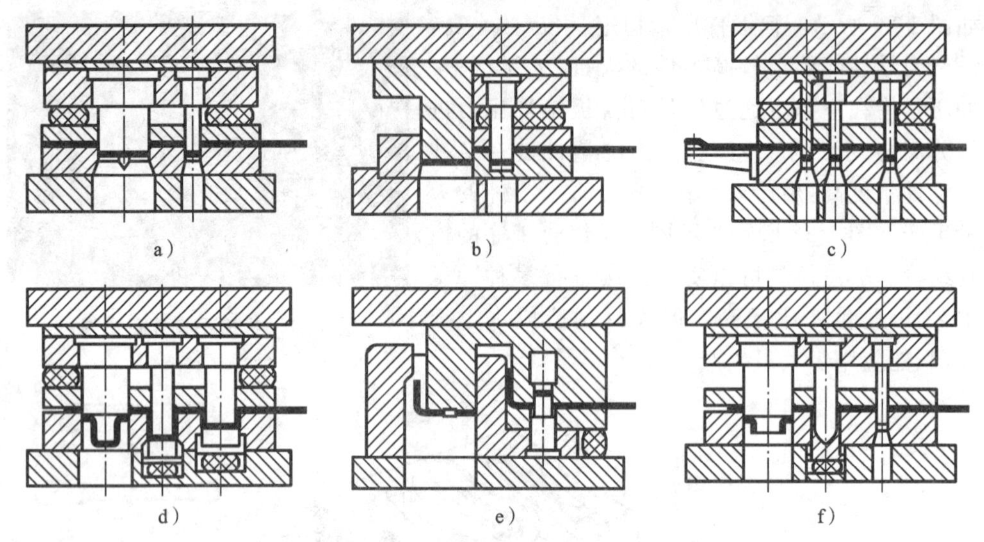

图 1-23　不同工序组合的模具结构

a) 冲孔和落料　b) 冲孔和切断　c) 冲孔和切断

d) 级进拉深和落料　e) 冲孔、弯曲和切断　f) 冲孔、翻边和落料

图 1-24　车身的机器人装焊生产线

(4) 粉末冶金　粉末冶金也称为颗粒成形，是指将颗粒材料通过模压成形并烧结，获得零件的工艺。当前粉末冶金已经成为先进材料和结构零件制造的首选工艺。最典型的粉末冶金产品是多孔含油轴承。用粉末冶金工艺生产的合金钢齿轮、内齿轮、梅花齿轮、套件等，以及汽车刹车片、硬质合金刀具、金属陶瓷模具和刀具等(见图1-25)已十分常见。粉末冶金可以实现少无切削加工，是一种近净型成形制造工艺，可以节约材料，减少机械加工工作。

(5) 热处理　热处理也称为材料改性，是指将材料或零件通过加热和冷却的方式，以及表面反应等工艺方法，达到改变材料或零件的组织与性能的目的，主要包括退火、正火、淬火、回火，表面渗碳和渗氮等。例如，通过感应加热实现长轴类零件的淬火，感应加热的速度快，热利用率高，可以实现整体加热或者表面加热等热处理操作。长轴类零件的感应加热淬火如图 1-26 所示。其他加热方法有电炉、可控气氛炉和真空炉加热等，可满足不同零件的热处理要求。热处理不能改变零件的形状和尺寸，所以一般在成形和加工中，需要调整零件性能时才安排热处理工艺。

图 1-25　粉末冶金产品

图 1-26　长轴类零件的感应加热淬火

2）切削加工

切削加工通常称为体积减小或材料切除工艺。

（1）车削　车削是指工件作回转运动，刀具作轴向或径向运动，对零件进行加工的一种工艺方法，通常在车床上完成加工任务。图 1-27 所示为车削管子锥面的情形。车削加工按照控制方式分为普通车、自动车和数控车，车床按照主轴的方位分为卧式车床和立式车床。车削加工过程可连续进行，因此生产效率高，加工过程稳定，特别适合于轴类、回转体类等零件的加工。

（2）铣削　铣削是指工件作水平移动，刀具作回转运动，对零件进行加工的一种工艺方法，通常在铣床上完成加工任务。铣削平面、曲面、沟槽等的情形如图 1-28 所示。铣削加工按照控制方式分为普通铣和数控铣，铣床按照主轴的方位分为卧式铣床和立式铣床。数控立式铣床(见图 1-29)可通过数控编程实现复杂零件的加工。如果配备自动换刀功能，就是数控立铣加工中心。铣削加工可以适应各种形面的加工要求，既可以加工平面、斜面、锥面、梯形槽等简单形面，也可以加工复杂曲面，应用广泛。

图 1-27　车削管子锥面

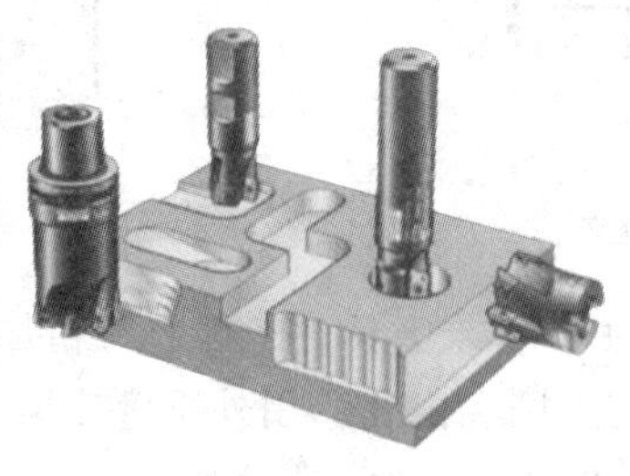

图 1-28　铣削加工示例

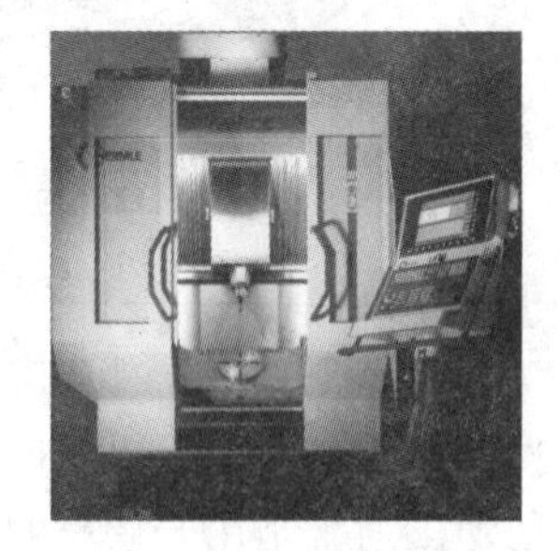

图 1-29　数控立式铣床

（3）镗削　镗削是指工件作水平移动，刀具作回转运动，对零件进行加工的一种工艺方法。镗削运动形式与铣削加工相似，其刀具结构与车刀相似，刀具装在镗刀杆上,如图 1-30 所示。镗削加工主要用于加工箱体类零件的孔系及端面,可以保证孔与孔、孔与平面间的位置精度(如同心度、孔间距、平行度和垂直度等)。用镗模定位装夹发动机减速箱的夹具如图 1-31 所示。镗刀杆上安装四把镗刀,一次加工四个同轴的孔,不仅加工精度高,而且也提高了加工效率。

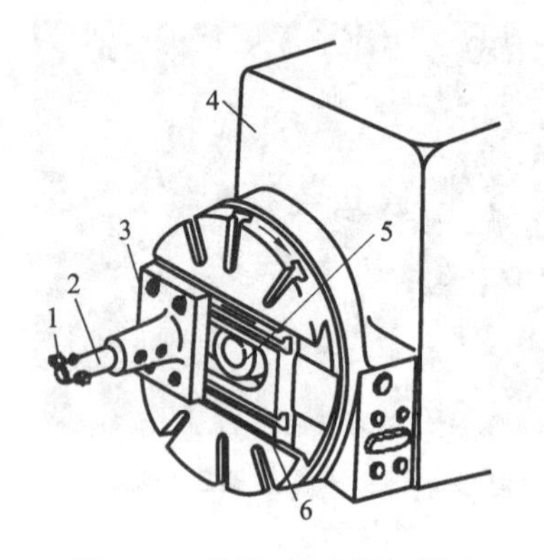

图 1-30 刀架、镗刀杆与镗刀

1—镗刀 2—镗刀杆 3—刀杆座
4—主轴箱 5—主轴 6—径向刀架

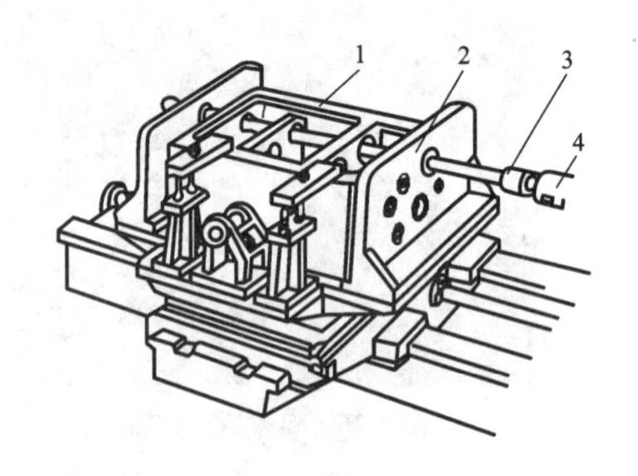

图 1-31 镗模定位夹具

1—工件 2—镗模架 3—镗刀杆 4—主轴

(4) 拉削 拉削是指工件作水平移动,拉刀作往复直线运动,对零件进行一次性从粗到精加工的一种工艺方法。拉削既可以加工平面(见图 1-32),也可以拉孔(见图 1-33)。拉削加工效率高,零件质量稳定,但拉刀结构复杂, 成本高,所以只适用于大量生产。

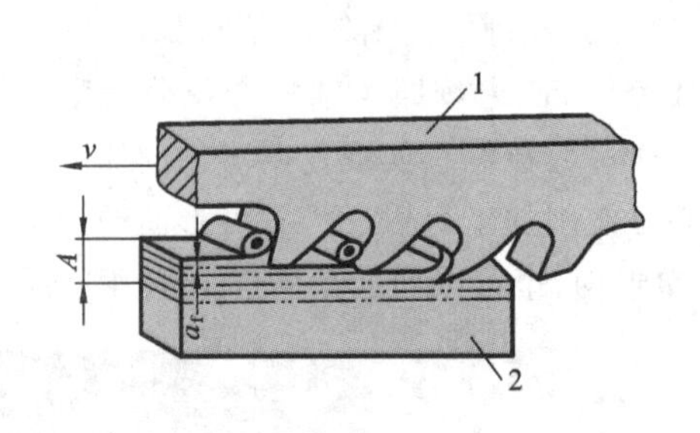

图 1-32 拉平面

1—拉刀 2—工件

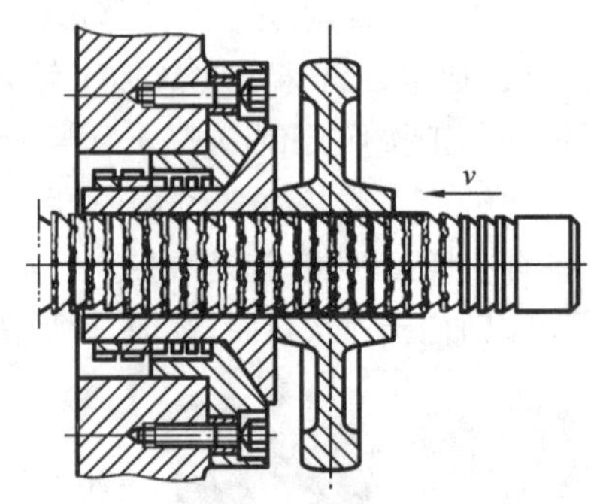

图 1-33 拉孔

(5) 磨削 磨削是指用砂轮或磨具对工件进行精加工的一种工艺方法。磨削既可以加工平面,也可以加工外圆和内孔。用外圆磨床磨外圆轴颈如图 1-34 所示。磨削加工通常是用于硬材料和淬火后的零件精加工,主要用于高的强度和硬度的轴类零件,以及高耐磨性的平面、槽或孔等的精加工。

(6) 特种加工 特种加工是指用声、光、电等物理或化学方法对零件进行加工的工艺,常用的有超声加工、激光加工、电火花和线切割加工、电解加工等。例如,“东风雪铁龙 C5"轿车采用了国际领先水平的光纤激光焊接技术对车身进行激光焊接(见图 1-35),可以减小接头尺寸,节约原材料,减轻汽车重量,提高密封性能和汽车行驶性能。采用光纤激光技术,通过机器人操作,可以实现汽车车身等复杂曲面零件的精密焊接。激光技术还可以用于切割、打孔和表面强化等。

图 1-34　磨削外圆轴颈

图 1-35　用光纤激光技术焊接轿车车身

4. 制造工程的质量

1）质量事故

(1)"挑战者号"航天飞机失事　1986 年 1 月 28 日,美国"挑战者号"航天飞机发生爆炸(见图 1-36),价值 12 亿美元的航天飞机顷刻化为乌有,7 名机组人员全部遇难。

事故原因最终查明:助推器两个部件之间的接头在低温下变脆、破损,喷出的燃气烧穿了助推器的外壳,继而引燃外挂燃料箱。燃料箱裂开后,液氢在空气中剧烈燃烧爆炸。这是质量问题导致的严重事故,值得深刻反思。

(2)湖南凤凰县堤溪沱江大桥坍塌　2007 年 8 月 13 日下午,湖南省湘西土家族苗族自治州凤凰县正在建设的堤溪沱江大桥发生坍塌事故(见图 1-37),造成 64 人死亡,22 人受伤,直接经济损失 3 974.7 万元。

图 1-36　"挑战者号"爆炸

图 1-37　凤凰堤溪沱江大桥坍塌事故现场

经调查认定,这是一起严重的责任事故。施工、建设单位严重违反桥梁建设的法规标准,现场管理混乱,盲目赶工期,监理单位、质量监督部门严重失职,勘察设计单位的服务和设计交流不到位,自治州和县两级政府及省交通厅、公路局等有关部门监管不力,致使大桥主拱圈砌筑材料未满足规范和设计要求,拱桥上部构造施工工序不合理,主拱圈砌筑质量差,降低了拱圈砌体的整体性和强度。随着拱上施工荷载的不断增加,1 号孔主拱圈靠近 0 号桥台一侧 3～4 m 宽的砌体强度达到破坏极限而坍塌,受连拱效应影响,整个大桥迅速坍塌。这又是质量事故给予的血的教训。

作为一名工程技术人员,要始终牢记“质量就是生命”,把好质量关是一个工程技术人员应有的职责。在机械制造工程中要培养质量意识,按照工程图及技术要求做好自己的工作。同时要学会质量检测的相关技术,做到既有质量意识,又有质量监控的能力。

2) 机械制造质量

(1) 材料成形质量　材料成形质量主要指与工艺相关的质量。铸件质量问题包括缩孔与缩松、气孔、夹杂与夹砂、黏砂、浇不足和冷隔等;锻件质量问题包括氧化与过烧、过热、尺寸超差、锻裂等;冲压件质量问题包括裂纹、起皱和尺寸超差等;焊件质量问题包括焊接变形、焊接裂纹、焊缝气孔与夹杂、未焊透等;热处理件质量问题包括力学性能和金相组织不合格、裂纹、变形、氧化等。

(2) 切削加工质量　切削加工质量主要指尺寸精度、形状位置精度和表面粗糙度等。

3) 检验方法

材料成形质量检验主要包括外观检验和无损检验。通常外观检验就是用肉眼观察零件表面是否有缩孔、黏砂、浇不足、冷隔、氧化与过烧、锻裂、裂纹、起皱、未焊透等;对内部缺陷一般用超声波、X 射线和磁粉无损探伤检测。超声波探伤仪对叶片进行探伤如图 1-38 所示,可见有两个明显的回波,这是零件两个表面所产生的;如果出现三个以上的回波,则表明内部有缺陷。

切削加工质量检验主要是用各种量具和仪器进行测量。常见的有游标卡尺、千分尺、百分表、圆度仪、轮廓仪、表面粗糙度样板、三坐标测量机等。一般测量用游标卡尺、千分尺、百分表和表面粗糙度样板就能达到要求;对于精密测量,用圆度仪、轮廓仪、三坐标测量机等才能满足要求。

应用激光非接触式三坐标测量机(见图 1-39)可实现零件三维尺寸精度、形状位置精度和表面粗糙度的测量;也可以用该仪器将实体进行数字化反求建模,从而加快产品研发的速度。它是当今集测量、设计和研发于一体的新技术产品。

图 1-38　叶片的超声波探伤

图 1-39　激光非接触式三坐标测量机

5. “工程实践”的操作安全

1）安全事故

① 2003年，某机械系学生手拿冲压过的钢板时被划伤。原因是该生不遵守要求戴手套并握紧冲压过的钢板的规定。冲压过的钢板有锋利的毛刺，在手中滑行会划破手套并划伤手指。

② 2000年，某高校一女生的辫子被绞到车床的丝杠中，导致头皮撕裂。原因是该生不遵守要求女生必须戴帽子上岗的规定。在操作机床时，长头发极易被外露的丝杠卷进丝杠螺母中；若不及时停机，就会有生命的危险。

③ 2001年，武汉某高校学生在锻造实习时脚被烫伤。原因是该生不遵守要求穿皮鞋上岗的操作规程。锻造时高温的氧化皮会飞出，碰到人体外露的部分就会造成烫伤。

④ 2005年，武汉某高校学生在实习时被玻璃划伤。原因是该生不遵守在实习场所不允许跑、跳和打闹的规定，高速跑动碰破了玻璃门导致严重的划伤。

以上这些安全事故都是因不遵守安全操作规程而导致的恶果。因此，每个人应该严格按照车间和设备的安全操作规程或规定上岗工作。

2）安全操作规程

一般通用的安全操作规程或规定的主要内容如下：应着工作服和工作鞋上岗，头发长达肩部的人应戴工作帽，并将头发卷藏进工作帽内；车间或实习场所严禁跑、跳和打闹；操作设备仪器前，要认真阅读操作说明书，并按照操作步骤进行；只有得到指导人员同意，才能单独操作机床设备，否则必须在指导人员监管下操作。对于具体的安全操作规程或规定，学生应该仔细阅读各单位的相关文件。

复习思考题1-1

1. 什么是工程？
2. 工程的起源是什么？
3. 第一次工业革命（也称为工业1.0或机械化）的标志性成果是什么？
4. 为什么说现代工程是信息技术与计算机技术应用于工业的结果？
5. 你所学专业属于哪个工程领域？
6. 制造工程在工程中的地位如何？
7. 制造工程的系统组成和特点是什么？
8. 制造工程的发展历史和主要制造工艺方法是什么？
9. 有哪些主要产品质量检测方法？
10. 工业2.0、工业3.0和工业4.0的定义和主要内容是什么？

第 2 章　制造工程质量与检验

2.1　产品质量

任何机器或部件都是由零件装配而成的，每个零件又都是由各种几何体所组成的，并具有各种不同的形面。为了保证机器的性能和使用寿命，设计时应根据零件在机器中的不同作用、零件的工作情况，对制造质量提出相应的要求。这些要求称为零件的技术要求，包括加工质量（如表面粗糙度、尺寸精度、形状精度、位置精度，以及零件的材料性能、热处理工艺等）和装配质量。尺寸精度、形状精度、位置精度统称加工精度。表面粗糙度和加工精度是由切削加工决定的，设计时必须合理选择，既要保证零件的使用要求，又要考虑加工的经济性。

2.1.1　加工质量

1. 表面粗糙度

零件经切削加工后，由于机床振动、刀具与工件表面的摩擦、刀痕等因素的影响，工件已加工表面出现交错起伏的微小的峰谷现象。这种现象，粗加工后的表面肉眼能观察到，精加工后的表面用放大镜或显微镜才能观察到。其微观不平程度称为表面粗糙度(surface roughness)。

表面粗糙度对零件表面的耐蚀性、耐磨性、抗疲劳性能等都有影响，并且还影响着配合表面间的气密性和过盈配合的牢固性。表面粗糙度的评定参数很多，最常用的是轮廓算术平均偏差 Ra，其单位为 μm。表面粗糙度表示方法如图 2-1 所示。在取样长度 l 内，被测轮廓上各点线至中线的轮廓偏距绝对值的算术平均值为

$$Ra = \frac{1}{l}\int_0^l |y(x)| \mathrm{d}x$$

式中　l——取样长度；

$y(x)$——长度方向上任意一点 x 的高度方向的值。

轮廓算术平均偏差还可近似表示为

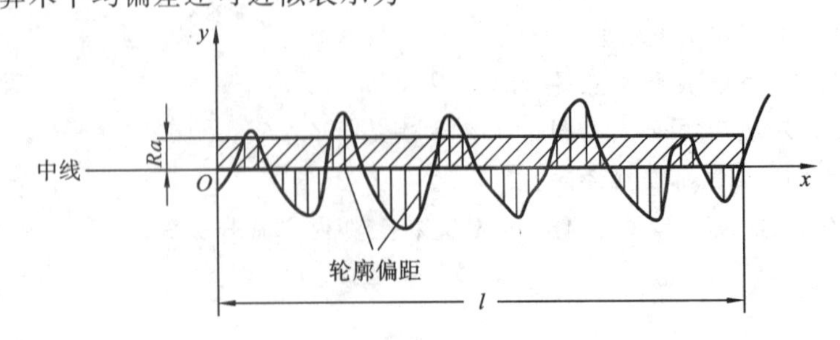

图 2-1　表面粗糙度表示方法示意图

$$Ra = \frac{1}{n}\sum_{i=1}^{n} | y_i |$$

式中 y_i——高度方向上的离散值。

常用加工方法与所能达到的表面粗糙度 Ra 的对应关系如表2-1所示。

表2-1 常用加工方法与所能达到的表面粗糙度 Ra 的对应关系

<table>
<tr><th colspan="2">加工方法</th><th>Ra/μm</th><th>表面特征</th></tr>
<tr><td colspan="2" rowspan="3">粗车、粗镗、粗铣、粗刨钻孔</td><td>50</td><td>可见明显刀痕</td></tr>
<tr><td>25</td><td>可见刀痕</td></tr>
<tr><td>12.5</td><td>微见刀痕</td></tr>
<tr><td rowspan="3">精铣
精刨</td><td rowspan="2">半精车</td><td>6.3</td><td>可见加工痕迹</td></tr>
<tr><td>3.2</td><td>微见加工痕迹</td></tr>
<tr><td>精车</td><td>1.6</td><td>不见加工痕迹</td></tr>
<tr><td colspan="2">粗磨</td><td>0.8</td><td>可辨加工痕迹方向</td></tr>
<tr><td colspan="2" rowspan="2">精磨</td><td>0.4</td><td>微辨加工痕迹方向</td></tr>
<tr><td>0.2</td><td>不辨加工痕迹方向</td></tr>
<tr><td colspan="2">精密加工</td><td>0.1～0.008</td><td>按表面光泽判别</td></tr>
</table>

2. 尺寸精度

尺寸精度(dimension accuracy)是指经切削加工后工件尺寸的精确程度。尺寸精度是由尺寸公差(简称公差)控制的。公差越小,精度越高,相应的加工成本也越高;反之,则相反。

(1) 基本尺寸 设计给定的尺寸。

(2) 实际尺寸 切削加工后测量所得的尺寸。

(3) 极限尺寸 允许尺寸变化的两个界限值,它以基本尺寸为基数来确定。两个界限值中较大的一个称为最大极限尺寸,较小的一个称为最小极限尺寸。

(4) 上偏差 最大极限尺寸减去基本尺寸的代数差。

(5) 下偏差 最小极限尺寸减去基本尺寸的代数差。

(6) 公差 尺寸的允许变动量。公差等于最大极限尺寸与最小极限尺寸之差,或等于上偏差与下偏差之差,如图2-2所示。

(7) 公差带 代表上、下偏差的两条直线所限定的区域。

例如,若记外圆 $\phi 100^{+0.020}_{-0.015}$ mm,则

基本尺寸=100 mm

上偏差=+0.020 mm, 下偏差=−0.015 mm

最大极限尺寸=(100+0.020) mm=100.020 mm

最小极限尺寸=(100−0.015) mm=99.985 mm

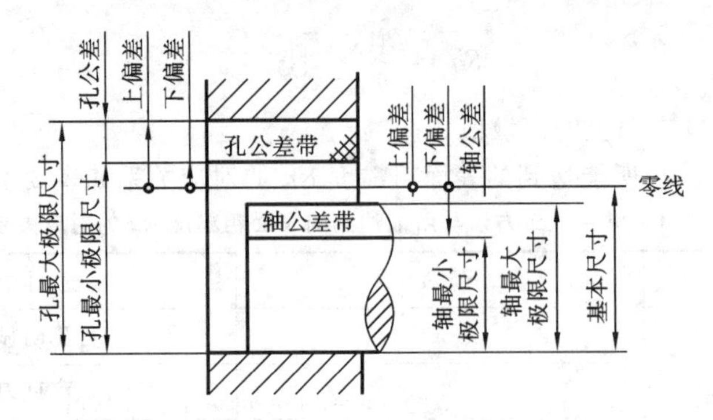

图 2-2　尺寸公差示意图

$$
\begin{aligned}
\text{尺寸公差} &= \text{最大极限尺寸} - \text{最小极限尺寸} \\
&= (100.020 - 99.985)\ \text{mm} = 0.035\ \text{mm}
\end{aligned}
$$

或　　尺寸公差＝上偏差－下偏差＝[0.020－(－0.015)]mm＝0.035 mm

当零件实际尺寸处于最大极限尺寸和最小极限尺寸之间,或零件尺寸的实际偏差处于上、下偏差之间,即为合格。

(8) 公差等级　为了将公差数值标准化,减少量具和刀具等的规格,同时又能满足各种机器所需的不同精度的要求,国家标准中将反映尺寸精度的标准公差(代号为IT)规定为IT01,IT0,IT1,IT2,…,IT18 共 20 个等级的公差系列,其中 IT01 的公差最小,精度最高;IT18 的公差最大,精度最低。常用的 IT6～IT11、IT12～IT18 为未注公差尺寸的公差等级。同一个基本尺寸,若其公差等级相同,则公差值相等,公差带等宽。公差等级及其选用如表 2-2 所示。

3. 形状精度

形状精度(shape precision)是指被测零件上的被测要素(点、线、面)相对于理想形状的准确度,由形状公差来控制。形状公差是对单一要素形状精度的要求。GB/T 1800.2—2009规定了直线度、平面度、圆度和圆柱度等四种形状公差,其名称和符号如表 2-3 所示。形状公差在图样上用两个框格标注,前一框格标注形状公差项目特征符号,后一框格填写形状公差值及附加符号。

1) 直线度

直线度是指被测直线偏离其理想形状的程度。直线度公差是实际被测直线对理想直线的允许变动。根据不同的设计要求,直线度公差可以分为在给定平面内、在给定方向上和在任意方向上三种情况。

(1) 在给定平面内的直线度　其公差带是距离为公差值 t 的两平行直线之间的区域,圆柱表面上任一素线必须位于轴向平面内,且在距离为公差值 0.02 mm 的两平行直线之间,如图 2-3 所示。测量直线度误差时,将刀口尺沿给定方向与被测平面接触,并使二者之间的最大缝隙为最小,测得的最大缝隙即为此平面在该素线方向的直线误差。当缝隙很小时,可根据光隙估计;当缝隙较大时,可用塞尺检测。

表 2-2　公差等级及其选用

应用场合			01	0	1	2	3	4	5	6	7	8	9	10	11	12	13	14	15	16	17	18	应用举例与说明
量块			—	—	—																		相当于量规 1～4 级
量规	高精度量规				—	—	—																用于检验介于 IT5 与 IT6 之间工件的量规的尺寸公差
量规	低精度量规								—	—	—												用于检验介于 IT5 与 IT6 之间工件的量规的尺寸公差
配合尺寸	个别特别重要的精密配合			—	—																		少数精密仪器
配合尺寸	特别重要精密配合	孔					—	—	—														精密机床的主轴颈、主轴箱的孔与轴承的配合
配合尺寸	特别重要精密配合	轴				—	—	—															精密机床的主轴颈、主轴箱的孔与轴承的配合
配合尺寸	精密配合	孔								—	—	—											机床传动轴与轴承，轴与齿轮、带轮，夹具上钻套与钻模板的配合等，一般孔 IT7、轴 IT6
配合尺寸	精密配合	轴							—	—	—												机床传动轴与轴承，轴与齿轮、带轮，夹具上钻套与钻模板的配合等，一般孔 IT7、轴 IT6
配合尺寸	中等精度配合	孔											—	—									速度不高的轴与轴承、键与键槽宽度的配合等
配合尺寸	中等精度配合	轴										—	—	—									速度不高的轴与轴承、键与键槽宽度的配合等
配合尺寸	低精度配合														—	—	—						铆钉与孔的配合
非配合尺寸 未注公差尺寸																—	—	—	—	—	—	—	包括冲压件、铸件和锻件的公差等
型材公差												—	—	—	—	—	—						—

（表头“01～18”为公差等级（IT））

表 2-3　形状公差及符号

特 征 项 目	直线度	平面度	圆　度	圆柱度
符号	—	⏥	○	⌭
有无基准要求	无	无	无	无

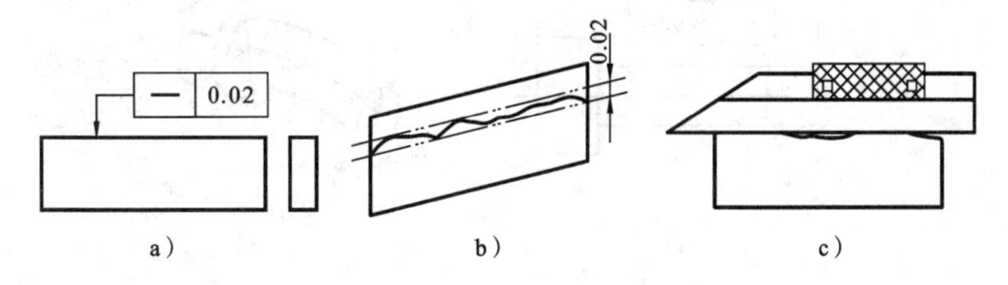

图 2-3　给定平面内的直线度

a）标注方法　b）公差带　c）检测方法

(2) 在给定方向内的直线度　当给定一个方向时,公差带是距离为公差值 t 的两平行平面之间的区域,由标注知,其棱线必须位于箭头所指方向、距离为公差值 0.02 mm 的两平行平面内,如图 2-4 所示。当给定互相垂直的两个方向时,公差带是两对给定方向上距离分别为公差值 t_1 和 t_2 的两平行平面之间的区域,由标注知,其棱线必须位于水平方向、距离为公差值 0.2 mm,垂直方向、距离为公差值 0.1 mm 的两对平行平面之内,如图 2-5 所示。检测方法与给定平面内的直线度类似。

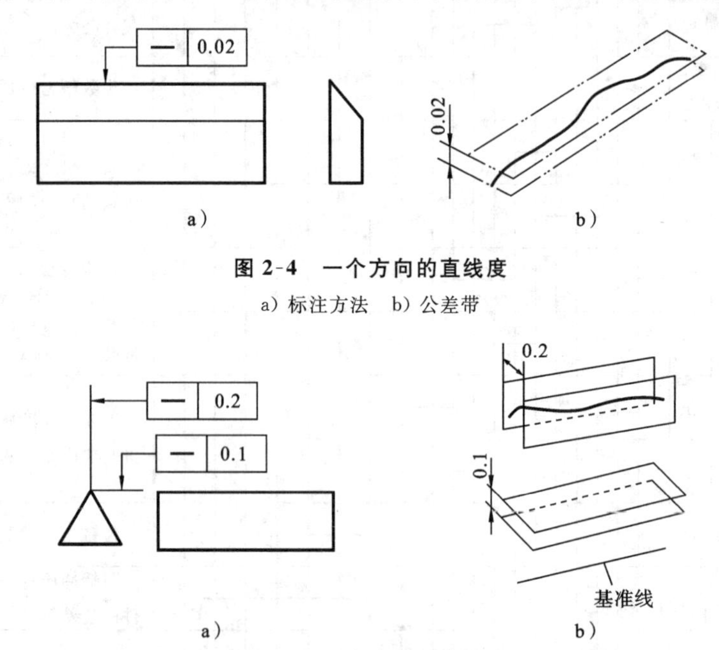

图 2-4　一个方向的直线度

a) 标注方法　b) 公差带

图 2-5　两个方向的直线度

a) 标注方法　b) 公差带

(3) 任意方向上的直线度　其公差带是直径为公差值 t 的圆柱面内的区域。直径为 d 的圆柱体内的曲线必须位于直径为公差值 0.04 mm 的圆柱体内,如图 2-6 所示。标准规定,形位公差值前加注"ϕ",表示其公差带为一圆柱体,指引线的箭头与尺寸线对齐,表示被测要素为轴线(或中心平面)。

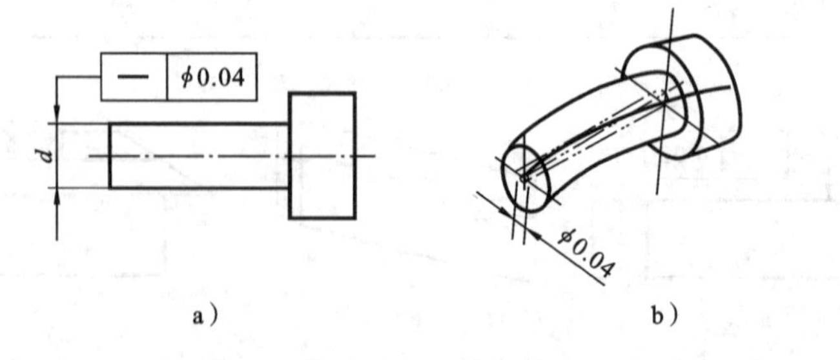

图 2-6　任意方向上的直线度

a) 标注方法　b) 公差带

2）平面度

平面度是指被测平面偏离其理想形状的程度。平面度公差是实际被测平面相对于理想平面的允许变动量。其公差带是以距离为公差值 t 的两平行平面之间的区域，表面必须位于距离为公差值 0.05 mm 的两平行平面内。小型零件平面度误差的一种测量方法为：将刀口尺与被测平面接触，在各个方向检测，其中最大缝隙的读数值即为平面度之差。平面度的标注方法、公差带和检测方法如图 2-7 所示。

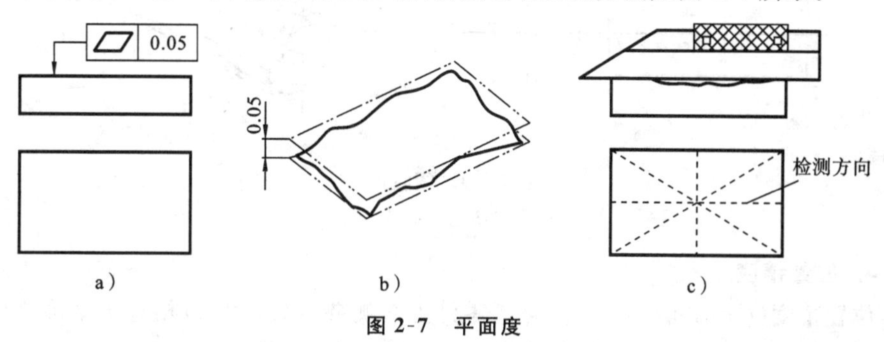

图 2-7　平面度

a）标注方法　b）公差带　c）检测方法

3）圆度

圆度是指被测圆柱面或圆锥面在正截面内的实际轮廓偏离其理想形状的程度。圆度公差是被测圆柱面对于理想圆的允许变动量。其公差带是垂直于轴线的任一正截面上半径差为公差值 t 的两同心圆之间的区域，在垂直于轴线的任一正截面上，实际轮廓线必须位于半径差为公差值 0.02 mm 的两同心圆内。圆度仪检测圆度误差的方法为：将被测零件放置在圆度仪上，调整零件的轴线，使其与圆度仪的回转轴线同轴，测量头每转一周，即显示该测量截面的圆度误差。测量若干个截面，其中最大的误差值即为被测圆柱面的圆度误差。圆度的标注方法、公差带和检测方法如图 2-8 所示。

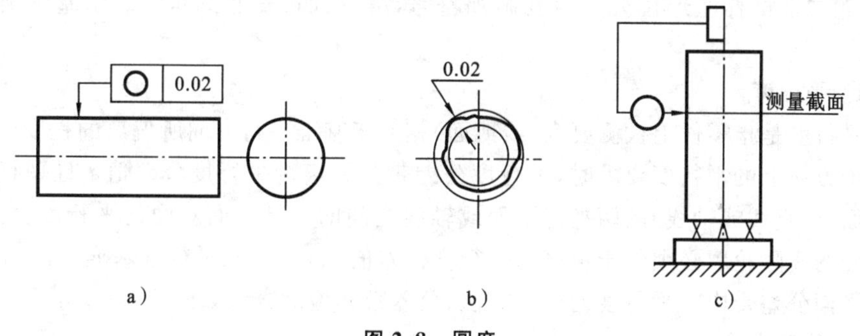

图 2-8　圆度

a）标注方法　b）公差带　c）检测方法

4）圆柱度

圆柱度是被测圆柱面偏离其理想形状的程度。圆柱度公差是被测圆柱面相对于理想圆柱面的允许变动量，圆柱度公差带是半径差为公差值 t 的两同轴圆柱面之间的区域,实际圆柱表面必须位于半径差为公差值 0.03 mm 的两同轴圆柱面之间,如图 2-9 所示。圆柱度误差的检测方法与圆度误差基本相同,不同的是测量头在无径向偏差的情况下,检测若干个横截面以确定圆柱度误差。

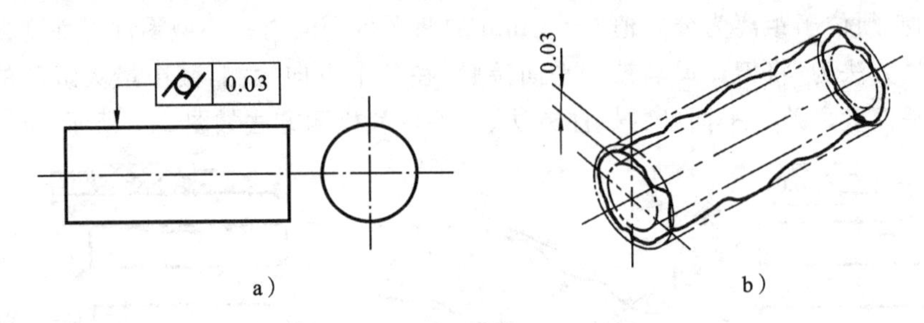

图 2-9　圆柱度

a) 标注方法　b) 公差带

4. 位置精度

位置精度(position accuracy)是指零件上被测要素(线和面)相对于基准之间的位置准确度。它由位置公差来控制,可分为定向公差、定位公差和跳动公差。

实际的位置误差小于或等于位置公差即为合格,GB/T 1800.2—2009 规定了 38 种位置公差,常用的 5 种如表 2-4 所示。

表 2-4　常用的位置公差名称及符号

特 征 项 目	平行度	垂直度	同轴度	圆跳动	对称度
符号	//	⏥	○	↗	⌯
有无基准要求	有	有	有	有	有

位置公差在图样上用三个、四个或五个框格标注,第一框格标注形位公差项目特征符号,第二框格标注形位公差值及附加符号,第三、四、五框格标注表示基准要素的字母。

1) 平行度

平行度是指零件上被测要素(线或面)相对于基准平行方向所偏离的程度。当给定一个方向上的平行度要求时,平行度公差带是距离为平行度公差值 t 且平行于基准平面(或直线或轴线)的两平行平面或轴线之间的区域。面对面的平行度公差带,上表面的实际轮廓必须位于距离为平行度公差值 0.04 mm、平行于基准平面 A 的两平行平面公差带内。平行度的标注方法、公差带和检测方法如图 2-10 所示。

2) 垂直度

垂直度是指零件上被测要素(线或面)相对于基准垂直方向所偏离的程度。当给定一个方向上的垂直要求时,垂直度公差带是距离为公差值 t 且垂直于基准平面(或直线或轴线)的两平行平面(或直线)之间的区域。右侧平面必须位于距离为公差值 0.03 mm 且垂直于基准平面(或线)的两平行平面(或线)之间。垂直度的标注方法、

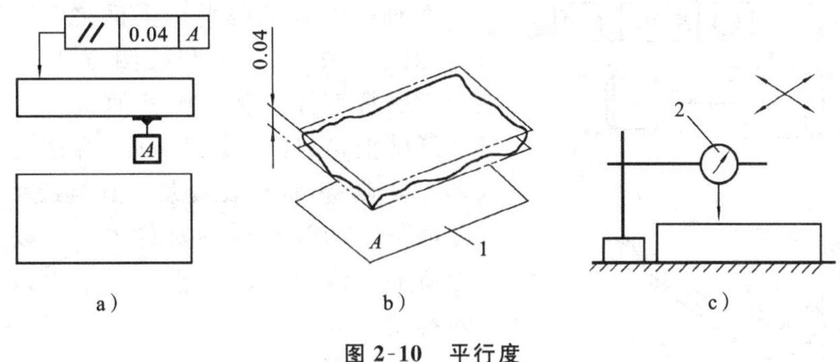

图 2-10　平行度

a）标注方法　b）公差带　c）检测方法

1—基准平面　2—百分表

公差带和检测方法如图 2-11 所示。将 90°角尺宽边贴靠基准平面 A，测量被测平面与 90°角尺窄边之间的缝隙，最大缝隙即为垂直度误差。

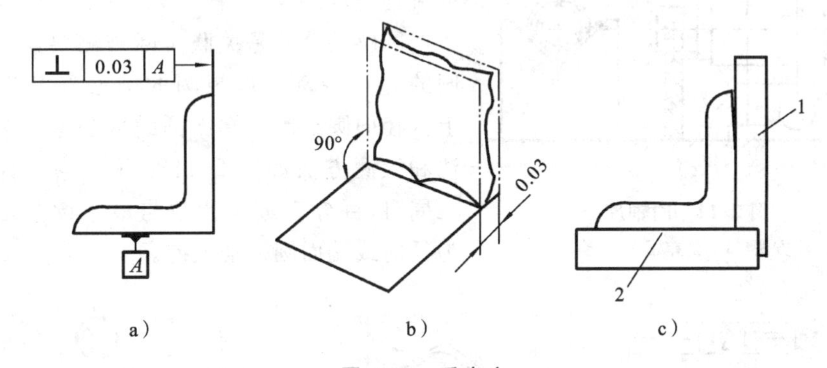

图 2-11　垂直度

a）标注方法　b）公差带　c）检测方法

1—90°角尺　2—基准平面 A

3）同轴度

同轴度用于控制轴类零件的被测轴线对基准轴线的同轴度误差。同轴度公差带是直径为公差值 t 且与基准轴线同轴的圆柱面内的区域。ϕd 轴线必须位于直径为公差值 0.05 mm 且与基准轴线同轴的圆柱面内。同轴度的标注方法、公差带和检测方法如图 2-12 所示。将基准轴线 A、B 的轮廓表面的中间截面放置在两等高的刃口状 V 形砧上；然后在轴向测量，取上、下两个百分表在垂直于基准轴线的正截面上所测得的各对应点的读数差的绝对值 $|M_a - M_b|$ 作为在该截面上的同轴度误差；再转动零件，按上述方法测量若干个截面，取各截面测得的读数差中的最大值(绝对值)作为该零件的同轴度误差。

4）对称度

对称度用来控制被测要素中心平面(或轴线)对基准中心平面(或轴线)的共面(或共线)性误差。槽的中心面必须位于距离为公差值 0.1 mm 且相对于基准中心

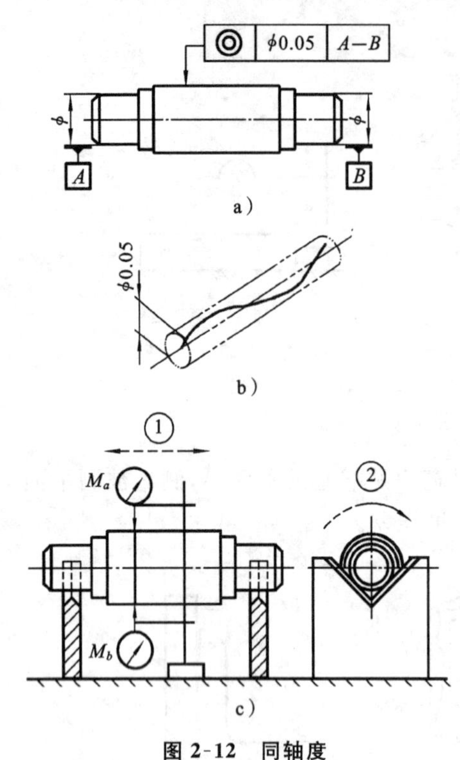

图 2-12　同轴度

a）标注方法　b）公差带　c）检测方法

平面对称配置的两平行平面之间。对称度的标注方法、公差带和检测方法如图 2-13 所示。将零件的基准圆柱面支承在等高的 V 形砧上，在同一横截面内，将被测零件转动 180°测量，百分表最大读数与最小读数之差的一半为该截面的对称度。而以各截面上所测数值中的最大值的一半为该零件的对称度。

5）圆跳动

圆跳动是指在被测圆柱面的任一横截面上或端面的任一直径处在无轴向移动的情况下，围绕基准轴线回转一周时沿径向或轴向的跳动程度。

圆跳动公差是关联实际被测要素对理想圆的允许变动。理想圆的圆心在基准轴线上。径向圆跳动和端面圆跳动公差的标注方法和检测方法如图 2-14 所示。当零件旋转一周时，百分表最大读数与最小读数之差即为径向或端面圆跳动误差。

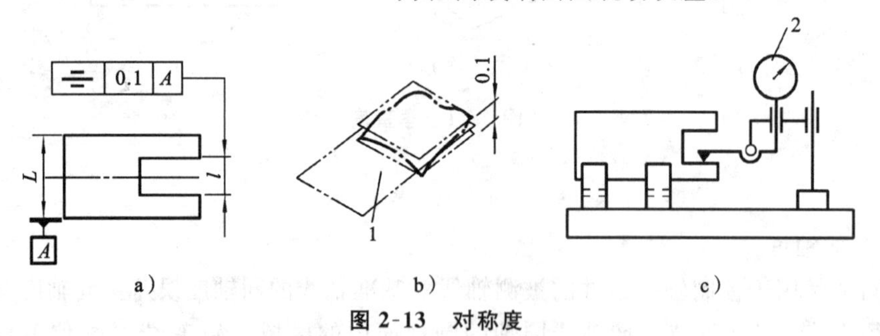

图 2-13　对称度

a）标注方法　b）公差带　c）检测方法

1—基准中心平面　2—百分表

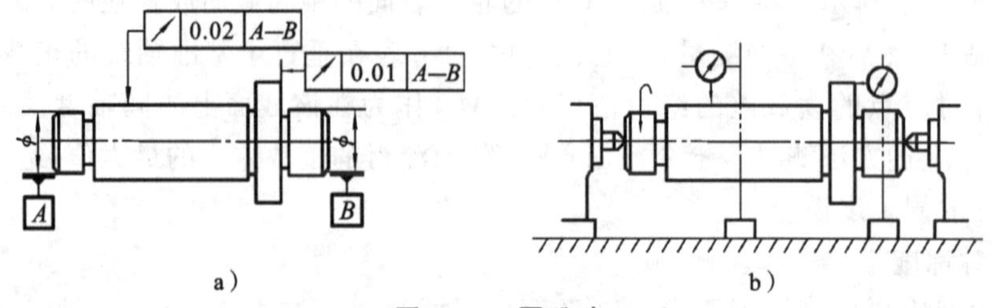

图 2-14　圆跳动

a）标注方法　b）在振摆仪器上的检测方法

2.1.2 装配质量

一个机械产品推向市场,需要经过设计、加工、装配、调试等环节。产品的质量与这些环节紧密相关,最终体现在产品的使用性能上,图 2-15 所示为产品质量因果图。企业应从各方面来保证产品的质量。

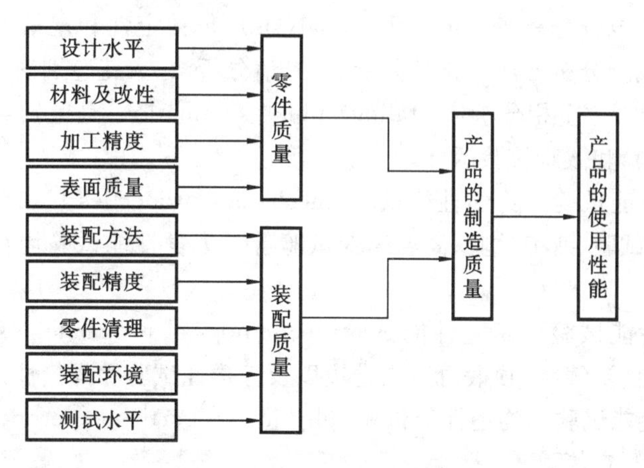

图 2-15　产品质量因果图

任何机器都是由零件、组件和部件组成的。根据规定的技术要求将零件结合成组件和部件,并进一步将零件、组件和部件结合成机器的过程称为装配。装配是机械制造过程的最后一个阶段,合格的零件通过合理的装配和调试,就可以获得良好的装配质量,从而保证机器能进行正常的运转。

装配精度是装配质量的指标,主要有以下几项:

① 零件、部件间的尺寸精度,包括配合精度(配合面间达到规定的间隙或过盈的要求)和距离精度(零件、部件间的轴向距离、轴线间的距离)等。

② 零件、部件间的位置精度,包括零件、部件的平行度、垂直度、同轴度和各种跳动等。

③ 零件、部件间的相对运动精度,指有相对运动的零件、部件间在运动方向和运动位置上的精度,如车床车螺纹时,刀架与主轴的相对移动精度。

④ 接触精度(contact precision),指两配合表面、接触表面和连接表面间达到规定的接触面积大小与接触点分布情况,如相互啮合的齿轮、相互接触的导轨面之间均有接触精度要求。

2.2 质量检测方法

制造工程不仅要利用各种制造方法使零件达到一定的质量要求,而且要通过相应的手段来检测。检测应自始至终伴随着每一道制造工序。同一种要求可以通过一种或几种方法来检测。质量检测的方法涉及的范围和内容很多。

1. 金属材料的检测方法

金属材料应对其外观、尺寸、物理和化学性能三个方面进行检测。对于外观，采用目测法进行检测。对于尺寸，使用样板、直尺、卡尺、钢卷尺、千分尺等量具进行检测。物理和化学性能检测项目较多，主要有以下几种检测方法：

(1) 化学成分分析　依据来料保证单中指定的标准规定化学成分，由专职人员对材料进行化学成分分析(composition analysis)，包括定性和定量的分析。入厂材料常用的化学成分分析方法有化学分析法、光谱分析法、火花鉴别法等。

(2) 金相分析　金相分析(metallographic examination)是鉴别金属组织结构的方法，有宏观检验和微观检验两种。

(3) 力学性能试验　力学性能试验(mechanics properties testing)有硬度试验、拉力试验、冲击试验、疲劳试验、高温蠕变试验等。力学性能试验均在专用试验设备上进行。

(4) 工艺性能试验　工艺性能试验(technological properties experiment)有弯曲、反复变形、扭转、缠绕、顶锻、扩口、卷边以及淬透性试验和焊接性试验等。

(5) 物理性能试验　物理性能试验(physics properties experiment)有电阻系数测定、磁学性能测定等。

(6) 化学性能试验　化学性能试验(chemical properties experiment)主要有晶间腐蚀倾向试验。

(7) 无损探伤　无损探伤(nondestructive inspection)是一种不损坏原有材料，检查其表面和内部缺陷的方法，主要包括磁粉探伤(magnetic particle inspection)、超声探伤(ultrasonic inspection)、渗透探伤(penetrating inspection)、涡流探伤(induced current inspection)等。

2. 尺寸的检测方法

对于尺寸在1000 mm以下、公差值为0.009～3.2 mm、有配合要求的工件(原则上也适用于无配合要求的工件)，一般使用普通计量器具(如千分尺、卡尺和百分表等)检测；特殊情况下，可使用测距仪、激光干涉仪、经纬仪、钢卷尺等检测。

3. 表面粗糙度的检测方法

表面粗糙度的检测方法有样板比较法、显微镜比较法、电动轮廓仪测量法、光切显微镜测量法、干涉显微镜测量法、激光测微仪测量法等。在生产现场常用的是样板比较法。它是以表面粗糙度比较样块工作面上的粗糙程度为标准，用视觉法和触觉法与被检表面进行比较来判定被检表面是否符合规定。

4. 形位误差的检测方法

根据形位及公差要求的不同，形位误差的检测方法各不相同。下面以一种检测圆跳动的方法为例来说明形位误差的检测方法。

(1) 检测原则　使被测实际要素绕基准轴线作无轴向移动回转一周时，由位置固定的指示器(如百分表)在给定方向上测得的最大读数与最小读数之差。

（2）检测设备　一对同轴顶尖、带指示器的测量架。

（3）检测方法　将被测零件安装在两顶尖之间，在被测零件回转一周过程中，指示器读数最大差值即为单个测量平面上的径向跳动，如图 2-16 所示。

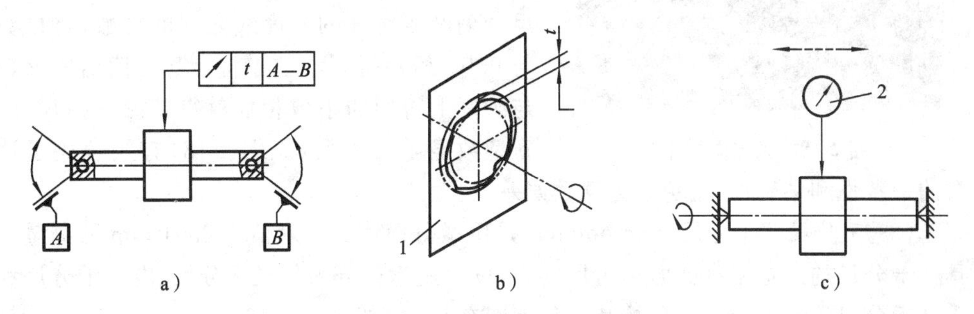

图 2-16　圆跳动

a）标注方法　b）公差带　c）检测方法

1— 测量平面　2—百分表

按上述方法测量若干个截面，取各个截面上所测跳动量中的最大值作为该零件的径向跳动。

2.3　质量检测仪器

质量检测的仪器是用来测量零件线性尺寸、角度以及检测零件形位误差等的工具。为保证被加工零件的各项技术参数符合设计要求，在零件加工前后和加工过程中，都必须用检测仪器进行检测。选择的检测仪器应当适合被检测量的性质，适合被检测零件的形状、测量范围。通常选择的检测仪器的读数精度应小于被检测量的公差的 15%。

1. 量具的结构及测量原理

（1）游标卡尺　游标卡尺(vernier caliper)是一种比较精密的量具，如图 2-17 所示。其结构简单，可以直接量出工件的内径、外径、长度和深度等。游标卡尺按测量精度可分为 0.10 mm、0.05 mm、0.02 mm 三个量级，按测量尺寸范围有 0～125 mm、0～150 mm、0～200 mm、0～300 mm 等多种规格，使用时可根据零件精度要求

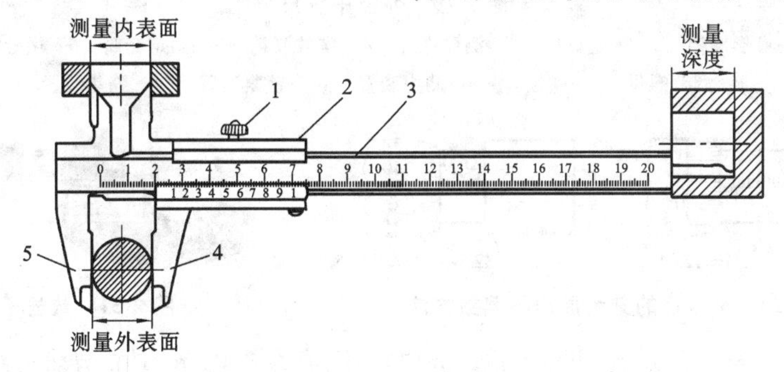

图 2-17　游标卡尺及读数方法

1—制动螺钉　2—游标　3—尺身　4—活动量爪　5—固定量爪

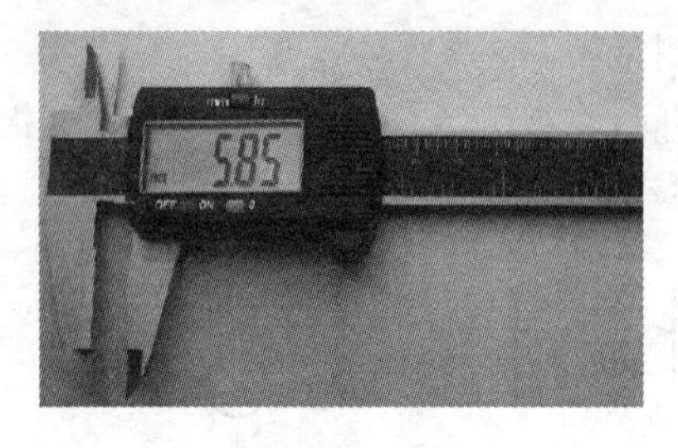

图 2-18　数显游标卡尺

及零件尺寸大小进行选择。

测量读数时，先从游标以左的尺身上读出最大的整毫米数，然后在游标上读出零线到与尺身刻度线对齐的刻度线之间的格数，将格数与 0.02 相乘得到小数。将尺身上读出的整数与游标上得到的小数相加就得到测量的尺寸。新型数显游标卡尺(见图 2-18)有效解决了读数的一致性和精确性，避免人为读数误差。

(2) 千分尺　千分尺(micrometer)是用微分筒读数的示值为 0.01 mm 的测量工具。千分尺的测量精度比游标卡尺的高，按照用途可分为外径千分尺、内径千分尺和深度千分尺等。外径千分尺按其测量范围有 0～25 mm、25～50 mm、50～75 mm 等规格。

测量范围为 0～25 mm 的外径千分尺如图 2-19 所示。弓形架的左端有固定砧座，右端的固定套筒在轴线方向上刻有一条中线(基准线)，上下两排刻线互相错开 0.5 mm，形成主尺。千分尺的刻线原理与读数方法如图 2-20 所示。微分筒左端圆周上均布 50 条刻线，形成副尺。微分筒和螺杆连在一起，当微分筒转动一周，即带动测微螺杆沿轴向移动 0.5 mm。因此，微分筒转过一格，测微螺杆轴向移动的距离为 0.01(0.5/50) mm。当千分尺的测微螺杆与固定砧座接触时，微分筒的边缘与轴向刻度的零线重合。同时，微分筒上的零线应与中线对准。数显千分尺(见图 2-21)读数更容易。

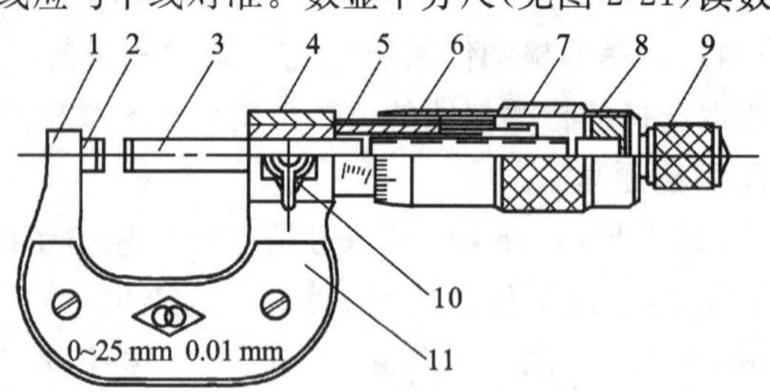

图 2-19　外径千分尺

1—弓形尺架　2—固定砧座　3—测微螺杆　4—螺纹套筒　5—固定套筒　6—微分筒　7—调节螺母　8—弹性套　9—测力装置　10—锁紧装置　11—隔热装置

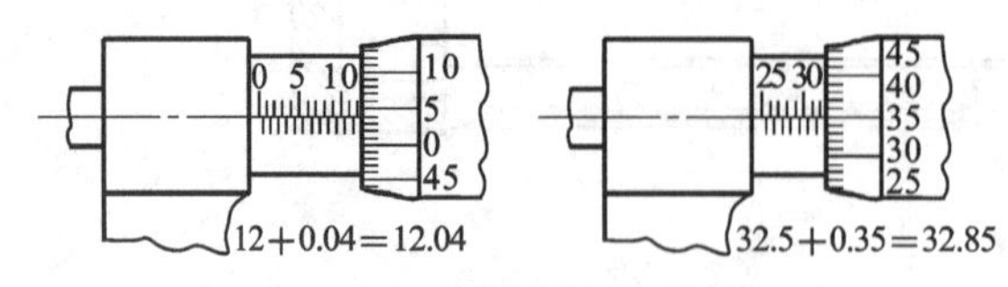

图 2-20　千分尺的刻线原理与读数方法

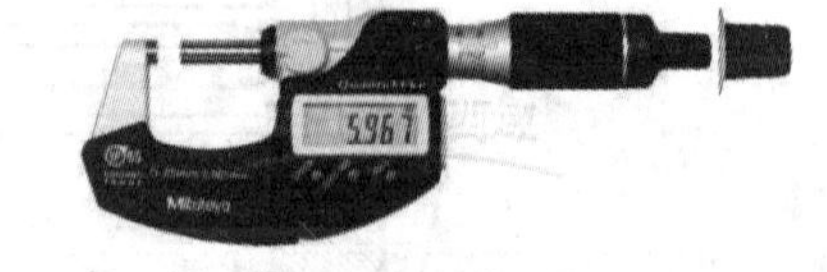
图 2-21　数显千分尺

(3) 百分表　百分表(dial indicator)的刻度值为 0.01 mm，百分表的结构及传动机构如图 2-22 所示。当测量头向上或向下移动 1 mm 时，通过测量杆上的齿条和几个齿轮带动大指针转一周，小指针转一格。百分表是一种精度较高的比较测量工具。

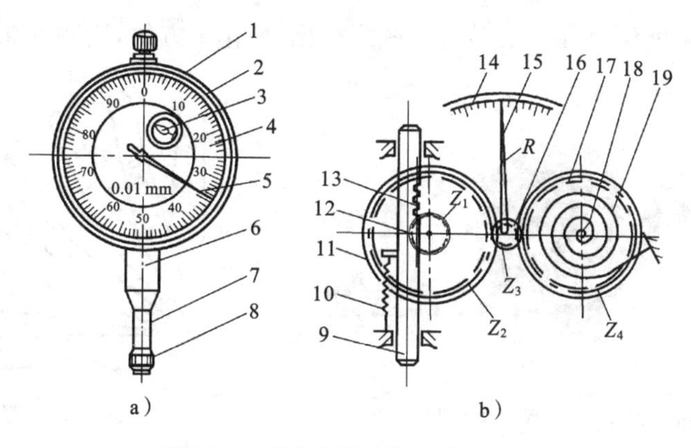

图 2-22 百分表的结构及传动机构

a) 百分表的结构 b) 内部传动机构

1—表体 2—表圈 3—小指针 4—刻度盘 5—大指针 6—装夹套
7—测量杆 8—测头 9—测量杆 10—拉簧 11、17—大齿轮
12—小齿轮 13—直齿条 14—刻度盘 15、18—指针 16—中心齿轮 19—游丝

它只能读出相对的数值，不能测出绝对数值，主要用来检验零件的形状误差和位置误差，也常用于工件装夹时精密找正。数显百分表(见图 2-23)通过位移传感器将位移量转变为数值，从而直接将位置的变化显示在液晶屏上。

图 2-23 数显百分表

(4) 万能角度尺 万能角度尺(universal bevel protractor)是用来测量零件角度的。万能角度尺采用游标读数，可测任意角度，如图 2-24 所示。扇形板可以带动游标沿尺身移动，角尺可用卡块紧固在扇形板上，可移动的直尺又可用卡块固定在角尺上，基尺与尺身连成一体。

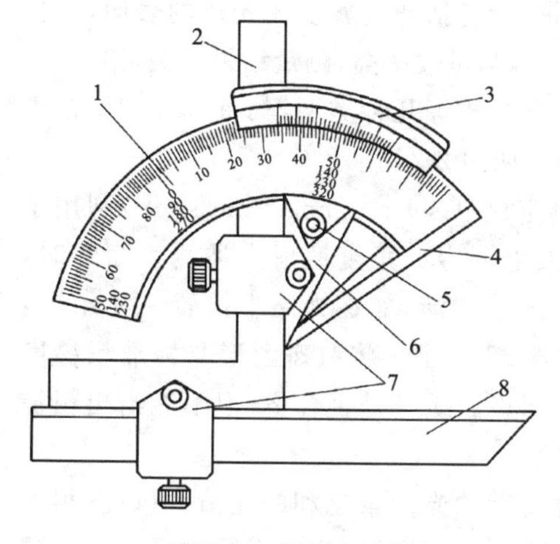

图 2-24 万能角度尺

1—尺身 2—角尺 3—游标 4—基尺
5—制动器 6—扇形板 7—卡块 8—直尺

万能角度尺的刻线原理和读数方法与游标卡尺相同。其尺身上每格一度，尺身上的 29°与游标的 30 格相对应，即游标每格为 29°/30＝58′。尺身与游标每格相差 2′，也就是说，万能角度尺的读数精度为 2′。测量时应先校对万能角度尺的零位，当角尺与直尺连接安装，且角尺的底边及基尺均与直尺无间隙接触时，尺身与游标的“0”对齐。校零后的万能角度尺可根据工件所测角度的大致范围组合游标、角尺、直尺的相互位置，可测量 0°～320°范围的任意角

度。数显万能角度尺(见图 2-25)与机械式相比,操作更方便,读数更准确。

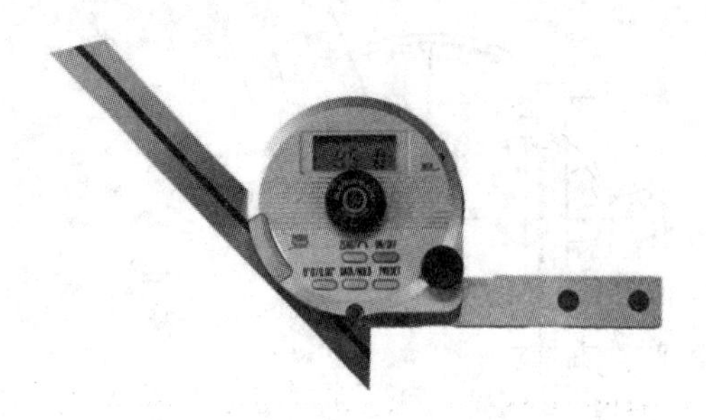

图 2-25　数显万能角度尺

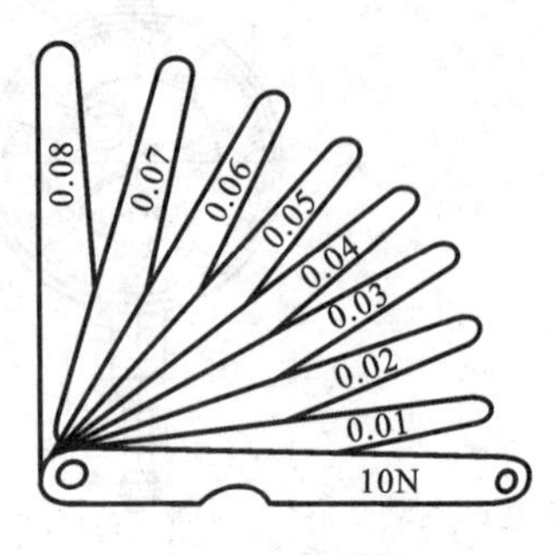

图 2-26　塞尺

(5) 塞尺　塞尺(feeler gauge)又称厚薄规,由一组厚度不等的薄钢片组成,如图 2-26 所示,是用其厚度来测量间隙大小的薄片量尺。钢片的厚度为 0.01～0.08 mm,厚度值印在每片钢片上。使用时根据被测间隙的大小选择厚度接近的钢片,也可以用几片组合插入被测间隙,能塞入钢片的最大厚度即为被测间隙值。

2. 精密测量仪器简介

1) 表面粗糙度测量仪

(1) 电动轮廓仪　电动轮廓仪(electric contour measurer)是一种用触针垂直接触被测表面,同时以恒定的速度沿被测表面移动,表面的微观不平使触针在与被测表面垂直的方向上作相应的上下移动,其移动量通过位移传感器变成电信号,经过放大处理后由显示器显示出(或由打印机打印出)测量结果(Ra 值),或者描绘出被测表面的轮廓曲线。

电动轮廓仪适用于测量表面粗糙度 Ra 值为 0.02～5 μm、硬度不低于 20HRC 的表面,可测多种形状的内外表面和复杂的曲面,包括非金属及无光泽的表面,适应性优于光切显微镜和干涉显微镜。它操作方便,测量效率高,测量结果客观可靠。

电动轮廓仪有电感式、感应式、压电式和光电式等几种类型,其特点和应用范围可查阅有关产品的说明书。电感式电动轮廓仪如图 2-27 所示。

(2) 激光粗糙度测定仪　激光粗糙度测定仪(laser roughness measurer)利用了激光高亮度和相干能力强等特点。当激光束以一定的角度照射在被测表面上时,因表面微观不平而产生漫反射,反射的光波产生干涉,如在光路上设置一显示屏,在显示屏上则会出现一定形状的散斑,如图 2-28 所示。将散斑图形与标准粗糙度样板的散斑图形进行比较,可方便地评定被测表面质量是否合格,但不能给出粗糙度值。

利用中心亮斑的光能量总和与两边散射光带的光能量总和的比值,可以获得表面粗糙度 Ra。激光粗糙度测定仪测量原理如图 2-29 所示。用两个观测屏,在 D_1 屏上开一圆孔,使中心亮斑全部穿过圆孔落在后面的 D_2 屏上。D_1 屏和 D_2 屏用硅光电池组成,这样,D_1 屏接收的是两侧散射光带的光能量总和,转换为电压 $U_{两侧}$(或电流

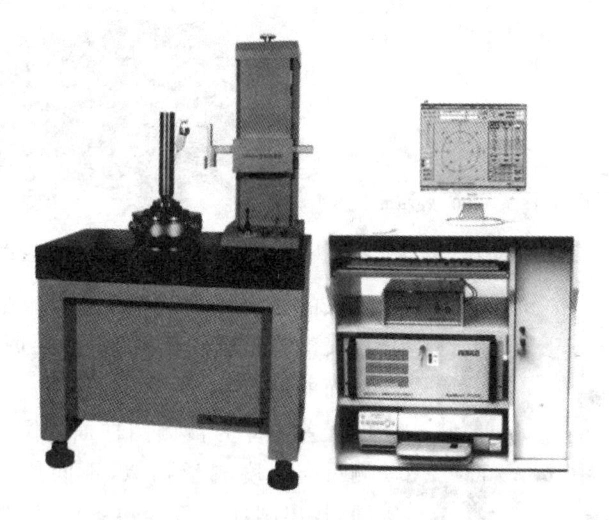

图 2-27　电感式电动轮廓仪的外形图

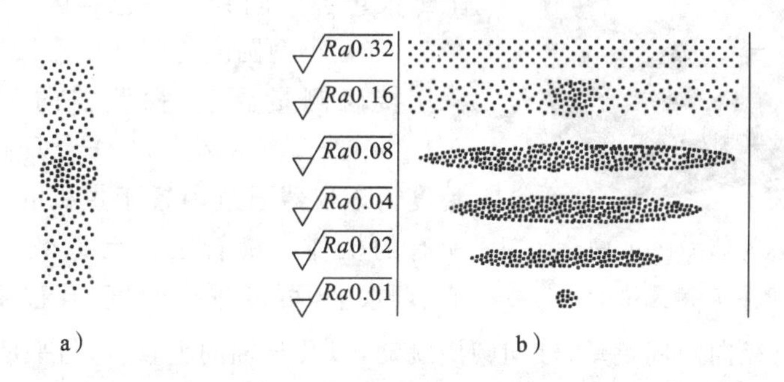

图 2-28　被测表面的散斑图形与标准粗糙度样板的散斑图形

a）被测表面的散斑图形　b）标准粗糙度样板的散斑图形

$I_{两侧}$）；D_2 屏接收的是中心亮斑的光能量总和，转换为电压 $U_{中心}$（或电流 $I_{中心}$）。通过测量电路，可求出两者的比值为

$$\beta=U_{中心}/U_{两侧}$$

β 值与表面粗糙度 Ra 的关系，如图 2-30 所示。通常用标准粗糙度样板测绘该曲线，通过 β 值与表面粗糙度 Ra 的对应关系，测得 β 值就可以求出 Ra 值。6211A 非接触式粗糙度测定仪（见图 2-31）不会对产品表面造成破坏，可消除在高级别粗糙度测量时测尖无法进入谷底而带来的测量误差，特别适用于对超精加工后工件表面粗糙度的测量。

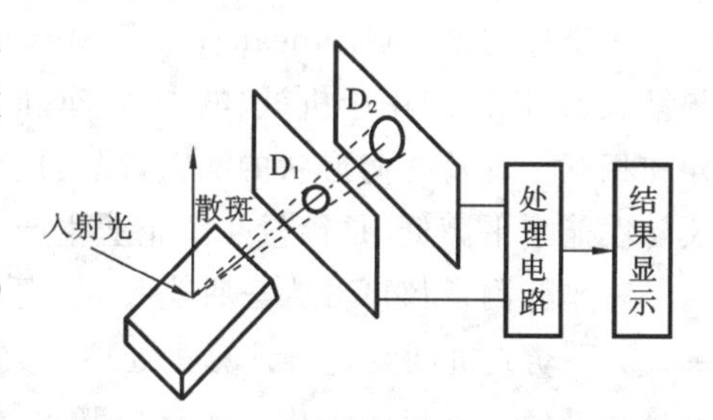

图 2-29　激光粗糙度测定仪原理图

2）圆度与圆柱度测量仪

圆度与圆柱度测量仪是将被测零件放置在圆度仪上，调整零件的轴线，使其与圆

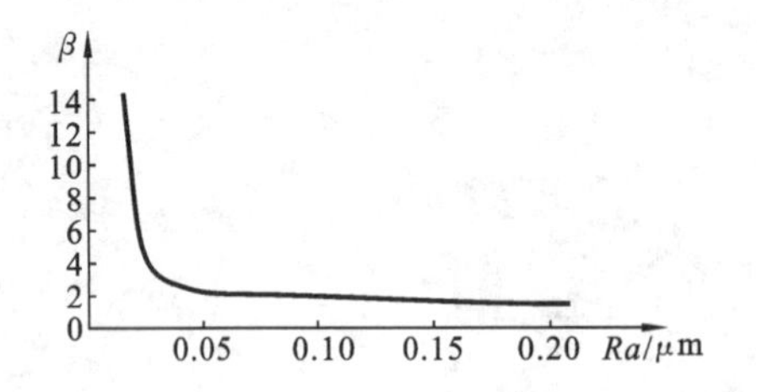

图 2-30 β值与表面粗糙度的关系

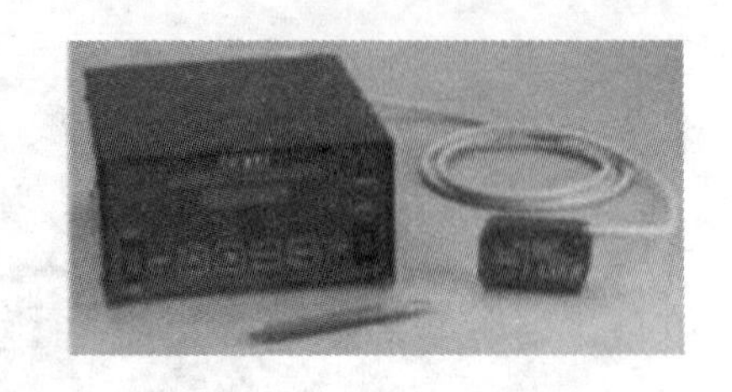

图 2-31 6211A 非接触式粗糙度测定仪

图 2-32 RA-120/120P 圆度与圆柱度测量仪

度仪的回转轴线同轴,仪器的驱动机构驱动测量头沿零件圆周回转,每转一周,即显示该测量截面的圆度误差。测量若干个截面,其中最大的误差值即为被测圆柱面的圆度误差。圆柱度测量与圆度测量相似,不同的是要测量多个截面,找出圆柱的最大包容区间,然后找出圆柱面上最大包容区间到最小包容区间的距离。RA-120/120P 小型圆度与圆柱度测量仪(见图2-32)采用接触测量原理,探测器的测量范围宽达±1 000 μm,精密旋转工作台具有很高的旋转精度。该仪器通过内置于主机的控制面板控制所有的操作。旋转工作台以数字方式显示调心、调水平,可以进行圆度、圆柱度、同轴度、同心度、平面度、径向圆周跳动、轴向圆周跳动,以及与轴的垂直度、与平面的垂直度、厚度偏差、平行度等的测量。

3) 三坐标测量仪

三坐标测量仪(trilinear coordinates measuring instrument)是一种高效、精密的测量仪器,广泛应用于机械、电子、汽车和飞机等工业部门,用于零件和部件的几何尺寸和相互位置及几何形状的测量,现已成为几何测量的主要仪器之一。三坐标测量仪的性能水平高低,是衡量一个企业生产水平的显著标志。

三坐标测量仪可分为三种类型:① 手动或机动测量—人工处理—数显及打印结果;② 手动或机动测量—计算机处理—数显及打印结果;③ 可编程计算机控制自动测量和处理。其机械结构主要有悬臂式、桥式、龙门移动(或固定)式、坐标镗床式或卧式镗床式等,如图 2-33 所示。

现代三坐标测量仪配置了光学测头,可对空间曲面、软体表面、光学刻线等进行非接触式测量。测量系统主要分为机械类、光学类和电磁类。机械类又分为刻线标尺式、精密丝杠式、精密齿条式等;光学类又分为光栅式、激光干涉式等;电磁类又分为感应同步器式、磁栅式、编码器式等。

现代三坐标测量仪的数据处理一般由计算机完成,可实现自动测量。测量时

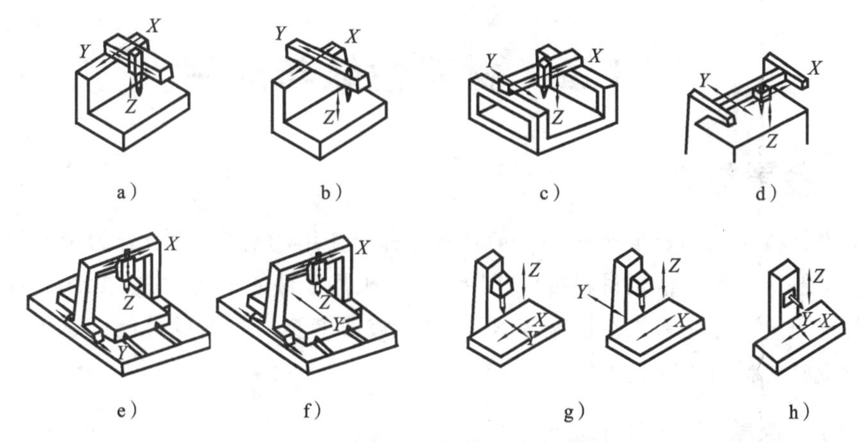

图2-33 坐标测量仪的机械结构形式

a)、b)悬臂式 c)、d)桥式 e)龙门移动式 f)龙门固定式 g)坐标镗床式 h)卧式镗床式

可用预先编好的程序或采用计算机人工示教学习程序。人工示教学习程序是先由人工测量第一个零件,计算机记录下全部的测量过程并自动编译为程序软件,供同一批零件测量时调用。

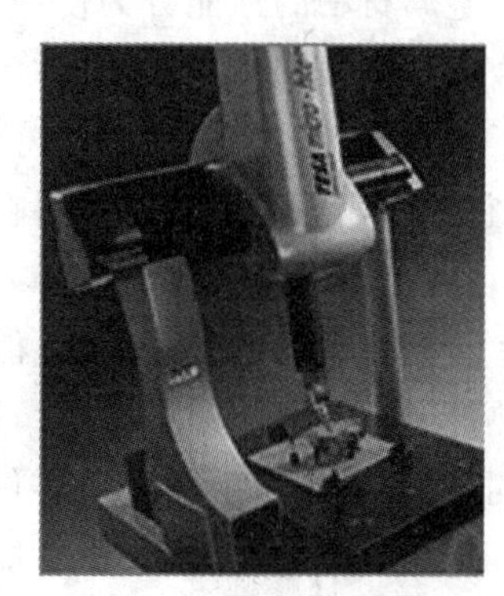

图2-34 三坐标测量仪

经济型Micro-Hite 3D DCC三坐标测量仪如图2-34所示,其测量系统基本配置包括PC-DMIS-PRO™软件、TESASTAR测头以及功能完善的计算机系统。通过配置CCD光学探头,可以实现非接触式测量。

复习思考题2-1

1. 零件的质量指标有哪些?为什么要对零件提出质量要求?如何掌握对质量要求的尺度?
2. 常用的量具有哪几种?试选择测量下列尺寸(mm)的量具:未加工面:50;已加工面:30,25±0.03,22±0.2。
3. 游标卡尺使用前为什么要对零?说出其读数原理。
4. 比较游标卡尺、百分表和三坐标测量仪的使用特点。
5. 公差、公差带的含义是什么?
6. 表面粗糙度的含义是什么?用什么参数来评定。
7. 常用的形状公差和位置公差各有哪些项目?其含义是什么?如何标注?
8. 游标卡尺和千分尺的测量准确度是多少?
9. 怎样利用百分表来测量轴的圆跳动?
10. 简述万能角度尺的工作原理。

第3章　材料性能与应用

3.1　金属材料

工程材料(engineering materials)是指工程上使用的材料，一般分为金属材料和非金属材料两大类。金属材料被广泛用来制造机器零件或工具。这是因为金属材料具有良好的使用性能和工艺性能等，热处理可以改变金属材料的性能。近年来已有许多非金属材料用于各类工程结构。

3.1.1　金属材料的性能

金属材料的性能分为使用性能和工艺性能。使用性能是指机械零件在使用条件下金属材料表现出来的性能，包括物理、化学、力学性能等。金属材料的使用性能决定了机械零件的使用范围和寿命。工艺性能是指金属材料在加工过程中表现出的性能，它的好坏决定了金属材料在加工过程中成形的适应能力。

1. 物理、化学性能

金属材料的物理、化学性能(physical & chemical properties)主要有密度、熔点、导热性、热膨胀性、耐蚀性等。机械零件的用途不同，对材料的物理、化学性能要求亦不同。例如，飞机上的一些零件要选用密度小的材料(如铝合金等)制造。

金属材料的物理、化学性能对制造工艺也有影响。例如，凡是导热性差的材料，进行切削加工时，刀具的温升就快，其耐用度就很低；膨胀系数的大小会影响工件热加工后的变形与开裂。

2. 力学性能

金属材料受到外力作用时所表现出来的性能称为力学性能(mechanical properties)。金属的力学性能主要有强度、塑性、硬度和冲击韧度等。材料的力学性能是零件设计、选材的重要依据。

1）强度

强度(strength)是指材料在外力作用下抵抗变形和断裂的能力。工程上常用的强度指标是屈服强度(yield strength)和抗拉强度(tensile strength)。屈服强度和抗拉强度可用拉伸试验来测定。屈服强度是指材料在拉伸过程中，载荷不增大而试样延伸率继续增加时的应力，用 R_e 表示。屈服强度分为上屈服强度和下屈服强度。有些金属材料无明显的屈服现象，一般用塑性延伸率为0.2%时的屈服强度 $R_{p0.2}$ 来表示。工程设计中，机械零件不允许发生塑性变形，或只允许少量塑性变形，否则会失效，因此屈服强度是机械零件设计的主要依据。抗拉强度是指试样在拉断前所能承受的最大应力，用 R_m 表示。它是机械零件设计和选材的重要依据。

2）塑性

塑性是指在外力作用下产生永久变形而不被破坏的能力，是进行塑性加工的必要条件。常用的塑性指标有断后伸长率 A 和断面收缩率 Z，在拉伸试验中可同时测得。A 和 Z 愈大，材料的塑性愈好。

3）硬度

硬度(hardness)是指材料抵抗其他更硬物体压入其表面的能力。工程中应用较多的有洛氏硬度和布氏硬度。测定材料硬度的有手动表盘式洛氏硬度计、数显式洛氏硬度计、数显式布氏硬度计，分别如图 3-1、图 3-2、图 3-3 所示。

图 3-1　表盘式洛氏硬度计

图 3-2　数显式洛氏硬度计

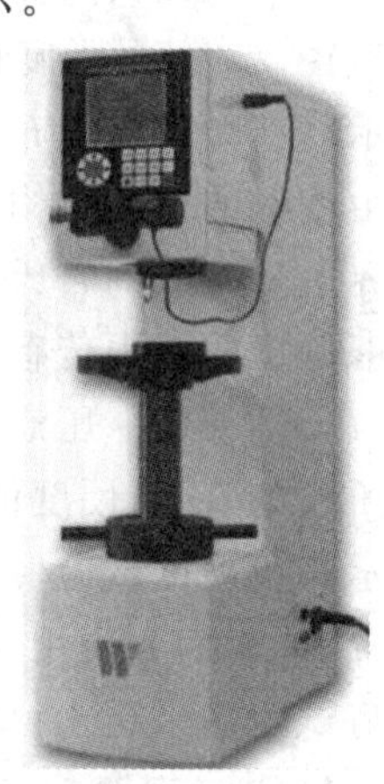

图 3-3　数显式布氏硬度计

(1) 洛氏硬度　其测定是用顶角为 120°的金刚石圆锥体或直径为 1.588 mm 的淬硬钢球做压头，以相应的载荷压入试样表面，由压痕深度确定其硬度值。洛氏硬度可以从硬度读数装置上直接读出。洛氏硬度有三种常用标度，分别以符号 HRC、HRB、HRA 表示，数值写在符号前面，如 60HRC 、85HRB 等。洛氏硬度的试验要求和应用范围如表 3-1 所示。常用的洛氏硬度计为手动表盘式；新型洛氏硬度计为数显式，其操作和读数比较方便。

表 3-1　洛氏硬度的试验要求和应用范围

<table>
<tr><th>洛氏硬度</th><th>压　　头</th><th>试验力/N</th><th>测量范围</th><th>应用范围</th></tr>
<tr><td>HRC</td><td rowspan="2">锥角 120°、顶部曲率半径 0.2 mm 的金刚石圆锥</td><td>1471</td><td>20～70HRC</td><td>淬火钢等硬零件</td></tr>
<tr><td>HRA</td><td>588.4</td><td>20～88HRA</td><td>零件的表面硬化层硬质合金等</td></tr>
<tr><td>HRB</td><td>ϕ1.588 mm 硬质合金球</td><td>980.7</td><td>20～100HRB</td><td>软钢和铜合金等</td></tr>
</table>

表盘式洛氏硬度计的操作规程如下：

① 将丝杠顶面及工作台上下端面擦净，将工作台置于丝杠台上；

② 将试件支承面擦净，置于工作台上，旋转手轮使工作台缓慢上升并顶起压头，至小指针指向红点、大指针旋转 3 圈垂直向上为止；

③ 旋转指示器外壳,使 C、B 之间长刻线与大指针对正;

④ 拉动加荷手柄,施加主试验力,指示器的大指针按逆时针方向转动;

⑤ 当指针转动停止后,可将卸荷手柄推回,卸除主试验力;

⑥ 从指示器上相应的标尺读数;

⑦ 转动手轮使试件下降,再移动试件,按步骤②~⑥进行新的试验;

⑧ 试验结束后用防尘罩将仪器盖好。

(2) 布氏硬度　用一定直径的淬硬钢球或硬质合金球在规定的载荷 F 作用下压入试件表面,保持一定时间后,卸除载荷,取下试件,用读数显微镜测出表面压痕直径 d。根据压痕直径、压头直径及所用载荷查表,可求出布氏硬度值,用 HBW 表示。新型数显式布氏硬度计可以直接读数。WHB-3000 型数显式布氏硬度计是由精密的机械结构和微机控制闭环系统组成的光、机、电一体化产品,也是当今世界上最先进的布氏硬度计之一。仪器取消了砝码,采用电动加卸试验力,由万分之五精度的压力传感器进行反馈,CPU 控制试验力,并能对试验中损失的试验力进行自动补偿。压痕可在仪器上通过测微目镜直接测量,并能在 LCD 显示屏上显示压痕的直径、硬度值和 17 种不同硬度试验的对照表,以及当前设置状态下自动显示布氏硬度试验(HBW)的范围。用户在页面上还能进行保荷时间、灯光亮度的设置,同时为方便用户的使用设计了一个 F/D_2 选择表。仪器还具有 RS232 串口,可将试验结果送入计算机的终端进行显示、打印和储存。

4) 冲击韧度

冲击韧度(sharp toughness)指材料在冲击载荷作用下抵抗断裂的能力。冲击韧度的测定在冲击试验机上进行,材料受到冲击破坏时,单位横截面上所吸收的能量称为冲击韧度,用 a_K 表示,单位为 J/cm^2。

3. 工艺性能

从材料到零件或产品的整个生产过程比较复杂,涉及多种加工方法。为了使工艺简便、成本低廉,且能保证质量,要求材料具有相应的工艺性能,主要包含铸造性能(castability)、锻造性能(forgeability)、焊接性能(weldability)和切削加工性能(cutability)。

3.1.2 常用金属材料

1. 常用金属材料的分类

常用金属材料的分类如表 3-2 所示。

碳钢(carbon steel)和铸铁(cast iron)都是以铁和碳为主要组元的二元合金。工业上将碳的质量分数(含碳量)$w_C<2.11\%$的铁碳合金称为钢。$w_C>2.11\%$并含较多的硅、锰元素及硫、磷等杂质的铁碳合金称为铸铁。$w_C>6.69\%$的铁碳合金脆性极大,没有使用价值。合金钢是为了改善钢的性能而加入一些合金元素的钢。常用金属材料的牌号、意义及用途举例如表 3-3 所示。

表 3-2　常用金属材料的分类

<table>
<tr><td rowspan="10">金属材料</td><td rowspan="7">钢铁材料</td><td rowspan="5">钢</td><td rowspan="2">碳素钢</td><td>碳素结构钢,优质碳素结构钢</td></tr>
<tr><td>碳素工具钢,铸钢</td></tr>
<tr><td rowspan="3">合金钢</td><td>工程结构用钢,机械结构用钢</td></tr>
<tr><td>合金工具钢,包括量具、刃具钢、模具钢</td></tr>
<tr><td>不锈、耐热、耐蚀钢,耐磨钢</td></tr>
<tr><td rowspan="2">铸铁</td><td>普通铸铁</td><td>灰铸铁,球墨铸铁,可锻铸铁,蠕墨铸铁</td></tr>
<tr><td>合金铸铁</td><td>耐磨铸铁,耐蚀铸铁,耐热铸铁</td></tr>
<tr><td rowspan="3">非铁金属材料</td><td colspan="2">铝及铝合金</td><td>纯铝,形变铝合金,铸造铝合金</td></tr>
<tr><td colspan="2">铜及铜合金</td><td>紫铜,黄铜,青铜</td></tr>
<tr><td colspan="2">镁及镁合金</td><td>纯镁,形变镁合金,铸造镁合金</td></tr>
</table>

表 3-3　常用金属材料的牌号、意义及用途举例

牌　号	意　　义	用　　途
Q235A	屈服强度为 235 MPa、质量为 A 级的碳素结构钢	螺栓、连杆、法兰、键等
45	$w_C=0.45\%$的优质碳素结构钢	锻压件、轴类件、齿轮等
TH200	抗拉强度 $R_m \geqslant 200$ MPa 的灰铸铁	底座、带轮、主轴箱等
T10A	$w_C=1.0\%$的碳素工具钢	丝锥、钻头等
W18Cr4V	$w_W=18\%$、$w_{Cr}=4\%$、$w_V<1.5\%$的高速钢	高速车刀、铣刀和插齿刀具

2. 钢铁材料的现场鉴别

(1) 火花鉴别　火花鉴别法是将钢铁材料轻轻压在旋转的砂轮上打磨,观察射出的火花形状和颜色,以判断钢铁成分范围的方法。

被测材料在砂轮上磨削时产生的全部火花称为火花束。它由根部、中部、尾部三部分组成,如图 3-4 所示。火花束中由灼热发光的粉末形成的线条状火花称为流线。流线在中途爆炸,这个爆炸的地方称为节点。节点处射出的线称为芒线。流线或芒线上由节点、芒线组成的火花称为节花。节花按爆炸先后可分为一次花、二次花、三次花等,如图 3-5 所示。通常合金钢材料在流线尾端还会出现不同形状的尾花。15 钢与 40 钢的火花形状和颜色的对比如下:15 钢的火花粗而长,而 40 钢的火花细而短,如图 3-6 所示。

(2) 断口鉴别　工厂中常用观察被敲断的钢铁材料的断口特征方法来初步判断钢铁材料的种类。断口观察分析简便易行,通过肉眼、放大镜、低倍率光学显微镜还可检查钢铁材料在冶炼或加工过程中产生的缺陷,如气孔、缩松、晶粒粗大等。

常用钢铁材料的断口特征:低碳钢一般不易敲断,断口周围有明显的塑性变形现

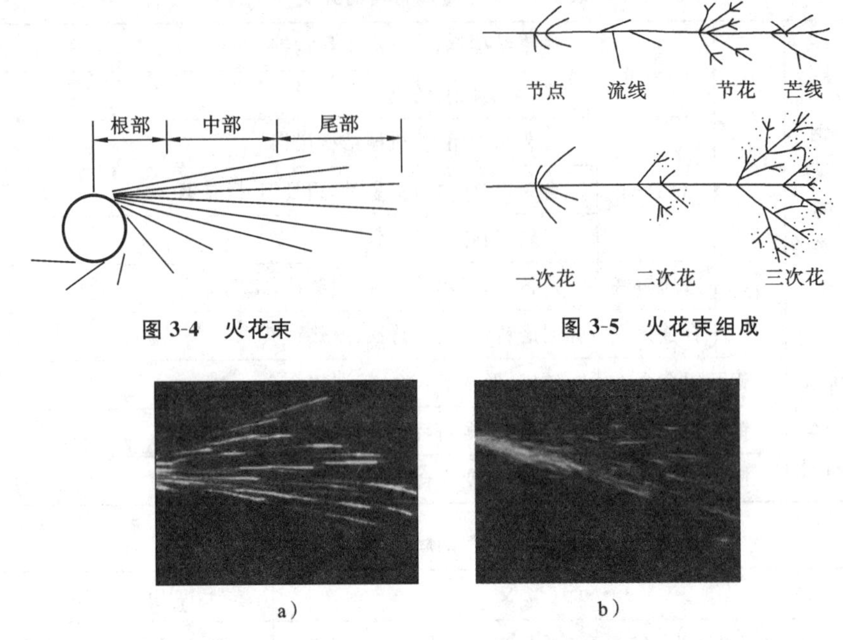

图 3-4　火花束

图 3-5　火花束组成

图 3-6　15 钢与 40 钢火花形状与颜色的对比

a) 15 钢火花　b) 40 钢火花

象，断口颗粒均匀，清晰可辨；中碳钢断口周围的塑性变形现象没有低碳钢明显，断口颗粒较细密；高碳钢断口周围无明显塑性变形现象，断口颗粒很细密；铸铁极易敲断，断口周围没有塑性变形现象，断口颗粒粗大。

3.1.3　钢的热处理的基本概念

钢的热处理是将钢在固态下通过加热、保温、冷却的方法，使得钢的组织结构发生变化，从而获得所需性能的工艺方法。热处理工艺可用“温度-时间”曲线表示，如图 3-7 所示。

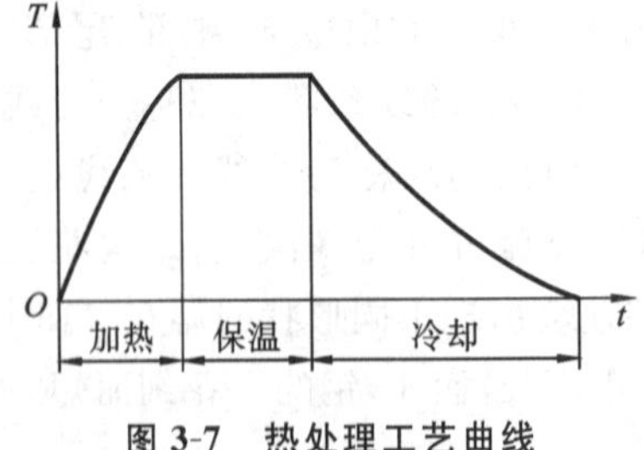

图 3-7　热处理工艺曲线

在机械制造中，热处理具有很重要的地位。例如，钻头、锯条、冲模必须有高的硬度和耐磨性方能保持锋利，因此，除了选用合适的材料外，还必须进行热处理。此外，热处理还可改善坯料的工艺性能。如材料的切削加工性得到改善后，切削时省力，刀具磨损小，且工件表面质量高。

热处理工艺方法很多，一般可分为普通热处理、表面热处理和化学热处理等。

1. 普通热处理

(1) 退火　退火(annealing)是将钢加热到适当温度，保温一段时间，然后缓慢地随炉冷却的热处理工艺。常用的退火方法有：消除中碳钢铸件等的铸造缺陷的完全退火，改善高碳钢件（如刃具、量具、模具等）切削加工性能的球化退火，去除大型铸件、锻件应力的去应力退火等。

（2）正火　正火（normalizing）是将钢加热到适当温度，保温一定的时间后，在空气中冷却的热处理工艺。钢正火的目的是细化组织，消除组织缺陷和内应力。也可用正火工艺改善低碳钢的切削加工性。正火的冷却速度较快，得到的铁素体和渗碳体较细，强度和硬度也较高。正火常作为预备热处理，有时也作为最终热处理。

（3）淬火　淬火（quench hardening）是将工件加热至临界温度以上的某一个温度，保温一定时间，然后以较快速度冷却的热处理工艺。淬火的目的是提高钢的强度和硬度，增加耐磨性，并在回火后获得高强度和与一定韧度相配合的性能。

常用的淬火介质有油、水、盐水，其冷却能力依次增强。为了获得较高的淬火质量，钢件放入淬火介质时应遵守以下原则：① 厚薄不均匀的零件，应将厚的部分先放入；② 细长轴类零件、薄而平的零件，应垂直放入；③ 薄壁环状零件，应沿轴线方向垂直放入；④ 具有凹槽或不通孔的零件，应使凹面或不通孔部分朝上放入。各种零件放入淬火介质的方式如图3-8所示。

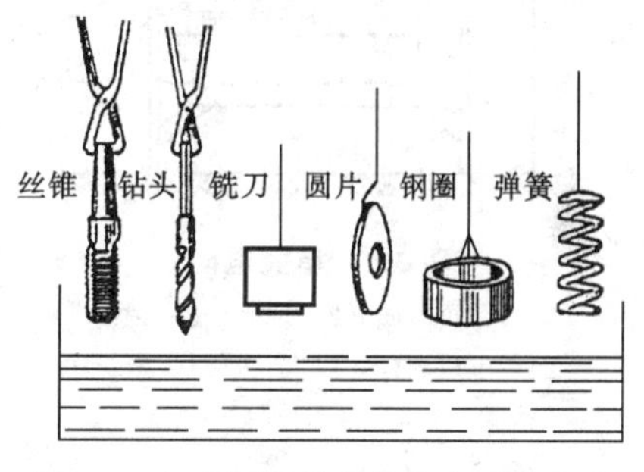

图3-8　各种零件放入淬火介质的方式

（4）回火　钢件淬硬后，再加热到某一较低的温度，保温一定时间，然后冷却至室温的热处理工艺称为回火（tempering）。钢回火后的性能取决于回火加热温度。根据加热温度的不同，回火分为低温回火、中温回火和高温回火三种。

① 低温回火（low temperature tempering）　淬火钢件在250 ℃以下的回火称为低温回火。低温回火使钢的内应力和脆性降低，保持了淬火钢的高硬度和高耐磨性。各种工具、模具淬火后，常进行低温回火。

② 中温回火（medium temperature tempering）　淬火钢件在250～500 ℃的回火称为中温回火。中温回火能使钢中的内应力大部分消除，具有一定的韧度和高弹性，硬度达35～45HRC。各种弹簧常进行中温回火。

③ 高温回火（high temperature tempering）　淬火钢件在500 ℃以上的回火称为高温回火。习惯上将淬火及高温回火的复合热处理工艺称为调质。钢经调质处理后，具有强度、硬度、塑性都较好的综合力学性能。回火后钢的硬度一般为200～220 HBW。重要零件（如连杆螺栓、齿轮及轴类零件等）常进行调质处理。

2. 常用的热处理设备

（1）箱式电阻炉　箱式电阻炉（box resistance furnace）根据使用温度不同分为高温、中温、低温箱式电阻炉等。箱式电阻炉适用于中、小型零件的整体热处理及固体渗碳处理。箱式电阻炉如图3-9所示。

（2）井式电阻炉　井式电阻炉（well resistance furnace）适用于长轴工件的垂直

悬挂加热,可以减少弯曲变形。因炉口向上,可用吊车起吊工件,故能大大减轻劳动强度,应用较广。井式电阻炉如图3-10所示。

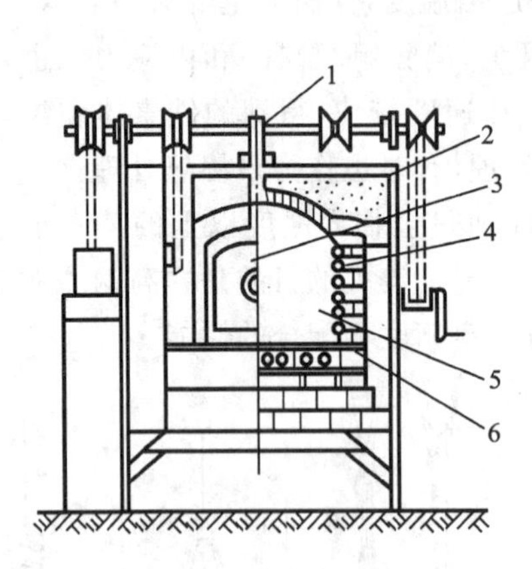

图3-9　箱式电阻炉

1—热电偶　2—炉壳　3—炉门
4—电热元件　5—炉膛　6—耐火砖

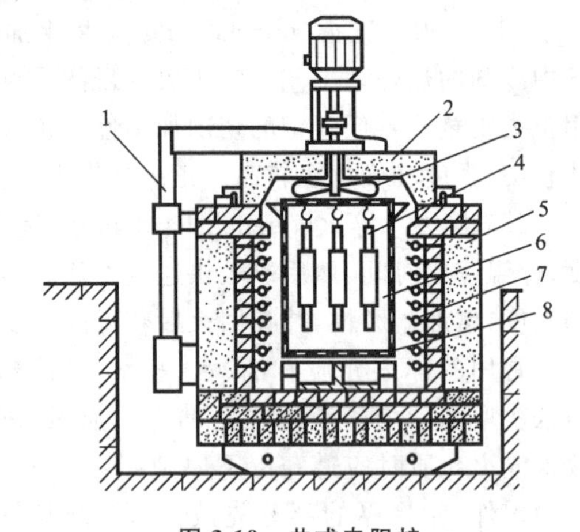

图3-10　井式电阻炉

1—升降机构　2—炉盖　3—风扇　4—工件
5—炉体　6—炉膛　7—电热元件　8—装料框

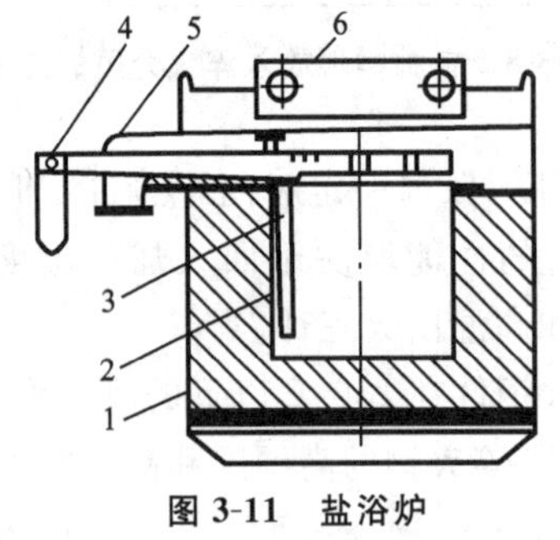

图3-11　盐浴炉

1—炉壳　2—炉衬　3—电极
4—连接变压器的铜排　5—风管　6—炉顶

(3) 盐浴炉　采用液态的熔盐作为加热介质的热处理设备称为盐浴炉(salt bath furnace),如图3-11所示。盐浴炉结构简单,制造容易,加热速度快而均匀,工件氧化、脱碳少,便于细长工件的悬挂加热或局部加热,可以减小工件变形,多用于小型零件及工具、模具的淬火、正火等加热。

除了加热炉外,热处理设备还有控温仪表(如热电偶、温控仪表等)、冷却设备(如水槽、油槽、缓冷坑等)和质检设备(如洛氏硬度试验机、金相显微镜、量具、无损检测或探伤设备等)。

3. 表面热处理

表面热处理(surface heat treatment)是指仅对工件表面进行热处理以改变其组织和性能的工艺。表面热处理只对一定深度的表层进行强化,而心部基本上保持处理前的组织和性能,因而可获得高强度、高耐磨性和高韧度三者比较满意的结合。同时由于表面热处理是局部加热,所以能显著减小淬火变形,降低能耗。

(1) 感应加热表面热处理　利用感应电流通过工件所产生的热效应,使工件表面加热并进行快速冷却的淬火工艺称为感应加热(induction heating)表面热处理。它适用于大批、大量生产,目前应用较广,但设备复杂。

(2) 火焰加热表面热处理　应用氧乙炔焰或其他燃气火焰对零件表面进行加热,随后淬火的工艺称为火焰加热(flaming heating)淬火。这种工艺方法设备简单、成本低，但生产效率低，工艺质量较难控制，因此只适用于单件、小批生产或大型零件（如大型齿轮、轴等）的表面淬火。

(3) 激光加热表面淬火　激光加热（laser heating）表面淬火是一种新型的高能量密度的强化方法，即用激光束扫描工件表面，使工件表面迅速加热到钢的临界点以上，当激光束离开工件表面时，由于基体金属的大量吸热而表面迅速冷却，因此不需要冷却介质。激光加热表面淬火可对拐角、沟槽、盲孔底部、深孔内壁等进行强化，解决了一般热处理工艺难以解决的问题。

4. 表面化学热处理

表面化学热处理（surface chemical heat treatment）是将工件置于特定的介质中加热和保温，使一种或几种元素的原子渗入工件表面，以改变表层的化学成分和组织，从而获得所需性能的热处理工艺。常用的化学热处理有渗碳、渗氮、渗硼、渗铝、渗铬及几种元素共渗（如碳氮共渗等）。

(1) 渗碳　渗碳（carburizing）是为了增加钢件表层的含碳量和获得一定的碳浓度梯度，将钢件在渗碳介质中加热并保温，使碳原子深入表层的化学热处理工艺。零件渗碳后可获得 0.5～2.0 mm 的高碳表层，再经淬火、低温回火，表面具有高硬度、高耐磨性，而心部具有良好的塑性和韧度，既耐磨又抗冲击。渗碳用于低碳钢和低碳合金结构钢，如 20、20Cr、20CrMnTi 钢等；也用于在摩擦冲击条件下工作的零件，如汽车齿轮、活塞销等。

(2) 渗氮　渗氮（nitriding）是将工件放在渗氮介质中加热、保温，使氮原子渗入工件表层的工艺。零件渗氮后表面可形成 0.1～0.6 mm 的氮化层，不需淬火就具有高的硬度、耐磨性、抗疲劳性和一定的耐蚀性，而且变形很小。但渗氮处理的时间长、成本高，目前主要用于 38CrMoAlA 钢制造的精密丝杠、高精度机床主轴等精密零件。

(3) 渗铝　渗铝（aluminizing）是向工件表面渗入铝原子的工艺。渗铝件具有良好的高温抗氧化性能，主要适用于石油、化工、冶金等方面的管道和容器。

(4) 渗铬　渗铬（chromizing）是向工件表面渗入铬原子的工艺。渗铬件具有较好的耐蚀、抗氧化、耐磨和抗疲劳等性能，并兼有渗碳、渗氮和渗铝的优点。

(5) 渗硼　渗硼（boronizing）是向工件表面渗入硼原子的工艺。渗硼件具有高硬度、高耐磨性，热（可达 800 ℃）硬性好，在盐酸、硫酸和碱的介质中具有耐蚀性。如泥浆泵衬套、挤压螺杆、冷冲模及排污阀等零件渗硼后，使用寿命显著提高。

3.2 其他工程材料

金属材料是应用最为广泛的材料。近年来，一些具有特殊性能的工程材料，主要包括工程塑料、橡胶、陶瓷和复合材料，也在不断地扩大应用范围。实践证明，在一定的领域用这些材料取代金属材料可以产生巨大的经济和社会效益。如用玻璃纤维增强塑料制造汽车车身，在相等强度下，其重量比钢板车身减轻 67%，造价降低 20%，每辆车年平均节油 0.5 t；塑料刹车片寿命比铸铁刹车片提高 7～9 倍；塑料轴承造价比巴氏合金轴承降低93%;与普通发动机相比,陶瓷发动机的热效率提高30%～40%,燃料消耗降低20%～30%,而且体积减小,重量减轻。由此可见,新材料的应用是科技进步的重要标志之一。

3.2.1 工程塑料

塑料是一种以合成树脂为主要成分的高分子有机化合物,其原料主要来自石油及其副产品。用以代替金属材料作为工程结构的塑料称为工程塑料(engineering plastic)。

1. 塑料的组成

塑料是合成树脂和其他添加剂的组成物,其中合成树脂是塑料的主要成分,它对塑料的性能有着重要的影响。

(1) 合成树脂 合成树脂(synthetic resin)是由低分子化合物通过加聚反应或缩聚反应合成的高聚物,在常温下呈固态或黏稠液态,受热后软化或呈熔融状态。

(2) 填充剂 填充剂(filler),如石棉纤维、玻璃纤维等,主要起增强作用。

(3) 增塑剂 增塑剂(plasticizer)的作用是进一步提高树脂的可塑性,以增强塑料在成形时的流动,并使制品具有柔软性和弹性。

(4) 固化剂 加入固化剂(hardener)后,通过分子链的交联,受热的可塑线型树脂变成体型(网状)的热稳定结构,成形后获得坚硬的塑料制品。

(5) 稳定剂 稳定剂(stabilizer)可防止某些塑料在成形加工和使用过程中受光、热等外界因素影响而使分子链断裂,分子结构变化,性能变坏(即老化),从而延长塑料制品的使用寿命。

(6) 其他添加剂 塑料中还有润滑剂、着色剂、发泡剂、阻燃剂等添加剂。

2. 塑料的分类

(1) 热塑性塑料 经加热后软化并熔融成为黏稠液体,冷却后即成形固化的一类塑料称为热塑性塑料(thermoplastic plastics)。它可同传统的金属铸造一样进行成形加工,工艺简单,力学性能较好,但耐热性和刚度较差,主要有聚乙烯、聚氯乙烯、聚酰胺(尼龙)、聚砜等。

(2) 热固性塑料 经加热后软化,冷却后即成形固化,发生化学变化,再加热时不再转化的一类塑料称为热固性塑料(thermosetting plastics)。它的耐热性和刚度较好,但力学性能较差,成形工艺复杂,主要有酚醛、环氧、氨基塑料和有机硅塑料等。

3. 塑料的特性

塑料具有密度小、比强度高、耐蚀性好、电绝缘性好、减振、隔音、耐磨、生产率高、成本低等优点,但与金属材料相比,还存在强度低、耐热性差、热膨胀大、导热性差、易老化、易燃烧等缺点。

4. 常用工程塑料

(1) ABS塑料 ABS塑料是由丙烯腈、丁二烯、苯乙烯组成的三元共聚物,综合性能好,易于成形加工,主要用来制造齿轮、泵的叶轮、管道、电动机外壳、仪表壳、汽车挡泥板、扶手、轿车车身、电冰箱外壳及内衬等。

(2) 聚酰胺 聚酰胺(PA)又名尼龙,是热塑性塑料,具有坚韧、耐磨、耐疲劳、耐油、耐水、抗霉菌、无毒等优点,主要用来制造一般机械零件及减摩、耐磨件和传动件,如轴承、齿轮、蜗轮、螺栓、螺钉、螺母、导轨贴合面等。

(3) 酚醛塑料 酚醛塑料(bakelites)是热固性塑料,具有优良的耐热、绝缘、化学稳定性及尺寸稳定性,主要用来制造电器零件的开关壳、插座,轴承、齿轮、垫圈及电工绝缘件等。

(4) 氨基塑料 氨基塑料(aminoplastics)是热固性塑料,具有绝缘性好、耐电弧性好、耐磨、硬度高等特点,主要用来制造一般机械零件、绝缘件和装饰件。用其制作的泡沫塑料是价格低廉、性能优良的隔音、保温材料。

(5) 环氧塑料 环氧塑料(epoxy plastics)是热固性塑料,具有较高的强度和韧度,优良的电绝缘性,高的化学稳定性和尺寸稳定性,成形工艺性好,可用来制造塑料模具以及电子元件的塑封与固定等。

3.2.2 合成橡胶

橡胶有天然和合成两种,都是高度聚合的有机材料。天然橡胶是从天然植物的浆汁中采集的、以聚异戊二烯为主要成分的高聚物,主要用来制造轮胎,也可以用来制作胶带、胶管以及其他橡胶制品,如刹车皮碗,不要求耐油与耐热的垫圈、衬垫及胶鞋等。合成橡胶(synthetic rubber)是在橡胶中加入一些添加剂(如硫化剂、促进剂、软化剂、防老化剂和填充剂等),经过硫化处理后所得到的产品。工业上使用的橡胶大多为合成橡胶。

1. 性能特点

橡胶具有高弹性,在较小的外力作用下就能产生很大的弹性变形(变形量一般为100%~1000%),外力去除后能立即恢复原状。橡胶有优良的伸缩性和积蓄能量的特性,因此,能用来制造弹性元件,密封元件,减振元件,隔音、阻尼元件等。橡胶制品只有经硫化处理后才能使用,否则会因温度上升而变软发黏。

2. 常用合成橡胶

(1) 丁苯橡胶 丁苯橡胶(butyl benzene rubber)耐热性优于天然橡胶,并有良好的耐磨性和绝缘性,是目前应用最广的合成橡胶之一,是天然橡胶的理想代用品,主要用来制造轮胎、胶鞋、胶布、胶管等。

(2) 顺丁橡胶 顺丁橡胶(maleic rubber)是唯一弹性、耐磨性优于天然橡胶的合成橡胶,但其抗撕裂性差,加工性差,常与其他橡胶混合使用,用来制造胶管、减振器、刹车皮碗等。

(3) 氯丁橡胶 氯丁橡胶(neoprene)常被称为“万能橡胶”,其力学性能与天然橡胶相近,耐油性、耐热性、耐燃性、抗老化性等均优于天然橡胶,可作为天然橡胶的代用品,也可以作为特种橡胶使用。

(4) 丁基橡胶　丁基橡胶(butyl rubber)透气性极小，耐热、抗老化和电绝缘性都优于天然橡胶，可用来制造轮胎内胎、水坝内衬(补强、防漏)、防水涂层及要求气密性好的橡胶制品等。

3.2.3 陶瓷

陶瓷(ceramic)是一种以共价键和离子键结合的无机非金属材料，可分为普通陶瓷和特种陶瓷两大类。普通陶瓷是以天然黏土、长石和硅石等为原料，经过粉碎、成形和烧结而成，主要用于日用品、建筑和卫生用品，以及工业电器，耐酸、过滤器皿等。特种陶瓷是以人工合成的化合物(如氧化物、氮化物、碳化物、硅化物、硼化物等)为原料，经过成形和烧结而成，具有独特的力学、物理、化学、电、磁、光等性能，主要用于化工、冶金、机械、电子、能源和一些新技术领域。

陶瓷具有高硬度、高抗压强度、耐高温、抗氧化、耐磨损和耐腐蚀等优点，但也有脆性大，不能承受冲击载荷，抗激冷、激热性能差，易碎裂等缺点。

陶瓷材料的内部结构一般由结晶相、玻璃相和空隙相组成。陶瓷的性能主要取决于各相的组成、数量、几何形状和分布状况等。

(1) 氧化铝陶瓷　氧化铝陶瓷(alumina ceramic)主要成分为 Al_2O_3，所含玻璃相和空隙相极少，故有高的硬度，机械强度比普通陶瓷高 3～6 倍，耐蚀性和介电性能好，耐高温(熔点 2050 ℃)。但它脆性大，抗冲击性差，不宜承受环境温度的剧烈变化。通过 ZrO_2、Y_2O_3 和金属增韧，可提高氧化铝陶瓷的强度和韧度。氧化铝陶瓷主要用来制造高温测温热电偶绝缘套管，耐磨、耐腐蚀用水泵，拉丝模及加工淬火钢的刀具等。

(2) 氮化硅陶瓷　氮化硅陶瓷(silicon nitride ceramic)主要成分为 Si_3N_4，以共价键为主，具有良好的化学稳定性，硬度高、摩擦系数小，并具有自润滑性，电绝缘性和抗热振性良好。氮化硅陶瓷主要用来制造耐腐蚀水泵密封环、电磁泵管道、阀门、热电偶套及高温轴承等，也可用来制造燃气轮机转子的叶片及转子发动机的刮片等。

(3) 氮化硼陶瓷　氮化硼陶瓷(boron nitride ceramic)主要成分为 BN，晶体结构为与石墨相似的六方晶型，但强度比石墨高，耐热性能好(在氮气或惰性气体中的使用温度达 2800 ℃)，是典型的电绝缘材料和优良的导热体。氮化硼陶瓷主要用来制造冶炼用的坩埚、器皿、管道，半导体容器，散热绝缘件和玻璃制品模具等。

在高温和高压下可将六方晶型氮化硼转化为立方晶型氮化硼。立方晶型氮化硼的硬度仅次于金刚石，是一种新型的超硬材料，常用做磨料来磨削高速钢、模具钢、耐热钢等，并可制成金属切削刀具。

3.2.4 复合材料

复合材料(composites)是由两种或两种以上不同化学性质或不同组织结构的材料，经人工组合而成的合成材料。它具有多相结构，其中一类组成相为基体，起黏结作用;另一类组成相为增强相,起提高强度和韧度的作用。常见的钢筋混凝土、轮胎等都是复合材料。复合材料的最大特点是可以充分利用各类材料的优点、避其缺点,发挥材料的最大潜能,使材料的性能具有可设计性。复合材料按基体来分有塑料或树脂基复合材料、金属基复合材料和陶瓷基复合材料三类;按增强体来分有纤维增强复合材料、颗粒增强复合材料和层状复合材料等。

1. 性能特点

(1) 比强度和比模量大 比强度(specific strength)和比模量(modulus of elasticity)分别是材料的强度、模量与其密度之比。比强度大,零件的自重就轻;比模量大,零件的刚度就大。如碳纤维增强的环氧树脂复合材料的比强度是钢的7倍,比模量是钢的4倍。

(2) 疲劳强度高 复合材料中的相界面能够有效地阻止疲劳裂纹的扩展,使复合材料具有较高的疲劳强度。如碳纤维增强的环氧树脂复合材料的疲劳强度相当于其抗拉强度的70%~80%,而金属材料的疲劳强度一般只有其抗拉强度的40%~50%。

(3) 减振性好 一般构件的自振频率与材料的比模量的二次方根成正比。复合材料的比模量高,因而可以提高构件的自振频率,防止工作状态下产生共振,避免引起早期破坏。此外,复合材料中的相界面具有较好的减振性和阻尼特性,即使产生振动,也会很快衰减。

(4) 耐高温性好 通过使用具有高熔点和高温强度的增强体,复合材料的高温强度和弹性模量比基体材料高。如铝及铝合金在400 ℃以上完全丧失强度,但用碳纤维或硼纤维增强后的铝基复合材料,在同样的温度下仍然具有较高的强度。

(5) 断裂安全性好 在纤维增强复合材料中,每平方厘米的截面上有成千上万根纤维,一旦过载只会使部分纤维断裂,并立即进行应力的重新分配,由未断的纤维将载荷承担起来,不会导致构件的突然断裂,可防止灾难性事故的发生。

2. 常用复合材料

(1) 玻璃纤维复合材料 用玻璃纤维(fiberglass)增强的复合材料(也称玻璃钢)主要有热塑性玻璃钢和热固性玻璃钢两种。热塑性玻璃钢与热塑性塑料相比,在基体相同时,其强度、疲劳强度、冲击韧度均可提高两倍以上,接近或超过某些金属的强度,可代替非铁金属制造齿轮、轴承等精密机械零件。热固性玻璃钢比强度一般高于铝合金和铜合金,有时比合金钢还高,但刚度较低,耐热性较差,易老化和蠕变,主要用来制造机器的护罩和车身及耐蚀容器、管道等。

(2) 碳纤维复合材料 由碳纤维(fibercarbon)增强的环氧树脂基复合材料,比铝的密度小,比钢的强度高,比铝合金和钢的弹性模量高,疲劳强度高,冲击韧度高,化学稳定性好,摩擦系数小,导热能力强,耐水性好,主要用来制造宇宙飞行器外壳,人造卫星和火箭的机架、壳体、天线构架,机器中的齿轮、轴承、活塞、密封圈等。

3.2.5 纳米材料

纳米材料(nano materials)由粒度为纳米(nm)尺度的粒子压缩而成。它的组成中包括纳米尺度的粒子和纳米尺度的界面两大部分。界面的大量存在使其具有许多独特的性能,并成为21世纪最有影响力的新材料。

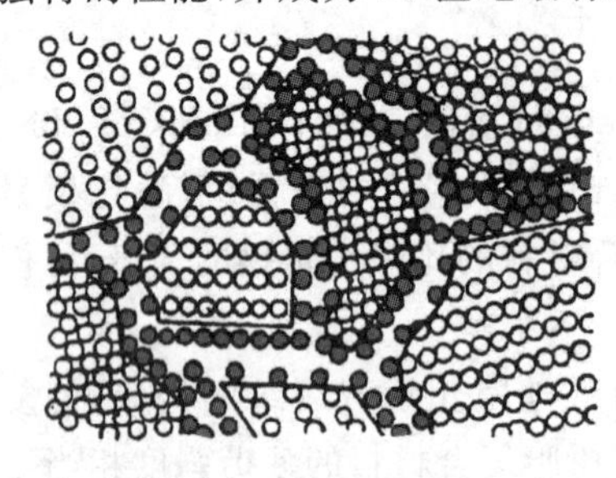

图 3-12 纳米材料的组织结构(硬球模型)

○—晶粒原子 ●—晶界原子

纳米材料主要分为纳米晶体材料和纳米非晶体材料两大类。纳米晶体材料(nano crystalline materials)的组织结构如图3-12所示。由图可见,每个小晶粒的取向都是不同的,晶粒之间存在大量的界面。纳米非晶体材料(nano amorphous materials)的组织结构是只有短程有序的非晶态结构。纳米材料中界面占总体积分数的50%,缺陷结构大于70%。

最早研究纳米材料的是德国材料科学家格来特(H. Gleiter)。由于表面和界面效应、量子尺寸效应和小尺寸效应,纳米材料具有良好的催化、扩散、烧结、电学和光学性能。

1. 性能特点

纳米材料与大尺寸材料的性能比较如表3-4所示。可以看出,纳米材料的力学性能比大尺寸材料的力学性能高得多。其中,纳米铁的断裂强度是普通铁的12倍。通常情况下呈脆性的陶瓷材料,当晶粒细化到纳米尺寸后,不仅有塑性,甚至还呈现超塑性。

表 3-4 纳米材料与大尺寸材料的性能比较

性　能	材　料	纳米材料	大尺寸材料
比热容(295 K)/[J/(g·K)]	Pd	0.37	0.24
线膨胀系数/($\times10^{-6}K^{-1}$)	Cu	31	16
密度/(g/cm^3)	Fe	6.7	7.9
弹性模量 E/GPa	Pd	88	123
剪切模量 G/GPa	Pd	32	43
断裂强度/MPa	Fe(w_C=1.8%)	6000	500
扩散激活焓/eV	Cu	0.64	2.04
饱和磁化强度(4 K)/($\times10^5$ A/m)	Fe	130	222
超导临界温度 T_c/K	Al	3.2	1.2

2. 纳米材料的应用

(1) 用于结构材料　在高熔点的WC、SiC、BN材料结构件的制造中,一般要进行高温烧结。用纳米粉末进行烧结,可降低烧结温度,改善结构的性能,降低制造成本。多相材料由于各相的熔点及物理化学性能差别较大,通常很难烧结。当用纳米粉末进行烧结时,可在很低的温度下产生固相反应,使制造多相材料成为可能。

(2) 用于传感器材料　利用纳米材料的界面活性,制造对温度、湿度、光等反应灵敏的传感器等。

除此之外,在化学和生物领域纳米材料可用作催化剂和活性剂。

复习思考题3-1

1. 钢和白口铸铁在化学成分和性能特征上有何主要区别?它们为什么在性能特征上有如此大的差异?
2. 画出热处理工艺曲线,说明热处理工艺的三个阶段。
3. 实习车间的车床床身、齿轮、轴、螺栓、手锯、锤子、游标卡尺是用什么材料制造的?
4. Q235、45、T10A、QT600-2、Q345C、20Cr、50Si2Mn、W18Cr4V等材料牌号的意义是什么?
5. 试绘制曲线,分析同一材料不同热处理工艺对硬度的影响,同一热处理工艺不同材料对性能的影响;并简述碳的质量分数、热处理工艺和材料性能之间的关系。
6. 如果加工零件时频繁打刀,可采用什么办法使工件易于加工?热处理工序一般安排在零件加工过程中的哪些时段?各应进行何种热处理?目的分别是什么?
7. 通常塑料的组成物有哪些?塑料分哪两类?
8. 热塑性塑料和热固性塑料在性能与用途方面的主要区别是什么?
9. 常用的工程塑料有哪几种?主要用途如何?
10. 什么是橡胶?它具有哪些特性?
11. 合成橡胶有哪几种?主要用途如何?
12. 陶瓷有何性能特点?主要用途如何?
13. 什么是复合材料?常用复合材料有哪几种?其特性如何?
14. 什么是纳米材料?其组织特点和性能特点如何?

第4章 基本材料成形技术

4.1 铸造

铸造(casting)是指用液态或熔融态材料在重力或压力下充填型腔而获得与型腔一致的毛坯或零件的一种制造方法。铸造作为一种方法也可以推广到其他材料(如塑料等)的成形。因此,本节将注塑成形并入压力铸造之中。

铸造实质上是利用熔融金属的流动性能实现成形的。铸造的适应性很广,它几乎不受工件的形状、尺寸、重量和生产批量的限制。铸件的使用性能良好,特别是减振性、耐磨性、耐腐蚀性、切削性能良好。铸件的形状和尺寸接近于零件,切削加工时能节约金属材料。金属原材料来源广泛,且可以利用废机件等废料回炉熔炼。但是,铸造的工序多,铸件质量不够稳定,废品率较高。铸件的力学性能较差,最小壁厚又受到限制,因而铸件大多较粗重。

铸造成形工艺常用来制造形状复杂、承受静载荷及压应力的构件,如箱体、床身、支架、机座等。铸造成形的方法很多,主要分为砂型铸造和特种铸造两类。砂型铸造是将熔化的金属注入砂型,凝固后获得铸件的方法。除砂型铸造以外的其他铸造方法统称为特种铸造。目前砂型铸造应用最广泛。

4.1.1 砂型铸造

砂型铸造(sand casting process)的工艺过程如图4-1所示。砂型各组成部分的名称与作用如表4-1所示。其中,造型和造芯两道工序对铸件质量和铸造生产率影响最大。

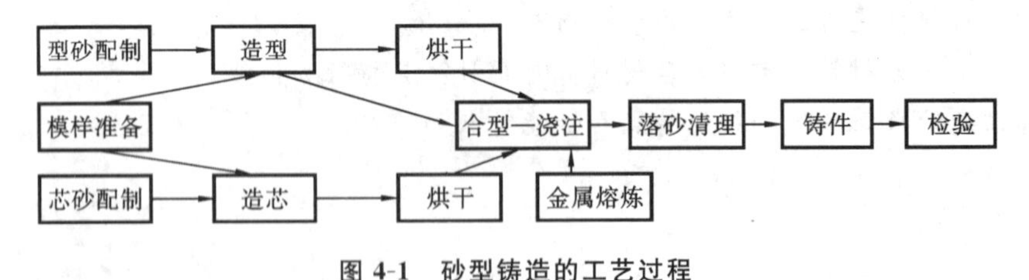

图4-1 砂型铸造的工艺过程

表4-1 砂型各组成部分的名称与作用

名 称	作用与说明
上型(上箱)	浇注时铸型的上部组元
下型(下箱)	浇注时铸型的下部组元
分型面	铸型组元间的结合面
型砂	按一定比例配制、经过混制、符合造型要求的混合料

续表

名　称	作用与说明
浇注系统	为金属液填充型腔和冒口而开设于铸型中的通道，通常由浇口杯、直浇道、横浇道和内浇道组成
冒口	在铸型内储存熔融金属、对铸件起补缩作用的空腔，该空腔中充填的金属也称为冒口，冒口有时还起排气、集渣的作用
型腔	铸型中造型材料所包围的空腔部分，型腔不包括模样上芯头部分形成的相应空腔
排气道	在铸型或型芯中，为排除浇注时形成的气体而设置的沟槽或孔道
型芯	为获得铸件的内孔或局部外形，用芯砂或其他材料制成的、安装在型腔内部的铸型组元
出气孔	在砂型或砂芯上，用针或成形扎气板扎出的通气孔，出气孔的底部要与模样相隔一定距离
冷铁	为加快局部的冷却速度，在砂型、砂芯表面或型腔中安放的金属物

铸型由型砂、金属材料或其他耐火材料制成，包括形成铸件形状的型腔、型芯、浇注系统和冒口的组合整体。用型砂制成的铸型称为砂型。砂型用砂箱支撑时，砂箱也是铸型的组成部分，它是形成铸件形状的工艺装置。两箱造型时的铸型装配图如图 4-2 所示。

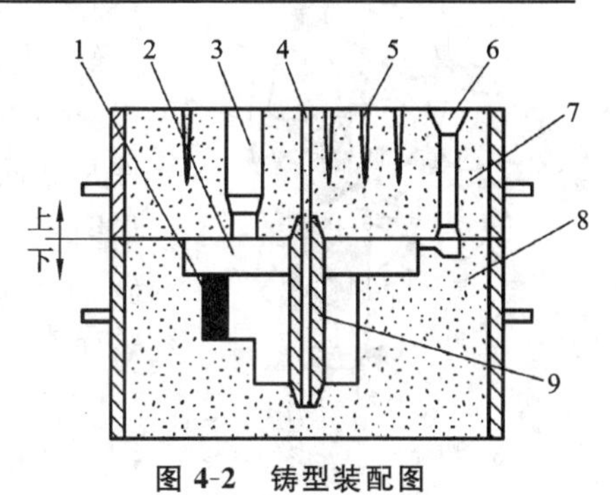

图 4-2　铸型装配图

1—冷铁　2—型腔　3—冒口
4—排气道　5—出气孔　6—浇口杯
7—上型　8—下型　9—型芯

1. 型砂和芯砂

砂型铸造用造型材料主要是型砂(molding sand)和芯砂(core sand)。铸件的砂眼、夹砂、气孔及裂纹等铸造缺陷均与型砂和芯砂的质量密切相关。

1) 型砂和芯砂应具备的主要性能

(1) 强度　强度(strength)指型(芯)砂抵抗外力破坏的能力。强度过低，易造成塌箱、冲砂、砂眼等缺陷；强度过高，易使型(芯)砂透气性和退让性变差。黏土砂中黏土含量越高，砂型(芯)紧实度越高，砂子的颗粒越细，强度就越高；含水量过多或过少均会使型(芯)砂的强度降低。

(2) 可塑性　可塑性(plasticity)指型(芯)砂在外力作用下变形，去除外力后能完整地保持已有形状的能力。可塑性好，造型(芯)操作方便，制成的砂型(芯)形状准确、轮廓清晰。可塑性与含水量、黏结剂的性能等因素有关。

(3) 透气性　透气性(permeability)表示紧实砂样的孔隙度。若透气性不好，易在铸件内部形成气孔等缺陷。型(芯)砂的颗粒粗大、均匀且接近圆形，黏土含量少，砂型(芯)紧实度较低，透气性就较高。含水量过少可使透气性降低。

(4) 耐火性　耐火性(refractoriness)指型(芯)砂抵抗高温热作用的能力。耐火性差,铸件易产生黏砂。型(芯)砂中 SiO_2 含量越高,型(芯)砂颗粒越大,耐火性就越好。

(5) 退让性　退让性(yieldability)指铸件在冷凝时,型(芯)砂可被压缩的能力。退让性不好,铸件易产生内应力或开裂,砂型(芯)越紧实,退让性越差。在型(芯)砂中加入木屑等物可以提高退让性。

(6) 溃散性　溃散性(collapsibility)指型(芯)砂在浇注后容易溃散的性能。溃散性对铸件清理效率和工人劳动强度有显著影响。

此外,型(芯)砂还要具有好的流动性、不黏模性、保存性和耐用性以及低的吸湿性、发气性等。选择型(芯)砂时还必须考虑它们的资源与价格等问题。

2) 常用型砂、芯砂

型砂和芯砂都是由原砂、黏结剂、辅助材料以及水等原材料配制而成的,按黏结剂的种类不同,型(芯)砂可分为以下几种。

(1) 黏土砂　由原砂(应用最广泛的是硅砂)、黏土(多为膨润土)、水及辅助材料(如煤粉、木屑等)按一定比例配制而成的混合料称为黏土砂(clay bonded sand)。黏土砂是迄今为止铸造生产中应用最广泛的型(芯)砂。它可用来制造铸铁件、铸钢件及非铁合金铸件的砂型和不重要的型芯。黏土砂结构如图 4-3 所示。黏土砂根据其功能不同可分为面砂、背砂、单一砂,根据使用方式的不同可分为湿型砂、干型砂、表面干型砂等。

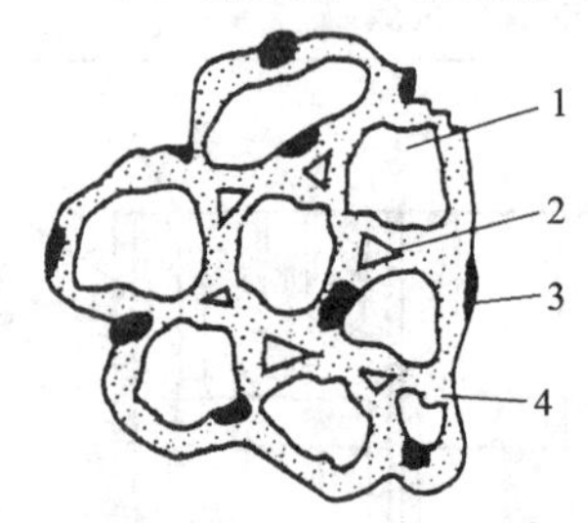

图 4-3　黏土砂结构

1—砂粒　2—空隙
3—附加物　4—黏结剂

(2) 水玻璃砂　以水玻璃为黏结剂配制而成的型(芯)砂称为水玻璃砂(sodium silicate-bonded sand)。它是除了黏土砂以外另一种广泛使用的型(芯)砂。水玻璃砂型或砂芯一般通过吹 CO_2 气体或添加液体硬化剂硬化,无须烘干,硬化速度快,生产周期短,易于实现机械化,工人劳动条件好。但铸件易黏砂,型(芯)砂退让性差,落砂困难,回用性更差。

(3) 油砂和合脂砂　虽然黏土砂和水玻璃砂可以用来制造砂芯,但对于结构形状复杂、要求高的砂芯,它难以满足要求。因为砂芯在浇注后被高温金属液所包围,芯砂应具有比一般型砂更高的性能要求。尺寸较小、形状复杂或较重要的型芯,可用油砂(oil sand)或合脂砂(synthetic fat sand)制造。油砂性能优良,但油料来源有限,又是工业的重要原料。为节约起见,合脂砂正在越来越多地代替油砂。

(4) 树脂砂　树脂砂(resin sand)以合成材料为黏结剂,是一种造型或制芯的新型材料,分室温下自硬化和吹气体硬化两种。用树脂砂造型(芯),铸件质量好,生产率高,节省能源和工时费用,减少清理工作量,工人劳动强度低,易于实现机械化和自动化,适合成批、大量生产。

3) 型(芯)砂的配制

型(芯)砂质量的好坏,取决于原材料的性质及其配比和配制方法。目前,工厂一般采用混砂机配砂，常用来混制黏土砂的碾轮式混砂机如图 4-4 所示。混砂工艺是先将新砂、旧砂、黏结剂和辅助材料等按配方加入混砂机，干混2～3 min 后再加水湿混 5～12 min，性能符合要求后出砂。型（芯）砂使用前要过筛，使之松散。

型（芯）砂的性能可用型砂性能试验仪（如锤击式制样机、透气性测定仪、液压万能强度试验仪等）检测。单件、小批生产时，可用手捏法检验型（芯）砂性能，如图 4-5 所示。

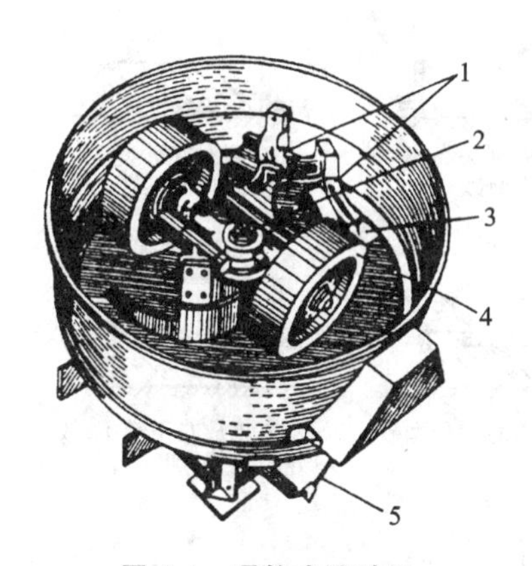

图 4-4　碾轮式混砂机

1—刮板　2—主轴　3—卸料口
4—碾轮　5—气动拉杆

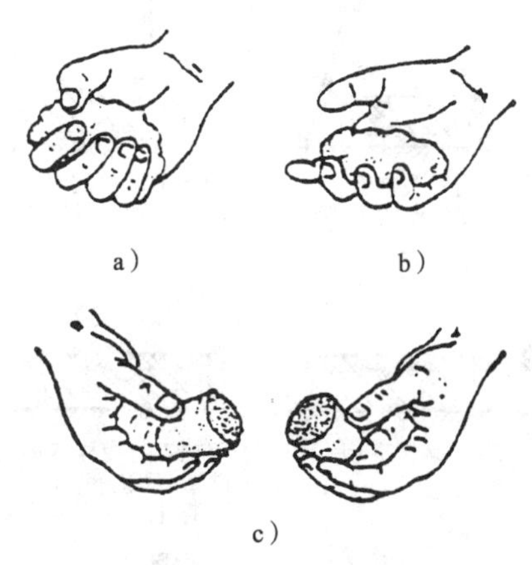

图 4-5　手捏法检验型（芯）砂

a）型（芯）砂温度适当时用手捏成砂团
b）手松开后砂团上可看出清晰的手纹
c）折断时砂团断面没有碎裂状，有足够的强度

2. 造型

1）手工造型

一般意义下的造型也包括制芯。常用的手工造型（hand molding）方法有以下几种。

（1）整模造型　整模造型（one piece pattern molding）的模样是一个整体，造型时模样全部在一个砂箱内，分型面是一个平面。这类模样最大截面在端部，而且是一个平面。整模造型的工艺过程如图 4-6 所示。整模造型不会产生错箱等缺陷，模样制造、造型都比较简便，适合生产各种批量的和形状简单的铸件，如齿轮坯、轴承等。

（2）分模造型　分模造型（parted pattern molding）是把模样沿最大截面处分为两个半模，并将两个半模分别放在上、下箱内进行造型。分模造型的分型面一般是一个平面；根据铸件形状，分型面也可为曲面、阶梯面等。其造型过程与整模造型过程基本相同。管道铸件的分模两箱造型的主要过程如图 4-7 所示。

分模两箱造型时，型腔分别处在上型和下型中，依靠销钉定位。因模样高度降低，起模、修型都比较方便。同时，对截面为圆形的模样而言，不必再加起模斜度，铸件的形状和尺寸比较精确。对于管子、套筒这类铸件，分模造型容易保证其壁厚均匀。因此，分模造型广泛用于回转体铸件和最大截面不在端部的其他铸件，如水管、

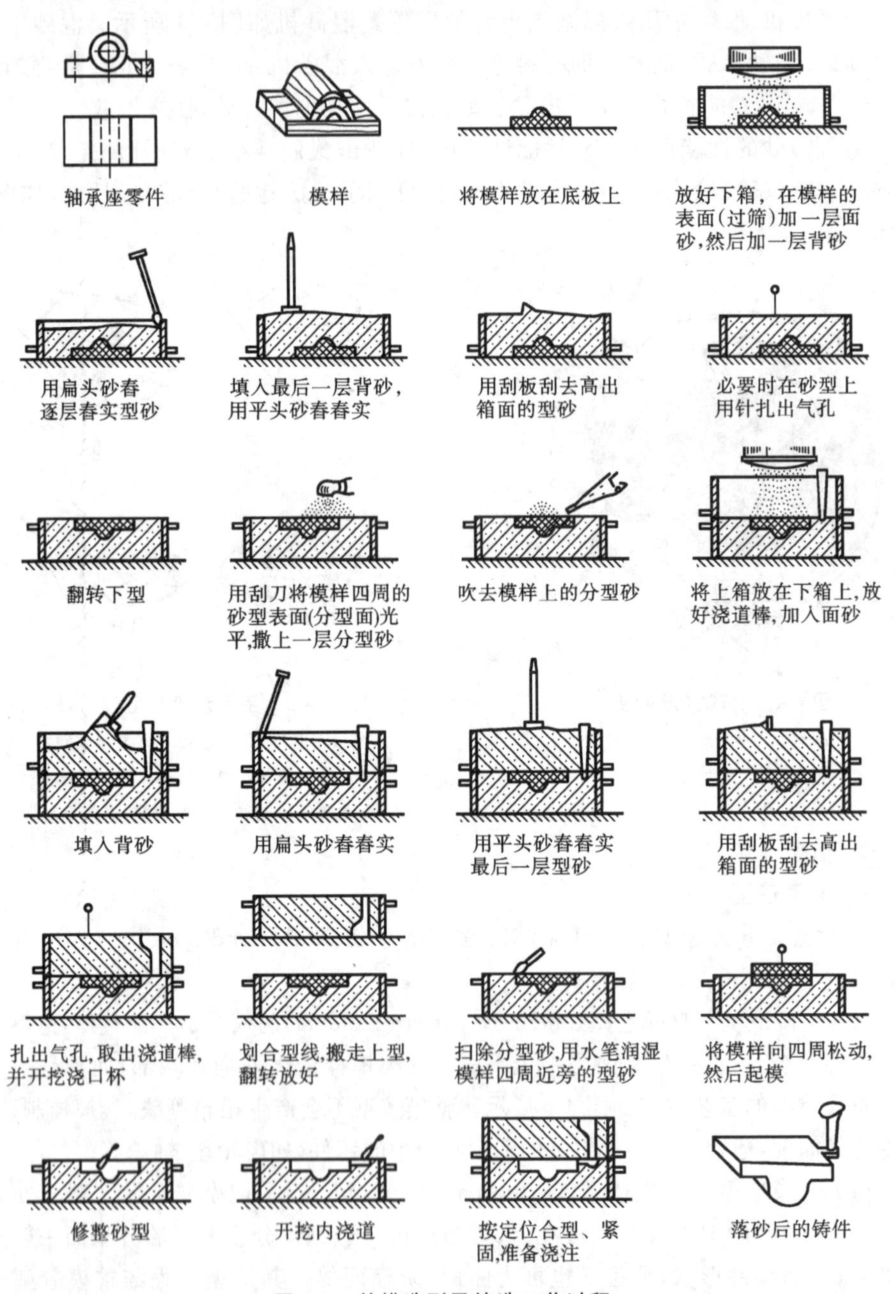

图 4-6　整模造型及铸造工艺过程

阀体、箱体、曲轴等。分模造型时,要特别注意使上型对准下型并紧固,以免产生错箱,影响铸件质量,增加清理工时。

受铸件的形状限制或为了满足一定的技术要求,不宜用分模两箱造型时,可选用分模多箱造型。图 4-8a 所示槽轮铸件,中间的截面比两端小,用一个分型面造型就

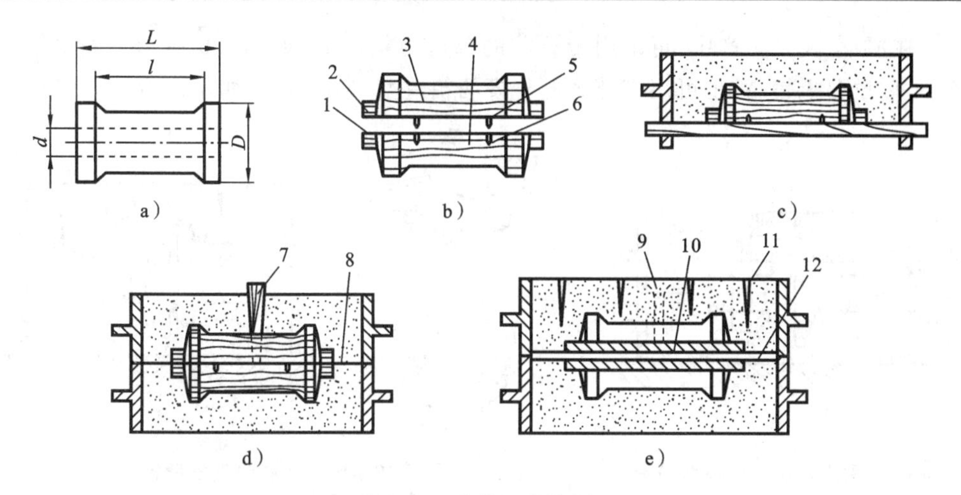

图 4-7　分模两箱造型

a) 铸件　b) 模样分成两半　c) 用下半模造型　d) 用上半模造型　e) 起模、放型芯、合箱

1—分模面　2—芯头　3—上半模　4—下半模　5—销钉　6—销孔　7—直浇道棒

8—分型面　9—直浇道　10—型芯　11—通气孔　12—排气道

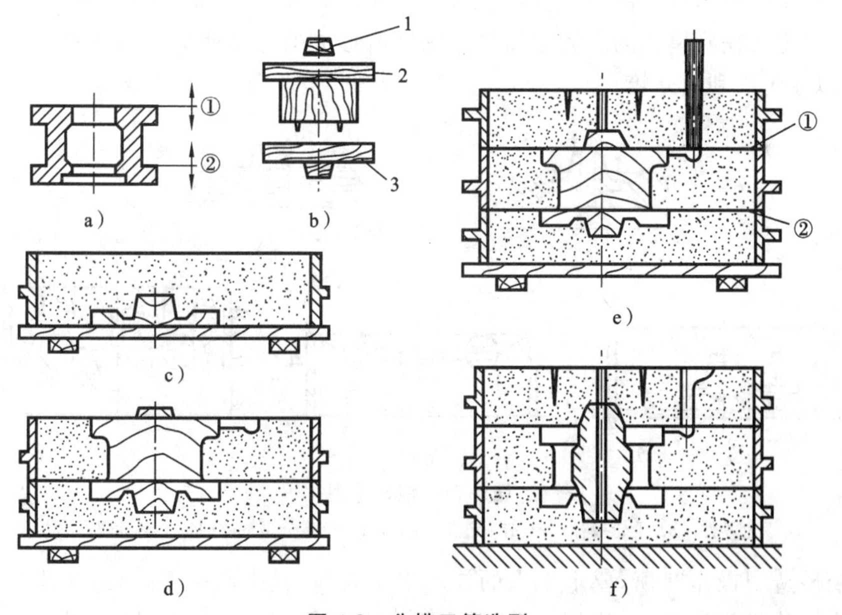

图 4-8　分模三箱造型

a) 铸件　b) 模样　c) 造下型　d) 造中型　e) 造上型　f) 起模、放型芯、合型

1—上箱模样　2—中箱模样　3—下箱模样

不能满足其圆周方向上力学性能一致的要求。这时可以在铸件上选取①、②两个分型面，进行三箱造型。其造型的主要过程如图 4-8c、d、e、f 所示。三箱造型要求中箱高度与模样的相应尺寸一致，造型过程较繁，生产率低，易产生错箱缺陷，只适合单件、小批生产。

在成批、大量生产中,可采用带外芯的分模两箱造型,如图 4-9 所示。如果槽轮较小,质量要求较高,也可用带外芯的整模两箱造型,如图 4-10 所示。

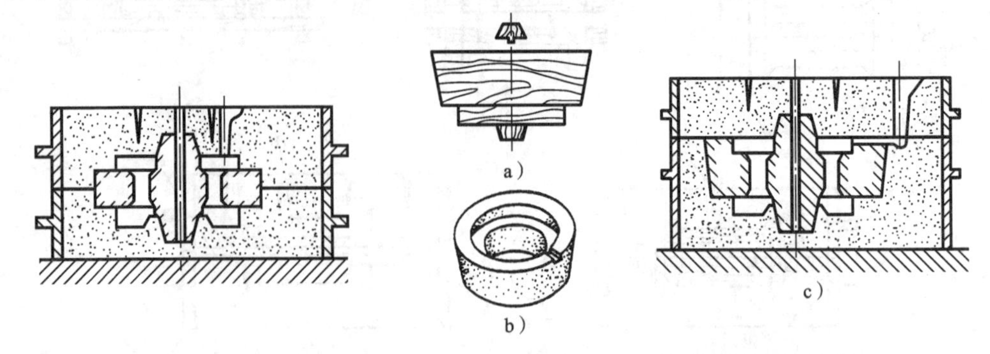

图 4-9　采用外芯的分模两箱造型

图 4-10　改用外芯的整模两箱造型

a) 模样　b) 外芯　c) 带外芯的整模两箱造型

(3) 挖砂造型　铸件若按其结构形状来看,需要分模造型,但为了制造模样方便,或者将模样做成分开模后很容易损坏或变形,这时仍将模样做成整体。为了使模样能从砂型中取出来,可采用挖砂造型(excavate sand molding),如图 4-11 所示。挖砂造型一定要挖到模样的最大截面处。挖砂所形成的分型面应平整光滑,坡度不能太陡,以便于顺利地开箱。

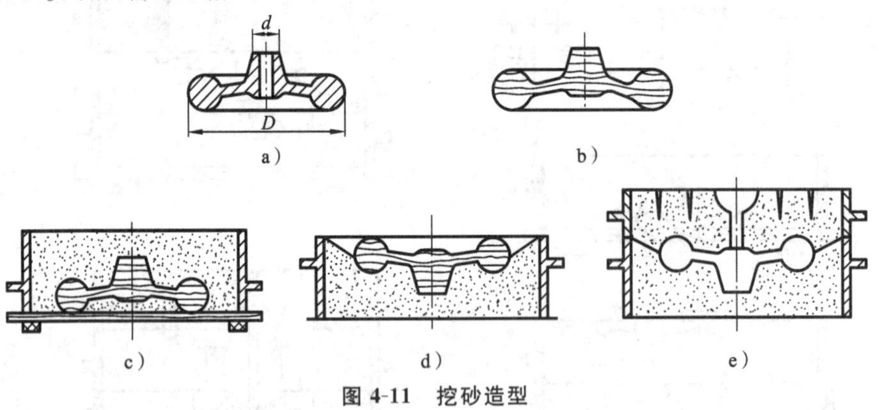

图 4-11　挖砂造型

a) 手轮零件　b) 手轮模样　c) 造下砂型　d) 翻转、挖出分型面　e)造上型、起模、合型

挖砂造型操作麻烦,要求工人的技术水平较高,且生产率低,只适用于单件、小批生产。成批生产时,采用假箱造型(见图 4-12)或成形模板造型(见图 4-13)来代替挖砂造型,可以大大提高生产率,还可以提高铸件质量。

(4) 假箱造型　假箱造型(odd-side molding)是利用预先制备好的半个铸型简化造型操作的方法。此半型称为假箱,其上承托模样,可供造另一半型用,但不用来组成铸型。

2) 机器造型

机器造型(machine molding)是用机器全部地完成或至少完成紧砂操作的造型

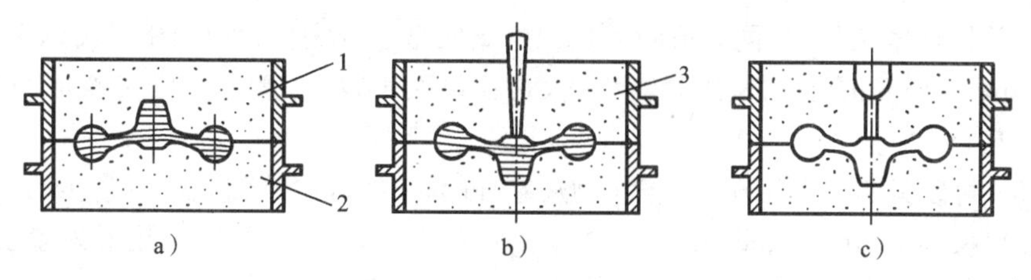

图 4-12　假箱造型

a) 在假箱上造下型　b) 造下型　c)起模、合型

1—下型　2—假箱　3—上型

方法,是现代化铸造生产的基本方式。与手工造型相比,机器造型可显著提高铸件质量和铸造生产率,改善工人的劳动条件。但是,机器造型用的设备和工装模具投资较大,生产准备周期较长,对产品变化的适应性比手工造型差,因此,机器造型主要用于成批、大量生产。机器造型紧实型砂的常用方法如下。

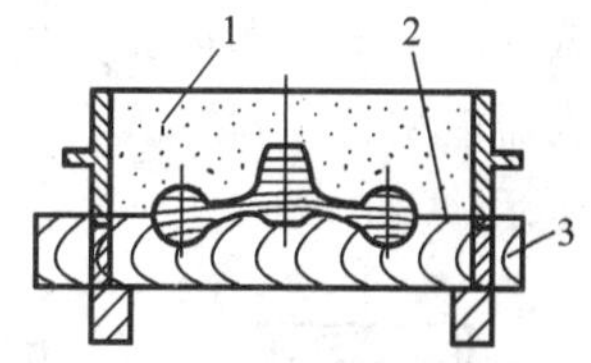

图 4-13　成形模板造型

1—下型　2—最大分型面　3—成形模板

(1) 震压紧实　震压紧实(jolt ramming) 综合应用了震实和压实紧砂的优点,型砂紧实均匀,是目前生产中应用较多的一种。震压造型机结构及紧砂过程如图 4-14所示。

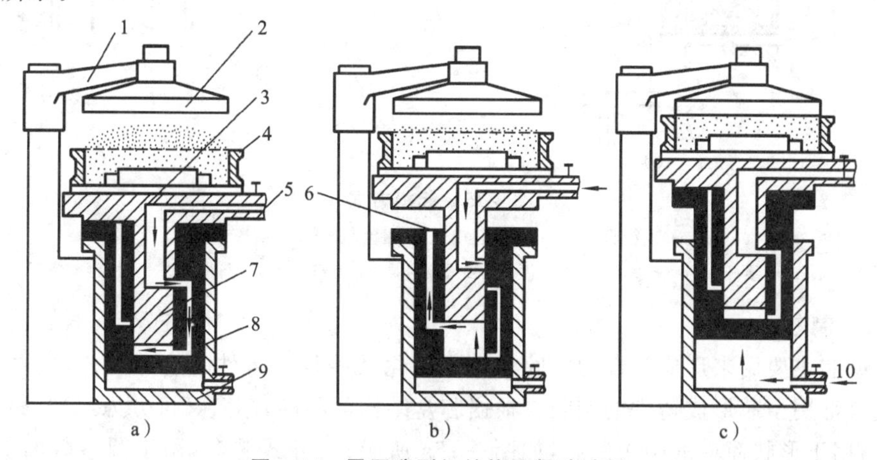

图 4-14　震压造型机结构及紧砂过程

a) 加砂　b) 震实　c) 压实

1—横梁　2—压板　3—单面模板　4—砂箱　5,10—进气口　6—排气口

7—震实活塞　8—压实活塞　9—压实气缸

震压造型机常常两台配对使用,分别造上型和下型 ,故这种机器造型只适用于两箱造型。为了提高生产率,采用机器造型的铸件应避免使用活块,尽可能不用或少用型芯。

(2) 微振压紧实　在高频率(700～1000 次/min)、低振幅(5～10 mm)振动下,利用型砂的惯性紧实作用,同时或随后加压的紧实型砂方法称为微振压紧实(vibratory squeezing ramming)。与震压紧实相比,它不仅噪声较小,且型砂紧实度更均匀,生产率更高。

(3) 射砂紧实　利用压缩空气将型(芯)砂高速射入砂箱(芯盒)而紧实的方法称为射砂紧实(shooting sand ramming)。由于填砂和紧实同时进行,故射砂紧实的生产率高,目前主要用于造芯。

(4) 抛砂紧实　抛砂紧实(impeller ramming)是用离心力抛出型砂,使型砂在惯性力作用下完成填砂与紧实的方法。抛砂紧实的生产率高,型砂紧实均匀,可用于大中型铸件的生产。抛砂紧实用砂箱的尺寸应大于 800 mm×800 mm。

机器造型的起模方式主要有顶箱起模、落模起模、翻台起模、漏模起模等,如图 4-15 所示。

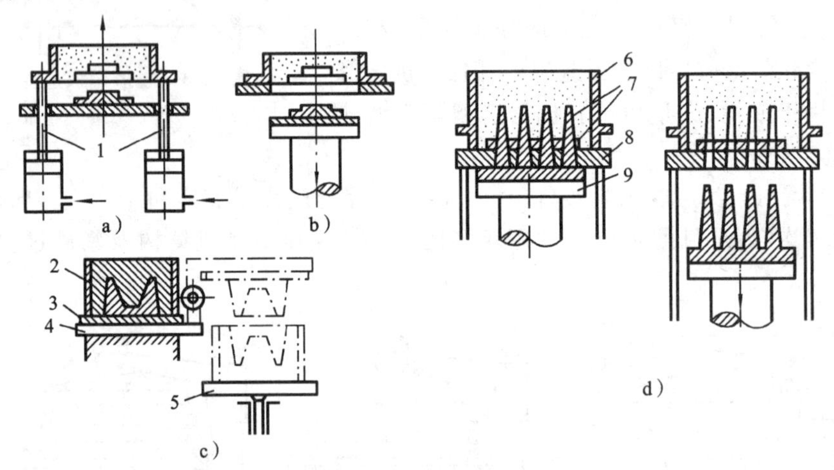

图 4-15　起模方式

a) 顶箱起模　b) 落模起模　c) 翻台起模　d) 漏模起模

1—顶杆　2,6—砂箱　3,7—模板　4—翻台　5—接箱台　8—漏板　9—工作台

3. 制芯

型芯主要用来形成铸件的内腔。为了简化某些复杂铸件的造型工艺,也可以部分或全部用型芯形成铸件的型腔。根据芯盒结构的不同,芯盒又可分为三种:整体式芯盒,用于形状简单的中小砂芯,如图 4-16a 所示;对开式芯盒,用于圆形截面的、较复杂的砂芯,如图 4-16b 所示;组合式芯盒,用于形状复杂的中、大型砂芯,如图 4-16c 所示。对于内径大于 200 mm 的弯管砂芯,可用刮板制芯(core making)。

4. 浇注系统和冒口

合理选择浇注系统各部分的形状、尺寸和位置,对于获得合格铸件、减少金属的消耗具有重要的意义。若浇注系统设计得不合理,铸件易产生冲砂、砂眼、渣孔、浇不足、气孔和缩孔等缺陷。

典型的浇注系统及冒口的结构如图 4-17 所示,浇注系统由以下几部分组成。

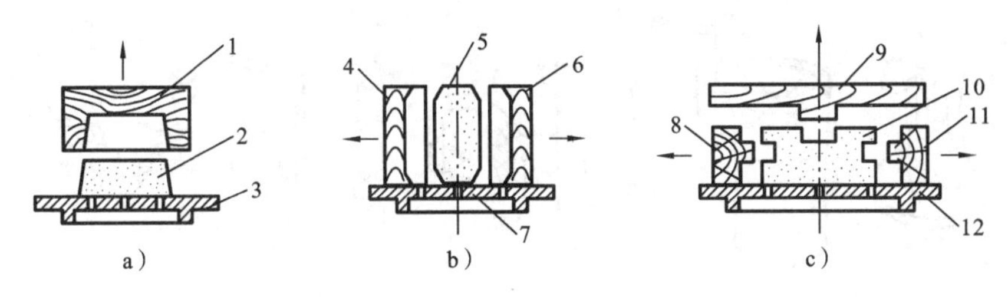

图 4-16　芯盒种类和结构

a) 整体式芯盒　b) 对开式芯盒　c) 组合式芯盒

1,4,6,8,9,11—芯盒　2,5,10—型芯　3,7,12—烘板

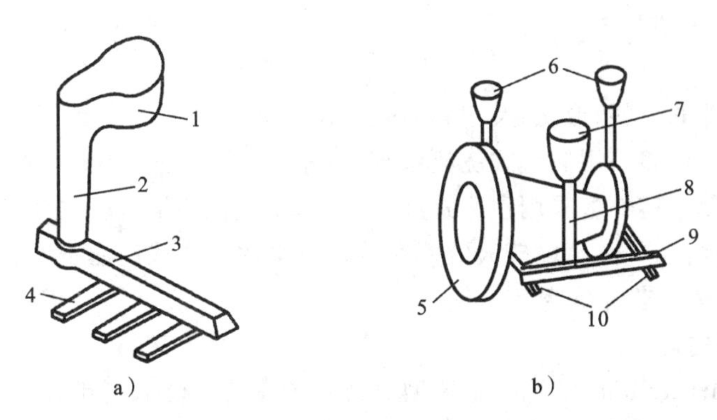

图 4-17　浇注系统及冒口

a) 典型浇注系统的结构　b)浇注系统、冒口与铸件

1,7—浇口杯　2,8—直浇道　3,9—横浇道　4,10—内浇道　5—铸件　6—冒口

(1) 浇口杯　浇口杯(pouring cup)一般呈漏斗形,单独制造或直接在铸型中形成,成为直浇道顶部的扩大部分。它承接来自浇包的金属液,减缓金属液流的冲击,将金属液平稳地导入直浇道,并起到挡渣和防止气体卷入浇道的作用。

(2) 直浇道　直浇道(sprue)是浇注系统中的垂直通道,通常带有一定的锥度,其截面多为圆形。直浇道以其高度产生的静压力,使金属液充满型腔的各个部分。

(3) 横浇道　横浇道(runner)是浇注系统中的水平通道,其截面多为梯形,一般设在上砂型分型面以上的位置,横浇道将金属液分配给各个内浇道,并起到挡渣作用。

(4) 内浇道　内浇道(ingate)是浇注系统中引导金属液进入型腔的部分,其截面多为扁梯形或三角形。内浇道的位置应低于横浇道,以便于把横浇道中靠底层的纯净金属液引入型腔。内浇道控制金属液流入型腔的方向和速度,调节铸件各个部分的冷却速度。内浇道的形状、位置和数目以及导入金属液流的方向,是决定铸件质量的关键因素。

冒口(riser)是用于对铸件局部进行补缩的铸型型腔的一部分。形状有圆柱形、球形和腰圆形等几种。

按内浇道在铸件上的位置,浇注系统可设计成多种形式,如图 4-18 所示。

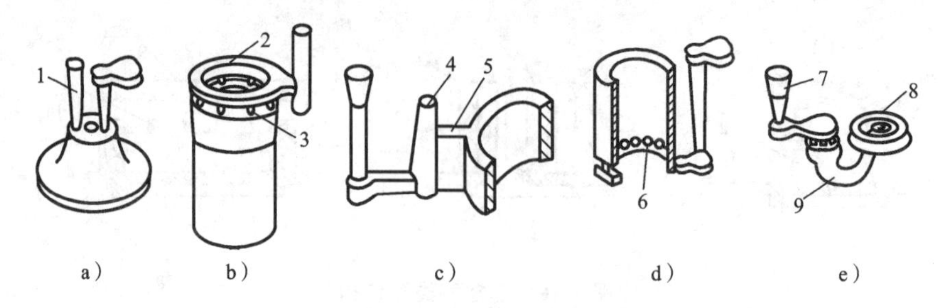

图 4-18 常见浇注系统的形式

a) 简单顶注式 b) 雨淋顶注式 c) 缝隙侧注式 d) 底注式 e) 牛角底注式

1—出气口 2—横浇道 3,6—内浇道 4—冒口 5—缝隙式内浇道

7—浇口杯 8—铸件 9—牛角式内浇道

要根据铸件的材料、形状、尺寸和质量要求来选择浇注系统的形式，如一般分模造型的中小型铸件多采用侧注式浇注系统，重量小、高度不大、形状简单以及不易氧化的薄壁和中厚壁铸件多采用顶注式浇注系统，易氧化的铝、镁合金大铸件和铸钢件多采用底注式浇注系统，高度较大的复杂铸件可采用阶梯式浇注系统。

5. 零件铸造工艺的确定

1）分型面的选择

分型面(parting line)的选择是造型时必须考虑的主要工艺问题之一。合理选择分型面，能提高铸件质量，简化造型工艺，降低生产成本。

① 分型面的选择应有利于起模。为此，分型面应选择在铸件的最大截面处。前面所讲的各种造型方法，都是按这一原则选择分型面的。

② 要尽可能减少分型面的数目。槽轮铸件可以有多种分型方案。其中三箱造型很容易错箱，生产率也低；两箱造型便于机器造型，铸件质量也容易保证，特别适合大量生产。

③ 要尽量选择平直的分型面。图 4-19 所示铸件有两种分型方案：方案①为弯曲分型面，单件生产时要用挖砂造型，大量生产时要用成形模板；方案②为平直分型面，单件生产和大量生产时，都是较为简单的分模造型。

④ 要尽量使型芯位于下箱，以利于降低上箱高度，从而使起模、翻箱操作比较方便，同时便于型芯的安放和检验。图 4-20 中方案②比方案①合理。

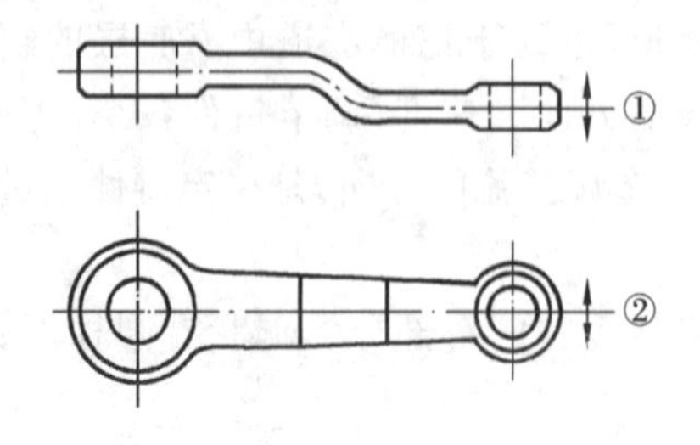

图 4-19 弯曲臂铸件的分型方案

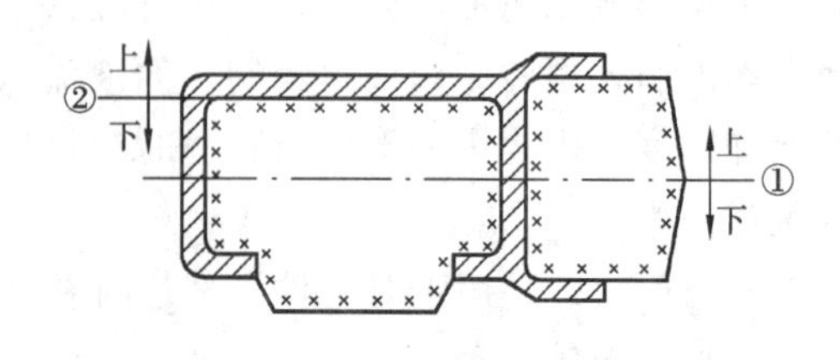

图 4-20 机床支柱的分型方案

选择分型面还应考虑尽量使铸件上的加工基准面和加工面(或大部分加工面)位于同一砂箱内,以保证它们之间的位置精度。水管堵头的三种分型方案中应选择方案②,如图 4-21 所示。

分型面选择得合理与否,也与具体的生产条件有关。图 4-22 所示摇臂铸件在单件生产时应选方案①,可以减少工装费用,便于造型操作。在成批生产时,应选分型方案②,可以减少铸件清理的工作量,使铸件美观。

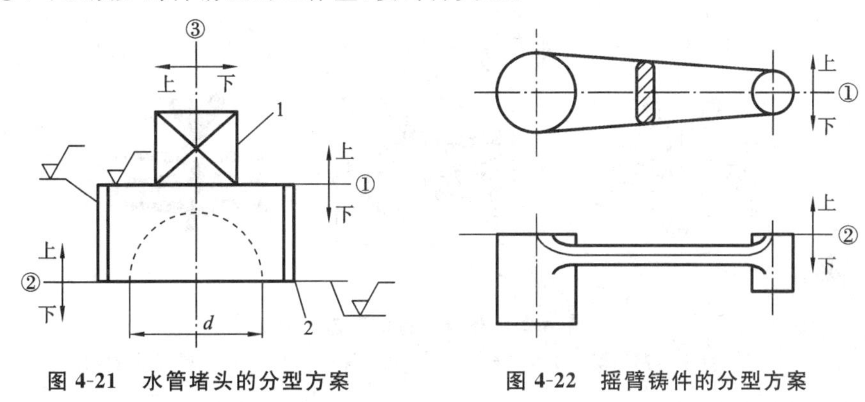

图 4-21　水管堵头的分型方案

1—加工基准面　2—主要加工面

图 4-22　摇臂铸件的分型方案

2）模样的确定

铸型的型腔是借助模样(pattern)来形成的。金属液浇入型腔,冷却、凝固后即为铸件。铸件经过切削加工即变成了零件。

模样尺寸＝铸件尺寸＋收缩量

铸件尺寸＝零件尺寸＋加工余量(孔的加工余量为负值)

模样上应有起模斜度、铸造圆角(包括因零件孔的尺寸较小而没有铸出的孔等)。

简单的铸件也可能与模样在形状上相似。读者可从前面的图例中找出相应的例子。

4.1.2　特种铸造

砂型铸造虽然应用广泛,但铸件精度低、表面粗糙、力学性能差,生产率低,劳动条件差。随着生产技术的发展,特种铸造(special casting)的方法得到了日益广泛的应用。常见的特种铸造有熔模铸造、金属型铸造、压力铸造、低压铸造和离心铸造等。

1. 熔模铸造

熔模铸造(investment casting)是用易熔材料石蜡制成精确的模样,在其表面浸涂若干层耐火涂料,同时涂挂若干层耐火填料(如硅砂),再经过干燥、硬化成整体型壳,然后加热型壳,熔去模样,再经高温焙烧而成为耐火型壳,将金属液浇入型壳中,金属冷凝后敲掉型壳获得铸件的方法。由于石蜡是应用最广泛的易熔材料之一,故这种方法又称为“失蜡铸造”。熔模铸造的工艺过程如图 4-23 所示。

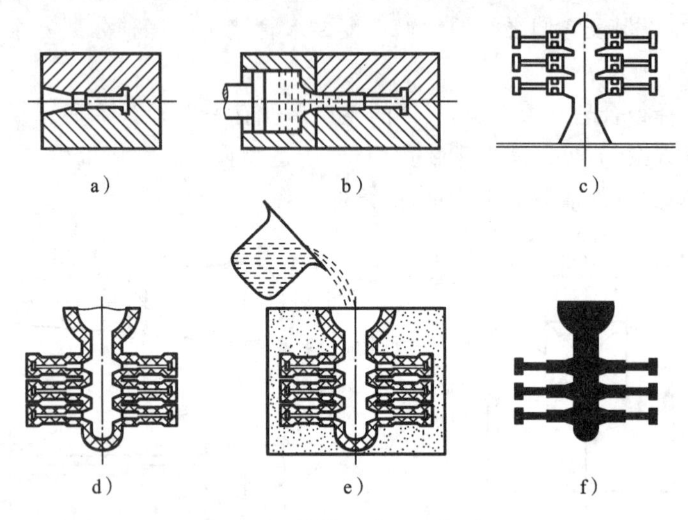

图 4-23　熔模铸造的工艺过程

a) 压型　b) 压制蜡模　c) 焊蜡模组　d) 结壳、脱模　e) 浇注　f)带浇道的铸件

熔模铸造有如下特点：

① 铸件尺寸精度高,表面粗糙度低,且可以铸出形状复杂的铸件,铸件的最小壁厚可达 0.25 mm。

② 可以铸造各种合金铸件,包括铜、铝等非铁合金,各种合金钢,镍基、钴基等特种合金(高熔点难切削加工合金)。对于耐热合金的复杂铸件,熔模铸造几乎是唯一的生产方法。

③ 生产批量不受限制,便于实现机械化流水线生产。

④ 工序繁杂,生产周期较长(4～15 d),且铸件不能太大(不大于 25 kg)。某些模料、黏结剂和耐火材料价格较高,且质量不够稳定,因而生产成本较高。

熔模铸造也常常称为“精密铸造”,是少无切削加工工艺的重要方法。它主要用来制造汽轮机、涡轮发动机的叶片与叶轮,纺织机械、汽车、拖拉机、风动工具、机床、电器、仪器上的小零件,以及刀具、工艺品等。

用发泡塑料模取代蜡模,就形成了一种熔模铸造与气化模铸造的复合铸造工艺。

2. 金属型铸造

金属型铸造(permanent-mold casting)是将金属液在重力作用下浇入金属铸型内获得铸件的方法。金属型常用铸铁、铸钢或其他合金制成,可以重复浇注几百次以至数万次,所以又有“永久型”之称。金属型的结构按铸件形状、尺寸不同,可分为四种方式:整体式、垂直分型式、水平分型式和复合分型式,如图 4-24 所示。前两者应用较多。

金属型铸造的最大特点是金属型导热快,且无退让性,因此铸件易产生冷隔、浇不足、裂纹等缺陷,灰铸铁件还常常出现白口组织。高温金属容易损坏型腔,影响金

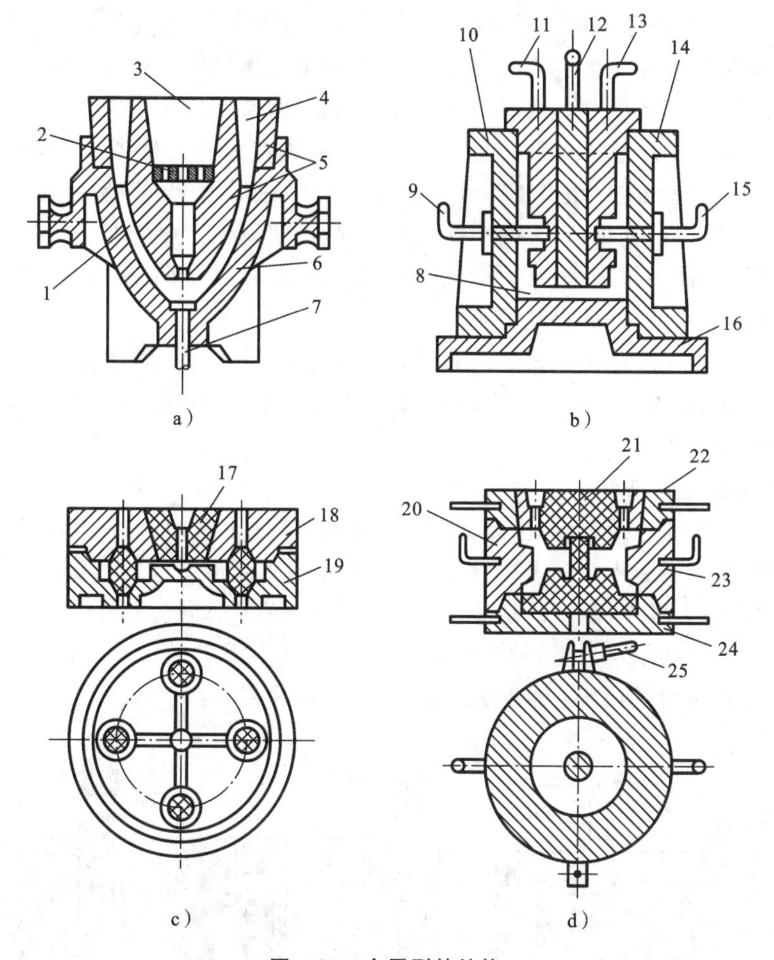

图 4-24 金属型的结构

a）整体式 b）垂直分型式 c）水平分型式 d）复合分型式

1,8—型腔 2—滤网 3—浇口杯 4—冒口 5,17,21—型芯 6—金属型 7—推杆 9,15—销孔芯 10,20—左半型 11—左侧芯 12—中间芯 13—右侧芯 14,23—右半型 16,24—底型 18,22—上型 19—下型 25—销卡

属型寿命及表面质量，因此，在工艺上常采取如下措施：

(1) 预热金属型 其目的是降低金属液的冷却速度，保护金属型，延长其使用寿命，还可以防止铸铁件产生白口组织。在连续工作中，为防止铸型工作温度过高，需要对铸型进行冷却。

(2) 喷刷涂料 根据铸造合金的性质及铸件特点，在金属型的型腔表面喷刷涂料。喷刷涂料主要是为了减轻高温液体对金属型的热冲击作用，降低金属型壁的内应力，避免铸件与金属型直接作用，防止发生熔焊现象，降低铸件冷却速度，控制凝固方向，以及方便取出铸件，还可以防止铸铁件产生白口组织。

(3) 选择合理的浇注温度和浇注速度 金属型铸造应比砂型铸造的浇注温度高

出 20～35 ℃。若浇注温度过低,铸件会产生白口组织和冷隔、浇不足等缺陷,也可能产生气孔缺陷。浇注温度过高时,由于金属液析出气体量增大和收缩增大,铸件易产生气孔、缩孔甚至裂纹缺陷,同时,也会缩短金属型的使用寿命。

(4) 正确掌握开型时间和温度　为降低铸件内应力及产生裂纹的倾向,一般应尽早开型。金属型可“一型多铸”,可节约大量工时,提高生产率,改善劳动条件。同时,金属型铸件的精度较高,表面粗糙度较低,故可实现少无切削加工。此外,金属型冷却速度快,铸件晶粒细化,其力学性能(冲击韧度除外)得到提高,如铜、铝合金的铸件抗拉强度比砂型铸件的提高了 10%～20%。

金属型铸造主要用来大量生产非铁合金铸件,如飞机、汽车、拖拉机、内燃机、摩托车的铝活塞、缸体、缸盖、油泵壳体、铜合金轴承及轴套等,有时也用它来生产某些铸铁件和铸钢件。

3. 压力铸造及注塑

(1) 压力铸造　压力铸造(pressure casting)简称压铸,是一种在高压下快速将液态或半固态金属压入金属型中,并在压力下凝固而获得铸件的方法。它的基本特点是高压(5～70 MPa,甚至高达 200 MPa)、高速(充型时间为 0.03～0.2 s)。压铸机是压铸生产中的基本设备,种类很多,工作原理基本相似,如图 4-25 所示。用高压油驱动的卧式压铸机,合型力大,充型速度快,生产率高,应用较广泛。

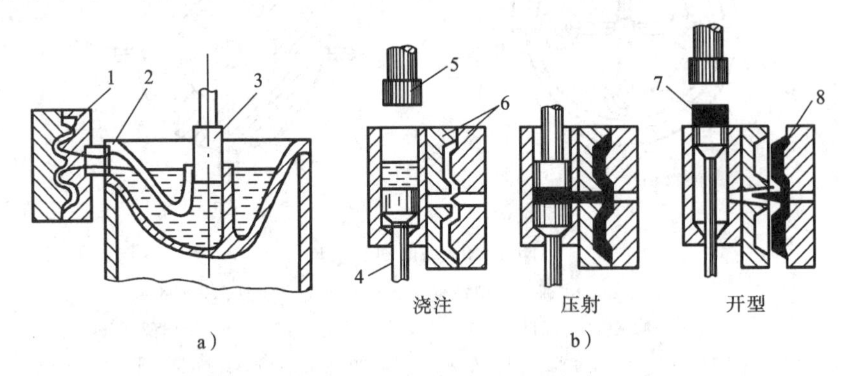

图 4-25　压铸机工作原理

a) 热压室式压铸机工作原理　b) 冷压室式压铸机工作原理

1—型腔　2—鹅颈式浇道　3,4—活塞　5—压铸活塞　6—压型　7—余料　8—铸件

压铸是目前铸造生产中先进的加工工艺之一。它产品质量好,产品成本低,但压铸设备投资大,制造压铸模费用高、周期长,故只适合大量生产。

压铸的速度高、凝固快,型腔内的气体难以排除,故铸件内常有小气孔,影响铸件的内在质量,且难以生产内腔复杂的铸件,压铸件若进行机械加工,就会使铸件的气孔暴露出来。压铸件内部的气孔是在高压下形成的,若进行热处理,在加热过程中,气孔中的气体会膨胀而损坏铸件。因此,压铸件不宜进行切削加工(若确需加工,加工量也不能大)和热处理。

压铸工艺在汽车、拖拉机、精密仪器、电信器材、医疗器械、日用五金以及航空、航海和国防工业方面等得到了广泛的应用。

(2) 注塑　注塑(inject plastic)的基本原理与压铸相似,所不同的是加热和熔化是在挤压料筒内完成的,挤压装置可以用柱塞或螺杆,注塑的基本原理如图 4-26 所示。

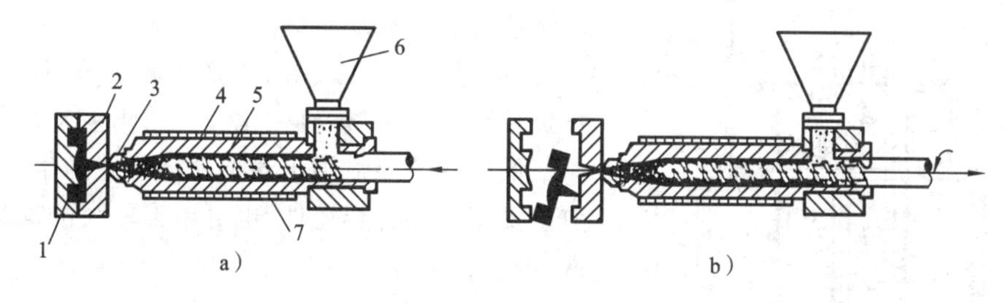

图 4-26　注塑原理

a) 成形　b) 脱模

1—工件　2—铸型　3—喷嘴　4—料筒　5—螺杆　6—料斗　7—加热器

注塑工艺的生产周期短、效率高,易于实现自动化,制品的重量不受限制,尺寸精度高,也可以生产形状复杂或带嵌件的制品。热塑性和热固性塑料制品都能采用注塑工艺生产。目前,注塑制品已占全部塑料制品的 20%～30%。

通用注塑机主要由注射装置、合模装置和液压及电气装置组成,如图 4-27 所示。其中,注射装置由加料斗、料筒、加热器、螺杆和喷嘴等组成;合模装置由铰链式机械液压机构组成,简单可靠,应用广泛;液压和电气部分一般为计算机控制的自动化系统,使注塑过程能够自动完成。

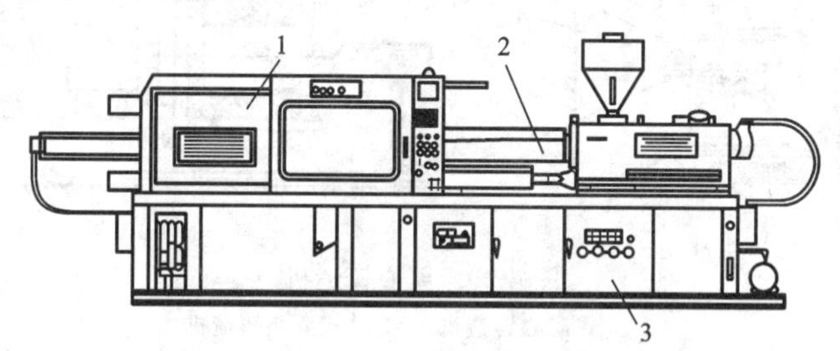

图 4-27　通用注塑机的结构

1—合模装置　2—注射装置　3—液压传动及电气控制系统

4. 低压铸造

低压铸造(low-pressure casting)是介于一般重力铸造(如砂型、金属型等)与压力铸造之间的方法,其基本原理如图 4-28 所示。

低压铸造有如下特点:

(1) 充型压力和速度便于控制,可适应各种铸型(如砂型、金属型、熔模型壳等);充型平稳,冲刷力小,且液流与气流的方向一致,故气孔、夹渣等缺陷较少。

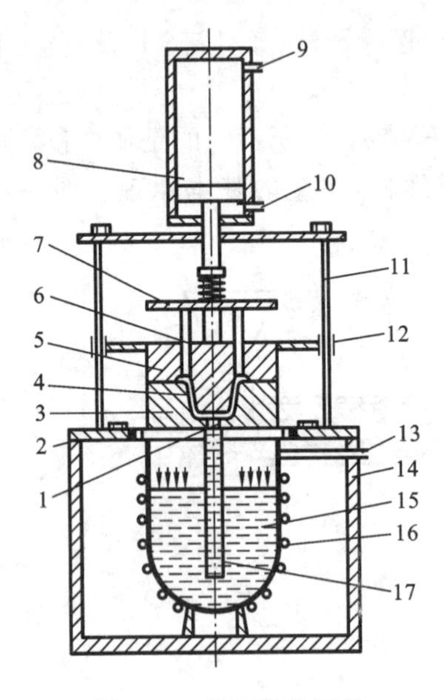

图 4-28　低压铸造原理

1—浇道　2—密封垫　3—下型 4—型腔　5—上型　6—顶杆　7—顶板　8—气垫　9—进气口　10—排气口　11—导柱　12—滑套　13—压缩空气入口　14—保温炉　15—金属液　16—坩埚　17—升液管

(2) 铸件的组织致密,力学性能较高,对于铝合金针孔缺陷的防止和铸件气密性的提高,效果尤其显著。低压铸造件的表面质量高于金属型制造的铸件。

(3) 金属的利用率高达 90%～98%,因为低压铸造省去了补缩冒口。

(4) 劳动条件较好,生产占地面积小,设备投资较小,易于实现机械化和自动化生产。

低压铸造能适用于各种批量铸件的生产,目前主要用于铝合金铸件,也可用于较大的球墨铸铁、铜合金铸件。

5. 离心铸造

离心铸造(centrifugal casting)是将金属液浇入高速旋转的铸型内,在离心力作用下充型、凝固后获得铸件的方法。离心铸造主要用来生产圆筒形铸件,也可用来生产薄壁小件。为使铸型旋转,离心铸造必须在离心铸造机上进行。根据铸型旋转轴空间位置的不同,离心铸造机可分为立式和卧式两大类,如图 4-29 所示。

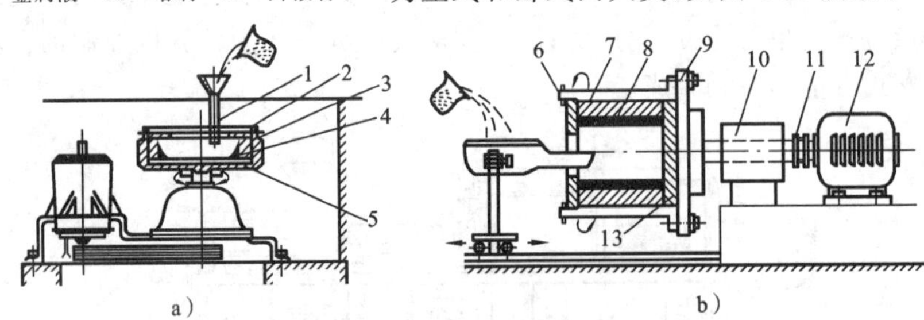

图 4-29　离心铸造机

a) 立式离心铸造机　b) 卧式离心铸造机

1—浇道　2—盖板　3,7—铸型　4—铸件　5—外壳　6—前盖　8—衬套　9—后盖　10—轴承座　11—联轴器　12—电动机　13—底板

离心铸造的主要特点如下:

① 金属结晶组织致密,铸件没有或很少有气孔、缩孔和非金属类杂物,因而铸件的力学性能显著提高。

② 一般不需要设置浇注系统和冒口,从而大大提高了金属的利用率。

③ 铸造空心圆筒(卧式浇注)铸件时,可以不用型芯,且壁厚均匀。

④ 适应各种合金的铸造,便于铸造薄壁件和“双金属”件。生产低熔点合金小件时,可用硅橡胶压模成形法制造铸型。

⑤ 铸件内孔表面粗糙,孔径通常不准确。

离心铸造可生产各种铜合金套、环类铸件,铸铁水管、辊筒铸件,汽车、拖拉机的汽缸套、轴瓦,以及刀具、齿轮等铸件。

4.1.3 铸造方法的比较

表4-2和表4-3分别为几种铸造方法的特点比较。

表4-2 各种铸造方法的特点比较

比较项目	砂型铸造	金属型铸造	压力铸造	低压铸造	离心铸造	熔模铸造
适用金属	不限制	不限制	非铁金属	非铁金属	钢与铜合金	钢
铸件大小	不限制	中小件	小件	中小件	数吨	小于25 kg
最小壁厚	3 mm	铝合金:2 mm;铁:大于4 mm;钢:大于5 mm	铜合金:2 mm;其他合金:0.5 mm	通常2 mm,最薄0.7 mm	孔为ϕ7 mm	0.7 mm
表面粗糙度*Ra*	粗糙	6.3～12.5 μm	1.6～6.3 μm	6.3～12.5 μm	内孔粗糙	1.6～12.5 μm
尺寸精度公差等级	IT14～IT16	IT12～IT14	IT11～IT13	IT12～IT14	—	IT10～IT12
内部质量	晶粒粗	晶粒细	晶粒细	晶粒细	晶粒细	晶粒粗
生产范围	单件、成批、大量	成批、大量	大量	成批	大量、成批	成批
生产率	(在适当机械化后)可达240箱/h	中	高	中	中	中
设备费用	低、中	中	高	中	中	中
应用举例	各类铸件	发动机零件、汽车与拖拉机零件、电器、民用器皿	汽车、拖拉机、计算机、仪表、照相机器材、国防工业零件	发动机零件、电器零件、叶轮、壳体、箱体	各种套、筒、辊、叶轮等	刀具、动力机械叶片、汽车与拖拉机零件、电信设备、计算机零件

实际上,影响铸件成本的因素是很多的。例如,生产人员和管理人员的工资,设备、工装、模具的折旧费和修理费,水电费,原材料的费用,工厂的管理费和税费等费用中,有一部分与年产量无关(如原材料的费用),也就是说,这部分费用分摊到每个铸件上时一般是不变的(价格随市场变化的情况除外);另一部分费用与年产量有关(如设备折旧费),这部分费用分摊到每个铸件上时是变化的,年产量越大,这部分费

表 4-3　几种铸造方法的经济性比较

比较项目	砂型铸造	金属型铸造	压力铸造	熔模铸造	离心铸造
小批生产时的适应性	最好	良好	不好	良好	不好
大量生产时的适应性	良好	良好	很好	良好	良好
模样或铸型的制造成本	很低	中等	很高	较高	中等
铸件的机械加工余量	最大	较大	最小	较小	内孔大
工艺出品率	较差	较好	较好	较差	较好
切削加工费用	中等	较小	很小	较小	中等
设备费用	低、中	较低	较好	较高	中等

用分摊到每个铸件上的部分就越少。因此,生产批量越大,成本越低,而单件生产的成本就越高。这在设备投资较大的情况下尤其明显,表 4-4 就证明了这一点。表中所列成本是按 2010 年的价格计算的。

表 4-4　铸铝小连杆成本比较

简图	产量/件	铸件成本/(元/件)			
		砂型铸造	金属型铸造	熔模铸造	压力铸造
73　16	100	14	48	50	134
	1000	4.8	9.6	21	16
	10000	2.4	3.2	16	4
	100000	2.4	2.4	14.4	1.0

4.1.4　金属熔炼

金属熔炼(melting)的质量对能否获得优质铸件有着重要的影响。如果金属液的化学成分不合格,会降低铸件的力学性能和物理性能。金属液的温度过低,会使铸件产生冷隔、浇不足、气孔和夹渣等缺陷。

1. 铸铁的熔炼

铸铁是用得最多的合金,常用冲天炉或电炉来熔炼。

1) 冲天炉的构造

如图 4-30 所示,冲天炉(cupola)主要由以下几部分组成:① 烟囱(funnel),用于排烟,其上装有能扑灭火花的除尘器;② 炉身(cupola body),是冲天炉的主体,外部用钢板制成炉壳,其内砌上耐火炉衬;③ 炉缸(cupola well),用来储存熔融的金属;④前炉(forehearth),用来储存从炉缸中流出的铁液。

冲天炉还有称料、运料、上料、送风等辅助设备。

冲天炉的大小是以每小时熔化的铁液量来表示的，常用的冲天炉每小时可熔化1.5～10 t铁液。考核冲天炉性能的主要技术经济指标是铁焦比，即冲天炉熔炼时所熔化的铁液与消耗的焦炭的质量之比。一般，$m_{铁}:m_{焦炭}=(8:1)\sim(12:1)$。

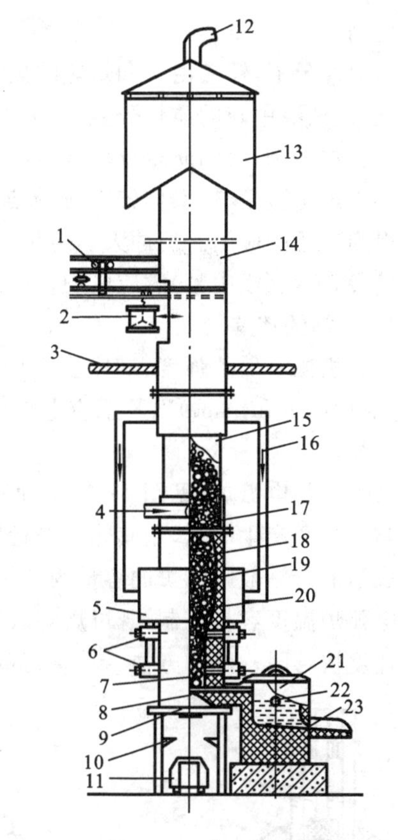

图4-30 冲天炉简图

1—加料装置 2—加料筒 3—加料台 4—冷风 5—风带 6—风口 7—炉缸 8—过桥 9—炉底 10—支架 11—小车 12—进水口 13—火花除尘装置 14—烟囱 15—炉身 16—热风 17—焦炭 18—金属料 19—熔剂 20—底焦 21—前炉 22—出渣口 23—出铁口

2）冲天炉的炉料

冲天炉的炉料是装入炉内材料的总称，它包括金属料、燃料和熔剂。

（1）金属料 金属料（metallic charge）包括新生铁、回炉铁（浇注系统、冒口、废铸件和废铁等）、废钢和铁合金（硅铁、锰铁和铬铁等）。新生铁又称高炉生铁，是炉料的主体。利用回炉铁可以降低铸件成本，加入废钢可以降低铁液中的碳的质量分数。各种铁合金的作用是调整铁液的化学成分或配制合金铸铁。

（2）燃料 燃料（fuel）主要指焦炭。要求焦炭的碳的质量分数高，含挥发物、灰分及硫量少，发热量高，强度高，块度适中。

（3）熔剂 熔剂（flux）在冶炼过程中可以降低炉渣的熔点，使流动性增加或便于扒渣排除。常用的熔剂有石灰石（$CaCO_3$）或氟石（CaF_2），其块度比焦炭略小，加入量为焦炭的25%～30%（质量分数）。

3）冲天炉的熔炼原理

在冲天炉熔化过程中，炉料从加料口装入，自上而下运动，被上升的高温炉气预热，并在底焦顶部，温度约1200 ℃（熔化区）时开始熔化。铁液在下落过程中又被高温炉气和炽热的焦炭进一步加热（称过热），温度可达1600 ℃左右，经过过桥进入前炉。此时温度稍有下降，最后出炉温度为1360～1420 ℃。从风口进入的风和底焦燃烧后形成的高温炉气，是自下而上流动的，最后变成废气从烟囱排出，所以，冲天炉是利用对流的原理来熔化铁的。在熔化过程中，炉内的铁液、焦炭和炉气之间要产生一系列物理、化学变化。影响冲天炉熔化的主要因素是底焦高度和送风强度等，必须合理控制。

一般情况下,铁液由于和炽热的焦炭接触,碳的质量分数有所增加。焦炭中的硫溶于铁液,铁液中硫的质量分数增加约 50%。硅、锰等合金元素因烧损而在铁液中的质量分数下降,磷的质量分数基本不变。

冲天炉构造简单,操作较方便,能连续熔化,热效率和生产率较高,成本低,在生产中得到广泛的应用。但冲天炉熔化的铁液质量不稳定,工作环境差。随着电力工业的发展,工频(或中频)感应电炉将得到越来越多的应用。

2. 铸钢的熔炼

在对机械零件的强度、韧度要求较高时,需采用铸钢件。铸钢的熔炼设备有转炉、电弧炉(arc furnace)以及感应电炉(electric induction furnace)等,用得较多的是三相电弧炉。

典型三相电弧炉(见图 4-31)上面竖直安装着三根石墨电极,通入三相电流后,电极与炉料间产生电弧,用其热量进行熔化、精炼。电弧炉的容量是以其一次熔化金属量表示的。一般电弧炉的容量为 2~10 t,最大的电弧炉容量达 400 t。

电弧炉温度容易控制,既可熔炼碳素钢,也可熔炼合金钢,所熔炼的钢液质量好,熔炼速度快,开炉、停炉方便。小型铸钢件的钢液也可用工频或中频感应电炉熔炼。

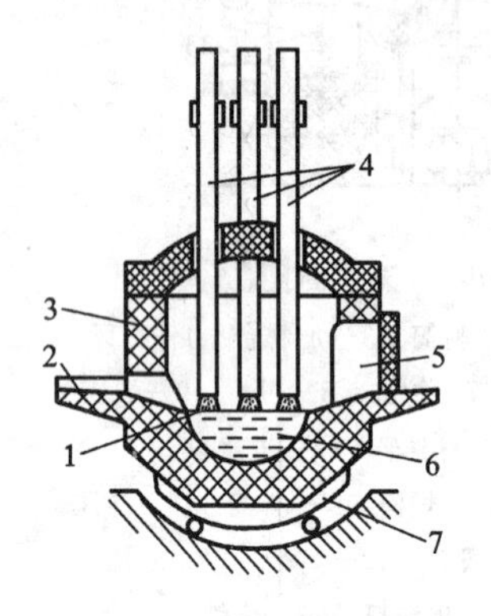

图 4-31 三相电弧炉

1—电弧 2—出钢口 3—炉墙 4—电极 5—加料口 6—钢液 7—倾斜机构

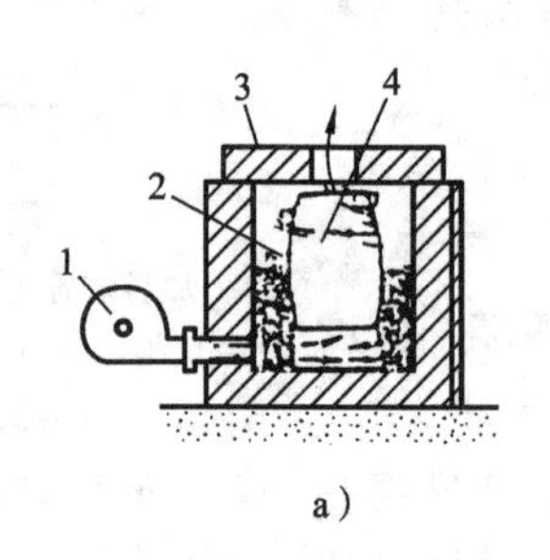

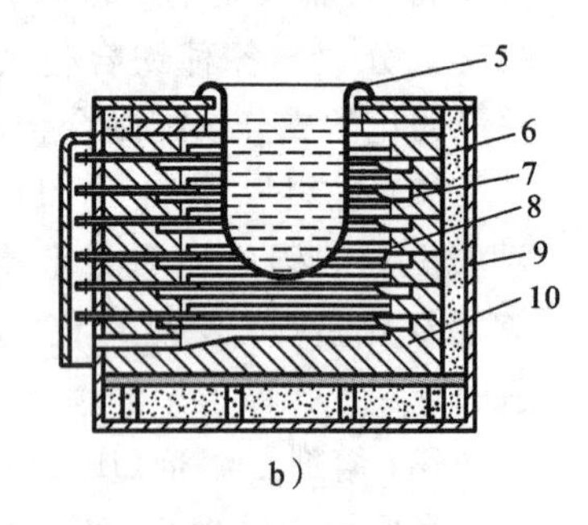

图 4-32 坩埚炉

a) 焦炭坩埚炉 b) 电阻坩埚炉

1—鼓风机 2—焦炭 3—盖 4,5—坩埚 6—隔热材料 7—电阻丝托板 8—电阻丝 9—炉壳 10—耐火砖

3. 非铁合金的熔炼

铝合金的熔炼特点是金属料不与燃料直接接触,以减少金属的损耗,保持金属的纯净。在一般的铸造车间里,铝合金多采用坩埚炉(见图 4-32)来熔炼。

铝合金在高温下容易氧化,且吸气(氢气等)能力很强;氧化铝呈固态夹杂物悬浮在铝液上,在铝液表面形成致密的氧化膜。铝液所吸收的气体被其阻碍而不易排出,便在铸件中产生非金属夹杂物和分散的小气孔,降低铸件的力学性能。为避免铝合金氧化和吸气,熔炼时加入熔剂(KCl、NaCl、NaF 等)可使铝液在熔剂层覆盖下进行熔炼。

当铝液加热到 700～730 ℃时，加入精炼剂（如 C_2Cl_6、$ZnCl_2$ 等）进行去气精炼，可将其中溶解的气体和夹杂物带到液面而去除，以净化铝液，提高铸件的力学性能。

4.1.5 浇注

将金属液从浇包中浇入铸型的过程称为浇注（pouring）。浇注是铸造生产中的一个重要环节。浇注前要准备足够数量的浇包，先把浇包内衬修理光滑、平整并烘干。要整理场地，使浇注场地的走道通畅且无积水。

浇注温度过高，会使铸件收缩大，黏砂严重，晶粒粗大；浇注温度太低，会使铸件产生冷隔和浇不足等缺陷。应根据铸造合金的种类、铸件的结构和尺寸等合理确定浇注温度。铸铁件的浇注温度一般为 1250～1350 ℃，铸钢的浇注温度一般为1500～1550 ℃，铝合金的浇注温度一般为 700 ℃左右。

浇注速度要适中，应按铸件形状决定。浇注速度太快，金属液对铸型的冲击力大，易冲坏铸型，产生砂眼或因型腔中的气体来不及逸出而产生气孔，有时会产生假充满的现象形成浇不足缺陷。浇注速度太慢，易产生夹砂或冷隔等缺陷。

浇注时，铸型上面应加压铁或用夹紧装置将上、下砂箱夹紧，防止浇注时抬箱跑火；浇注中金属液不能断流，并应始终保持浇口杯处于充满状态；从铸型排气道、冒口排出的气体要及时引燃。浇注后，对收缩大的合金铸件要及时卸去压铁或夹紧装置，以免铸件产生铸造应力和裂纹。

4.1.6 铸件的清理

铸件落砂和清理的内容包括落砂、去除浇冒系统、除芯和清理铸件表面等工作。有些铸件清理结束后还要进行热处理。

落砂和清理是整个铸造生产过程中劳动最繁重、工作条件最差的一个工艺环节，因此采用落砂清理机械代替目前还存在的手工和半机械化操作是十分必要的。

（1）落砂　落砂（shake out）是用手工或机械使铸件与型砂、砂箱分开的操作。铸件在砂型中要冷却到一定温度才能落砂。落砂太早，铸件会因表面激冷而产生硬皮，难以切削加工，还会增大铸造内应力，引起变形和裂纹；落砂太晚，铸件固态收缩受阻，收缩力会增大，铸件晶粒也粗大，还会影响砂箱的周转。

因此，要按合金种类、铸件结构和技术要求等合理掌握落砂时间。对形状简单、小于 10 kg 的铸件，一般在浇注后 0.5～1 h 就可以落砂。

人工落砂劳动强度大，在成批、大量生产时应采用机械落砂。

（2）去除浇冒系统　对于中小型铸铁件的浇冒系统，一般用锤子敲掉；对于大型铸铁件的浇冒系统，先在其根部锯槽，再用重锤敲掉；对于非铁金属铸件的浇冒系统，一般用锯子锯掉；对于铸钢件的浇冒系统，一般用氧气切割掉；对于不锈钢及合金钢铸件的浇冒系统，可以用等离子弧切割掉。

(3) 除芯　除芯(decoring)就是从铸件中去除芯砂和芯骨。除芯的方法有手工除芯和机械除芯两种。除芯的设备有气动落芯机、水力清砂和水爆清砂等。

(4) 铸件的表面清理　铸件的表面清理(cleaning fettling)是落砂后从铸件上清除表面黏砂、型砂、多余金属(包括浇冒系统、飞翅和氧化皮)等过程的总称。常用的表面清理方法有手工清理、风动工具清理、滚筒清理、喷砂或喷丸清理、抛丸及浸渍清理等。

清理后的铸件应根据其技术要求仔细检验,判断铸件是否合格。在技术条件允许的情况下,对带有某些缺陷的铸件进行焊补。若需要,对合格的铸件应进行去应力退火或自然时效,对变形的铸件应予以矫正。

4.1.7 铸件的质量检验和缺陷分析

根据产品的技术要求,应对铸件质量进行检验。铸件质量包括内在质量和外观质量。内在质量的检测项目包括化学成分、物理和力学性能、金相组织,以及存在于铸件内部的孔洞、裂纹、夹杂物等缺陷;外观质量的检测项目包括铸件的尺寸精度、形状精度、位置精度、表面粗糙度、质量偏差及表面缺陷等。常用的检验方法有外观检验、无损探伤检验、金相检验及水压试验等。

铸件质量的好坏,关系到机器(产品)的质量及生产成本,以至企业的经济效益和社会效益。铸件结构、原材料、铸造工艺过程及管理状况等均对铸件质量有影响。

具有缺陷的铸件是否定为废品,必须按铸件的用途和要求以及缺陷产生的部位和严重程度来决定。常见铸件缺陷的特征及产生的原因如表 4-5 所示。

表 4-5　几种常见铸件缺陷的特征及产生的原因

类别	缺陷名称与特征		主要原因分析
孔洞	气孔(pore)　铸件内部或表面有大小不等的孔洞,孔的内壁光滑,多呈圆形		① 型砂舂得太紧或型砂透气性差; ② 型砂太湿,起模、修型时刷水过多; ③ 型芯通气孔堵塞或型芯未烘干; ④ 浇注系统不正确,阻碍气体排出; ⑤ 金属液中含气太多,浇注温度太低
	缩孔(shrinkage cavity)　铸件厚截面处出现形状不规则的孔洞,孔的内壁粗糙		① 冒口设置不合理; ② 合金成分不合格,收缩过大; ③ 浇注温度过高; ④ 铸件设计不合理,无法进行补缩
	砂眼(sand small hole)　铸件内部或表面有充满砂粒的孔洞,孔形不规则		① 型砂强度不够或局部没舂紧,掉砂; ② 型腔、浇道内的散砂未吹尽; ③ 合箱时砂型局部挤坏,掉砂; ④ 浇注系统不合理,冲坏砂型(芯); ⑤ 铸件结构不合理,无圆角或圆角太小

续表

类别	缺陷名称与特征	主要原因分析
形状尺寸不合格	浇不足(pouring shortfall) 铸件上有未浇满部分,形状不完整	① 浇注温度太低; ② 浇注时金属液量不足; ③ 浇道截面太小或未开出气口; ④ 铸件结构不合理,局部过薄
形状尺寸不合格	冷隔(cold partition) 铸件上有未完全融合的缝隙,接头处边缘圆滑	① 浇注温度过低; ② 浇注时断流或浇注速度太慢; ③ 浇道位置不当或浇道截面太小; ④ 铸件结构设计不合理,壁厚太小; ⑤ 合金流动性较差
表面缺陷	夹砂(sand inclusion) 铸件表面有一层突起的金属片,与铸件之间夹有一层型砂	① 型砂受热膨胀,表层鼓起或开裂; ② 型砂湿,强度较低; ③ 砂型局部过紧,水分过多; ④ 内浇道过于集中,局部砂型烘烤过度; ⑤ 浇注温度过高,浇注速度太慢
裂纹	热裂(thermal crack) 铸件开裂,裂纹处表面氧化,呈蓝色; 冷裂(cold crack) 裂纹处表面不氧化,并发亮	① 铸件设计不合理,薄厚差别大; ② 合金化学成分不当,收缩大; ③ 砂型(芯)退让性差,阻碍铸件收缩; ④ 浇注系统不合理,使铸件各部分冷却及收缩不均匀,造成过大的内应力

复习思考题 4-1

1. 在机械制造业中,为什么铸件的应用十分广泛?试举出几例常见的铸件以及不适合铸造生产的零件。
2. 型砂反复使用后,性能为什么会恶化?怎样减少型砂的消耗?
3. 能不能用铸件代替模样造型?为什么?
4. 为什么造型时型腔应尽量放在下型?放在上型行不行?为什么?
5. 列表对整模造型、分模造型、挖砂造型、活块造型以及三箱造型的特点及应用进行分析比较。
6. 图 4-8 至图 4-10 所示为槽轮铸件的三种分型方案,还有没有其他的分型方案?
7. 图 4-33a 所示铸铁蜗杆和图 4-33b 所示铸铁三通分别有哪些分型方案?试进行分析比较。
8. 确定浇注位置时应注意哪些问题?如果确定的浇注位置与选择的分型面发生矛盾,该怎么办?
9. 机器造型有何特点?它对铸件结构和造型工艺有哪些特殊要求?

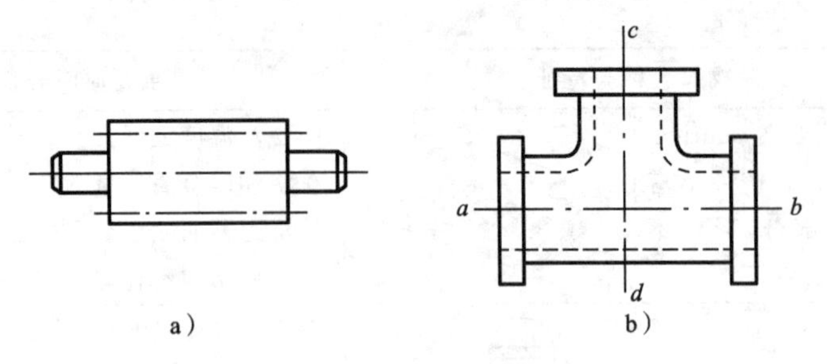

图 4-33 铸件分型方案的确定

a) 铸铁蜗杆 b) 铸铁三通

10. 能不能用型砂代替芯砂制芯？为什么？
11. 生产中空的铸件一定要使用型芯吗？如果不使用型芯又该怎么办？
12. 浇注金属液时，型腔中的气体是从哪里来的？采取哪些措施可以防止铸件产生气孔？为什么小铸件的型腔上可以不开排气道？
13. 冒口、冷铁的作用是什么？它们应设置在铸件的什么位置？
14. 零件、铸件和模样之间有什么联系？它们在形状、尺寸上有何差异？
15. 铸件的壁厚为什么不能过薄，又不能过厚，且要尽量做到厚薄均匀？
16. 如何识别缩孔、气孔、渣眼和砂眼缺陷？如何防止这些缺陷的产生？
17. 压铸与注塑工艺有何异同？
18. 请将你在现场教学中所看到的和在操作及小制作中所做的内容用图、表进行表述，并指出其特点。

4.2 锻压

锻压也称为塑性成形(plasticity shaped)，是通过塑性变形获得毛坯或零件的制造工艺方法。锻压是锻造(forging)与冲压(stamping)的总称。

锻造是在加压设备及工(模)具的作用下，使金属坯料产生局部或全部的塑性变形，获得一定的几何尺寸、形状、质量和力学性能的锻件的加工方法。根据变形温度不同，锻造可分为热锻(hot forging)、温锻(warm forging)和冷锻(cold forging)三种，其中应用最广泛的是热锻。

热锻是在再结晶温度以上进行锻造的工艺。热锻后的锻件金属组织致密、晶粒细小，还具有一定的金属流线，从而使金属的力学性能得以提高。因此，承受重载荷的机械零件，如机床主轴、航空发动机的曲轴与连杆、起重机吊钩等多以锻件为毛坯。

为了在锻造时不致破裂，用于锻造的金属必须有良好的塑性。常用的锻造材料有钢，铜、铝及其合金等。铸铁塑性很差，不能进行锻造。

使板料经分离和变形而得到制件的工艺方法统称为冲压。冲压通常是在常温下进行的，因此又称为冷冲压；只有板料厚度超过 8.0 mm 时才用热冲压。

用于冲压件的材料多为塑性良好的低碳钢板、紫铜板、黄铜板及铝板等。有些绝缘胶木板、皮革、硬橡胶、有机玻璃板也可用来冲压。冲压件有重量轻、刚度大、强度高、互换性好、成本低、生产过程便于实现机械自动化及生产率高等优点，在汽车、仪表、电器、航空及日用工业等部门得到广泛的应用。

4.2.1　锻压工艺

1. 自由锻

只用简单的通用性工具，或在锻造设备的上、下砧间经多次锻打和逐步变形而获得所需的几何形状及内部质量的锻件，这种方法称为自由锻(open die forging)。自由锻有手工自由锻(简称手锻)和机器自由锻(简称机锻)之分，机锻是自由锻的主要方法。自由锻使用的工具简单，操作灵活，但锻件的精度低，生产率不高，劳动强度大，故只适用于单件小批生产和大件、特大件的生产。

1) 加热

锻坯加热的目的是为了提高金属的塑性和降低金属的变形抗力，以利于金属的变形和得到良好的锻后组织和性能。但加热温度过高又易产生一些不良的缺陷。

(1) 钢在加热中的化学和物理反应　钢在加热时，表层的铁、碳与炉中的氧化性气体(如 O_2、CO_2、H_2O 等)发生一些化学反应，形成氧化皮及表层脱碳现象。加热温度过高，还会产生过热、过烧及裂纹等缺陷。钢在加热中常见的缺陷及防止措施如表4-6所示。

表4-6　钢在加热时的缺陷及其防止措施

缺陷名称	定　义	后　果	防止措施
氧化(oxide)	金属加热时，介质中的 O_2、CO_2 和 H_2O 等与金属发生反应，生成氧化物的过程	氧化使钢材损失、锻件表面质量下降，模具及加热炉使用寿命缩短。当脱碳层厚度大于工件加工余量时，会降低表面的硬度和强度，严重时会导致工件报废	快速加热，减少过剩空气量，采用少无氧化加热，采用少装、勤装的操作方法，在钢材表面涂保护层
脱碳(decarbonization)	加热时，由于气体介质和钢铁表层碳的作用，使得表层碳的质量分数降低的现象		
过烧(burning)	加热温度超过始锻温度过多，使晶粒边界出现氧化及熔化的现象	坯料无法锻造	控制正确的加热温度、保温时间和炉气成分
过热(over heat)	由于加热温度过高、保温时间过长引起晶粒粗大的现象	锻件力学性能降低、变脆，严重时锻件的边角处会产生裂纹	过热的坯料通过多次锻打或锻后正火处理消除
裂纹(crack)	大型或复杂的锻件，塑性差或导热性差的锻件，在较快的加热速度或过高装炉温度下，因坯料内外温度不一致而形成裂纹	内部细小裂纹在锻打中有可能焊合，表面裂纹在拉应力作用下进一步扩展导致报废	严格控制加热速度和装炉温度

(2) 锻造加热温度范围及其控制　锻坯加热是根据金属的化学成分确定其加热规范,不同的金属,其加热温度也不同。为了保证质量,必须严格控制锻造温度范围。始锻温度(start forging temperature)指锻坯锻造时所允许的最高加热温度。终锻温度(finish forging temperature) 指锻坯停止锻造时的温度。锻造温度范围(forging temperature interval) 指从始锻温度到终锻温度的区间。

一般,始锻温度应使锻坯在不产生过热和过烧的前提下,尽可能高一些;终锻温度应使锻坯在不产生冷变形强化的前提下,尽可能低一些。这样便于扩大锻造温度范围,减少加热火次和提高生产率。常用金属材料的锻造温度范围如表 4-7 所示。

表 4-7　常用金属材料的锻造温度范围

金属种类	牌号举例	始锻温度/℃	终锻温度/℃
碳素结构钢	Q195,Q235,Q275	1280	700
优质碳素结构钢	40,45,50	1200	800
碳素工具钢	T7,T8,T9,T10	1100	770
合金结构钢	30CrMnSiA,20CrMnTi,18CrNi4WA	1180	800
合金工具钢	Cr12MoV	1050	800
	5CrMnMo,5CrNiMo	1180	850
高速工具钢	W18Cr4V,W9Mo3Cr4V2	1150	900
不锈钢	12Cr13,20Cr13,06Cr18Ni11Ti,12Cr18Ni9	1150	850
高温合金	GH33	1140	950
铝合金	LF21,LF2,LD5,LD6	480	380
镁合金	MB5	400	280
钛合金	TC4	950	800
铜及其合金	T1,T2,T3	900	650
	H62	820	650

锻造时的测温方法有观火色法及仪表检测法。观火色法是通过目测钢在高温下的火色与温度关系来判断加热温度的高低,简便快捷,应用较广。碳钢的加热温度与其火色的对应关系如表 4-8 所示。

表 4-8　碳钢的加热温度与其火色的对应关系

加热温度/℃	1300	1200	1100	900	800	700	600 以下
火色	黄白	淡黄	黄	淡红	樱红	暗红	赤褐

(3) 加热设备的特点及应用　按热源不同,加热方法可分为火焰加热和电加热两大类。这两类加热方法的特点及应用如表 4-9 所示。常用的加热设备如图4-34所示。

(4) 锻件的冷却　锻件的冷却应做到使冷却速度不要过大和各部分的冷却收缩比较均匀一致,以防表面硬化、工件变形和开裂。锻件常用的冷却方法有空冷(air cooling)、坑冷(cooling in hole)和炉冷(furnace cooling)三种。空冷适用于塑性较好

表 4-9　常用加热方法的特点及应用

加热方法	加 热 设 备	原理及特点	应用场合
火焰加热(flame heating)	手工炉(又称明火炉)	结构简单,使用方便,加热不均,燃料消耗大,生产率不高	手工锤、小型空气锤自由锻
	反射炉	结构较复杂,燃料消耗少,热效率较高	锻工车间广泛使用
	少无氧化火焰加热炉	利用燃料的不完全燃烧所产生的保护气氛,减少金属氧化,而炉膛上部二次进风,形成高温区向下部加热区辐射,达到少无氧化的加热目的	成批中小件的精锻
电加热(electric heating)	箱式电阻炉	利用电流通过电热体产生热量对坯料加热,结构简单,操作方便,炉温及炉内气氛易于控制	用于非铁金属、高温合金钢及精锻加热
	中频感应炉	需变频装置,单位电能消耗为 0.4～0.55 kW·h/kg,加热速度快、自动化程度高、应用广	ϕ(20～150) mm 坯料模锻、热挤、回转成形

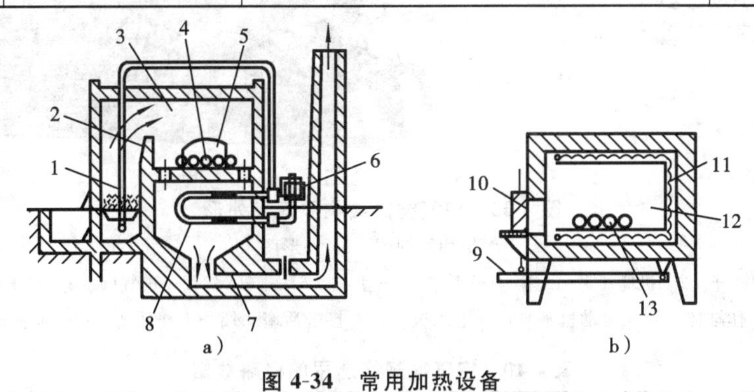

图 4-34　常用加热设备

a) 反射炉结构　b) 箱式电阻丝加热炉

1—燃烧室　2—火墙　3—加热室　4—坯料　5,10—炉门　6—鼓风机　7—烟道　8—换热器　9—踏杆　11—电热元件　12—炉膛　13—工件

的中、小型的低、中碳钢的锻件,坑冷(埋入炉灰或干砂中)适用于塑性较差的高碳钢、合金钢的锻件,炉冷(放在 500～700 ℃的加热炉中随炉缓冷)适用于高合金钢、特殊钢的大件以及形状复杂的锻件。

2) 自由锻成形

自由锻成形(open die forging shaped)主要借助于锻造设备和通用工具来实现。

(1) 自由锻设备　锻造中小型锻件常用的设备是空气锤(air hammer)和蒸汽-空气自由锻锤(steam-air forging hammer),锻造大型锻件常用水压机(hydraulic press)。空气锤的规格是以落下部分(包括工作活塞、锤杆与锤头)的质量来表示的。

但锻锤产生的打击力，却是落下部分所受重力的 1 000 倍左右。例如牌号上标注 65 kg 的空气锤，就是指其落下部分的质量为 65 kg，打击力约是 650 kN。常用的是规格为 50～750 kg 的空气锤。空气锤既可进行自由锻，也可进行胎模锻，它的特点是操作方便，但吨位不大并有噪声与振动，故只适用于小型锻件。

空气锤的结构原理及外形如图 4-35 所示。空气锤通过操纵杆(手柄)或脚踏板的位置来控制旋阀，以改变压缩空气的流向，从而实现空转、连打、单打、上悬及下压五种动作循环。空气锤规格的选择依据是锻件尺寸与质量如表 4-10 所示。

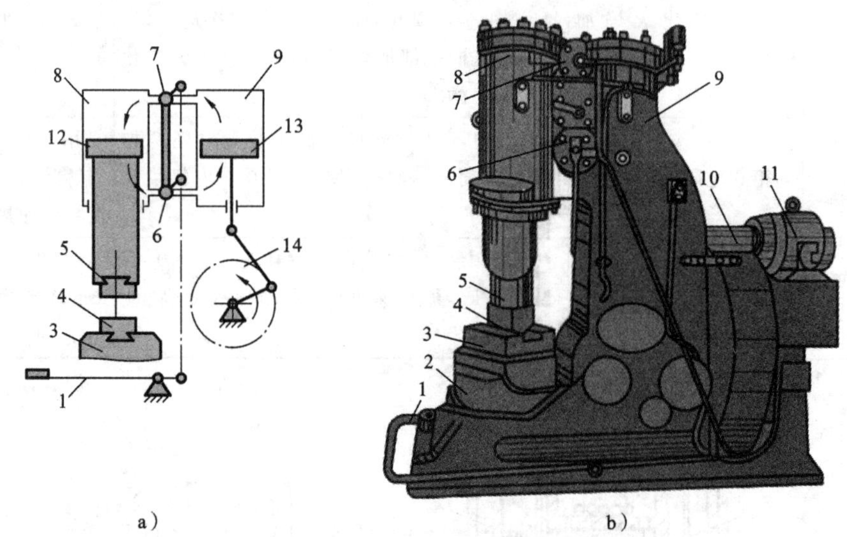

图 4-35　空气锤的结构原理及外形

a) 结构原理图　b) 外形图

1—操纵杆　2—机座　3—砧座　4—下砧　5—上砧　6—排气阀　7—进气阀　8—打击缸体　9—工作缸体　10—电动机轴　11—电动机　12—打击活塞　13—工作活塞　14—曲柄连杆

表 4-10　空气锤规格选用的概略数据

落下部分质量/kg		100	150	250	300	400	500	750	1000
锻件尺寸/mm	镦粗 ϕ	85	100	125	147	170	200	225	250
	a	75～30	90～40	110～50	130～65	150～75	180～80	200～95	200～105
	拔长 a	100	120	150	175	180	220	250	300
锻件质量/kg(不大于)		4	6	10	17	26	45	62	84

（2）自由锻的基本工序　自由锻的基本工序有镦粗、拔长、冲孔、弯曲、错移、扭转及切割等，其中镦粗、拔长、冲孔用得较多。自由锻基本工序的定义、操作要点和应用如表 4-11 所示。

表 4-11　自由锻基本工序及应用

工序名称	定义及图例	操作要点	应　用
镦粗（upsetting）	① 使毛坯高度减小，横截面积增大的锻造工序称为镦粗； 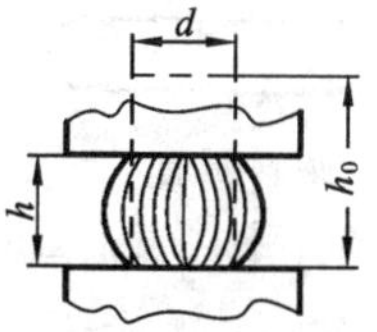 ② 在坯料上某一部分进行的镦粗称为局部镦粗； 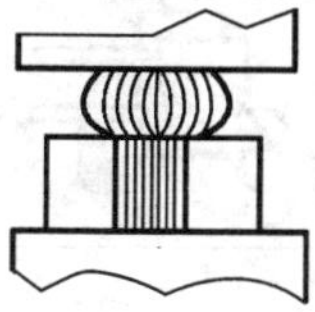 ③ 坯料在垫环上或两垫环间进行的镦粗称为垫环镦粗 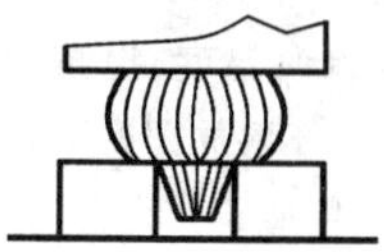	① h_0/d_0 应小于 2.5，否则易镦弯，镦弯锻坯应及时校正； 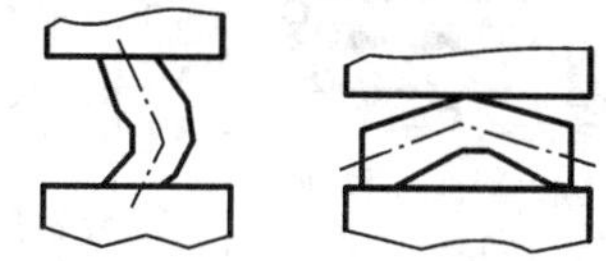 ② 加热应均匀，以防镦裂； ③ 端面应平整，且与轴线垂直； 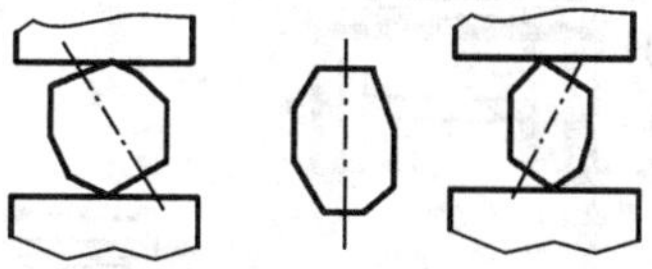 ④ 每击一次转动一下工件，防止镦偏、镦歪； ⑤ h_0 应不大于锤头最大行程的 0.7～0.8 倍，防止出现夹层 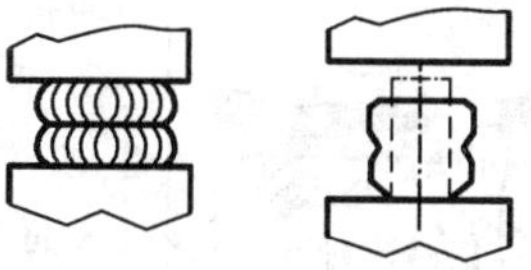	① 用来制造高度小和截面大的工件，如齿轮、圆盘、叶轮等； ② 作为冲孔前的准备工序，使锻坯横截面积增大和平整，并减小冲孔高度； ③ 提高后续拔长工序的锻造比； ④ 提高锻件的横向力学性能和减少力学性能的异向性； ⑤ 局部镦粗可以锻造凸肩直径和高度较大的饼状锻件，也可以锻造端部带有法兰的轴杆类锻件； ⑥ 垫环镦粗可用于锻造带有单边或双边凸肩的饼状锻件
拔长（cogging）	① 使毛坯横截面积减小，长度增加的锻造工序称为拔长； 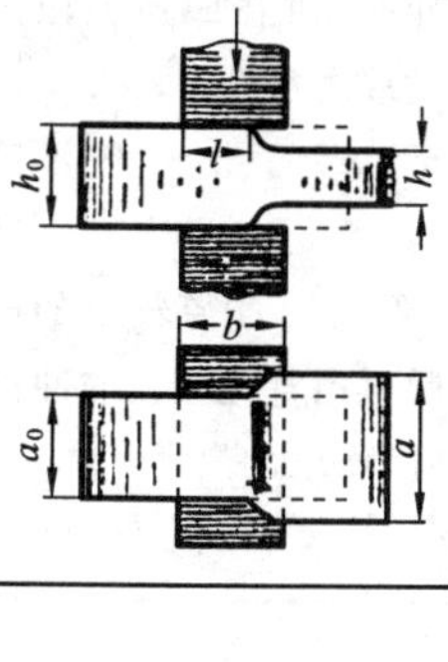	① $l=(0.3-0.7)b$，过大，降低拔长效率，过小，易产生折叠； 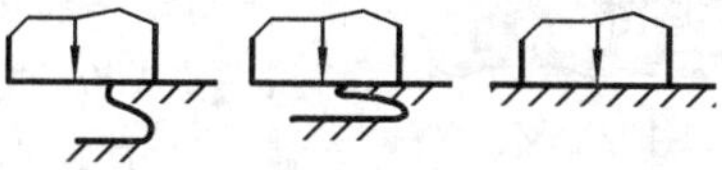 ② $a/h\leqslant 2.5$，防止产生夹层； ③ 不断翻转锻件，保证温度均匀； 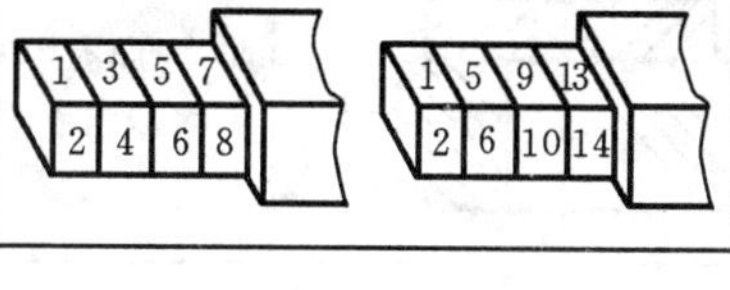	① 用来制造长而截面小的工件，如轴、拉杆、曲轴等；

续表

工序名称	定义及图例	操作要点	应用
拔长 (cogging)	② 用芯轴穿于空心毛坯的孔中进行的拔长称为芯棒拔长；  ③ 用马杠对空心坯料进行的扩孔称为马杠扩孔 	④ 拔长总是在方形截面下进行，如坯料为圆形截面，应按照下图方式进行； 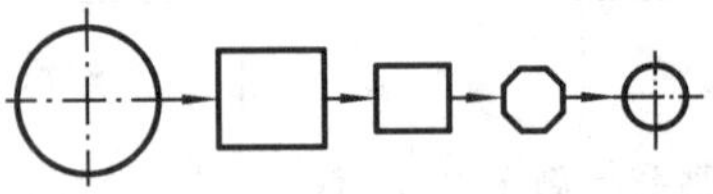 ⑤ 局部拔长时，应先压肩，以使过渡面平直整齐；  方料压肩　圆料压肩 ⑥ 拔长工件时，表面不平整，拔后必须修整 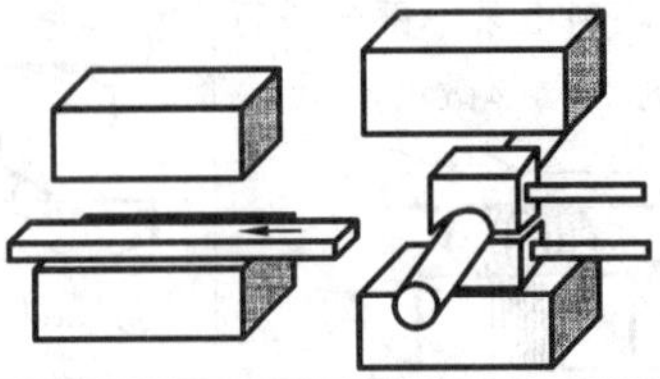	② 改善锻件内部质量； ③ 制造长筒类锻件，如炮筒、透平主轴、圆环、套筒等
冲孔 (punching)	在坯料上冲出通孔或不通孔的锻造工序称为冲孔，包括 ① 双面冲孔； 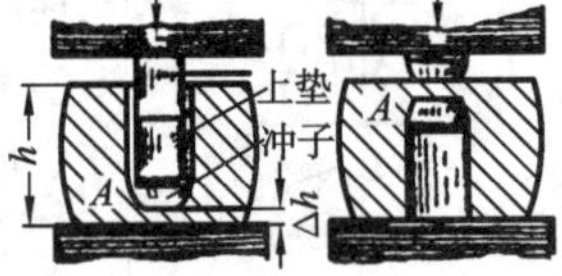 上垫 冲子 ② 单面冲孔；  ③ 冲头扩孔 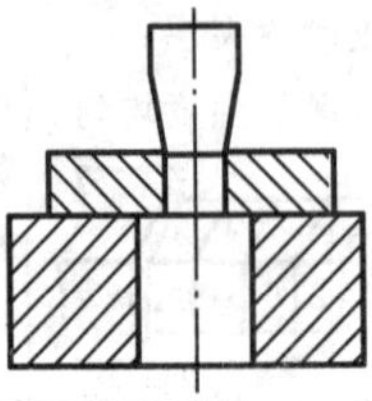	① 冲孔前一般需将坯料镦粗，以减小冲孔高度和使冲孔面平整； ② 适当提高坯料始锻温度，提高塑性，以防止由于冲孔时坯料局部变形量过大而产生冲裂和损坏冲子； ③ 冲子必须找正位置，并与冲孔面垂直。双面冲孔时先将冲头冲至约坯料高度的2/3深度时，翻转坯料后将孔冲通，可以避免孔的周围冲出毛刺； ④ 为顺利拔出冲头，可在凹痕上撒一些煤粉，冲头要经常用水冷却； ⑤ 直径小于 25 mm 的孔，一般不冲出； ⑥ 冲较大孔时，要先用直径较小的冲头冲出小孔，然后再用直径较大的冲头逐步将孔扩大到所要求的尺寸	① 制造带孔件，如齿轮坯圆环、套筒等； ② 用于芯轴拔长和扩孔前的准备工作； ③ 锻件质量要求高的大型空心件，可以利用冲孔工艺去除质量较差的中心部分

(3) 典型锻件自由锻工艺实例　齿轮坯自由锻工艺过程如表 4-12 所示。齿轮坯锻件(见图 4-36,图中括号内的尺寸为零件图尺寸)分析。锻件材料 45 钢,生产数量 20 件,坯料规格 120 mm×220 mm,锻造设备 750 kg 空气锤。

表 4-12　齿轮坯自由锻工艺过程

工序名称	简图	操作方法	使用工具
镦粗	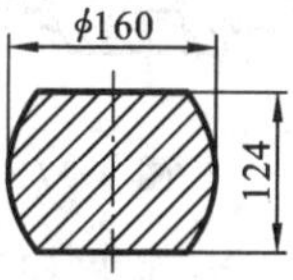 ϕ160 124	为去除氧化皮用平砧镦粗至 160×124	火钳
垫环局部镦粗	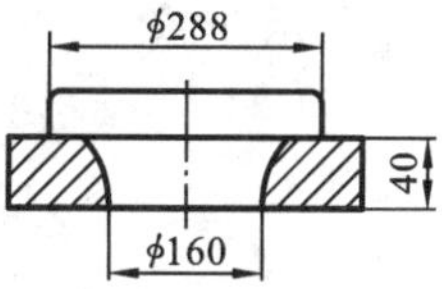 ϕ288 40 ϕ160	由于锻件带有单面凸肩,坯料直径比凸肩直径小,采用垫环局部镦粗	火钳, 镦粗漏盘
冲孔	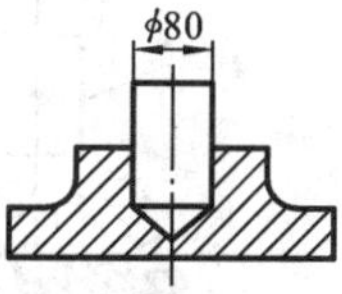 ϕ80	双面冲孔	火钳 ϕ80 冲子
冲头扩孔	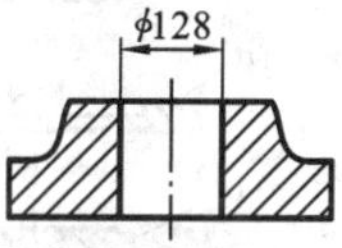 ϕ128	扩孔分两次进行,每次径向扩孔量分别为 25、23	火钳, ϕ105 冲子, ϕ128 冲子
修整	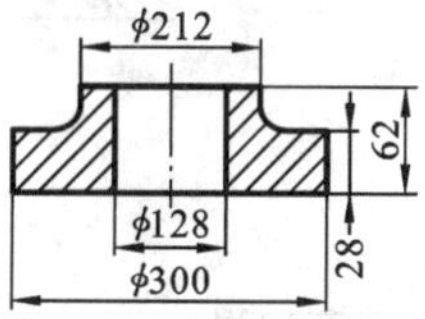 ϕ212 62 ϕ128 28 ϕ300	边旋边轻打外圆至 $\phi300^{+2}_{-4}$ 后,轻打平面至 62^{+2}_{-3}	火钳,冲子, 镦粗漏盘

2. 模锻

利用模具使锻坯变形而获得锻件的锻造方法称为模锻(die forging)。与自由锻比较,模锻能锻出形状较复杂、精度较高、表面粗糙度较低的锻件,又能提高生产率及改善劳动条件等。但模锻设备及模具造价高,消耗能量高,只适用于中小型锻件。典型的模锻件如图 4-37 所示。

1) 锤上模锻

(1) 锤上模锻的设备　生产中用得最多的锤上模锻设备是蒸汽-空气模锻锤(steam-air die forging hammer),如图 4-38a 所示。因其上、下模分别是安装在砧座上的,形成一个整体,模锻的锤头与导轨间的配合也较精密,以保证在锤击中固定在模锻锤的锤头与砧座上,所以它的砧座重量比自由锻锤的砧座要大得多,并且锤身与下模对准。

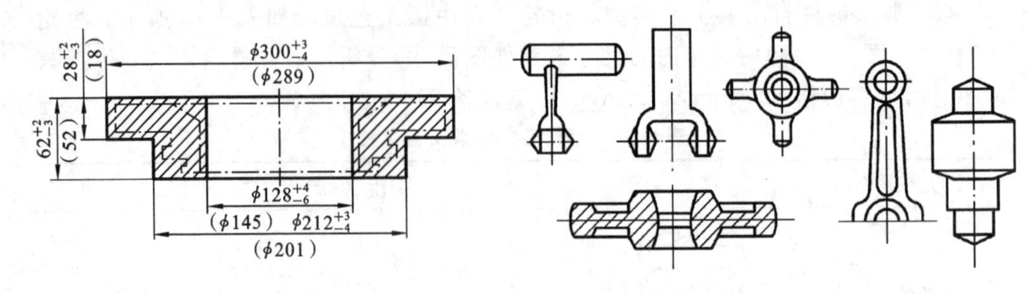

图 4-36　齿轮坯锻件　　　　**图 4-37　典型模锻件**

(2) 模锻工作　加热好的锻坯借助锻锤的锤击力在上、下模膛中成形,取出锻坯切除毛边和连皮后,即得所需的锻件,如图 4-38b 所示。

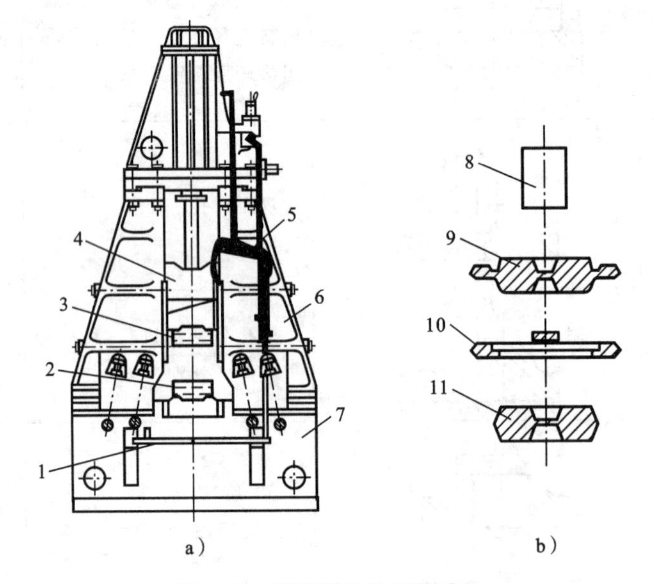

图 4-38　模锻锤及其工艺过程

a) 模锻锤　b) 模锻工件

1—踏杆　2—下模　3—上模　4—锤头　5—操纵机构　6—锤身　7—砧座

8—坯料　9—带飞边和连皮的锻件　10—飞边和连皮　11—锻件

(3) 模锻工艺过程　一般的模锻工艺过程如图 4-39 所示。

2) 机械压力机模锻

锤上模锻虽然适应性广,但它存在振动与噪声大、能源消耗高的缺点,因此逐步被机械压力机所代替。用于模锻的压力机有曲柄压力机(crank press)、平锻机(upsetter)、螺旋压力机及水压机等。

(1) 曲柄压力机模锻　曲柄压力机模锻的优点是锤击力近似静压力,振动及噪声小,机身刚度大,导轨与滑块间隙小,以保证上、下模对合时不错位,因此精度较高,锻件余量、公差和模锻斜度都比锤上模锻的小。其缺点是不宜用于拔长和滚压工步,

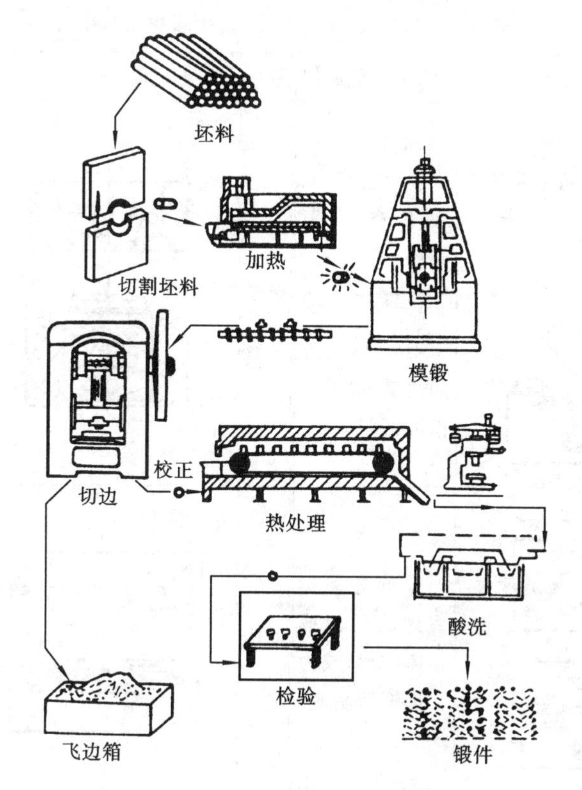

图4-39　锤上模锻的工艺过程

造价较高,故只适合大量生产。

(2) 平锻机上模锻　平锻机上模锻的优点是扩大了应用范围,可锻出锤上模锻和曲柄压力机上无法锻出的锻件,还可以进行切飞边、切断、弯曲和热精压等工步;生产率高,每小时可生产400～900件;锻件尺寸精度较高,表面粗糙度较低;节省材料,材料利用率可达85%～95%。其缺点是对非回转体及中心不对称的锻件难以锻造,并且它的造价较高。

3) 胎模锻

胎模锻(die insert forging)是介于自由锻与模锻之间的一种锻造方法,胎模不固定在锤头和砧座上,而是根据需要随时将胎模放在下砧上进行锻造,用完后拿下来。

胎模锻一般采用自由锻方法制坯,然后在胎模中最后成形。胎模与自由锻相比,有锻件形状较准确、尺寸精度较高、力学性能较好及生产效率较高的优点,主要用于中小批生产。常用胎模的种类、结构和应用如表4-13所示。

4) 典型模锻件工艺分析

如果生产批量和要求不同,同种零件的毛坯应选用不同的锻造方法,因此两种锻件的结构也有所区别。现以轮毂为例分析:锻件材料45钢,锻件质量0.68 kg,坯料尺寸42 mm×70 mm,锻造设备560 kg空气锤。

表 4-13　常用胎模的种类、结构和应用范围

名称	简图	应用范围	名称	简图	应用范围
摔子	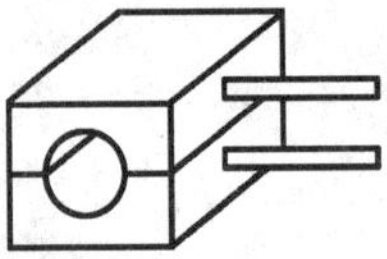	轴类锻件的成形或精整，或为合模锻造制坯	套模	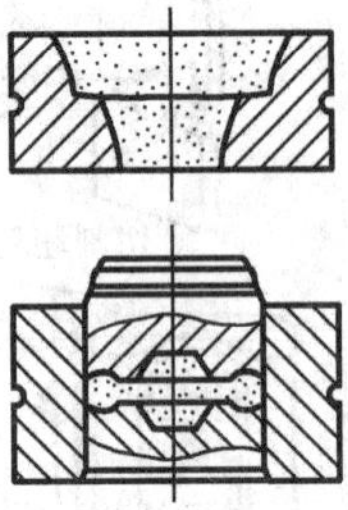	回转体类锻件的成形
弯模	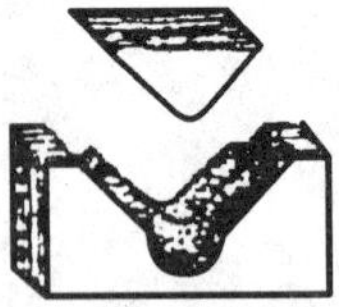	弯曲类锻件的成形，或为合模锻造制坯			
扣模	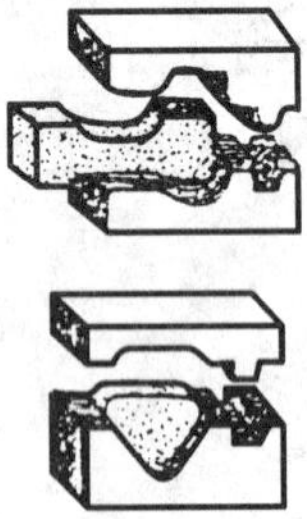	非回转体类锻件的局部或整体成形，或为合模锻造制坯	合模	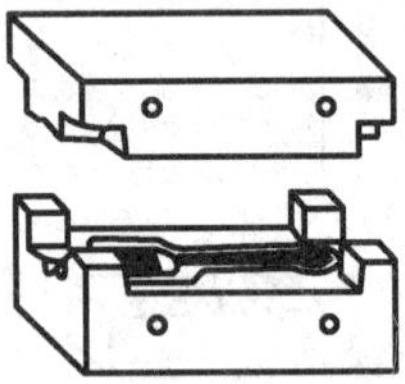	形状较复杂的非回转体类锻件的终锻成形

若轮毂件的批量不很大，尺寸精度要求一般，可选用胎模锻成形。根据锻坯的重量 $G_{坯}=G_{锻件}+G_{料头}+G_{烧损}$ 及锻造比 $Y=F_{坯}/F_{锻件}\geqslant 2.5\sim 3$(其中 G 为重量，F 为截面积)决定下料尺寸，加热后在开式筒模(跳模)中最终成形跳出，如图 4-40 所示。

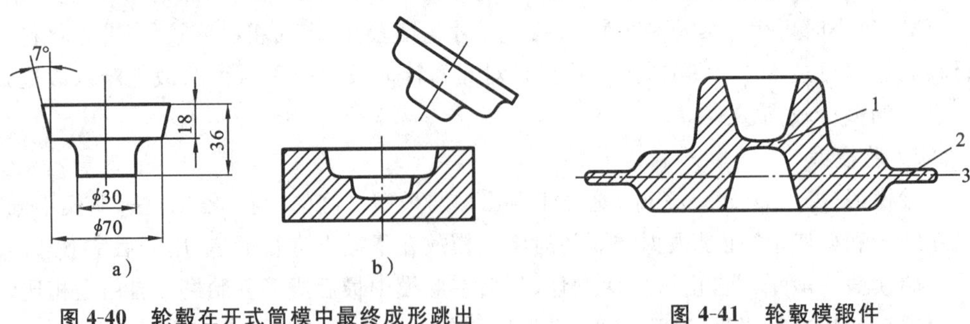

图 4-40　轮毂在开式筒模中最终成形跳出

a) 锻件　b) 跳模成形

图 4-41　轮毂模锻件

1—冲孔连皮　2—飞边　3—分模面

若轮毂件的批量很大，且孔腔也需成形，则选用固定模锻成形。其模锻件的结构与胎模锻件的结构就有所不同；模锻件上有分模面、飞边、圆角、模锻斜度和冲孔连皮等。并且它的加工余量及公差也都较小，如图 4-41 所示。锻件成形后用模具切去飞边及冲穿连皮。

3. 板料冲压

板料冲压(sheet forming)是用板料成形零件的一种加工方法。

1) 冲压设备

(1) 剪板机(剪床)　剪板机(plane shear)是下料的基本设备之一,其结构原理如图 4-42 所示。剪板机的上、下刀刃与水平方向的夹角不同,可分为平刃和斜刃剪板机。工作时由电动机带动带轮、齿轮和曲轴转动,从而使滑块及上刀刃作上、下运动,进行剪切工步。

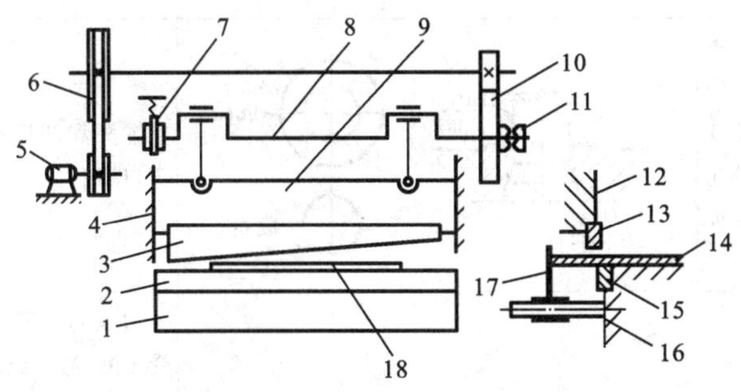

图 4-42　剪板机结构原理图

1,16—工作台　2,15—下刀刃　3,13—上刀刃　4—导轨　5—电动机　6—带轮
7—制动器　8—曲轴　9,12—滑块　10—齿轮　11—离合器　14,18—板料　17—挡铁

工作时,电动机一直不停地转动,而上刀刃是通过离合器的闭合与脱开来进行剪切的,制动器的作用是使上刀刃剪切后停在最高位置上,为下次剪切做好准备,挡铁用来控制下料尺寸。剪板机的规格是以剪切板料的厚度和宽度来表示的。

(2) 冲床　常用的冲床有偏心冲床和曲轴冲床。偏心冲床由电动机驱动,通过小齿轮带动大齿轮(飞轮),将动力传给偏心轴,再通过连杆使滑块作直线往复运动而工作。曲轴冲床的结构、工作原理与偏心冲床基本相同,主要区别是曲轴冲床的主轴为曲轴,它的行程是固定不变的。

2) 冲压工序

根据冲压工序的性质及金属的受力、变形特征,冲压基本工序可分为分离工序(如剪切、冲孔、落料等)、变形工序(如弯曲、拉深、成形等)。板料冲压的基本工序特点及应用如表 4-14 所示。

表 4-14　冲压工序的特点及应用

工序名称	定　义	示　意　图	特点及操作注意事项	应　用
剪切 (cutting)	将材料沿不封闭的曲线分离的一种冲压方法	a	上、下刃口锋利,间隙很小	将板料切成条料、块料,作为其他冲压工序的准备工序

续表

工序名称	定　义	示　意　图	特点及操作注意事项	应　用
落料(blanking)	利用冲裁取得一定外形的制件或坯料的冲压方法	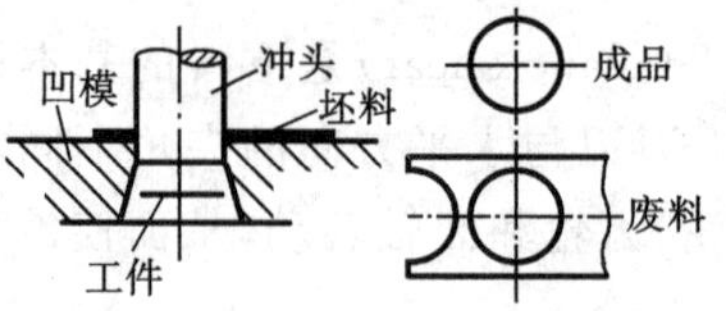 凹模　冲头　坯料　工件　成品　废料	冲头和凹模间隙很小，刃口锋利	制造各种形状的平板零件或作为变形工序的下料
冲孔(punching)	将冲压板坯以封闭的轮廓分离开来，得到带孔制件的一种冲压方法	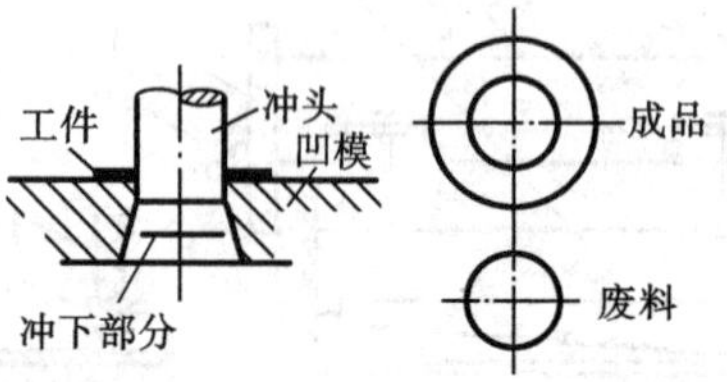 工件　冲头　凹模　冲下部分　成品　废料	冲头和凹模间隙很小，刃口锋利	制造各种带孔的冲压件
弯曲(bending)	将板料在弯矩作用下弯成具有一定曲率和角度的成形方法	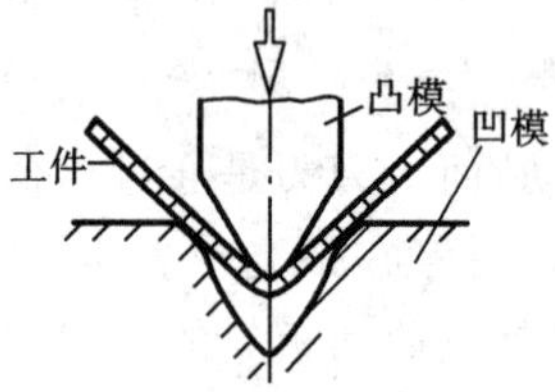 凸模　凹模　工件	① 受弯部位的内层金属受压缩，易起皱；受弯部位的外部金属受拉伸，易拉裂； ② 凸模端部圆角半径不能太小，以免变形金属外部拉裂； ③ 凹模工作部位的边缘要有圆角，以免拉伤工件； ④ 模具角度等于冲压件要求的角度减去回弹角； ⑤ 弯曲线应尽可能与坯料流线垂直	制造各种弯曲形状的冲压件
拉深或拉延(deep drawing)	变形区在一拉一压的应力状态作用下，使板料(浅的空心坯)成为空心件(深的空心件)，而厚度基本不变的加工方法	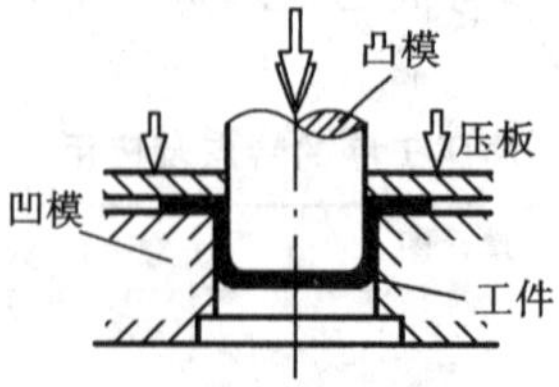 凸模　压板　凹模　工件	① 凸、凹模的顶角必须以圆弧过渡，避免坯料拉裂； ② 凸、凹模的间隙等于板厚的1.1～1.2倍，以便坯料通过； ③ 板料和模具间应有润滑剂，以减小摩擦； ④ 为防止起皱，要用压板将坯料压紧； ⑤ 每次拉深系数不能小于0.5，否则易拉裂、拉穿；若要求的拉深系数小于0.5，可采用多次拉深工艺	制造各种形状的中空冲件

调温器外壳的冲压工艺过程如图 4-43 所示。

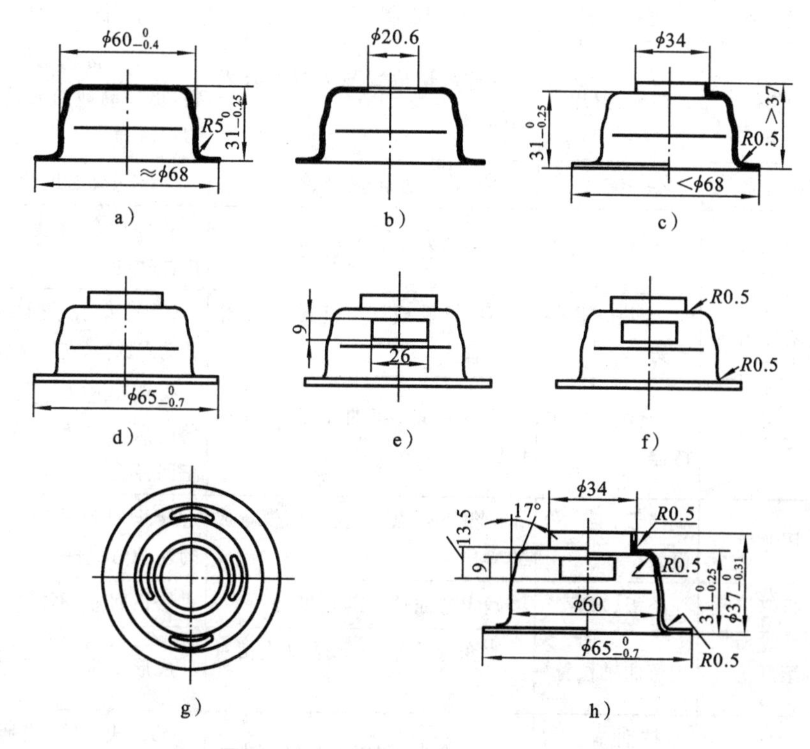

图 4-43　调温器外壳的冲压工艺过程

a) 拉深　b) 冲孔　c) 翻边与整形　d) 切边　e) 冲侧孔　f) 整形　g) 冲顶部两孔　h) 成品零件

3) 数控冲压

采用标准组合模具,通过计算机将冲压工艺与选取模具组号联系在一起,并能通过机械手自动组合模具完成冲压工艺的过程,称为数控冲压(numerical control stamping)。目前,板料的多品种、小批量成形的柔性制造中已经大量使用数控冲压技术。

塑性成形是一个不可逆过程。在塑性成形的控制中,有关的被控变量(如压力、位移、变形等)都不允许超过控制系统的给定值再返回调整,这与某些简单的控制差别甚大。因此,塑性成形过程的控制属于谨慎控制(cautious control),要求在控制方法上具有相应措施,整个系统比较复杂。

由于上述特点,与数控切削机床相比,数控成形设备发展较晚,售价较高。但实际应用结果表明,数控成形设备加工的产品质量和加工速度明显优于普通成形设备,有时甚至是后者无法达到的。数控成形设备正日益受到人们的关注。

数控技术已用于多种塑性成形,其中与金属薄板冲压有关的一些设备如表4-15所示。

表 4-15　板料成形中的数控成形设备

类别	设　备	可控部件	控 制 目 的	备　注
下料	剪床	挡板、刀片	确定剪切位置与刃口的合理间隙	间隙随材料弯曲程度调整,可提高剪切质量与延长刃口寿命
	连续冲切机	零件支架	冲切出指定的复杂轮廓	支架完成送进运动
	下料机	钻、铣动力头	控制钻孔位置与铣切轮廓	软件中包含展开与自动排样功能
冲压	转塔压力机	转塔、零件支架	更换冲孔或切口模具,确定冲切位置	转塔上装有系列模具,通过转动来选择,支架完成送进
弯曲	弯管机	弯臂、管端夹持器	改变弯角、弯曲平面与弯曲位置	弯曲平面与位置由夹持器的送进与放置来控制,修正回弹
	压弯机	挡板、上(下)横梁	调整下死点,改变通用模弯成的弯角	修正回弹并成形多弯边的复杂弯曲件
	折弯机	挡板、弯臂	确定弯曲位置与角度	修正回弹,不需模具
	滚弯机	弯曲轴位置	改变弯曲轴与支撑轴的相对位置	成形变曲率的可展曲面
	转台拉弯机	拉伸缸、侧压缸	确定拉力、侧压点与侧压力	录返式,确定成形过程与有关参数
	张臂拉弯机	张臂、拉伸缸	确定拉力与弯角	录返式,确定成形过程与有关参数
成形	旋压机	旋轮架	控制最佳旋轮轨迹或与旋压力交联	普通旋压机多为录返式
	拉形机	夹钳系统、台面	确定拉力控制台面与夹钳的复杂运动	录返式,确定成形过程与有关参数
	喷丸成形机	动力头、壁板挂架	控制喷丸强度与壁板送进	成形机翼整体壁板的弦向翼型与展向弯折,可带扭转
	恒温超塑成形机	温度、气压、机床压力	保证材料始终处于超塑状态	恒温,压力随时间而变,保证最佳 m 值的应变速率范围
修整	蒙皮修边机	托架吸盘、刀架	调整吸盘高度,控制铣刀轨迹	包括吸盘高度调整装置与五轴铣床
	激光切割机	激光投射装置、零件支架	控制激光投射方位与切割轮廓	可用于加工或切边
	高压水切割机	零件支架	确定切割轮廓	可用于加工或切边

4.2.2 锻压模具

1. 锻模

(1) 锻模结构 锤上模锻用的锻模(forging dies)如图4-44所示。它由带有燕尾槽的上模和下模两部分组成。下模用楔铁固定在模垫上;上模用楔铁紧固在锤头上,随锤头一起做上下往复运动。上、下模合在一起就形成了中空模膛。上、下模的前后定位是用键块及垫片调整的。锻模上还设有飞边槽。

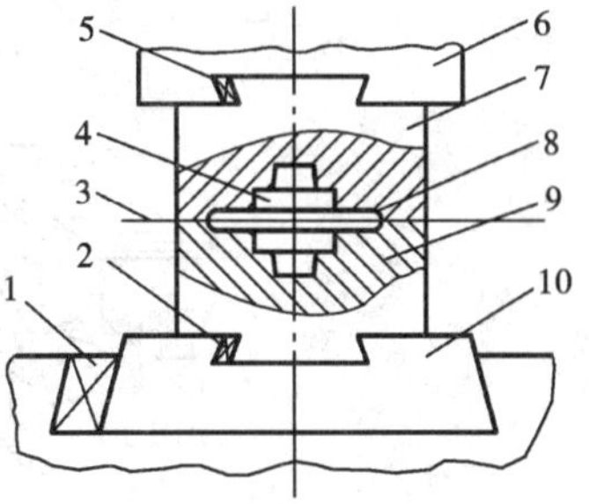

图4-44 锻模

1—紧固楔铁 2,5—楔铁 3—分模面 4—模膛 6—锤头 7—上模 8—飞边槽 9—下模 10—模垫

(2) 模膛分类 按功能不同,模膛可分为模锻模膛与制坯模膛两大类,如表4-16所示。制坯模膛如图4-45所示。

2. 冲模

(1) 简单模 在冲床的一次冲程中只完成一道工序的模具称为简单模(simple die),如图4-46所示。它由以下几部分组成。

表4-16 模膛的分类及功能

分类		功能
模锻模膛	预锻模膛(rougher)	减少终锻模膛磨损,提高终锻模膛使用寿命,使坯料尺寸与形状接近锻件,其圆角及模锻斜度较大
	终锻模膛(finisher)	使坯料最后成形的模膛,其形状、尺寸与锻件相同,只是比锻件大一个收缩率,并且在分模面上有飞边槽
制坯模膛(用于较复杂的锻件)	拔长模膛(drawer)	有开式、闭式两种,用于截面相差大的锻件
	滚压模膛(gather)	减小某部分截面的面积,增加另一部分截面的面积
	弯曲模膛(bender)	用于弯曲锻件,若弯曲后再锻,应旋转90°
	切断模膛(cut off)	用于从坯料上切下锻件的情况

① 模架,包括上模板、下模板、导柱、导套等。上模板通过模柄安装在冲床的滑块下端,下模板固定在冲床的工作台上,导柱与导套用来保证上、下模对准。

② 凸模、凹模和凸凹模,是冲模的主要工作零件。

③ 导料板和定位销,其作用分别是控制条料的送进方向与送进量。

④ 卸料板,其作用是使板料在冲压后从凸模上脱开。

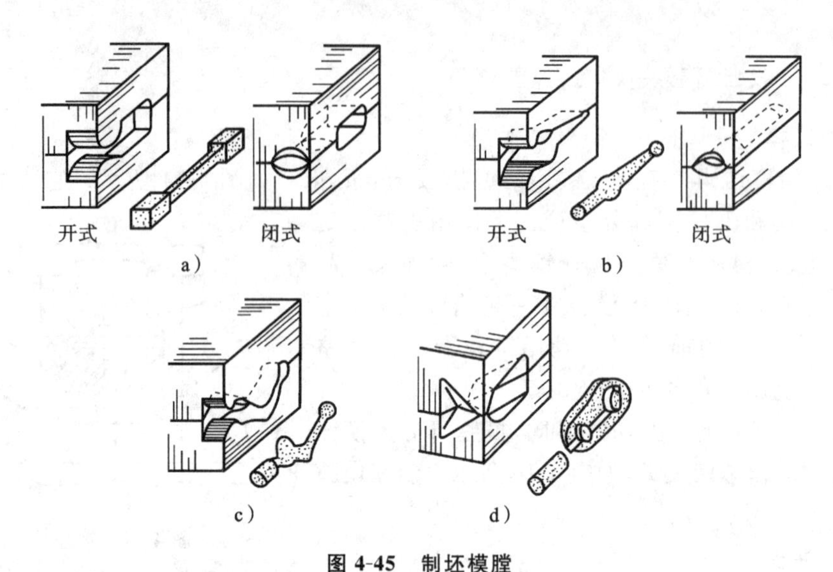

图 4-45 制坯模膛

a) 拔长模膛 b) 滚压模膛 c) 弯曲模膛 d) 切断模膛

以上各零件中,除凹模、凸模外,其余大多为标准件。简单模结构简单、制造容易,适用于小批生产。

(2) 连续模 在冲床的一次冲程中,在模具不同的工作部位上同时完成数道冲压工序的模具称为连续模(progressive die)。连续模生产效率高,易于实现自动化,但要求定位精度高,成本也比简单模的高。冲孔与落料的连续模如图 4-47 所示。

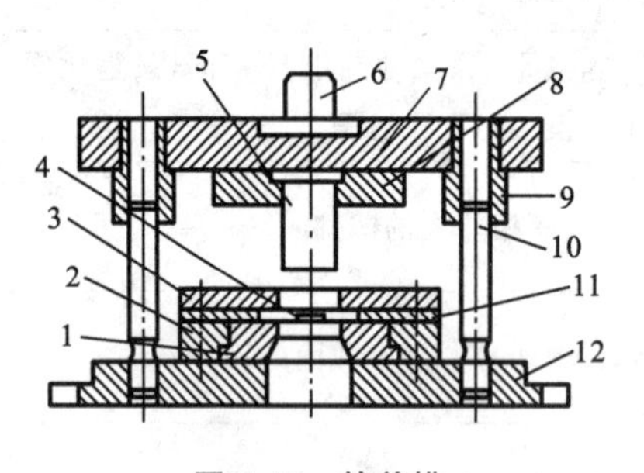

图 4-46 简单模

1—凹模 2—压模板 3—卸料板 4—定位销 5—凸模 6—模柄 7—上模板 8—压模板 9—导套 10—导柱 11—导料板 12—下模板

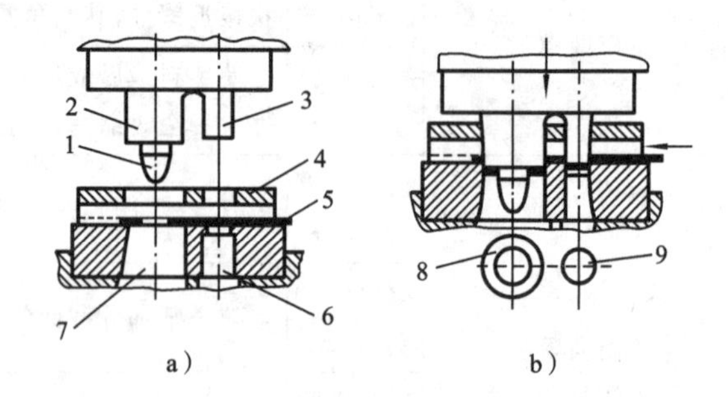

图 4-47 连续模

a) 模具结构 b) 冲压工艺过程

1—定位销 2—落料凸模 3—冲孔凸模 4—卸料板 5—坯料 6—冲孔凹模 7—落料凹模 8—零件 9—废料

(3) 复合模 在冲床的一次冲程中,在模具同一工作部位上同时完成数道工序的模具称为复合模(compound die)。落料与拉深的复合模如图 4-48 所示。

复合模与连续模在结构上的主要区别为:在复合模上有一个整体的凹凸模(即落料凸模与拉深凹模为一整体)。因此冲压零件的同轴度、平整性及生产效率都较高。但复合模制造复杂、成本高,适用于大量生产。

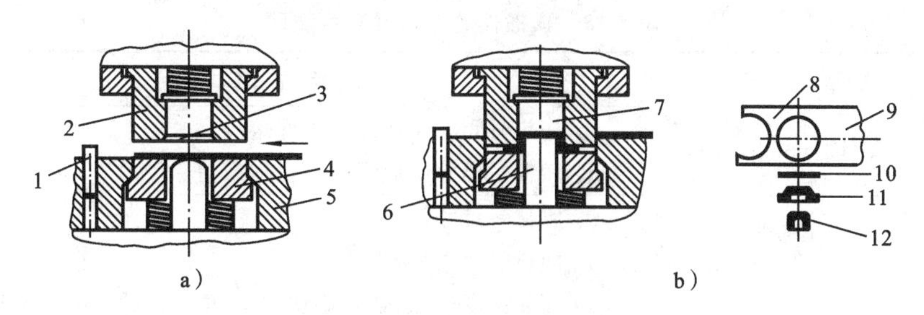

图 4-48 落料与拉深复合模

a) 模具结构 b) 冲压工艺过程

1—挡料销 2—落料凸模 3—拉深凹模 4—卸料器 5—落料凹模 6—拉深凸模 7—顶出器 8—余料 9—条料 10—坯料 11—拉深件 12—零件

4.2.3 锻压件质量检验与缺陷分析

冷却后的锻件应按规定的技术条件进行质量检验，常用的检验方法有工序与工步检验。一般根据锻件图用量具检验锻件的几何尺寸及表面质量。对重要的锻件，还需进行金相组织与力学性能的检验。

自由锻件的缺陷及产生原因如表 4-17 所示。模锻件的缺陷及产生原因如表 4-18 所示。常见冲压件的缺陷及产生原因如表 4-19 所示。

表 4-17 自由锻件缺陷及产生原因

缺陷名称	产生原因
过热或过烧(over heating or burning)	① 加热温度过高，保温时间过长； ② 变形不均匀，局部变形量过小
裂纹(横向和纵向裂纹，表面和内部裂纹)(cracking)	① 坯料心部没有热透或温度较低； ② 坯料本身有皮下气孔等缺陷，冶炼质量差； ③ 坯料加热速度过快，锻后冷却速度过大； ④ 变形量过大
折叠(overlap)	① 砧子圆角半径过小； ② 送进量小于压下量
歪斜偏心(deflection partiality)	① 加热不均匀，变形不均匀； ② 操作不当
弯曲和变形(bending and distortion)	① 锻造后修整、矫直不够； ② 冷却、热处理操作不当
力学性能偏低(锻坯材料强度、硬度和冲击韧度偏低，塑性不够)(low mechanical properties)	① 坯料冶炼成分不合要求； ② 锻后热处理不当； ③ 冶炼时原材料杂质过多，偏析严重； ④ 锻造比过小

表 4-18　模锻件的缺陷及产生原因

缺陷名称	产生原因
凹坑(notch)	① 加热时间太长或黏上炉底熔渣； ② 坯料在模膛中成形时氧化皮未清除干净
形状不完整	① 原材料尺寸偏小； ② 加热时间太长,火耗太大； ③ 加热温度过低,金属流动性差,模膛内的润滑剂未吹掉； ④ 设备吨位不足,锤击力太小； ⑤ 锤击轻重掌握不当； ⑥ 制坯模膛设计不当或毛边槽阻力小； ⑦ 终锻模膛磨损严重； ⑧ 锻件从模膛中取出不慎碰塌
厚度超差(underpressing)	① 毛坯重量超差； ② 加热温度偏低； ③ 锤击力不足； ④ 制坯模膛设计不当或毛边槽阻力太大
尺寸不足	① 终锻温度过高或设计终锻模膛时考虑收缩率不足； ② 终锻模膛变形； ③ 切边模安装欠妥,锻件局部被切
锻件上、下部分发生错移	① 锻锤导轨间隙太大； ② 上、下模调整不当或锻模检验角有误差； ③ 锻模紧固部分(如燕尾槽)有磨损或锤击时错位； ④ 模膛中心与打击中心相对位置不当； ⑤ 导锁设计欠妥
锻件局部被压伤	① 坯料未放下或锤击中跳出模膛连击时被压坏； ② 设备有毛病,单击时发生连击
翘曲(warp)	① 锻件从模膛中翘起时变形； ② 锻件在切边时变形
夹层(interlayer)	① 坯料在模膛中位置不对； ② 操作不当； ③ 锻模设计有问题； ④ 操作时变形过大,产生毛刺,不慎将毛刺压入锻件中

表 4-19　常见冲压件缺陷及产生原因

缺陷名称	产生原因
毛刺(pad)	冲裁间隙过大、过小或不均匀,刃口不锋利
翘曲(warp)	冲裁间隙过大,材质不纯,材料有残余应力等

续表

缺陷名称	产生原因
弯曲裂纹(bend-crack)	材料塑性差,弯曲线与流线组织方向平行,弯曲半径过小等
皱纹(wrinkling)	相对厚度小,拉深系数小,间隙过大,压边力过小,压边圈或凹模表面磨损严重
裂纹和断裂	拉深系数过小,间隙过小,凹模或压料面局部磨损,润滑不够,圆角半径过小
表面划痕	凹模表面磨损严重,间隙过小,凹模表面或润滑油不干净
拉深件壁厚不均	润滑不够,间隙不均匀、过大或过小

复习思考题4-2

1. 说明“趁热打铁”的道理。“趁热打铁”打的是生铁吗?
2. 合理地控制锻造温度范围对锻造过程有何影响?
3. 对碳钢而言,愈难锻造的钢种,其始锻温度是否应愈高?为什么?
4. 锻件镦粗时,镦歪及夹层是怎么产生的?应如何防止与纠正?
5. 截面为圆形与方形的两种锻坯,哪种镦粗较容易?为什么?
6. 如何锻造长筒件与圆环件?
7. 自由锻件与模锻件在结构上有何要求?为什么?
8. 冲裁模与拉深模在结构上有何不同?为什么?
9. 弯曲件的裂纹是如何产生的?如何避免及减少裂纹的产生?
10. 弯曲件弯曲后会产生什么现象?如何避免?
11. 拉深件产生拉裂与褶皱的原因是什么?如何防止?
12. 试用两个例子来说明特种锻压工艺的特点及应用。
13. 如何实现锻压生产中的机械化、自动化和柔性化?

4.3 焊接

焊接(welding)是通过加热或加压或两者并用,并且用或不用填充材料使焊件达到原子结合的一种加工方法。与机械连接、胶接等其他连接方法比较,焊接具有质量可靠(如气密性好)、生产率高、成本低、工艺性能好等优点。

焊接已成为制造金属结构和机器零件的一种基本工艺方法,船体、锅炉、高压容器、车厢、家用电器和建筑构架等都是用焊接方法制造的。此外,焊接还可以用来修补锻件的缺陷和磨损的机器零部件。

4.3.1 常用焊接方法

按焊接过程的特点,焊接方法分为熔焊(如气焊、手弧焊等)、压焊(如电阻焊、摩擦焊等)和钎焊(如锡焊、铜焊等)三大类。

1. 手弧焊

手弧焊(manual welding)是手工操纵焊条进行焊接的电弧焊方法。手弧焊所用的设备简单,操作方便、灵活,应用极广。

1) 焊接过程

焊接前,将焊钳和焊件分别接到焊机输出端的两极,并用焊钳夹持焊条。焊接时,利用焊条与焊件间产生的高温电弧作热源,使焊件接头处的金属和焊条端部迅速熔化,形成金属熔池,如图 4-49 所示。当焊条向前移动时,随着新的熔池不断产生,原先的熔池不断冷却、凝固,形成焊缝,从而使两个分离的焊件成为一体。焊接过程如图 4-50 所示。

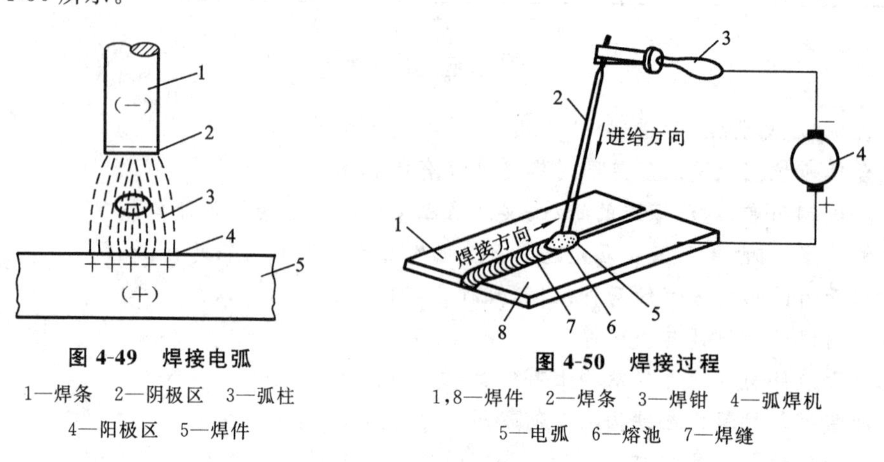

图 4-49 焊接电弧

1—焊条 2—阴极区 3—弧柱 4—阳极区 5—焊件

图 4-50 焊接过程

1,8—焊件 2—焊条 3—焊钳 4—弧焊机 5—电弧 6—熔池 7—焊缝

2) 手弧焊设备

手弧焊主要设备有交流弧焊机和直流弧焊机两类。按照 GB/T 10249—2010,典型电弧焊机编号方法举例如表 4-20 所示。

表 4-20 典型电弧焊机编号方法举例

第一字母		第二字母		第三字母		第四字母	
代表字母	大类名称	代表字母	小类名称	代表字母	附注特征	数字序号	系列序号
		X	下降特性	L	高空载电压	省略	磁放大器或饱和电抗器式
						1	动铁芯式
						2	串联电抗器式
B	交流弧焊机(弧焊变压器)	P	平特性			3	动圈式
						4	
						5	晶闸管式
						6	变换抽头式

续表

第一字母		第二字母		第三字母		第四字母	
代表字母	大类名称	代表字母	小类名称	代表字母	附注特征	数字序号	系列序号
A	机械驱动的弧焊机（弧焊发电机）	X	下降特性	省略	电动机驱动	省略	直流
				D	单纯弧焊发电机	1	交流发电机整流
		P	平特性	Q	汽油机驱动	2	交流
				C	柴油机驱动		
		D	多特性	T	拖拉机驱动		
				H	汽车驱动		
Z	直流弧焊机（弧焊整流器）	X	下降特性	省略	一般电源	省略	磁放大器或饱和电抗器式
						1	动铁芯式
				M	脉冲电源	2	
						3	动线圈式
		P	平特性	L	高空载电压	4	晶体管式
						5	晶闸管式
						6	变换抽头式
		D	多特性	E	交直流两用电源	7	逆变式
M	埋弧焊机	Z	自动焊	省略	直流	省略	焊车式
						1	
		B	半自动焊	J	交流	2	横臂式
		U	堆焊	E	交直流	3	机床式
		D	多用	M	脉冲	9	焊头悬挂式

(1) 交流弧焊机　交流弧焊机(AC arc welding machine)又称为弧焊变压器,具有结构简单、噪声小、成本低等优点,但电弧稳定性较差。它可将工业用的 220 V 或 380 V 电压降到 60～90 V (焊机的空载电压),以满足引弧的需要。焊接时,随着焊接电流的增加,电压自动下降至电弧正常工作时所需的电压,一般是 20～40 V。而在短路时,又能使短路电流不致过大而烧毁电路或变压器本身。

(2) 直流弧焊机　直流弧焊机(DC arc welding machine)分为旋转式直流弧焊机和整流式直流弧焊机两类。旋转式直流弧焊机结构复杂,噪声较大,价格较高,能耗较大,目前已很少使用。

整流式直流弧焊机(简称弧焊整流器)通过整流器把交流电转变为直流电,既具有比旋转式直流弧焊机结构简单、造价低廉、效率高、噪声小、维修方便等优点,又弥补了交流弧焊机电弧不稳定的不足。ZXG-300 型硅整流式直流弧焊机如图 4-51 所示。

直流弧焊机输出端有正、负极之分,焊接时电弧两极的极性不变,如图 4-52 所示。焊件接电源正极、焊条接电源负极的接线法称为正接,反之称为反接。焊接厚板时,一般采用直流正接;焊接薄板时,一般采用直流反接。但在使用碱性焊条时,均采用直流反接。

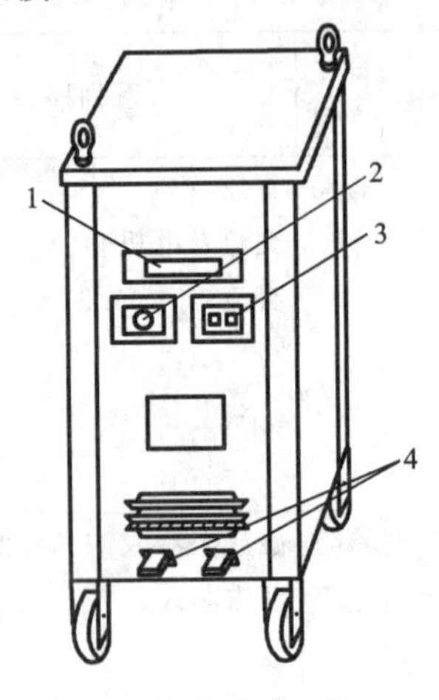

图 4-51　直流弧焊机

1—电流表　2—电流调节仪表

3—电源开关　4—输出接头

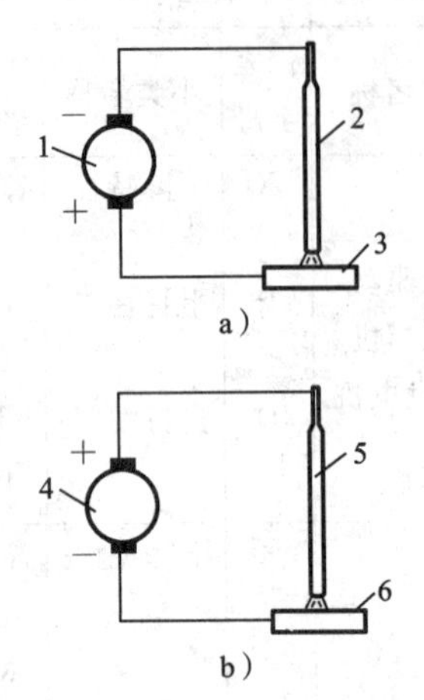

图 4-52　直流焊机的正反接法

a) 正接　b) 反接

1,4—发电机　2,5—焊条　3,6—焊件

3) 焊条

焊条(covered electrode)是涂有药皮的供手弧焊用的熔化电极。

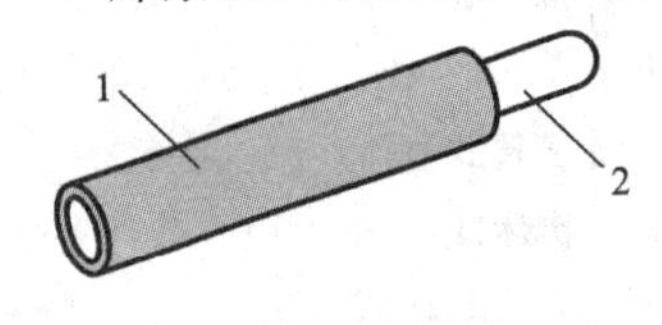

图 4-53　焊条的结构

1—药皮　2—焊芯

(1) 焊条的组成和各部分作用　焊条由焊芯和药皮两部分组成,如图 4-53 所示。焊芯(core wire) 是焊条内的金属丝,在焊接过程中起到使电极产生电弧和熔化后填充焊缝的作用。为保证焊缝金属具有良好的塑性、韧度和减小产生裂纹的倾向,焊芯必须经过专门冶炼的,具有低碳、低硅、低磷的金属丝制成。

焊条的直径是表示焊条规格的一个主要尺寸,由焊芯的直径来表示,常用焊条的直径为 2.0～6.0 mm,长度为 300～400 mm。

药皮(coating)是压涂在焊芯表面上的涂料层,是由矿石粉、有机物粉、铁合金粉和黏结剂等原料按一定比例配制而成的。药皮的主要作用是引弧、稳弧、保护焊缝(不受空气中有害气体侵害)以及去除杂质等。

(2) 焊条的种类与型号　焊条按用途不同分为若干类,如碳钢焊条、低合金钢焊条、不锈钢焊条等。

碳钢焊条型号是以字母“E”加四位数字组成:“E”表示焊条(electrode);前面两位数字表示熔敷金属的最低抗拉强度值(单位:10 MPa);第三位数字表示焊接位置,“0”及“1”表示焊条适用于全位置焊接,“2”表示焊条适用于平焊或平角焊;第三位和第四位数字组合,表示焊接电流种类和药皮类型(如 “03”表示钛钙型药皮,交直流两用;“05”表示低氢型药皮,只能用直流电源(反接法)焊接)。例如,型号 E4315(牌号

J427)表示焊条的熔敷金属的最低抗拉强度为430 MPa,全位置焊接,低氢钠型药皮,直流反接使用。

焊条按药皮熔渣化学性质分为酸性焊条和碱性焊条两大类。

酸性焊条(acid electrode)的熔渣中含有较多的酸性氧化物(如SiO_2)。酸性焊条能用于交、直流焊机,焊接工艺性能较好,但焊缝的力学性能,特别是冲击韧度较低。酸性焊条适于一般的低碳钢和相应强度等级的低合金钢结构的焊接。

碱性焊条(basic electrode)的熔渣中含有较多碱性氧化物(如CaO和CaF_2)。碱性焊条一般用于直流电焊机,只有在药皮中加入较多稳弧剂后,才适于交流、直流电源两用。碱性焊条脱硫、脱磷能力强,焊缝金属具有良好的抗裂性和力学性能,特别是冲击韧度很高,但工艺性能差。碱性焊条主要适用于低合金钢、合金钢及承受动载荷的低碳钢重要结构的焊接。

4)手弧焊工艺

(1) 接头形式和坡口形式　根据焊件厚度和工作条件的不同,需要采用不同的焊接接头(welding joint)形式。常用的有对接接头(butt joint)、角接接头(corner joint)、T形接头(T-joint)和搭接接头(lap joint)几种,如图4-54所示。对接接头受

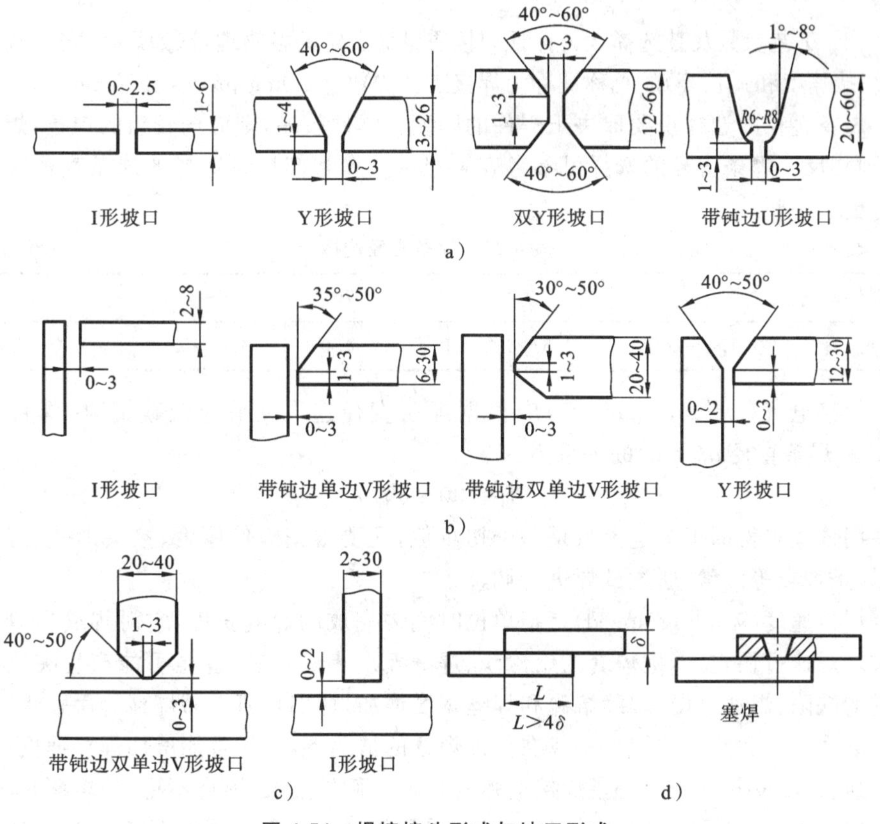

图4-54　焊接接头形式与坡口形式

a) 对接接头　b) 角接接头　c) T形接头　d) 搭接接头

力比较均匀，是用得最多的一种，重要的受力焊缝应尽量选用。

坡口(groove)的作用是为了保证电弧深入焊缝根部，使根部能焊透，以便清除熔渣，获得较好的焊缝成形和焊接质量。

(2) 焊接空间位置　根据焊缝在空间的位置不同，手弧焊可分为平焊(flat position welding)、立焊(vertical position welding)、横焊(horizontal position welding)和仰焊(overhead position welding)等，如图 4-55 所示。平焊操作方便，劳动强度小，液态金属不会流散，易于保证质量，是最理想的操作空间位置，应尽可能采用。

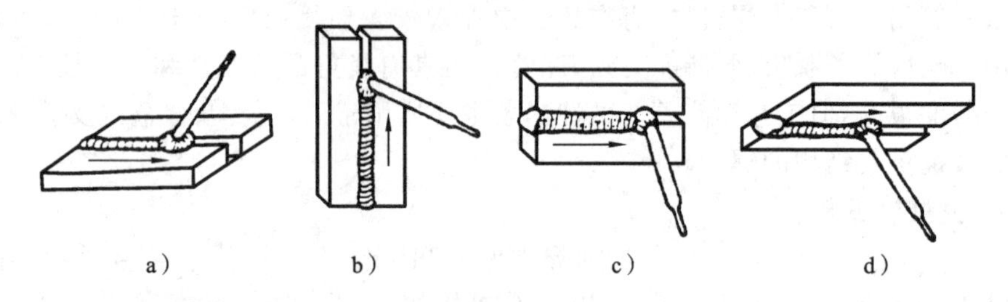

图 4-55　焊缝的空间位置

a) 平焊　b) 立焊　c) 横焊　d) 仰焊

(3) 工艺参数及其选择　为保证焊接质量而选定的各物理量(如焊条直径、焊接电流、焊接速度和弧长等)的总称被称为焊接工艺参数(welding process parameters)。

焊条直径的选择主要取决于焊件的厚度。焊件较厚，则应选较粗的焊条；焊件较薄，则相反。焊条直径的选择可参考表 4-21。立焊和仰焊时选择的焊条直径应比平焊时更小一些。

表 4-21　焊条直径选择　　单位：mm

焊件厚度	2	3	4～7	8～12	＞12
焊条直径	1.6～2.0	2.5～3.2	3.2～4.0	4.0～5.0	4.0～5.8

焊接电流(welding current)应根据焊条直径选取。平焊低碳钢时，焊接电流 I(A)和焊条直径 d(mm)的关系为

$$I=(30\sim60)d$$

用该式求得的焊接电流只是一个初步值，还要根据焊件厚度、接头形式、焊接位置、焊条种类等因素，通过试焊进行调整。

焊接速度(welding speed)是指单位时间内完成的焊缝长度，它对焊缝质量影响很大。焊速过快，易产生焊缝的熔深浅、焊缝宽度小的问题，甚至可能产生夹渣和焊不透的缺陷；焊速过慢，焊缝熔深和焊缝宽度增加，特别是薄件易烧穿。手弧焊时，焊接速度由焊工凭经验掌握。一般在保证焊透的情况下，应尽可能增加焊接速度。

弧长(length of arc)是指焊接电弧的长度。弧长过长，燃烧不稳定，熔深减小，空气易侵入而产生缺陷。因此，操作时尽量采用短弧。一般要求弧长不超过所选择焊条的直径，多为 2～4 mm。

(4) 接头清理　焊接前接头处应除尽铁锈、油污,以便于引弧、稳弧和保证焊缝质量。

(5) 引弧　常用的引弧(striking)方法有划擦法和敲击法,如图4-56所示。焊接时将焊条端部与焊件表面划擦或轻敲后迅速将焊条提起2～4 mm的距离,电弧即被引燃。此类引弧方法的原理为短路热电子发射引燃。

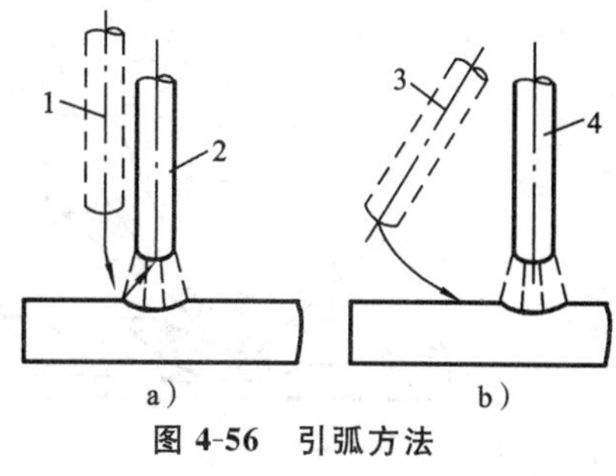

图4-56　引弧方法

a) 敲击法　b) 划擦法

1,3—引弧前　2,4—引弧后

(6) 运条　引弧以后就是运条(moving electrode),首先必须掌握好焊条与焊件之间的角度,同时完成三个基本动作——焊条沿其轴线向熔池送进,焊条沿焊缝纵向移动和焊条沿焊缝横向摆动(为了获得一定宽度的焊缝),如图4-57、图4-58所示。

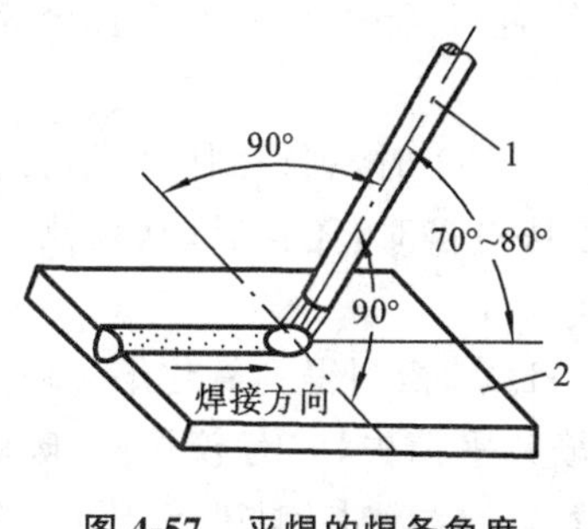

图4-57　平焊的焊条角度

1—焊条　2—焊件

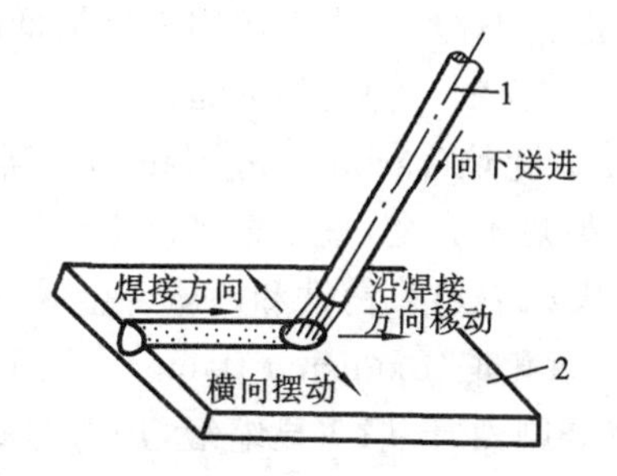

图4-58　手弧焊的基本操作

1—焊条　2—焊件

(7) 焊缝收尾　焊缝收尾时,要填满弧坑,为此焊条要停止前移,在收弧处画一个小圈并慢慢将焊条提起,拉断电弧。

2. 气焊

气焊(oxyfuel-gas welding)是利用气体火焰作热源的焊接方法,最常用的是氧乙炔焊(见图4-59)。乙炔是燃烧气体,氧气是助燃气体。

与电弧焊相比,气焊设备简单,操作灵活方便,不带电源,但气焊火焰温度较低,热量较分散,生产效率较低,工件变形较严重,焊接质量较差,所以应用不如电弧焊广泛。它主要用来焊接厚度在3 mm以下的薄钢板,铜、铝等非铁金属及其合金,低熔点材料,适用于铸铁焊补和在野外操作等。

1) 气焊火焰

改变乙炔和氧气的混合比例,可以得到图4-60所示的三种火焰。

(1) 中性焰(neutral flame)　当$V_{氧}/V_{乙炔}=1.1\sim1.2$时,产生的火焰为中性焰,又称正常焰。火焰由焰心(cone)、内焰(internal flame)和外焰(flame envelope)组成:靠近喷嘴处为焰心,呈白亮色;其次为内焰,呈蓝紫色;最外层为外焰,呈橘红色。火焰的最高温度产生在焰心前端2～4 mm的内焰区,可达3150 ℃,焊接时应以此区

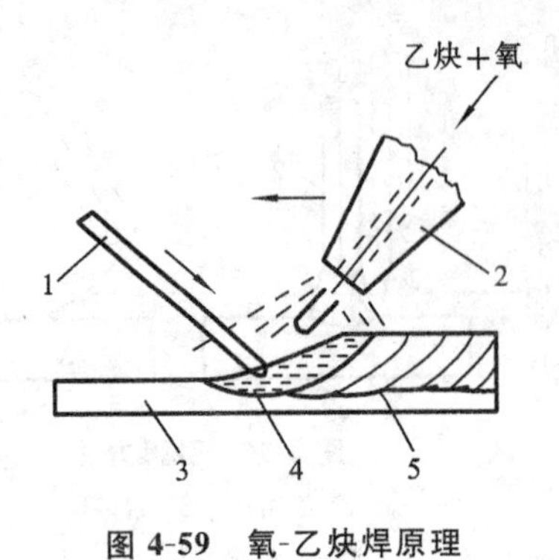

图 4-59　氧-乙炔焊原理

1—焊丝　2—焊炬　3—焊件　4—熔池　5—焊缝

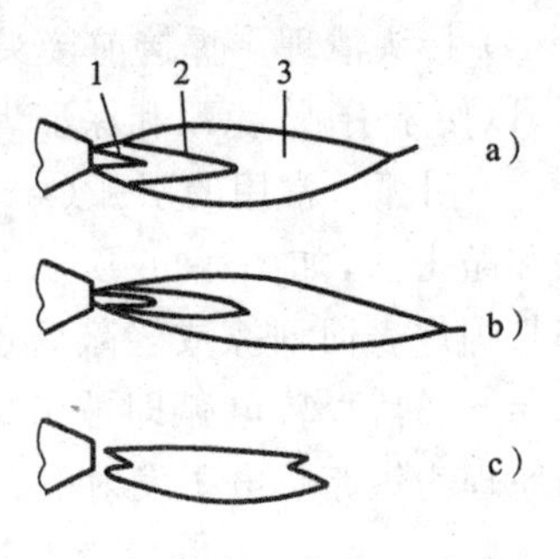

图 4-60　氧-乙炔焰

a) 中性焰　b) 碳化焰　c) 氧化焰

1—焰心　2—内焰　3—外焰

来加热工件和焊丝。中性焰用来焊接低碳钢、中碳钢、合金钢、紫铜和铝合金等材料，是应用最广泛的一种气焊火焰。

(2) 碳化焰(carburizing flame)　当 $V_{氧}/V_{乙炔}<1.1$ 时，则得到碳化焰。由于氧气较少，燃烧不完全，整个火焰比中性焰长。当乙炔过多时，还冒黑烟(炭粒)。碳化焰用来焊接高碳钢、铸铁和硬质合金等材料。

(3) 氧化焰(oxidizing flame)　当 $V_{氧}/V_{乙炔}>1.2$ 时，则得到氧化焰。由于氧气较多，燃烧剧烈，火焰明显缩短，焰心呈锥形，外焰几乎消失，并有较强的“嗞嗞”声。氧化焰易使金属氧化，故用途不广，仅用来焊接黄铜。焊接时应防止高温下黄铜中的锌蒸发。

2) 气焊基本操作

(1) 点火、调节火焰和灭火　点火时，先稍开一点氧气阀门，再开乙炔阀门，随后用明火点燃，然后逐渐开大氧气阀门调节到所需的火焰状态。在点火过程中，若有放炮声或火焰熄灭，应立即减少氧气或放掉不纯的乙炔，再点火。灭火时，应先关乙炔阀门，后关氧气阀门，否则会引起回火。

(2) 平焊焊接　气焊时，右手握焊炬，左手拿焊丝。在焊接开始时，为了尽快地加热和熔化工件形成熔池，焊炬倾角应大些，与工件近乎垂直。正常焊接时，焊炬倾角一般保持在 40°～50°之间。焊接结束时，则应将倾角减小一些，以便更好地填满弧坑和避免焊穿。

焊炬向前移动的速度应能保证工件熔化并保持熔池具有一定的大小。工件熔化形成熔池后，再将焊丝适量地送入熔池内熔化。

3. 切割

(1) 气割　气割(oxyfuel-gas cutting)是利用气体火焰(如氧乙炔焰)以热能将工件切割处预热到一定温度后，喷出高速切割氧流，使其燃烧并放出热量实现切割的方法，如图 4-61 所示。在切割过程中金属不熔化。与纯机械切割相比，气割具有效率高、适用范围广等特点。手工气割的割炬如图 4-62 所示。和焊炬相比，它增加了输出切割氧气的管路和控制切割氧气的阀门。

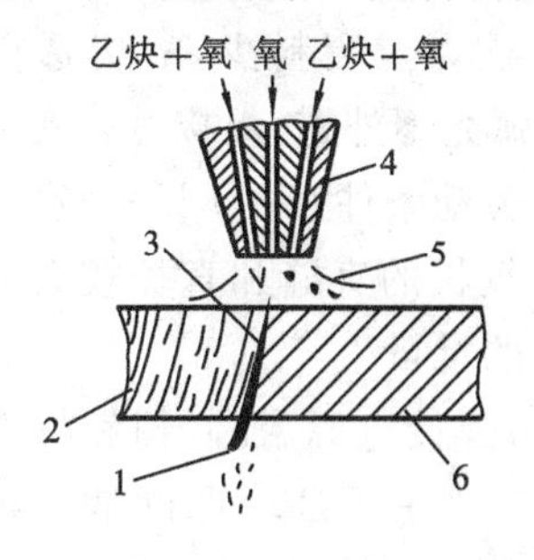

图4-61 气割过程

1—氧化物 2—割口 3—氧流
4—割嘴 5—预热火焰 6—待切割金属

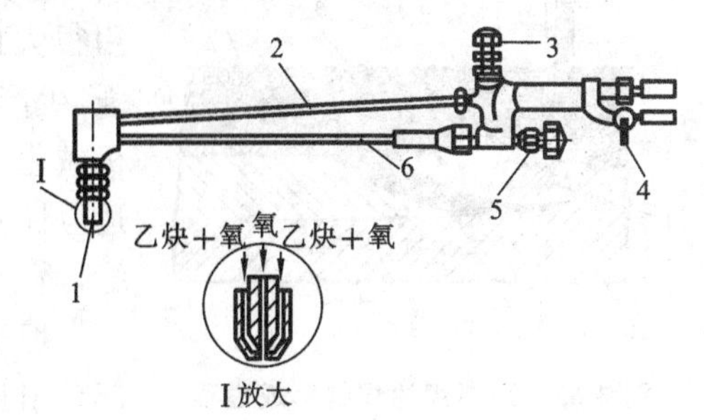

图4-62 割炬

1—割嘴 2—切割氧气管 3—切割氧阀门
4—乙炔阀门 5—预热氧阀门 6—预热焰混合气体管

(2) 等离子弧切割 等离子弧切割(plasma arc cutting)是利用高能量密度等离子弧和高速的等离子流把已熔化的材料吹走而形成割缝的切割方法。用于切割的等离子弧是电弧经过热、电、机械等压缩效应后形成的。等离子弧能量集中,吹力强,温度达 10000～30000 ℃。

气割与等离子弧切割的比较情况如表4-22所示。

表4-22 气割与等离子弧切割的比较

名 称	切 割 方 法	特点及应用
气割	利用气体火焰(如氧乙炔焰)的热能将工件切割处预热到一定温度(金属的燃点)后喷出高速切割氧流,使其燃烧并放出热量实现切割	火焰温度低,热量不集中,变形大,切口粗糙,精度低,但操作方便,成本低。被切割金属应具备以下条件:金属的燃点应低于其熔点,燃烧生成的金属氧化物熔点应低于金属本身熔点,金属燃烧时应放出足够的热量,金属的热导率要低。适于气割的材料有低碳钢、中碳钢、普通低合金钢、硅钢、锰钢等
等离子弧切割	利用高能量密度的等离子弧加热金属至熔化状态,而高速(可达10000 mm/s)喷出的等离子气体把已熔化的材料吹走,形成割缝	高速、高效、高质量,切割效率比气割的高1～3倍,切口光滑,可用于非铁金属、不锈钢、高碳钢、铸铁等难以气割的材料

4.3.2 其他焊接方法

1. 埋弧焊

埋弧焊(submerged arc welding)是电弧在焊剂层下燃烧,利用机械自动控制引弧、送进焊丝和移动电弧的一种电弧焊方法。埋弧自动焊的焊缝形成过程如图4-63所示。

与手弧焊相比,埋弧焊具有下列特点:① 用熔融焊剂,形成了渣膜保护焊接区,

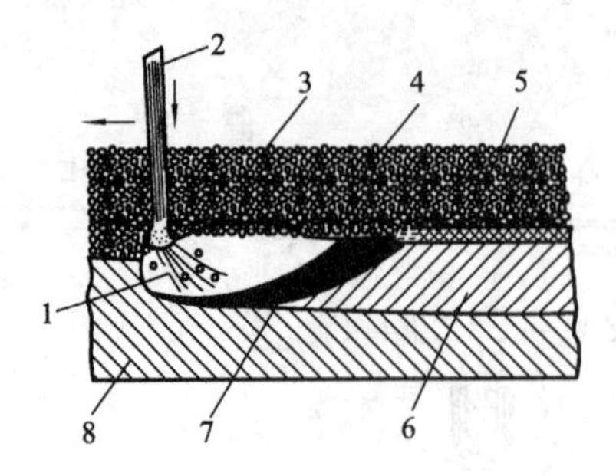

图 4-63　埋弧焊的焊缝形成过程

1—电弧　2—焊丝　3—焊剂　4—熔渣　5—渣壳　6—焊缝　7—熔池　8—焊件

故焊接质量好；② 用光焊丝，其导电长度短，可使用很大的焊接电流且焊丝废料少，故熔透能力强，生产效率高；③ 弧光不外露，焊接过程实现了机械化和自动化，故劳动条件好；④ 设备较复杂，适应性差，只能平焊较长的直缝和直径较大的环缝，适于中厚板焊件的批量生产。

埋弧自动焊机由焊接电源、控制箱和焊车三部分组成。MZ-1000 型埋弧自动焊机是一种常用的埋弧自动焊机，其结构如图 4-64 所示。焊机型号中，“M”表示埋弧焊机，“Z”表示自动焊机，“1000”表示额定焊接电流为 1000 A。

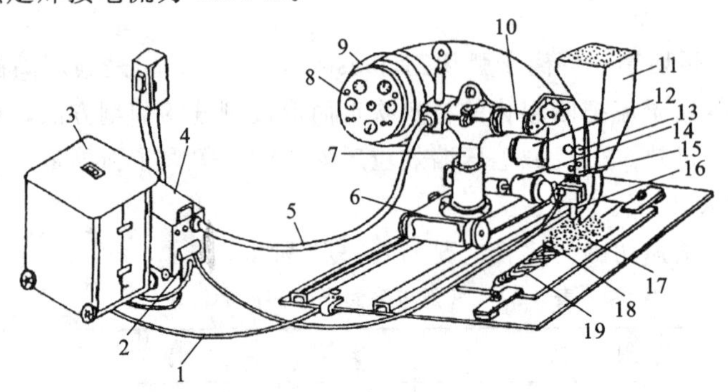

图 4-64　埋弧自动焊机结构

1—焊接电缆　2—控制线　3—焊接电源　4—控制箱　5—控制电缆　6—小车　7—立柱　8—操纵盘　9—焊丝盘　10—横梁　11—焊剂漏斗　12—送丝电动机　13—送丝轮　14—小车电动机　15—机头　16—导电嘴　17—焊剂　18—渣壳　19—焊缝

2. 气体保护焊

气体保护焊(gas shielded arc welding)是用外加气体作为电弧介质并保护电弧和焊接区的电弧焊。

(1) 氩弧焊　氩弧焊(gas tungsten-arc welding) 是利用氩气作为保护气体的气体保护焊。按照电极的不同分为熔化极氩弧焊和钨极氩弧焊，如图 4-65 所示。

氩弧焊有以下特点：① 氩气是惰性气体，它既不与金属发生化学反应，使被焊金属的合金元素受到损失，又不会因溶解于金属而引起气孔，是一种理想的保护气体，故氩弧焊能获得高质量的焊缝；② 氩气是单原子气体，高温时不分解吸热，电弧热量损失小，导热系数小，所以氩弧一旦引燃，电弧就很稳定；③ 明弧焊接，便于观察熔池进行控制，可以进行各种空间位置的焊接，且易于实现自动控制；④ 氩气价格高，焊接成本高，设备较复杂，维修较为困难。

氩弧焊目前主要用来焊接易氧化的非铁金属(如铝、镁、钛及其合金)、高强度合金钢及某些特殊性能钢(如不锈钢、耐热钢)等。NSA-500 型手工钨极氩弧焊机的结

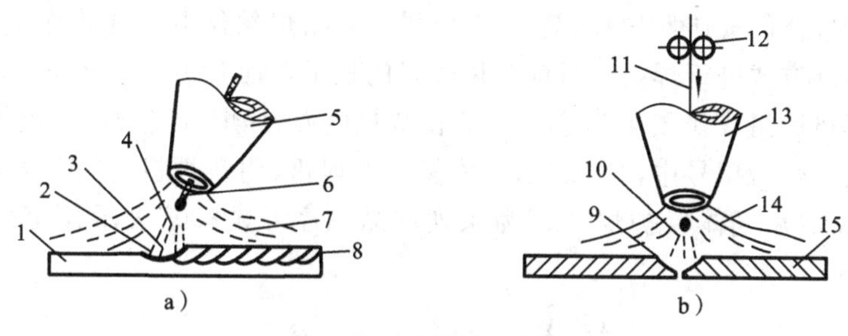

图 4-65　氩弧焊示意图

a) 钨极氩弧焊　b) 熔化极氩弧焊

1,15—焊件　2,9—熔池　3,11—焊丝　4,10—电弧

5,13—喷嘴　6—钨极　7,14—氩气　8—焊缝　12—送丝轮

构如图 4-66 所示。它主要由焊接电源、焊炬、焊接控制系统、供气和供水系统等部分组成。焊机型号中,“N”表示气体保护焊机(明弧焊机),“S”表示手工弧焊机,“A”表示氩气保护弧焊,“500”表示额定焊接电流为 500 A。

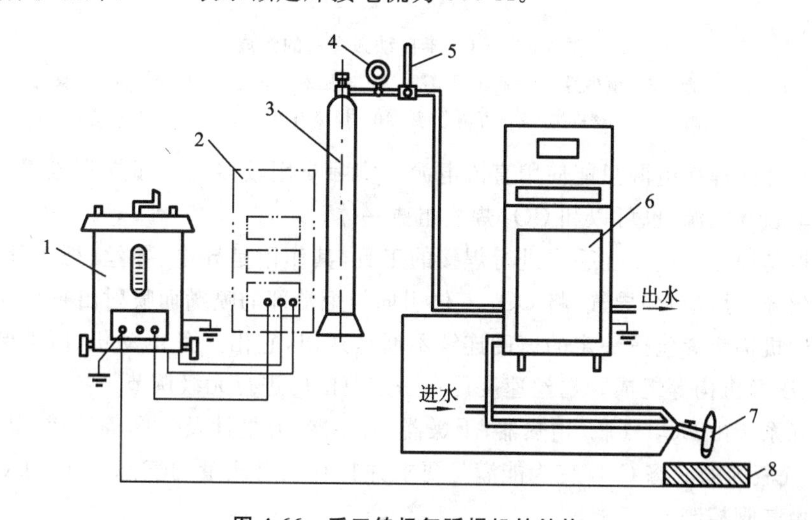

图 4-66　手工钨极氩弧焊机的结构

1—焊接电源　2—控制箱(背面)　3—氩气瓶　4—减压器

5—流量计　6—控制箱(前面)　7—焊炬　8—焊件

钨极氩弧焊机的焊接电源既可采用弧焊变压器,也可采用弧焊整流器或弧焊发电机。NSA-500 型手工钨极氩弧焊机采用 BX3-500 型弧焊变压器作为焊接电源。其控制箱内装有控制焊接程序的各种电气元件,通过控制线路实现对供电、供气、引弧、稳弧、焊接等的控制。控制箱上部装有电流表、电源与水流指示灯、电源转换开关、气流检查开关等。供气系统包括氩气瓶、减压器、流量计及电磁气阀等,其作用是使气瓶内的氩气按一定流量流出,满足焊接保护的要求。

当焊接电流在 150 A 以上时,钨极和焊枪必须用流动冷水进行冷却。

(2) CO_2 气体保护焊　CO_2 气体保护焊(gas metal arc welding)是利用 CO_2 气

体作为保护气体的气体保护焊，简称 CO_2 焊。它用焊丝作电极并兼作填充金属，以自动或半自动方式进行焊接。目前应用较多的是半自动 CO_2 焊。NBC1-300 型 CO_2 半自动弧焊机的组成如图 4-67 所示。它由焊接电源、焊炬、送丝机构、供气系统和控制系统组成。焊机型号中，"N"表示气体保护弧焊机(明弧焊机)，"B"表示半自动焊机，"C"表示 CO_2 气体保护焊，"1"为系列产品顺序号，"300"表示额定焊接电流为 300 A 。

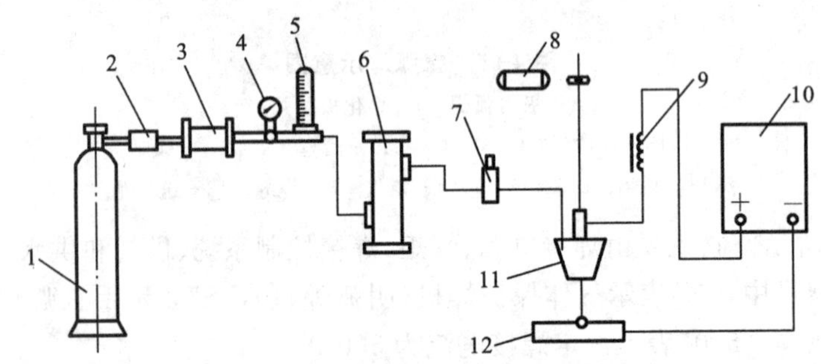

图 4-67　CO_2 半自动弧焊机的组成

1—CO_2 气瓶　2—预热器　3—高压干燥器　4—减压器　5—流量计　6—低压干燥器　7—气阀　8—送丝机构　9—可调电感　10—焊接电源　11—焊炬　12—焊件

CO_2 焊的焊接电源只能使用直流电源。实际应用较多的是弧焊整流器，它既可以做成单独的电源，也可以和 CO_2 焊机组成一体。

焊炬是焊工直接拿在手中进行焊接的工具，其作用是导电、导丝(把送丝机构送出的焊丝导向熔池)和导气(将 CO_2 气体引向焊炬端部的喷嘴而喷射出来)。

送丝机构将焊丝按一定的速度连续不断地送出，它由送丝电动机、减速装置、送丝滚轮、压紧机构等组成。送丝速度可在一定范围内进行无级调节。

供气系统由 CO_2 气瓶、预热器、干燥器、减压器、流量计及气阀等组成，其作用是使 CO_2 气瓶内的液态 CO_2 变为能满足要求并具有一定流量的气态 CO_2。CO_2 气体的通断由气阀控制。

控制系统实现对 CO_2 焊的焊接程序的控制。如引弧时提前供气，焊接时控制气流稳定，结束时滞后停气；控制送丝电动机正常送进焊丝与停止动作，焊前可调节焊丝伸出长度等；对焊接电源实现控制，供电可在送丝之前或与送丝同时接通，停电时送丝先停而后断电等。

CO_2 焊采用廉价的 CO_2 气体，成本低；电流密度大，不用清渣，生产效率高；操作灵活，适于各种位置焊接。其主要缺点是焊缝成形差，飞溅大，焊接设备较复杂，维修不便，需采用含强脱氧剂的专用焊丝(如 H08Mn2SiA)对熔池脱氧。它主要用于低碳钢和低合金钢的焊接。

3. 电阻焊

电阻焊(resistance welding)是利用电流通过焊件接头的接触面及邻近区域产生

的电阻热把焊件加热到塑性状态或局部熔化状态，再在压力作用下形成牢固接头的一种压焊方法。电阻焊的基本形式有点焊、缝焊和对焊三种，如图 4-68 所示。

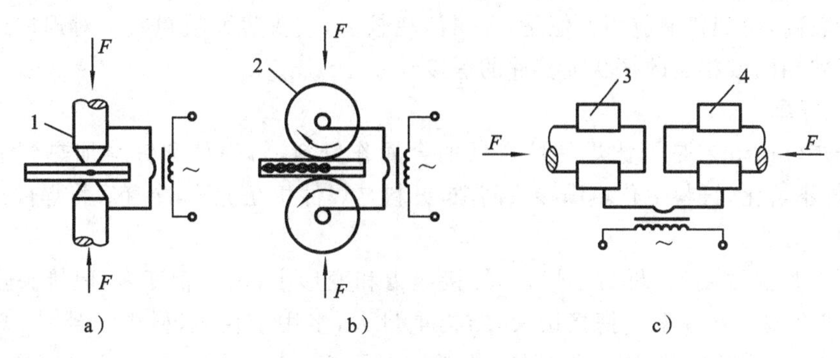

图 4-68　电阻焊的基本形式

a）点焊　b）缝焊　c）对焊

1,2—电极　3—固定电极　4—活动电极

电阻焊的生产效率高，不需填充金属，焊接变形小；其操作简单，易于实现自动化和机械化；电阻焊设备较复杂，投资较多；通常适用于大量生产。

（1）点焊　点焊（spot welding）是将焊件装配成搭接接头，并压紧在两柱状电极之间，利用电阻热熔化母材金属，形成焊点的电阻焊方法。点焊焊点强度高，变形小，工件表面光洁，适于密封要求不高的薄板冲压搭接件及薄板、型钢构件的焊接。

（2）缝焊　缝焊（seam welding）是将焊件装配成搭接或对接接头，并置于两滚轮电极之间，滚轮加压焊件并转动，连续或断续送电，形成一条连续焊缝的电阻焊方法。缝焊适于 3 mm 以下厚度、要求密封或接头强度要求较高的薄板搭接件的焊接。

（3）对焊　按操作方法不同，对焊（butt welding）可分为电阻对焊和闪光对焊两种。电阻对焊（upset butt welding）是将焊件装配成对接接头，使其端面紧密接触，利用电阻热加热至塑性状态，然后迅速施加顶锻力完成焊接的方法。它的焊接过程是预压—通电—顶锻、断电—去压，如图 4-69a 所示。这种焊接方法操作简单，接头比较光洁，但由于接头内部残留杂物，因此强度不高。

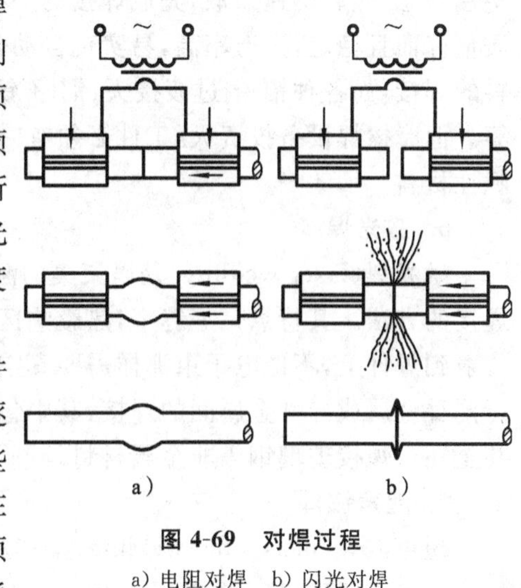

图 4-69　对焊过程

a）电阻对焊　b）闪光对焊

闪光对焊（flash butt welding）是将焊件装配成对接接头，接通电源，并使其端面逐渐移近达到局部接触，利用电阻热加热这些接触点（产生闪光），使端面金属熔化直至在一定浓度范围内达到预定温度，迅速施加顶锻力完成焊接的方法。它的焊接过程是通

电—闪光加热—顶锻、断电—去压,如图 4-69b 所示。这种焊接方法对接头顶端的加工清理要求不高,加之液态金属的挤出过程使接触面间的氧化物杂质得以清除,故接头质量较高,得到普遍应用。但是,金属消耗较多,接头表面较粗糙。对焊广泛用于截面形状相同或相近的杆状类零件的焊接。

4. 钎焊

钎焊(brazing)是用比焊件熔点低的金属作钎料,将焊件和钎料加热到适当温度,焊件不熔化,钎料熔化填满接头间隙,钎料与焊件相互扩散,冷凝后将焊件连接起来的焊接方法。

钎焊加热温度低,母材不熔化,焊接应力和变形小,尺寸精度高,但接头强度较低,耐热性差。钎焊多用搭接接头,结构重量大,多用于仪表、微电子器件、真空器件的焊接。钎焊加热方法有烙铁、火焰、电阻、感应、盐溶、激光、气相(凝聚)加热等。

钎焊时,一般要加钎剂(溶剂),其作用是清除钎料和焊件表面的氧化物,避免焊件和液态钎料在焊接过程中氧化,改善液态钎料对工件的润湿性。铜焊时采用硼砂、硼酸为钎剂,锡焊时常用松香、焊锡膏或氯化锌水溶液为钎剂。

按钎料熔点不同,钎焊分为硬钎焊和软钎焊两种。硬钎焊是使用钎料熔点高于450 ℃的硬钎料(常用的有铜基钎料和银基钎料)进行的钎焊。硬钎焊接头强度较高,适用于焊接受力较大、工作温度较高的焊件,如硬质合金刀头的焊接。软钎焊是使用钎料熔点低于 450 ℃的软钎料(常用的有锡铅钎料)进行的钎焊。软钎焊接头强度较低,适用于焊接受力小、工作温度较低的焊件,如电器或仪表线路接头的焊接。

5. 摩擦焊

摩擦焊(friction welding)是利用焊件表面相互摩擦所产生的热,使端面达到热塑性状态,然后迅速顶锻,完成焊接的一种压焊方法,如图 4-70 所示。其特点是焊接质量好而且稳定,生产率高,易实现自动化,表面清理要求不高等,尤其适用于异种材料的焊接,如各种铝-铜过渡接头、铜-不锈钢水电接头、石油钻杆、锅炉蛇形管和阀门等。但摩擦焊设备投资大,工件必须有一个是回转体,不宜焊接摩擦系数小的材料或脆性材料。

6. 激光焊

激光焊(laser welding)是以聚集的激光束作为热源轰击焊件所产生的热量进行焊接的方法。其特点是焊缝窄,热影响区和焊变形极小。激光束在大气中能远距离传射到焊件上,不像电子束那样需要真空室,但穿透能力不及电子束焊。激光焊可进行同种金属或异种金属间的焊接,其中包括铝、铜、银、钼、镍、锆、铌以及难熔金属等,甚至还可焊接玻璃钢等非金属材料。

7. 超声波焊

超声波焊(ultrasonic welding)是利用超声波的高频振荡能对焊件接头进行局部加热和表面清理,然后施加压力实现焊接的一种压焊方法,如图 4-71 所示。因焊接过程中无电流流经焊件，也无火焰、电弧等热源作用，所以焊件表面无变形、无热影响区，表面无须严格清理，焊接质量好。超声波焊适合焊接厚度小于 0.5 mm 的焊件，尤其适合异种材料的焊接。但它功率小，应用受到限制。

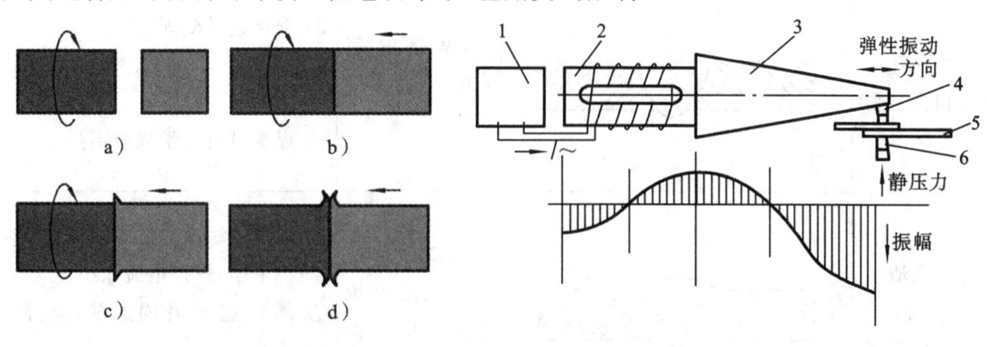

图 4-70　摩擦焊原理示意图

a) 左工件高速旋转　b) 右工件靠近并施压

c) 焊接面温度迅速上升　d) 接头产生一定变形量

图 4-71　超声波焊原理

1—超声波发生器　2—换能器　3—聚能器

4—上声柄　5—工件　6—下声柄

4.3.3　焊件质量检验与缺陷分析

焊接过程结束后，应根据产品技术要求对焊件进行检验。常用的检验方法有外观检验、无损探伤及水压试验等。外观检验是用肉眼或借助标准样板、量具等，必要时用低倍数放大镜检验焊缝表面缺陷和尺寸偏差。无损探伤常用的方法是渗透探伤、磁粉探伤、射线探伤和超声探伤等。水压试验用来检验受压容器的强度和焊缝的致密性，一般是超载检验，试验压力为工作压力的 1.25～1.5 倍。

常见的焊件缺陷及其分析如表 4-23 所示。

表 4-23　常见的焊件缺陷及其分析

缺陷名称	图　例	特　征	产生的原因
焊缝外形尺寸不合要求	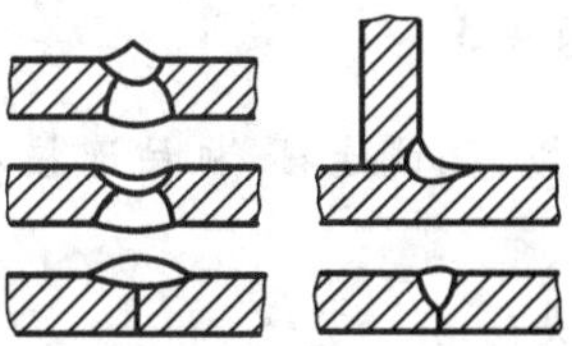	焊缝太高或太低，焊缝宽窄很不均匀，角焊缝单边下陷量过大	① 焊接电流过大或过小； ② 焊接速度不当； ③ 焊件坡口不当或装配间隙很不均匀
咬边 (undercut)	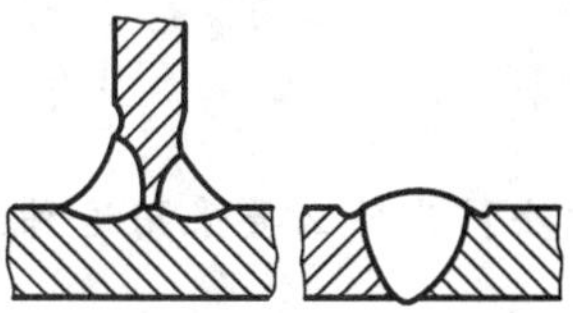	焊缝与焊件交界处凹陷	① 电流太大，运条不当； ② 焊条角度和电弧长度不当

续表

缺陷名称	图例	特征	产生的原因
气孔 (blowhole)		焊缝内部(或表面)的孔穴	① 熔化金属凝固太快； ② 材料不干净，电弧太长或太短； ③ 焊接材料化学成分不当
夹渣 (slag inclusion)		焊缝内部存在条状或点状分布的非金属夹杂物	① 焊件边缘及焊层之间清理得不干净，焊接电流太小； ② 熔化金属凝固太快，运条不当； ③ 焊接材料成分不当
未焊透 (lack of penetration)		焊缝金属与焊件之间，或焊缝金属之间的局部未熔合	① 焊接电流太小，焊接速度太快； ② 焊件制备和装配不当，如坡口太小、钝边太厚、间隙太小等； ③ 焊条角度不对
裂缝 (crack)		焊缝、热影响区内部或表面缝隙	① 焊接材料化学成分不当； ② 熔化金属冷却太快； ③ 焊接结构设计不合理； ④ 焊接顺序不当，焊接措施不当

复习思考题 4-3

1. 试举出在实习过程中或日常生活中使用焊接、机械连接、机械连接加胶接的例子各两个，并分析其机理。
2. 焊接电弧不易引燃的原因是什么？怎样解决？
3. 焊接材料相同的 2 mm 厚的低碳钢薄板可以采用什么焊接方法？若只有手弧焊设备，应采用何种焊机？
4. 如何选择焊接工艺参数？操作时应注意什么？
5. 现需切割一批不锈钢板，可采用何种切割方法？为什么要采用这种方法？
6. 锅炉在焊接好后要进行哪些检验？

第5章　基本机械加工技术

5.1　切削加工基础知识

切削加工(cutting processes)是按照图样给定的加工要求,利用切削刀具或工具从零件毛坯(铸件、锻件或型材坯料)上切除多余的材料,获得所需要的形状、尺寸、精度和表面质量的一种加工方法。

目前,除了用精密铸造、精密锻造等方法直接获得零件成品外,绝大多数零件均须经过切削加工。因此,切削加工是机械零件的生产过程中最重要的加工方式之一。

5.1.1　切削加工的分类和特点

1. 分类

(1) 钳工　钳工(locksmith)一般由工人手持工具进行切削加工,其主要加工方法有锉削、锯削、刮削、研磨、攻螺纹等。钳工还包括工件划线、机械修理和装配等工作。随着生产技术的发展,一些传统的钳工加工逐渐被机械加工所替代。

(2) 机械加工　机械加工(mechanical machining)是由工人操纵机床完成零件的切削加工。常见的加工方式有车削、钻削、镗削、刨削、铣削、磨削等,如图5-1所示。所使用的机床分别为车床、钻床、镗床、刨床、铣床、磨床等。

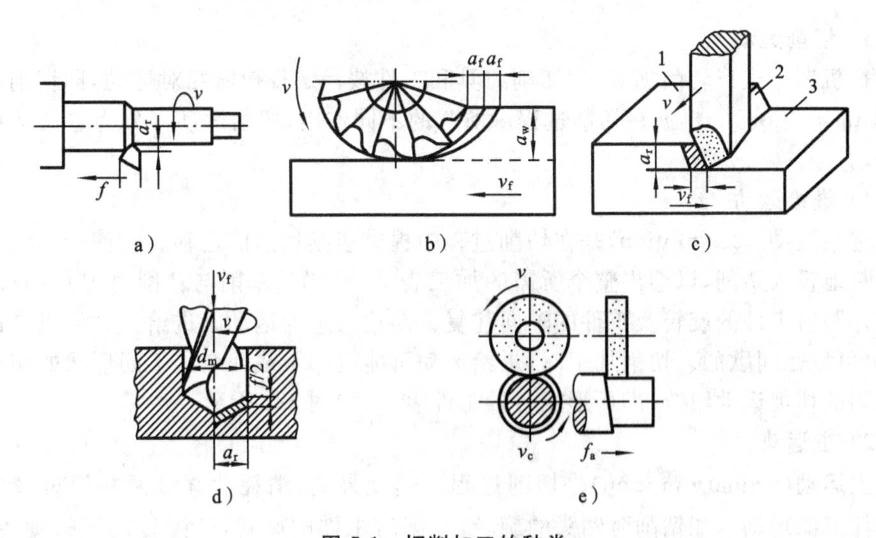

图5-1　切削加工的种类

a) 车外圆　b) 周铣　c) 刨削　d) 钻孔　e) 磨外圆

1—待加工表面　2—过渡表面　3—已加工表面

2. 优点

① 加工对象广泛,只要工件材料硬度低于刀具硬度均可加工,因此大部分金属

材料均可以进行切削加工。随着高硬度材料(硬质合金、金刚石等)在刀具中的普遍使用,切削加工已不受工件硬度条件限制。

② 切削加工基本不受零件形状的限制,很多形状各异的零件均可通过切削加工获得。

③ 可得到很高的加工精度和表面质量。粗加工尺寸精度公差等级可达 IT8～IT13,表面粗糙度 Ra 可达 3.2～25 μm;半精加工尺寸精度公差等级可达 IT7～IT10,表面粗糙度 Ra 可达 1.6～6.3 μm;精加工尺寸精度公差等级可达 IT6～IT8,表面粗糙度 Ra 可达 0.8～3.2 μm;超精加工尺寸精度公差等级可达 IT5～IT7,表面粗糙度 Ra 可达 0.2～1.6 μm。

④ 切除单位体积材料所消耗的能量较小。

3. 缺点

① 切削加工会产生切屑,不仅浪费了材料,而且增加了清理切屑的工作量。

② 在切削力作用下,工艺系统(机床-刀具-工件)产生变形和振动,从而降低了加工精度。

③ 切削所消耗的能量大部分转化为热能,使工件受热膨胀而变形,造成加工质量下降、刀具磨损加快等后果。

④ 加工时,工件表面的冷作硬化作用使其表面产生残余应力。重要零件必须经过热处理,以消除残余应力。

5.1.2 切削运动

1. 切削运动

在机床上进行切削加工时,切削刀具和工件按一定规律做相对运动,即切削运动(cutting motion)。根据在切削过程中所起的不同作用,切削运动可分为进给运动和主运动。

1) 进给运动

进给运动(feed motion)是在切削过程中提供连续切削的运动。它使金属的切削层不断地投入切削,以切出整个所需的加工表面。例如,车削与钻削时刀具的移动、磨削外圆时工件的旋转及工件的轴向往复移动均为进给运动。进给运动可以是连续的,也可以是间歇的。切削加工时,进给运动可能有一个或几个。不同形状的切削刃与不同的切削运动组合,即可形成各种工件表面,如图 5-2 所示。

2) 主运动

主运动(primary motion)是切削过程中速度最高、消耗功率最大并担负着主要切削任务的运动。如钻削时钻头的旋转,车削时工件的旋转,铣削时铣刀的旋转,磨削时砂轮的旋转等都是主运动。一个切削过程只有一个主运动。

刀具在每一次工作行程中,工件上都有三种变化着的表面(见图 5-3):① 待加工表面(work surface),即加工时即将被切除的表面;② 已加工表面(machined surface),即切削后得到的符合要求的工件新表面;③ 过渡表面(transient surface),即

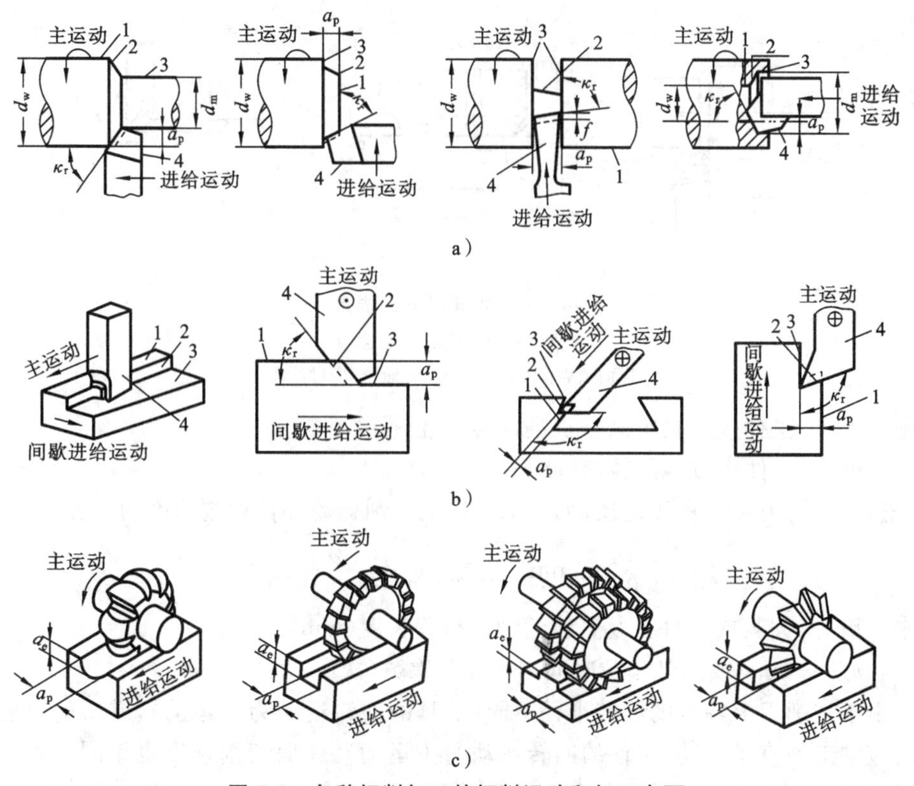

图 5-2　各种切削加工的切削运动和加工表面

a）车外圆　b）铣平面　c）刨平面

1—待加工表面　2—过渡表面　3—已加工表面　4—刀具

切削刃正在切削的表面，它是待加工表面和已加工表面之间的表面。

在切削过程中，切削刃相对于工件运动的轨迹面就是工件上的过渡表面和已加工表面。显然切削过程有两个要素：一是切削刃，二是切削运动。

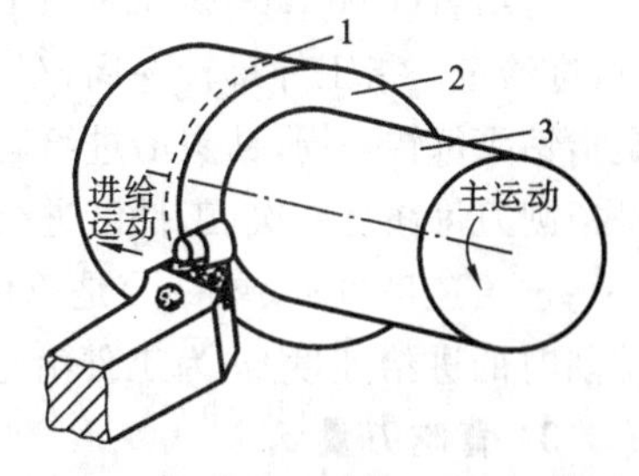

图 5-3　外圆车削运动和加工表面

1—待加工表面　2—过渡表面

3—已加工表面

2. 切削用量三要素

切削用量三要素是指切削速度 v_c、进给量 f（或进给速度 v_f）和背吃刀量 a_p，车外圆、铣平面、刨平面时的切削用量三要素如图 5-4 所示。

1）切削速度 v_c

切削速度（cutting speed）是单位时间内工件与刀具沿主运动方向相对移动的距离（m/min 或 m/s），是衡量主运动速度高低的参数。

当主运动为回转运动（如车削、钻削、铣削和磨削）时，切削速度计算公式为

$$v_c=\frac{\pi d n}{1000}\ (\text{m/min})$$

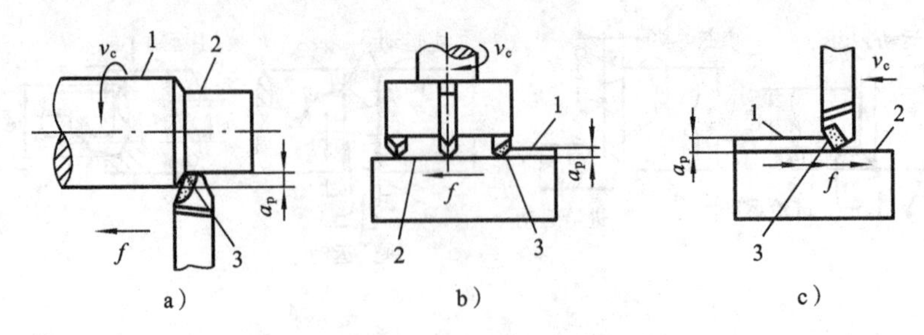

图 5-4　切削用量三要素

a) 车削　b) 铣削　c) 刨削

1—待加工表面　2—已加工表面　3—过渡表面

式中　d——工件或刀具上某一点的回转直径(mm)；

n——工件或刀具的转速(r/min 或 r/s)。

当主运动为往复直线运动(如牛头刨床的刨削运动)时，切削速度的计算公式为

$$v_c = \frac{2Ln_r}{1000}\ (\text{m/min}) \quad 或 \quad v_c = \frac{2Ln_r}{60 \times 1000}\ (\text{m/s})$$

式中　L——刀具或工件往复直线运动的行程长度(mm)；

n_r——刀具或工件单位时间内的往复次数(次/min 或次/s)。

由于切削刃上各点的回转半径不同(刀具的回转运动为主运动)，或切削刃上各点对应的工件直径不同(工件的回转运动为主运动)，因而切削速度也不同。考虑到切削速度对刀具磨损和已加工表面质量有影响，在计算切削速度时应取最大值。

2) 进给量 f(或进给速度 v_f)

进给量(feed rate)是工件或刀具每回转一周二者沿进给方向的相对位移量。车削时，进给量是指工件每转一周，车刀沿进给运动方向的位移量(mm/r)；钻削时，进给量是指钻头每转一周，钻头沿进给运动方向的位移量(mm/r)；在牛头刨床刨削时，进给量是指刨刀每往复一次，工件沿进给运动方向间歇移动的位移量(mm/双行程)。

进给速度(feed speed)是单位时间内刀具与工件沿进给方向的相对位移量。如铣削时的进给速度 v_f 为工件沿进给运动方向每分钟移动的距离(mm/min)。

3) 背吃刀量 a_p

背吃刀量(back engagement of the cutting edge)为工件上已加工表面和待加工表面间的垂直距离(mm)。外圆车削时切削深度的计算公式为

$$a_p = \frac{d_w - d_m}{2}\ (\text{mm})$$

实体钻削时背吃刀量的计算公式为

$$a_p = \frac{d_m}{2}\ (\text{mm})$$

式中　d_w——待加工表面直径(mm)；

d_m——已加工表面直径(mm)。

5.1.3　基准和装夹

1. 基准的概念

机械零件可以看做一个空间的几何体，由若干点、线、面的几何要素所组成。零件在设计、制造过程中必须指定一些点、线、面用来确定其他点、线、面的位置，这些作为依据的几何要素称为基准(benchmark)。基准可以是在零件上具体表现出来的点、线、面，也可以是实际存在、但又无法具体表现出来的几何要素，如零件上的对称平面、孔或轴的中心线等。

2. 基准的分类

按照作用的不同，基准分为设计基准和工艺基准两类。设计基准是零件设计图上所用的基准，工艺基准是在零件加工、机器装配等工艺过程中所用的基准。工艺基准又分为工序基准、定位基准、测量基准和装配基准。其中定位基准用具体的定位表面体现，并与夹具保持正确接触，保证工件在机床上的正确位置，最终加工出位置精确的工件表面。

如图5-5所示的机体零件，顶面 A 是表面 B、C 和孔 D 轴线的设计基准，孔 D 的轴线是孔 E 轴线的设计基准。而表面 B 是表面 A、C 及孔 D、E 加工时的定位基准。定位基准常用符号“⺊”来表示。

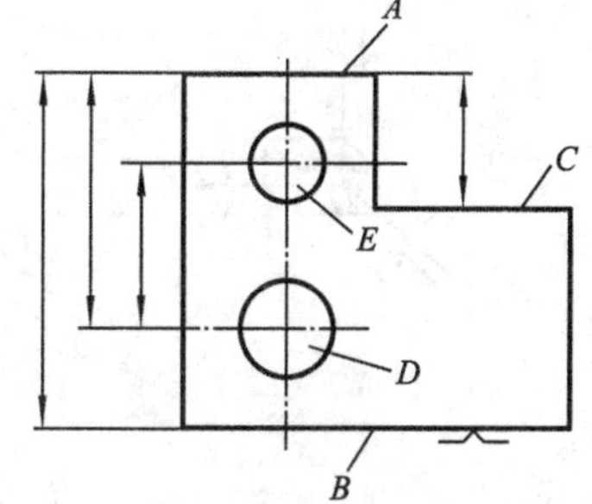

图5-5　设计基准与定位基准

3. 工件的装夹方法

工件要进行切削加工，首先要将工件装夹在机床上，保持工件与刀具之间的正确相对运动关系。工件在机床上的装夹分定位和夹紧两个过程。定位就是使工件在机床上具有正确的位置。工件定位后必须夹紧，以保证工件在重力、切削力、离心惯性力等力的作用下保持原有的正确位置。工件的装夹一般应是先定位后夹紧。通常，工件的装夹有以下三种方法。

(1) 直接找正装夹法　直接找正装夹法(direct fixing)是指利用百分表、划针等在机床上直接找正工件，使其获得正确位置并被夹紧的方法，如图5-6a所示。这种方法的定位精度和操作效率取决于所使用工具及操作者的技术水平。一般说来，此法比较费时，多用于单件小批生产或位置精度要求特别高的工件。

(2) 划线找正装夹法　划线找正装夹法(score fixing)是在机床上用划针按毛坯或半成品上待加工处的划线找正工件，使其获得正确位置并被夹紧的方法，如图5-6b所示。这种找正装夹方式受划线精度和找正精度的限制，定位精度不高，主要用于批量较小、毛坯精度较低及大型零件等不便使用夹具的粗加工。

(3) 夹具装夹法　夹具装夹法(fixing in fixture)是利用夹具使工件获得正确的位置并夹紧的方法，广泛用于成批、大量生产。夹具是按工件专门设计制造的，装夹时定位准确可靠，无须找正，装夹效率高，装夹精度较高。

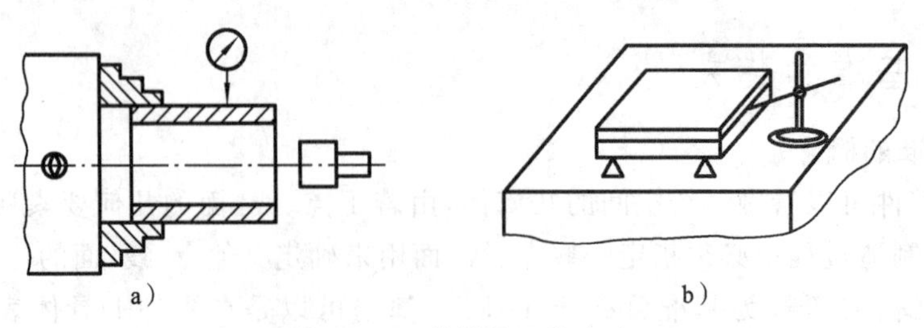

图 5-6 工件的找正装夹法

a) 直接找正装夹法 b) 划线找正装夹法

4. 工件的定位

一个刚体在空间具有六个自由度，如图 5-7 所示。这些自由度分别是沿三个坐标轴的平移 $\vec{X}$,$\vec{Y}$,$\vec{Z}$ 和绕三个坐标轴的旋转$\widehat{X}$,$\widehat{Y}$,$\widehat{Z}$。工件的定位就是对工件的某几个自由度或全部加以限制(消除)。

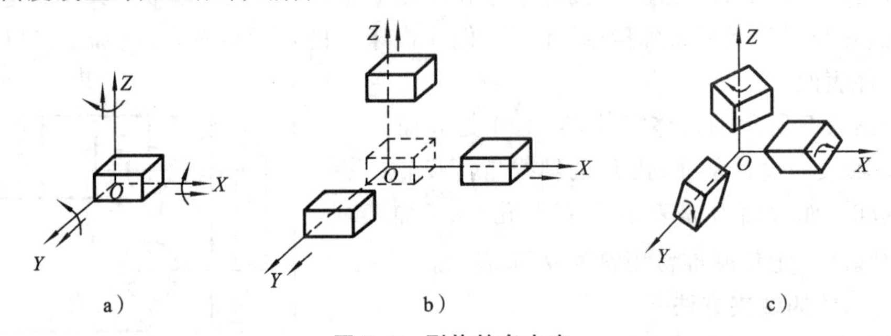

图 5-7 刚体的自由度

a) 立方体 b) 沿三个轴的移动 c) 绕三个轴的转动

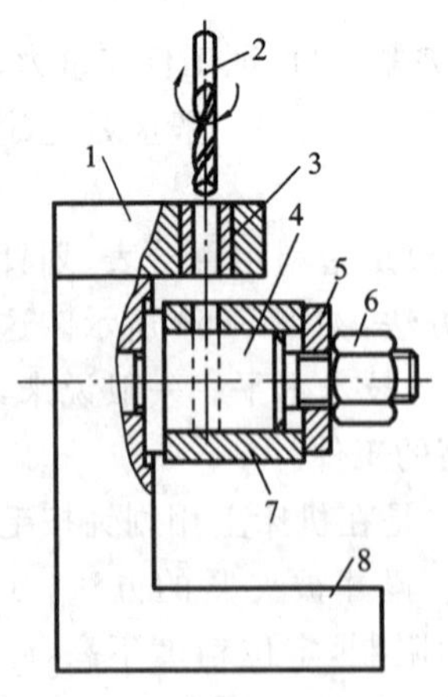

图 5-8 夹具结构

1—钻模板 2—钻头 3—钻套 4—定位销 5—开口垫圈 6—螺母 7—工件 8—夹具体

工件在夹具中的定位(localization)，实际上就是使工件上体现定位基准的定位表面与夹具上的定位元件保持紧密接触。这样就控制了工件应该被限制的自由度，在夹具及机床上具有正确的位置，也就能够加工出位置正确的工件表面。

5. 夹具

机床上用来装夹工件的夹具(fixture)可分为两类：一类是通用夹具，一类是专用夹具。夹具结构如图 5-8 所示。

通用夹具使用范围较广，能够装夹多种尺寸的工件。但通用夹具一般只能装夹形状简单的工件，并且工作效率较低。通用夹具一般作为机床附件来使用，常见的有(三爪)自定心卡盘、(四爪)单动卡盘、平口钳等。

专用夹具是为某种工件的某一工序专门设计和制造的，使用起来方便、准确、效率高。专用夹具通常由定位元件、夹紧元件、导向元件、夹具体等部分组成。定位元件起定位作用，常用的有支承钉、支承板、定位销等；夹紧元件起夹紧作用，保证定位不被破坏，常见的有螺纹压板机构、气动夹紧机构、液压夹紧机构等；导向元件起引导刀具的作用，有钻套、镗模套等。定位元件、导向元件、夹紧元件都装在夹具体上，一起构成了夹具。夹具最终还要正确地安装在机床的工作台上，这样就保证了工件在机床上的正确位置，使刀具与工件之间保持正确的运动关系。

5.1.4 刀具材料

1. 普通刀具材料

常见的普通刀具材料有碳素工具钢、合金工具钢、高速工具钢、硬质合金和涂层刀具材料等，其中后三种用得较多。

(1) 高速工具钢 高速工具钢(high-speed tool steel)有很高的强度和韧度，热处理后的硬度为63～70HRC，红硬温度达500～650 ℃，允许切削速度为40 m/min左右。它主要用来制造各种复杂刀具，如钻头、铰刀、拉刀、铣刀、齿轮刀具及各种成形刀具。高速工具钢常用的牌号有W18Cr4V、W6Mo5Cr4V2和W9Mo3Cr4V等。

(2) 硬质合金 硬质合金(carbide alloy)是由高硬难熔金属碳化物粉末，以钴为黏结剂，用粉末冶金的方法制成的。它的硬度很高，可达74～82HRC，红硬温度达800～1000 ℃，允许切速达100～300 m/min。硬质合金能切削淬火钢等金属材料，但其抗弯强度低，不能承受较大的冲击载荷。硬质合金目前多用来制造各种简单刀具，如车刀、铣刀、刨刀的刀片等。硬质合金可分为P、M、K三个主要类别。

P类硬质合金(蓝色)，相当于旧牌号YT类硬质合金，适合加工长切屑的钢铁材料等。其代号有P01、P10、P20、P30、P40、P50等，数字愈大，耐磨性愈低且韧度愈高。精加工可用P01，半精加工选用P10、P20，粗加工选用P30。金属陶瓷(cermets)也可以归于此类。

M类硬质合金(黄色)，相当于旧牌号YW类硬质合金，适合加工长切屑或短切屑的金属材料，如铸钢、不锈钢、灰铸铁、非铁金属等。其代号有M10、M20、M30、M40等，数字愈大，耐磨性愈低且韧度愈高。精加工可用M10，半精加工选用M20，粗加工选用M30。

K类硬质合金(红色)，相当于旧牌号YG类硬质合金。适合加工短切屑的金属和非金属材料，如淬硬钢、铸铁、铜铝合金、塑料等。其代号有K01、K10、K20、K30、K40等，数字愈大，耐磨性愈低且韧度愈高。精加工时可用K01，半精加工时选用K10、K20，粗加工时可选用K30。

2. 涂层刀具材料

涂层(coating)刀具材料是在硬质合金或高速钢的基体上涂一层或多层(几微米厚)硬度高、耐磨性好的金属化合物而构成的。这种刀具材料既有基体的韧度，又有很高的硬度，性能优异。它能大大减少切削的加工时间。涂层材料可采用难熔的碳化物、氮化物、氧化物或硼化物,它们的硬度很高,摩擦系数小,化学稳定性好,不易产生扩散磨损,因而切削力和切削温度都较低,能显著提高刀具的切削性能。但涂层刀具的切削刃锋利性、韧性、抗崩刃性均不如未涂层刀具,故对于小进给量的精加工、有氧化外皮及夹砂材料的粗加工、强力切削等尚不宜使用涂层硬质合金。国内涂层硬质合金刀片牌号有 CN、CA、YB 等系列。

3. 超硬刀具材料

(1) 陶瓷　常用的陶瓷(ceramics)刀具材料主要是由纯 Al_2O_3 或在 Al_2O_3 中添加一定量的金属元素或金属碳化物构成的,采用热压成形和烧结的方法获得。陶瓷刀具有很高的硬度(91～95HRA),耐磨性和耐热性很好,在 1200 ℃的高温下仍能切削。常用的切削速度为 100～400 m/min,甚至高达 750 m/min,切削效率比硬质合金提高 1～4 倍。它的化学稳定性好,抗黏结能力强。它的主要缺点是抗弯强度低(仅有 0.7～0.9 GPa),冲击韧度低。陶瓷材料可做成各种刀片,主要用于冷硬铸铁、高硬钢和高强钢等难加工材料的半精加工和精加工。

(2) 人造聚晶金刚石(PCD)　人造聚晶金刚石是在高温高压下将金刚石微粉聚合而成的多晶体材料,其硬度极高(5000HV 以上),仅次于天然金刚石(10000HV),耐磨性极好,可切削极硬的材料而长时间保持尺寸的稳定性,其刀具耐用度比硬质合金高几十倍至三百倍。但这种材料的韧度和抗弯强度很差,只有硬质合金的 1/4 左右;热稳定性也很差,当切削温度达到 700～800 ℃时,就会失去其硬度,因而不能在高温下切削;与铁的亲和力很强,一般不适宜加工钢铁。人造聚晶金刚石可制成各种车刀、镗刀、铣刀的刀片,主要用于非铁金属及非金属(如铝、铜及其合金,陶瓷、合成纤维、强化塑料和硬橡胶等)的精加工。近年来,为了提高金刚石刀片的强度和韧度,常把聚晶金刚石与硬质合金结合起来做成复合刀片,即在硬质合金的基体上烧结一层约 0.5 mm 厚的聚晶金刚石构成的刀片。其综合切削性能很好,在实际生产中应用较多。

(3) 立方氮化硼(CBN)　立方氮化硼是在高温高压下制成的一种新型超硬刀具材料,其硬度(达 7000～8000HV)仅次于人造金刚石,耐磨性很好,耐热性比金刚石高得多(达 1200 ℃),可承受很高的切削温度。在 1200～1300 ℃的高温下也不与钢铁金属起化学反应,因此可以加工钢铁。其缺点是焊接性能差,抗弯强度略低于硬质合金。立方氮化硼可做成整体刀片,也可与硬质合金一起做成复合刀片。刀具耐用度是硬质合金和陶瓷刀具的几十倍。立方氮化硼目前主要用于淬硬钢、耐磨铸铁、高温合金等难加工材料的半精加工和精加工。

复习思考题 5-1

1. 何谓主运动和进给运动?试以车削、钻削、铣削、刨削为例进行分析。
2. 何谓切削用量三要素?试以车削、铣削、外圆磨削和牛头刨床刨削为例进行分析。
3. 进给量和进给速度的含义有何不同?试举例说明。
4. 工件的装夹方法有哪几种?
5. 普通车刀一般用什么材料制造?

5.2　车削

车削(turning)是在车床上用车刀对工件进行切削加工的方法，是机械加工中最基本、最常用的加工方法。在种类繁多、形状及大小各异的机器零件中，具有回转表面的零件所占比例最大。车削加工特别适用于加工回转表面，因此，大部分具有回转表面的工件都可以用车削方法加工，如加工内外圆柱面、内外圆锥面、端面、沟槽、螺纹、成形面以及滚花等。此外还可在车床上进行钻孔、铰孔和镗孔。车床可加工的零件类型如图 5-9 所示，可完成的工作如图 5-10 所示。在各类机床中，车床约占机床总数的 50%，是应用最广泛的一类机床。

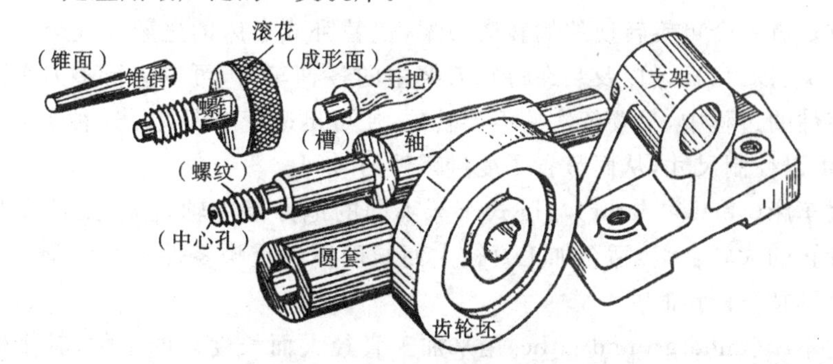

图 5-9　车削加工的零件举例

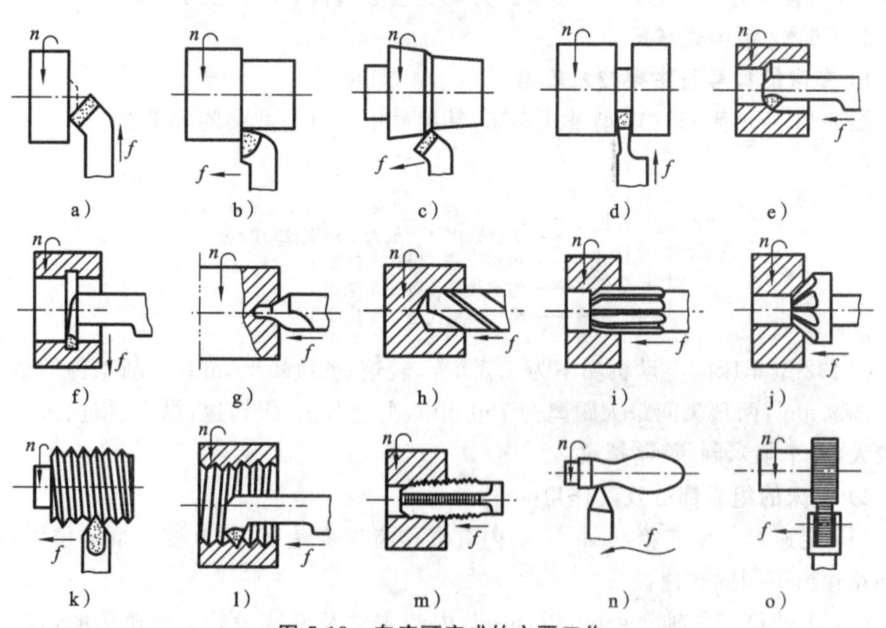

图 5-10　车床可完成的主要工作

a) 车端面　b) 车外圆　c) 车外锥面　d) 车槽、切断　e) 镗孔　f) 车内槽　g) 钻中心孔　h) 钻孔　i) 铰孔　j) 锪锥孔　k) 车外螺纹　l) 车内螺纹　m) 攻螺纹　n) 车成形面　o) 滚花

车削过程中，工件的旋转运动为主运动，刀具的移动为进给运动。合理地选择车

削用量能有效地提高加工质量和生产效率。一般车削加工零件的尺寸精度公差等级为 IT6～IT8,表面粗糙度 Ra 为 0.8～3.2 μm。

5.2.1 车床

1. 车床简介

车床(lathe)的种类很多,其中卧式车床(general accuracy lathe)的台数占车床总台数的 60%左右,应用最为广泛。卧式车床的特点是通用性强,但自动化程度较低,适合各类机械制造企业及中小企业的机修车间。本节以卧式车床为主进行介绍。

转塔车床(turret lathe)用来加工外形复杂且批量较大的零件。它与卧式车床不同的地方是有一个可旋转换位的转塔刀架,代替卧式车床的尾架。这个刀架可以同时安装钻头、铰刀、板牙以及装在特殊刀架中的各种车刀,可以进行多刀车削。在加工一个零件的过程中,只要依次使刀架转位,便可迅速变换刀具。这种车床还备有定程装置,可以控制尺寸,从而节省了度量零件的时间。

立式车床(vertical lathe)与卧式车床不同的地方是主轴直立,工件安装在由主轴带动旋转的大转台上,适合加工直径大而长度短的重型零件。立柱及横梁上都装有刀架,可同时进行加工。

落地车床(underground lathe)用来加工直径大而长度短的工件,其主轴是水平放置的,没有床身,只有床头及刀架。为避免重心过高,往往把机床安装在地坑中。

2. C6132 型卧式车床

1) 车床的型号及主要技术规格

图 5-11 所示为 C6132 型卧式车床,其型号中字母与数字的含义如下:

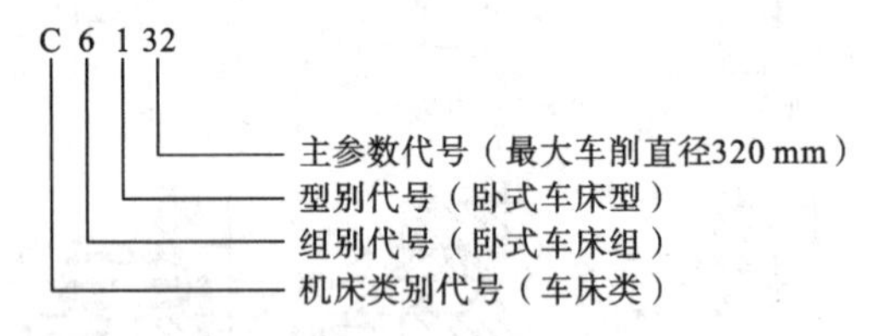

C6132 型车床的电动机功率为 4.5 kW,转速为 1440 r/min,车削工件的最大直径为 320 mm,两顶尖间最大距离为 750 mm,主轴有 12 级转速,纵向、横向进给量范围较大,可车削米制、英制螺纹。

2) 车床的组成部分及其作用

(1) 变速箱　变速箱(gear box)内有滑移齿轮变速机构,改变手柄的位置,可向主轴箱输出不同的转速。

(2) 主轴箱　主轴箱(spindle head)内装主轴及变速齿轮。变速箱的运动通过带传动输入主轴箱,通过主轴箱的进一步变速,可使主轴获得 12 级转速。主轴通过另一些齿轮,又将运动传入进给箱。主轴的前端装有外螺纹和内锥孔,外螺纹用来安装卡盘、花盘等夹具,内锥孔用来安装顶尖。主轴是空心轴,以便穿入长棒料,方便工

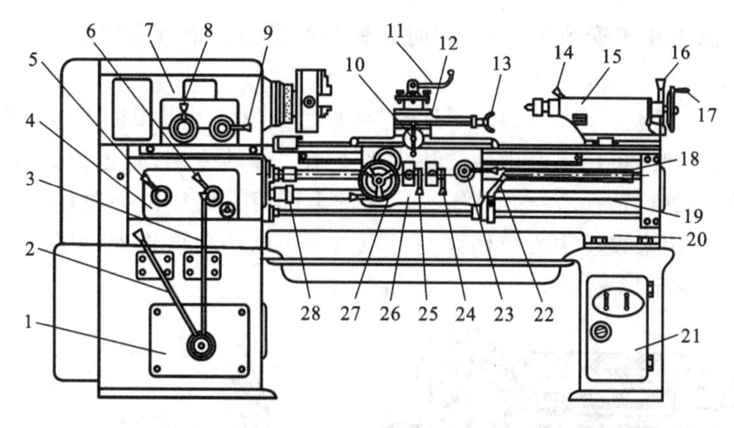

图 5-11 C6132 型卧式车床

1—变速箱 2,3,9—主运动变速手柄 4—进给箱 5,6—进给运动变速手柄 7—主轴箱
8—刀架左右移动换向手柄 10—刀架横向移动手柄 11—方刀架锁紧手柄 12—刀架
13—小刀架移动手柄 14—尾架套筒锁紧手柄 15—尾架 16—尾架锁紧手柄
17—尾架套筒移动手轮 18—丝杠 19—光杠 20—床身 21—床腿 22—主轴正反转及停止手柄
23—对开螺母开合手柄 24—刀架横向自动手柄 25—刀架纵向自动手柄 26—溜板箱
27—刀架纵向移动手轮 28—光杠、丝杠更换时使用的离合器

件装夹和加工。

(3) 进给箱 进给箱(feed box)内装进给运动的变速齿轮。它可把主轴的旋转运动传给丝杠或光杠,改变箱外手柄的位置,可把 20 种进给速度输入丝杠或光杠。进给运动的正反向是由主轴箱中的变向机构实现的。

(4) 光杠 光杠(feed rod)将进给箱的运动传给溜板箱,实现自动走刀。

(5) 丝杠 丝杠(lead screw)通过开合螺母(又称对开螺母)带动溜板箱,使得主轴的转动与刀架上的刀具的移动有严格的比例关系,从而车削螺纹。

(6) 溜板箱 溜板箱(apron box)与刀架相连,是车床进给运动的操纵箱。当接通光杠时,可实现无螺纹类工件回转表面的纵向和横向进给;当接通丝杠时,可车削螺纹。

(7) 刀架 刀架(square turret)用来夹持车刀,可作纵向、横向或斜向进给运动。刀架(见图5-12)由如下部分组成。

① 床鞍 与溜板箱连接,带动车刀实现沿机床导轨的纵向移动。

② 中滑板 通过丝杠副带动车刀沿床鞍上的燕尾导轨作横向移动。

③ 转盘 与中滑板连接,用螺栓紧固。松开螺母,转盘可在水平面内扳转任意角度。

④ 小滑板 安装在中滑板的转盘导轨上,可作短距离移动。当转盘扳转一定角度后,小滑板即可带动车刀作相应的斜向车削运动。

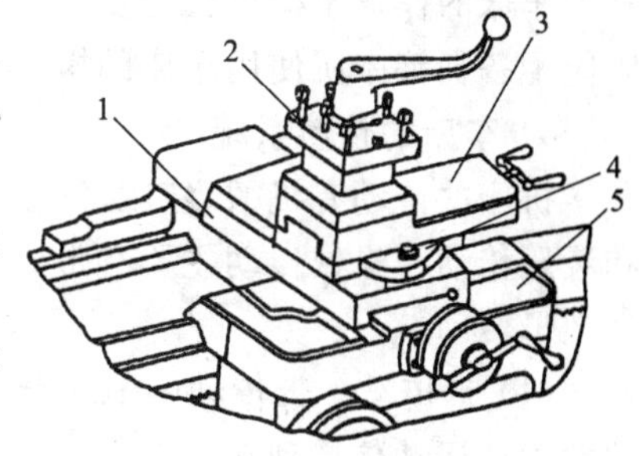

图 5-12 刀架

1—中滑板 2—方刀架 3—小滑板
4—转盘 5—床鞍

⑤ 方刀架　用来安装车刀，可同时装夹四把车刀。松开锁紧手柄可转位，选用车刀进行车削。

(8) 尾座　尾座(tailstock)位于床身导轨上，其位置可以根据工作需要沿导轨移动。加工长工件时，可用尾座内装的顶尖来支承工件的一端；若把顶尖取出，装上钻头、铰刀等就能进行钻孔或铰孔加工。尾座的上部可沿底板的导轨作垂直于机床导轨的横向移动，用来校正中心或偏移一定距离后车削小角度锥面。尾座的结构及横向调节机构如图 5-13 所示。

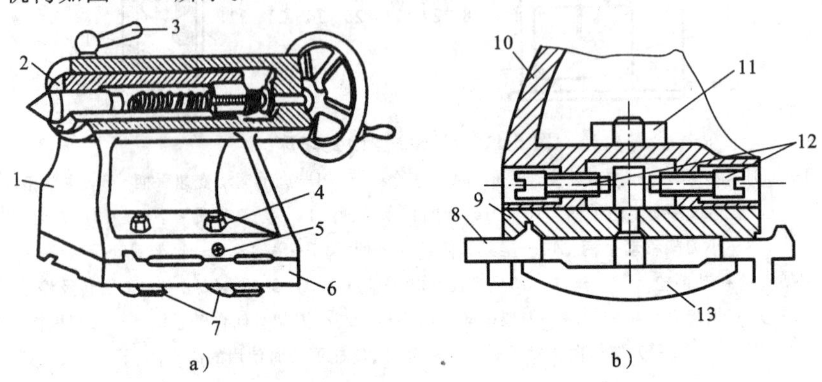

图 5-13　尾座

a) 尾座的结构　b) 尾座体横向调节机构

1,10—尾座体　2—套筒　3—套筒锁紧手柄　4,11—固定螺钉

5,12—调节螺钉　6,9—底座　7,13—压板　8—床身导轨

(9) 床身　床身(bed)是车床的基础零件，用以保证安装在它上面的各个部件和机构之间的正确相对位置。床身上有平直、平行的导轨，用以引导拖板和尾座相对主轴进行移动。

(10) 底座　底座(base)支承床身，并与地基连接。左底座内安放变速箱和电动机，右底座内安放电器。

3) 车床操作手柄的功能

车床的操作手柄可分为变速手柄、锁紧手柄、启停手柄及换向手柄四类。每台车床应配备训练中所使用车床的操作说明书。

4) 车床的传动系统

机床的传动有机械、液压、气压、电气传动等多种形式，其中最常见的是机械传动和液压传动。机械传动主要有带传动、齿轮传动、齿轮齿条传动、蜗轮蜗杆传动及丝杠螺母传动。

(1) 带传动　带传动(strap drive)是利用带与带轮之间的摩擦作用，将主动轮上的动力和运动传递到从动轮上。常用的传动带为 V 带，如图 5-14 所示。其传动比为

$$i=\frac{n_2}{n_1}=\frac{d_1}{d_2}$$

式中　n_1、n_2——主动轮、从动轮的转速(r/min)；

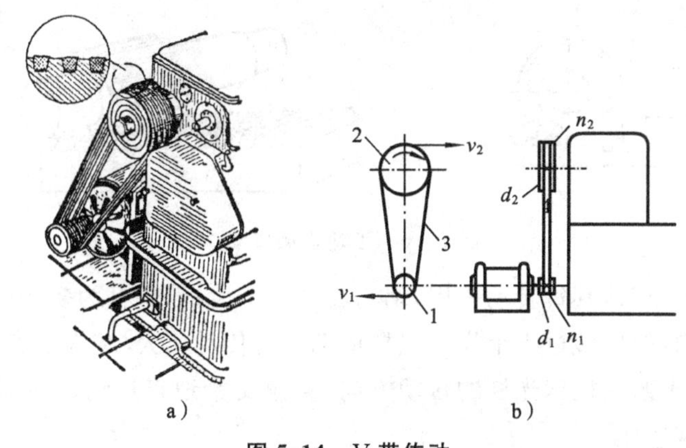

图 5-14 V 带传动

a) V 带传动在车床上的应用 b) V 带传动简图

1—主动轮 2—从动轮 3—V 带

d_1、d_2——主动轮、从动轮的直径(mm)。

带传动能缓冲、吸振,传动平稳。当过载时,带在带轮上打滑,可防止其他零件损坏,起安全保护作用,适用于中心距较大的场合。因此,一般用于机床电动机和传动轴之间的传动。

(2) 齿轮传动 齿轮传动(gear drive)是最常用的传动方式之一,如图 5-15 所示。以直齿圆柱齿轮传动和斜齿圆柱齿轮传动用得最多。在机床传动系统中齿轮传动形式有三种:固定齿轮、滑移齿轮和交换齿轮。滑移齿轮和交换齿轮用来改变机床部件的运动速度。

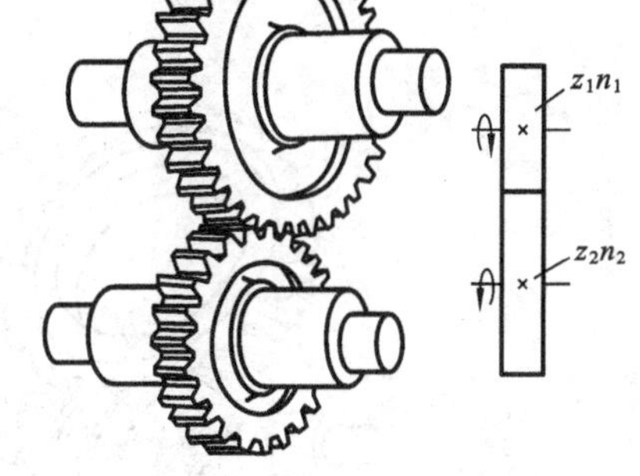

图 5-15 齿轮传动

齿轮传动的传动比为

$$i_{12}=\frac{n_1}{n_2}=\frac{z_2}{z_1}$$

式中 n_1、n_2——主动齿轮、从动齿轮的转速(r/min);

z_1、z_2——主动齿轮、从动齿轮的齿数。

(3) 齿轮齿条传动 齿轮齿条传动(gear and rack drive)是将旋转运动转换为直线运动或直线运动转换为旋转运动的一种传动形式,如图 5-16 所示。在机床传动系统中,齿轮齿条传动用于将溜板箱输出轴的转动转换成床鞍的纵向直线移动,齿轮转动一周,床鞍移动量为 πd_1(d_1 为齿轮分度圆直径)。

设齿轮齿数为 z,齿条的齿距为 t,当齿轮转动 n 转时,齿条直线移动距离为

$$L=tzn \text{ (mm)}$$

(4) 蜗杆传动 蜗杆传动装置(worm drive)由蜗杆和蜗轮组成,用来传递空间两交错轴之间的运动和动力,如图 5-17 所示。两轴间的交错角通常为 90°,蜗杆为主

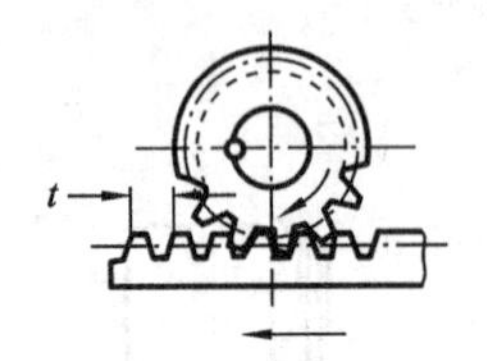

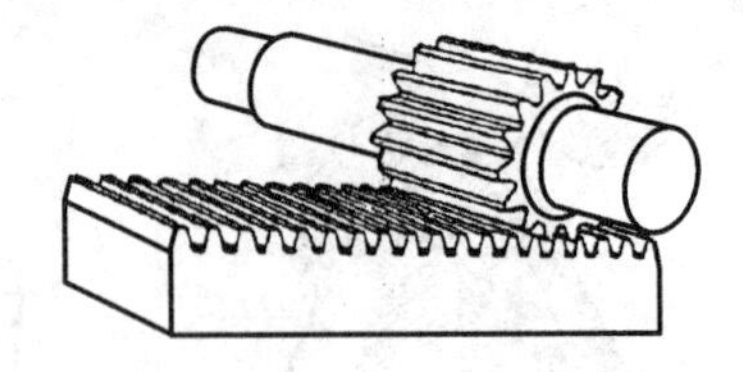

图 5-16　齿轮齿条传动

动件。蜗杆若为单头,其每转动一周,蜗轮转动一个齿;若蜗杆为多头(头数为 k),则蜗杆每转动一周,蜗轮转过 k 个齿。蜗杆传动具有传动比大、结构紧凑、运动平稳、噪声低等特点,用于改变机床光杠的转动方向,直角交错地将运动传入溜板箱,同时使运动减速。其减速比为

$$i_{12}=\frac{n_1}{n_2}=\frac{z}{k}$$

式中　n_1、n_2——蜗杆、蜗轮的转速(r/min);

k——蜗杆的头数;

z——蜗轮的齿数。

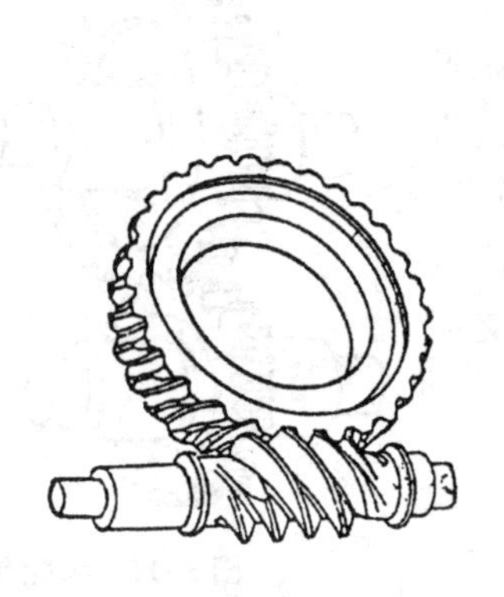

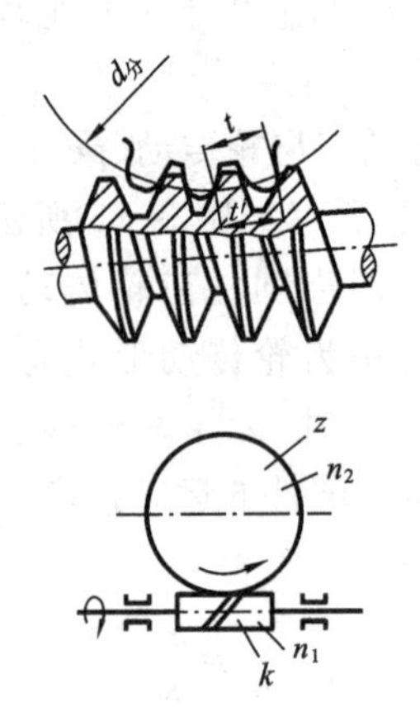

图 5-17　蜗杆传动

(5) 丝杠螺母传动　丝杠螺母传动(lead screw nut drive)如图 5-18 所示。它多用于机床传动系统中,以丝杠作为主动件,将丝杠的旋转运动转换为螺母的直线运动,带动床鞍纵向移动。丝杠每转动一周,螺母移动一个螺距 t,则螺母(床鞍)沿轴向(纵向)移动的速度为

$$v=nt\ (\text{mm/min})$$

式中　n——丝杠转速(r/min)。

5) 车床主运动传动系统分析

车床主运动传动系统如图 5-19 所示。主运动的运动传递顺序:电动机→变速箱→带轮→主轴箱。电动机以 1440 r/min 的转速将运动传入变速箱中的Ⅰ轴,经

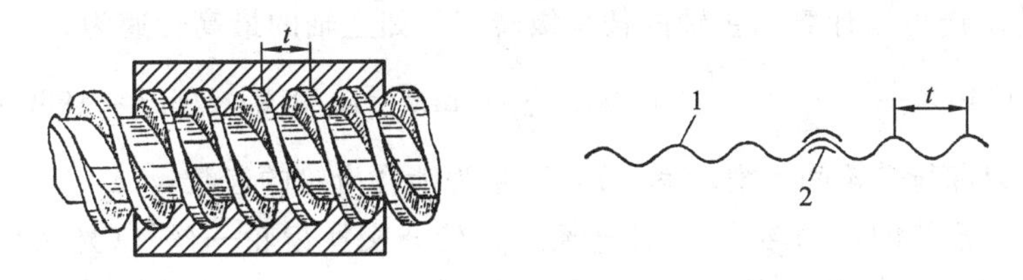

图 5-18　丝杠螺母传动

1—丝杠　2—螺母

滑移齿轮变速机构，可使Ⅲ轴获得 6 种不同的转速。再经带轮传动副将运动传入主轴箱，操纵主轴箱的内齿离合器，可使主轴(即Ⅵ轴)获得 12 级转速，分别为 45、66、94、120、173、248、360、530、750、958、1380、1980 r/min。主轴反转由电动机反转实现。

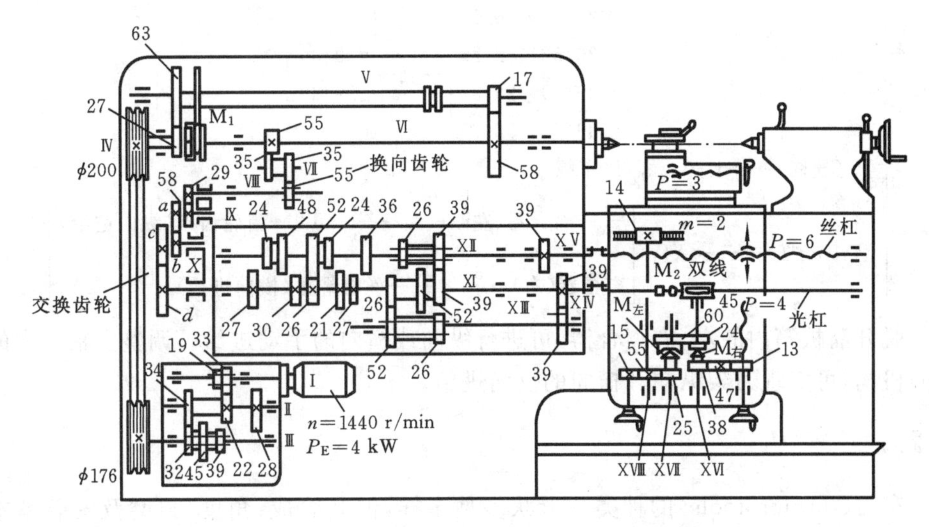

图 5-19　C6132 型车床主运动传动系统

(图中数字表示齿轮的齿数)

(1) 主运动传动链如下：

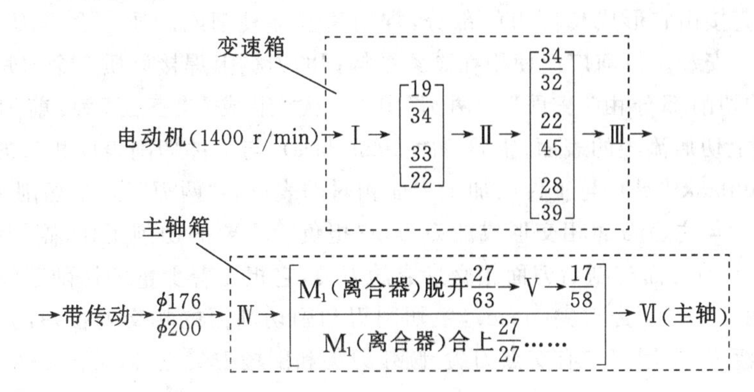

根据传动链可以计算出主轴的任一级转速。如主轴的最高转速为

$$v_{\mathrm{VI}\max}=1440\times\frac{33}{22}\times\frac{34}{32}\times\frac{176}{200}\times0.98\times\frac{27}{27}\ \mathrm{r/min}=1979.21\ \mathrm{r/min}\approx1980\ \mathrm{r/min}$$

其中,0.98为带与带轮间的滑动率,分式数字为啮合齿轮的齿数。

(2) 传动系统的传动路线:主轴→换向齿轮→交换齿轮→丝杠(光杠)→溜板箱→刀架。进给运动有20级进给速度,纵向进给量 $f_{纵}=0.06\sim3.34$ mm/r,横向进给量 $f_{横}=0.04\sim2.45$ mm/r。进给运动链如下:

$$\text{主轴(VI)}\rightarrow\left[\frac{55}{35}\times\frac{35}{55}\right]\rightarrow\mathrm{VIII}\rightarrow\frac{29}{58}\rightarrow\frac{a}{b}\times\frac{c}{d}\rightarrow\mathrm{X}\rightarrow\begin{bmatrix}27/24\\30/48\\26/52\\21/24\\27/36\end{bmatrix}\rightarrow$$

$$\rightarrow\mathrm{VII}\rightarrow\begin{bmatrix}26/52\times26/52\\26/52\times52/26\\39/39\times26/52\\39/39\times52/26\end{bmatrix}\rightarrow\mathrm{VIII}\rightarrow\begin{bmatrix}39/39\\39/39\end{bmatrix}\rightarrow$$

$$\rightarrow\left[\begin{array}{l}\mathrm{XV}\text{(丝杠)}\rightarrow\text{合上开合螺母(车螺纹)}\\ \mathrm{XIV}\text{(光杠)}\rightarrow\frac{2}{45}\rightarrow\mathrm{XIV}\left[\begin{array}{l}\frac{24}{60}\rightarrow\text{离合器(左)}\rightarrow\mathrm{XVII}\rightarrow\frac{25}{55}\rightarrow\mathrm{XVIII}\rightarrow\text{齿轮齿条(纵向进给)}\\ \text{离合器(右)}\rightarrow\frac{38}{47}\times\frac{47}{13}\rightarrow\text{丝杠螺母(横向进给)}\end{array}\right]\end{array}\right]$$

脱开溜板箱内的左、右离合器,可进行纵向或横向的手动进给。调整主轴箱内的换向机构,可实现刀架纵向和横向的反向进给。

5.2.2 车刀

车刀(turning tools)的种类及形状多种多样,但其组成、角度、刃磨及安装基本相似,如图5-20所示。

1. 车刀的组成

车刀由刀体和刀头两部分组成,如图5-21所示。刀头是刀具上夹持刀条或刀片的部分,或直接由它形成切削刃的部分,常用高速工具钢或硬质合金等刀具材料制成;刀柄用于安装。目前广泛使用在碳素结构钢的刀柄上焊接硬质合金刀片的车刀。

车刀的切削部分由"三面"、"两刃"和"一尖"组成。"三面"为:前刀面(rake face),刀具上切屑流经的表面;主后刀面(flank face),与工件切削表面相对的表面;副后刀面(side flank face),与工件已加工表面相对的表面。"两刃"为:主切削刃(cutting edge),前刀面与主后刀面相交形成的刀刃,它担负着主要的切削工作;副切削刃(end cutting edge),前刀面与副后刀面相交形成的刀刃,它担负着少量的切削工作,起一定的修光作用。"一尖"为刀尖(nose),主切削刃和副切削刃的相交处很短的一段切削刃,也称过渡刃,常用刀尖有交点刀尖、圆弧刀尖和倒棱刀尖三种(见图5-22)。

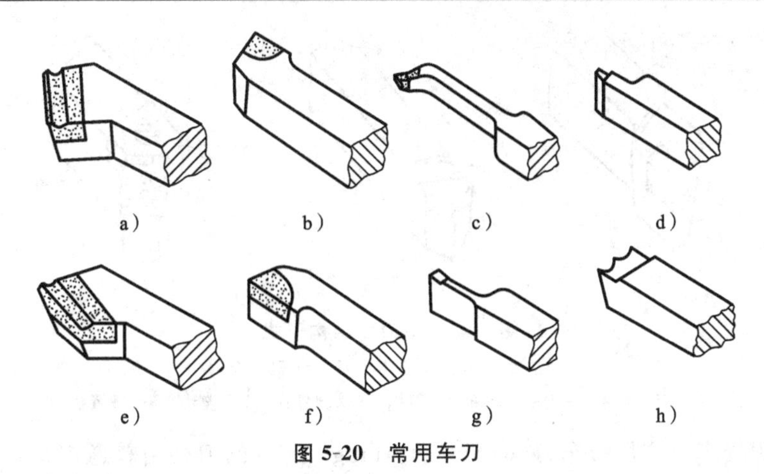

图 5-20　常用车刀

a）45°外圆刀　b）左偏刀　c）镗孔刀　d）外螺纹车刀　e）75°外圆刀　f）右偏刀　g）切断刀　h）样板刀

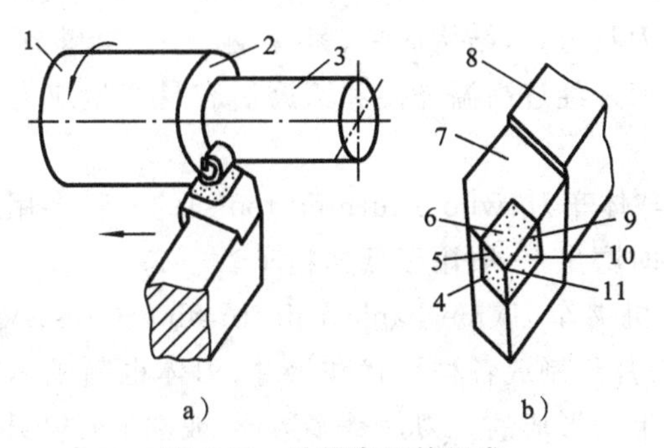

图 5-21　外圆车刀的组成

a）工作图　b）结构图

1—待加工表面　2—过渡表面　3—已加工表面　4—副后刀面　5—副切削刃

6—前刀面　7—刀头　8—刀柄　9—主切削刃　10—主后刀面　11—刀尖

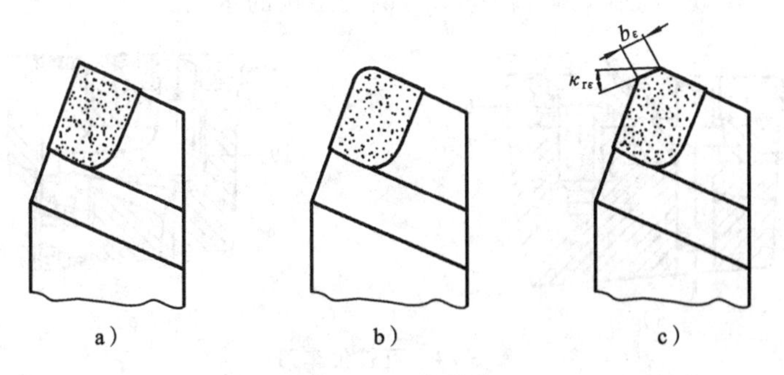

图 5-22　刀尖形状

a）交点刀尖（切削刃实际交点）　b）圆弧刀尖　c）倒棱刀尖

2. 车刀的结构

车刀的结构形式对车刀的切削性能、切削加工的生产效率和经济性有着重要的影响。车刀的结构形式通常有以下三种（见图 5-23）：

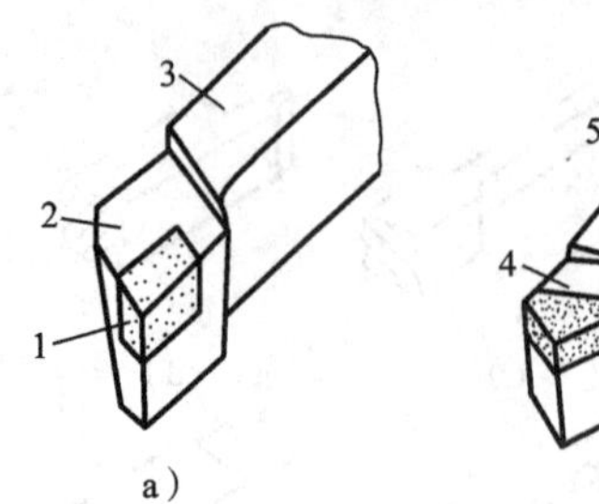

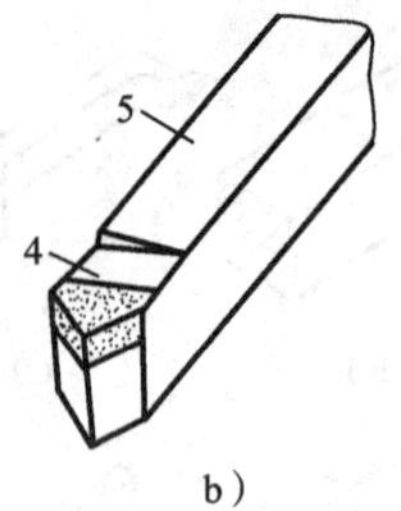

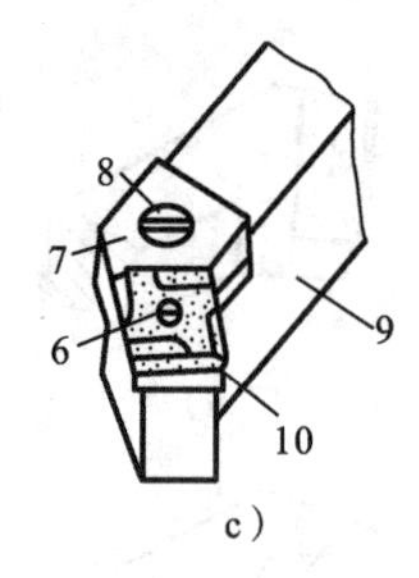

图 5-23 车刀的结构形式

a) 焊接车刀 b) 整体车刀 c) 机夹车刀

1,10—刀片 2,4—刀头 3,5,9—刀柄 6—圆柱销 7—楔块 8—压紧螺钉

(1) 焊接车刀 焊接车刀(welding turning tools)的刀柄由普通钢材(一般采用碳素结构钢)制成,将硬质合金刀片焊接到刀头部位,刀柄材料可反复使用。这种焊接车刀可节省贵重的刀具材料,结构简单、紧凑,刚度好,能够方便地刃磨出所需的几何角度。但硬质合金刀片经过高温焊接和刃磨后容易产生应力和裂纹,切削性能会有所下降。

(2) 整体车刀 整体车刀(whole turning tools)的材料多用高速工具钢制成,刀头的切削部位靠刃磨时磨出,一般用于低速精车。

(3) 机夹车刀 机夹车刀(mechanical jig turning tools)又称为机夹不重磨车刀,它是将硬质合金刀片压制成各种形状和尺寸,刀体也制成标准件,用机械夹固方法将刀片装夹在刀体上而形成的。刀片是多边形(或圆形)的,某一刀刃磨损后,只需将刀片转位换成新的切削刃,从而减少刀具的装卸次数,提高效率。采用机械夹紧方法,避免了焊接所引起的缺陷,切削性能得到提高。成形刀片不需刃磨,有利于采用涂层和陶瓷刀片等新型材料刀片。刀柄和刀片均为标准件,购买方便,刀柄可长期使用,经济性好。图 5-24 所示为可转位车刀两种结构的示例。

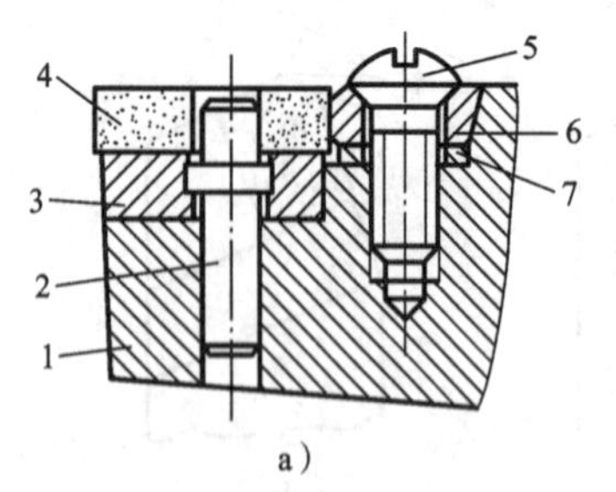

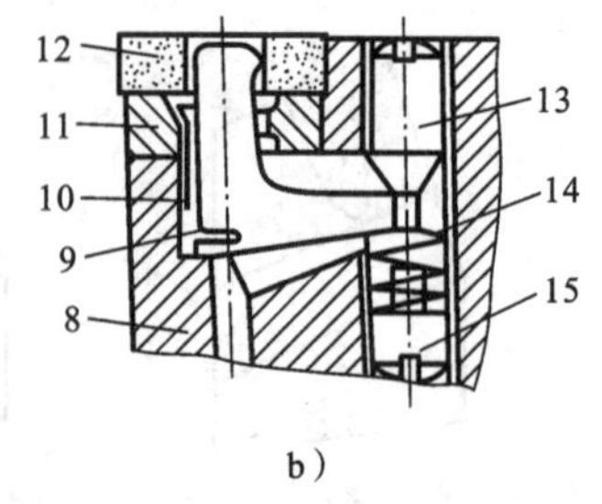

图 5-24 可转位车刀

a) 螺钉-楔块式 b) 杠杆式

1,8—刀柄 2—圆柱销 3,11—垫片 4,12—刀片 5,13—压紧螺钉

6—楔块 7—弹簧垫片 9—杠杆 10,14—弹簧 15—调节螺钉

3. 车刀角度及作用

刀具切削部分必须具有合理的几何形状,才能保证切削加工的顺利进行,获得预

期的加工质量。刀具切削部分的几何形状主要用一些刀面和刀刃的方位角度来标注。为了确定刀具的这些角度，必须建立相应的参考系，如刀具标准角度参考系。刀具标准角度是指刀具图样上标注的角度，即刃磨角度。

1）车刀标注角度的参考系

车刀标注角度的参考系由以下三个相互垂直的平面组成（见图5-25）。

（1）基面　基面（tool reference plane）是指通过切削刃上选定点且垂直于主运动方向的平面。对车刀来说，其基面平行于车刀底面，即水平面。

（2）主切削平面　主切削平面（tool major cutting edge plane）是指通过主切削刃选定点与主切削刃相切并垂直于基面的平面。车刀的切削平面是竖直面。

（3）正交平面　正交平面（tool orthogonal plane）是指通过切削刃选定点并同时垂直于基面和主切削平面的平面。

2）车刀的标注角度

车刀主要的标注角度有前角 γ_o、后角 α_o、主偏角 κ_r、副偏角 κ_r' 和刃倾角 λ_s，如图5-26所示。

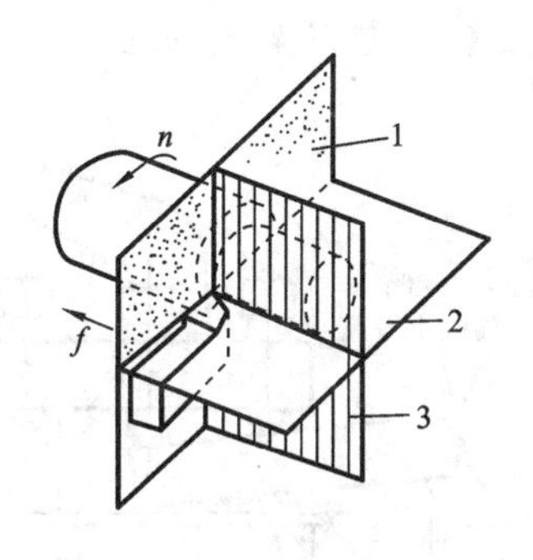

图5-25　外圆车刀静止参考系

1—主切削平面　2—基面　3—正交平面

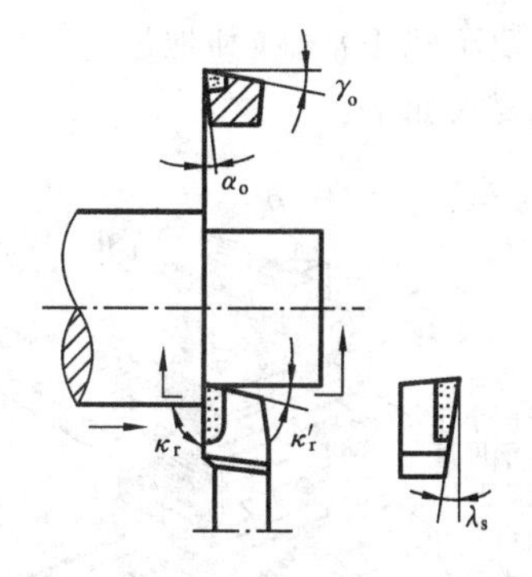

图5-26　车刀的主要标注角度

（1）前角 γ_o　在正交平面中测量，前角（back rake angle，BRA）是指前刀面和基面之间的夹角。前角愈大，刀具愈锋利，切削时金属变形愈小。但前角愈大，刀具强度愈差。硬质合金车刀的前角一般取－5°～25°。精车时前角可取大值，否则前角取小值。

（2）后角 α_o　在正交平面中度量，后角（end relief angle，ERA）是指主后刀面和主切削平面之间的夹角。后角愈大，刀具与工件之间的摩擦愈小。但后角愈大，刀具强度愈差。后角一般为6°～12°，粗车时后角可取小值，否则取大值。

（3）主偏角 κ_r　主偏角（end cutting-edge angle）是指主切削刃和走刀方向在基面上投影的夹角。增大主偏角可以使进给力增大，径向力减小，有利于减小振动，但刀具磨损加快，散热条件变差。减小主偏角时，刀具磨损较小而较为耐用，但会使径向切削力显著增加。在加工细长工件时，容易引起变形和振动。车刀常用的主偏角有45°、60°、75°、90°几种。若工件刚度好，粗加工时取小值，否则取大值。

(4) 副偏角 κ_r'　副偏角(side cutting-edge angle)是指副切削刃和走刀方向在基面上投影的夹角。副偏角的主要作用是减小刀刃与工件的摩擦,同时它对加工表面粗糙度影响较大。副偏角一般取 5°～10°。在背吃刀量 a_p、进给量 f 和主偏角 κ_r 相等的条件下,减小副偏角 κ_r',可减小已加工表面上的不平度,从而使表面粗糙度值降低。因此,副偏角 κ_r' 可在一定范围内使副切削刃起修光作用。

(5) 刃倾角 λ_s　刃倾角(inclination angle)是主切削刃与基面之间的夹角,一般为－5°～10°。为了不使切屑划伤已加工表面,刃倾角常取正值。

4. 车刀的刃磨

当车刀用钝后,需要重新刃磨(knife edge grinded),以便恢复其原来的形状和角度,使刃口锋利。刃磨高速工具钢车刀宜选用韧度较高的白刚玉砂轮,而刃磨硬质合金刀具则要用绿色碳化硅砂轮。车刀重磨时,往往根据车刀磨损情况刃磨有关的磨损刀面。车刀刃磨后,还要用油石加机油后将各面磨光,以使车刀耐用和提高被加工工件的表面质量。

5. 车刀的安装

为使车削正常、顺利地进行,车刀必须正确地安装于方刀架上,如图 5-27 所示。其基本要求如下:

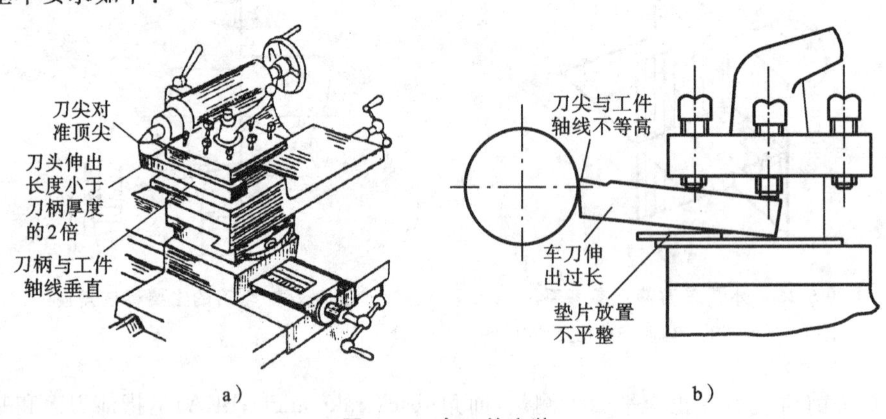

图 5-27　车刀的安装

a) 正确安装　b) 错误安装

① 车刀刀尖应与车床的主轴轴线等高。判断方法可用尺测量车床床面与刀尖的距离,也可用尾座顶尖的来校对车刀刀尖的位置,还可试车工件端面;若端面中心无残留的凸台,则安装合适,反之应调整车刀高度。

② 车刀刀柄应与车床主轴轴线垂直。

③ 车刀应尽可能伸出短些,一般伸出长度不超过刀柄厚度的 2 倍。若伸出过长,刀柄刚度减弱,切削时易产生振动。

④ 刀柄高度调整垫片应安放平整,垫片数量不宜过多,一般不超过 3 片。

⑤ 车刀位置校正后,应拧紧刀架紧固螺钉,一般用两个螺钉并交替逐个拧紧。

5.2.3 工件的安装及所用附件

1. 自定心卡盘

(1) 用自定心卡盘安装工件　自定心卡盘的结构如图5-28所示。当用卡盘扳手转动小锥齿轮时,大锥齿轮也随之转动。在大锥齿轮背面平面螺纹的作用下,使三个爪同时向心移动或退出,以夹紧或松开工件。它的特点是对中性好,自动定心精度可达到0.05～0.15 mm,可以装夹直径较小的工件,如图5-28a所示。当装夹直径较大的外圆工件时可用三个反爪进行,如图5-28b所示。但自定心卡盘由于夹紧力不大,所以一般只适宜于重量较轻的工件;当对重量较重的工件进行装夹时,宜用单动卡盘或其他专用夹具。

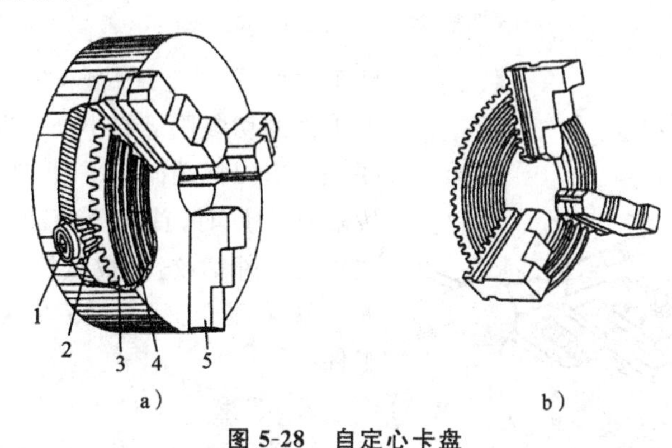

图5-28　自定心卡盘

a) 正爪　b) 反爪

1—卡盘扳手孔　2—小锥齿轮　3—大锥齿轮　4—平面螺纹　5—卡爪

(2) 用"一夹一顶"安装工件　对于一般较短的回转体类工件,也较适合用自定心卡盘装夹。但对于较长的回转体类工件,尤其是加工精度较高的工件,不能直接用自定心卡盘装夹,而应用一端夹住、另一端用后顶尖顶住(常称"一夹一顶")的装夹方法。这种装夹方法能承受较大的轴向切削力,且刚性大大提高。

2. 单动卡盘

单动卡盘(四爪卡盘)如图5-29a所示。它的四个爪通过四个螺杆可独立移动,能装夹形状比较复杂的非回转体(如方形、长方形工件等),而且夹紧力大。由于其装夹后不能自动定心,装夹时必须用划线盘或百分表找正,使工件回转中心与车床主轴中心重合,所以装夹效率较低。图5-29b为用百分表找正外圆的示意图。

3. 顶尖

对同轴度要求比较高且需要调头加工的轴类工件,常用双顶尖装夹工件;其前顶尖为固定顶尖,装在主轴孔内,并随主轴一起转动,后顶尖为回转顶尖,装在尾座套筒内,如图5-30所示。工件利用中心孔被顶在前后顶尖之间,并通过拨盘和卡箍随主轴一起转动。用顶尖安装工件时应注意:① 卡箍上的支承螺钉不能支承得太紧,以

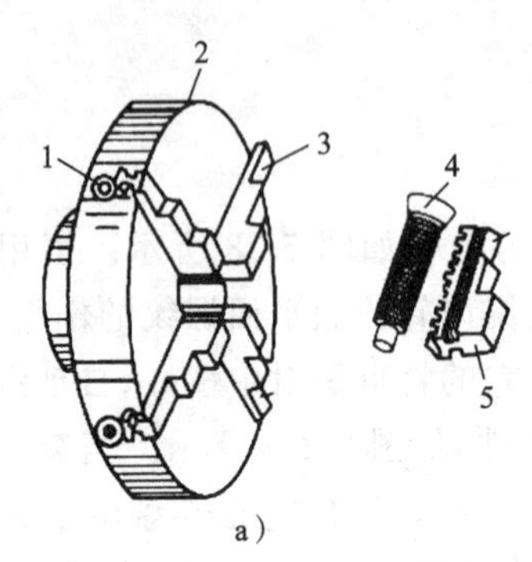

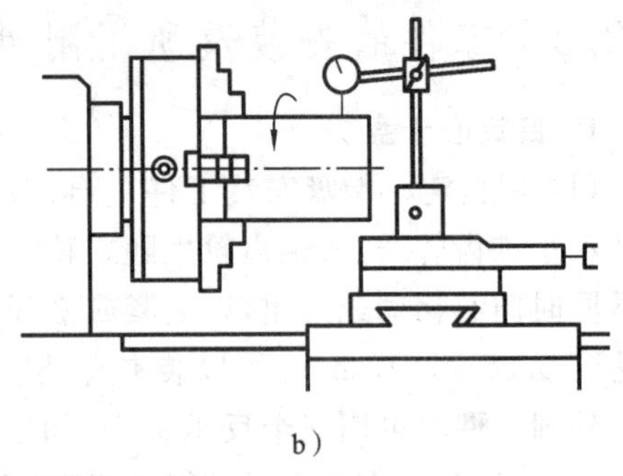

图 5-29　单动卡盘装夹工件

a) 单动卡盘　b) 用百分表找正

1,4—调整螺杆　2—卡盘体　3,5—卡爪

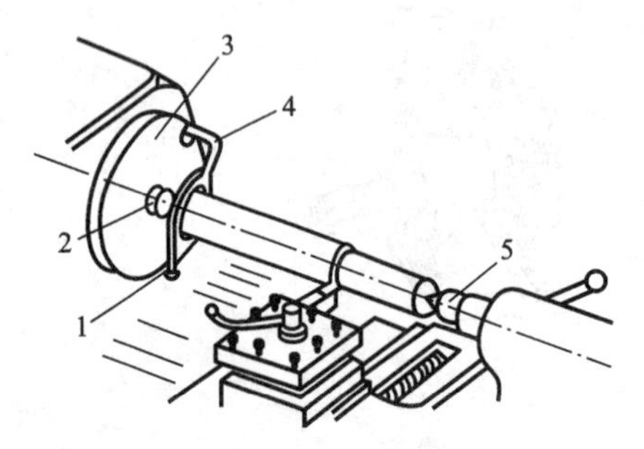

图 5-30　用顶尖安装工件

1—支承螺钉　2—前顶尖

3—拨盘　4—卡箍　5—后顶尖

防工件变形;② 由于靠卡箍传递扭矩,所以车削工件的切削用量要小;③ 钻两端中心孔时,要先用车刀把端面车平,再钻中心孔;④ 安装拨盘和工件时,首先要擦净拨盘的内螺纹和主轴端的外螺纹,把拨盘拧在主轴上,再把轴的一端装在卡箍上,最后在双顶尖中间安装工件。

4. 花盘

形状不规则的工件以及无法使用自定心卡盘或单动卡盘装夹的工件,可用花盘装夹。花盘是安装在车床主轴上的一个大圆盘,盘面上有许多长槽用以穿放螺栓,工件可用螺栓直接安装在花盘上(见图 5-31),也可把辅助支承角铁(弯板)用螺钉牢固夹持在花盘上,工件则安装在弯板上。图 5-32 所

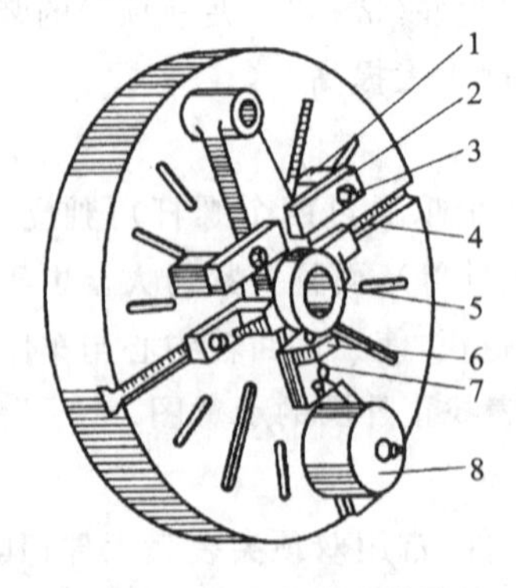

图 5-31　在花盘上安装零件

1—垫铁　2—压板　3—螺栓　4—螺栓槽

5—工件　6—角铁　7—顶丝　8—平衡铁

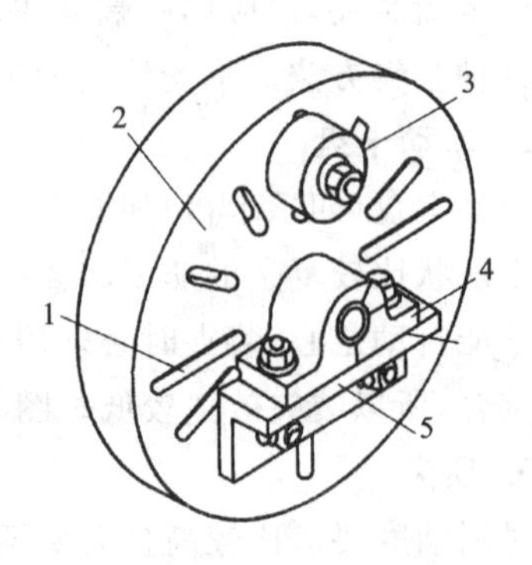

图 5-32　在花盘上用弯板安装零件

1—螺栓空槽　2—花盘　3—平衡铁

4—工件　5—安装基面　6—弯板

示为加工一轴承座端面和内孔时，在花盘上用弯板装夹的情况。使用弯板可以一定程度上保证加工后的内孔轴线与轴承座底面的平行度以及轴承座端面与底面的垂直度要求。为了防止转动时因重心偏向一边而产生振动，在工件的另一边要加平衡铁。工件在花盘上的位置需经仔细找正。

5. 心轴

当以内孔为定位基准，并需保证外圆轴线和内孔轴线的同轴度要求时，可用心轴定位。工件以圆柱孔定位常用圆柱心轴和小锥度心轴；对于带有锥孔、螺纹孔、花键孔的工件定位，常用相应的锥体心轴、螺纹心轴和花键心轴。

圆柱心轴是以外圆柱面定心、端面压紧来装夹工件的，如图5-33所示。心轴与工件孔一般用H7/h6、H7/g6的间隙配合，所以工件能很方便地套在心轴上。但由于配合间隙较大，一般只能保证同轴度0.02 mm左右。为了消除间隙，提高心轴定位精度，心轴可以做成锥体，但锥体的锥度很小，否则工件在心轴上会产生歪斜，如图5-34a所示。常用的锥度C为1∶1 000至1∶5 000。定位时，工件楔紧在心轴上，楔紧后孔会产生弹性变形，从而使工件不致倾斜，如图5-34b所示。

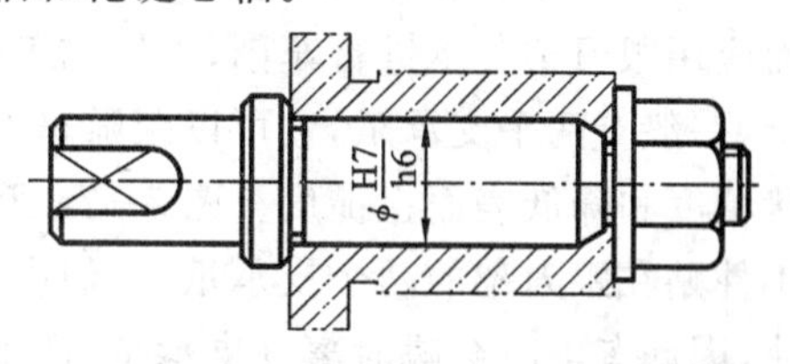

图5-33　在圆柱心轴上定位

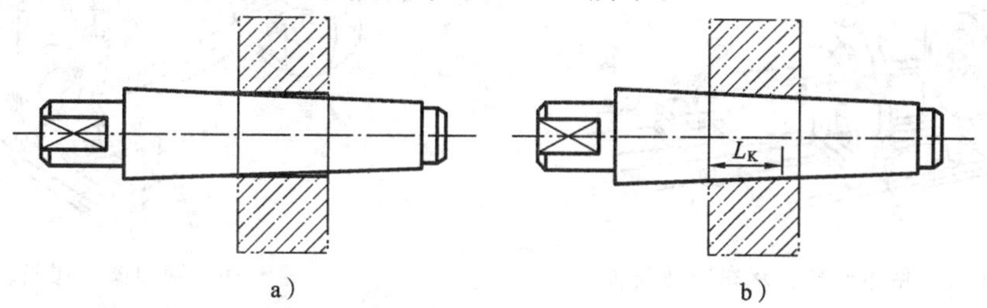

图5-34　圆锥心轴安装工件的接触情况

a) 锥度过大　b) 锥度合适

小锥度心轴的优点是靠楔紧产生的摩擦力带动工件，不需要其他夹紧装置，定心精度高达0.005～0.01 mm；其缺点是工件的轴向无法定位。

当工件直径不太大时，可采用锥度心轴(锥度1∶1000至1∶2000)。工件套入压紧，靠摩擦力与心轴固紧。锥度心轴对中准确、加工精度高、装卸方便，但不能承受过大的力矩。当工件直径较大时，则应采用带有压紧螺母的圆柱心轴。它的夹紧力较大，但对中精度较锥度心轴的低。

6. 中心架和跟刀架

当工件长度跟直径之比$L/d>25$时，由于工件本身的刚性变差，在车削时，工件受切削力、自重和旋转时离心力的作用，会产生弯曲、振动，严重影响其圆柱度和表面粗糙度。同时，在切削过程中，工件受热伸长产生弯曲变形，车削很难进行，严重时会使工件在顶尖间卡住。此时需要用中心架或跟刀架来支承工件。

(1) 用中心架支承车细长轴　一般在车削细长轴时，用中心架来增加工件的刚度;当工件可以进行分段切削时,中心架支承在工件中间,如图 5-35 所示。在工件装上中心架之前,必须在其中部车出一段支承中心架支承爪的沟槽,其表面粗糙度及圆柱度误差要小,并在支承爪与工件接触处经常加润滑油。为提高工件精度,车削前应对工件轴线进行调整,使之与机床主轴回转中心重合。

当车削支承中心架的沟槽比较困难或一些中段不需加工的细长轴时,可用过渡套筒,使支承爪与过渡套筒的外表面接触。过渡套筒的两端各装有四个螺钉,用这些螺钉夹住毛坯表面,并调整套筒外圆的轴线与主轴旋转轴线相重合。

(2) 用跟刀架支承车细长轴　对不适宜调头车削的细长轴,不能用中心架支承,而应用跟刀架支承进行车削,以增加工件的刚度,如图 5-36 所示。跟刀架固定在床鞍上,一般有两个支承爪,它可以跟随车刀移动,抵消径向切削力,提高车削细长轴的形状精度和降低表面粗糙度。图 5-37a 所示为两爪跟刀架。车刀给工件的切削抗力使工件贴在跟刀架的两个支承爪上,但由于工件本身具有向下的重力,同时会偶然的弯曲,因此车削时会瞬时离开支承爪,产生振动。比较理想的跟刀架是三爪跟刀架(见图 5-37b)。此时,三个支承爪和车刀抵住工件,使之上下左右都不能移动,因此车削时稳定,不易产生振动。

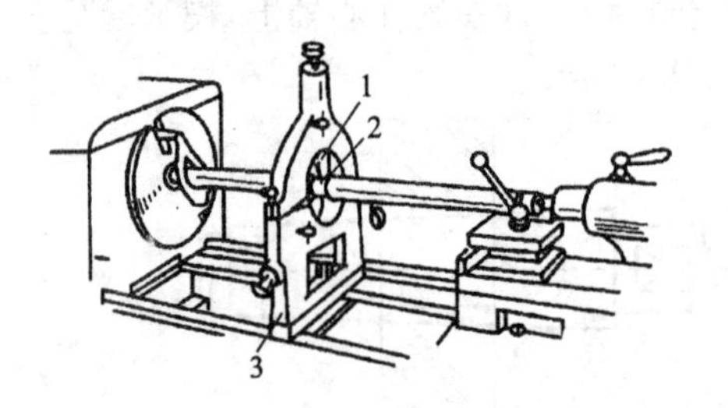

图 5-35　用中心架支承车削细长轴

1—可调节支承爪　2—预先车出的外圆面

3—中心架

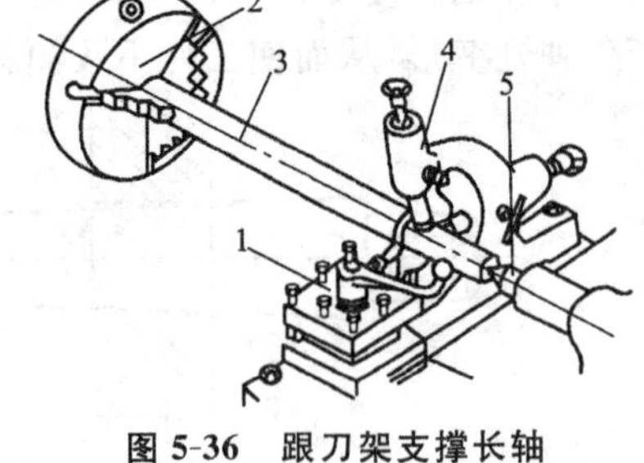

图 5-36　跟刀架支撑长轴

1—刀架　2—自定心卡盘　3—工件

4—跟刀架　5—顶尖

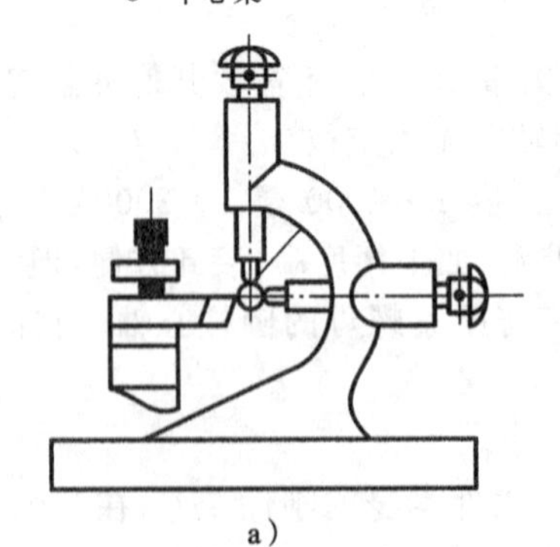

a)

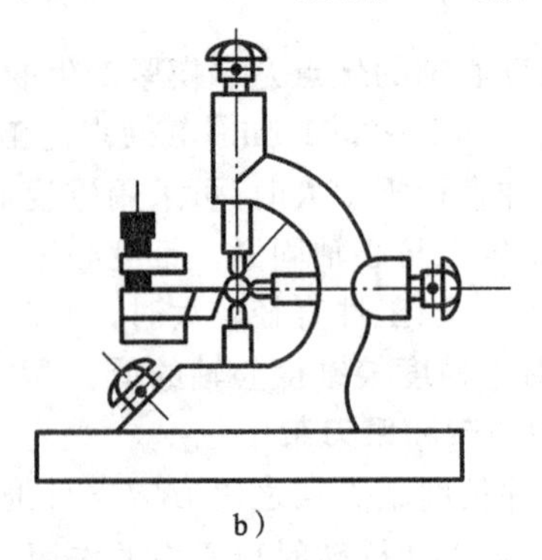

b)

图 5-37　跟刀架

a) 两爪跟刀架　b) 三爪跟刀架

5.2.4　车削工作

1. 车外圆

车外圆(turning)是车削中最基本的加工方法,如图5-38所示。车外圆需经过粗车和精车两个步骤。

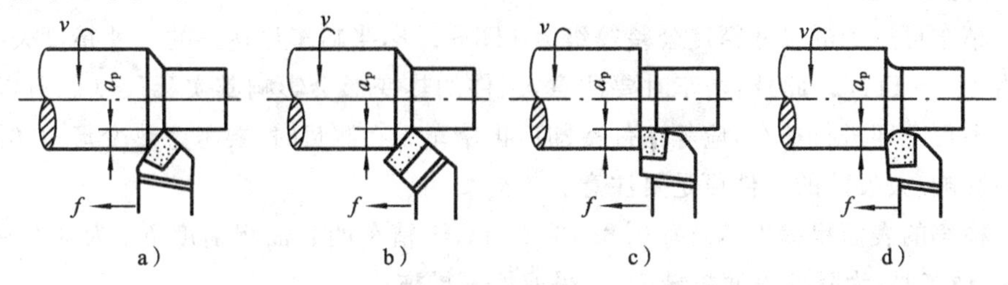

图5-38　车外圆

a) 尖刀车外圆　b) 45°弯头刀车外圆　c) 右偏刀车外圆　d) 圆弧刀车外圆

1) 粗车外圆

粗车(rough turning)加工精度及表面质量不高,主要目的是尽快从毛坯上切去大部分加工余量,使工件接近于最后形状和尺寸。粗车时,背吃刀量应大些,一般 a_p 为1.5～3 mm,进给量 f 为0.3～1.2 mm/r,应使留给本工序的加工余量一次切除,以减少走刀次数,提高生产率。当余量太大或工艺系统刚度较小时,可经两次或更多次走刀去除余量。若分两次走刀,则第一次走刀所切除的余量应占整个余量的2/3～3/4。这就要求切削刀具能承受较大切削力,因此,应选用较小的刀具前角、后角和负的刃倾角。

铸件、锻件表面有硬皮,粗车时可先车端面,或者先倒角,然后选择大于硬皮厚度的切削深度,以免刀尖被硬皮过快磨损,如图5-39所示。

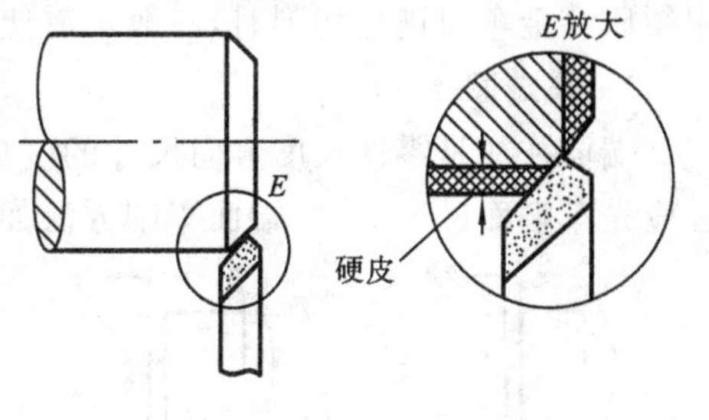

图5-39　车铸件、锻件表面

在车削过程中,切削速度 v_c 的选择与背吃刀量、进给量、刀具和工件材料等因素有关。例如,用高速工具钢车刀切削钢料时,v_c 为0.1～0.2 m/s;切削铸铁件时,v_c 为0.2～0.4 m/s。而用硬质合金刀具切削钢料时,v_c 为0.8～3.0 m/s;切削铸铁件时,v_c 为0.5～1.3 m/s。可见,车削硬钢时,切削速度比车削软钢时低些;车削铸铁件时,切削速度比车削钢件时低些;不用切削液时,切削速度也要低些。

根据切削速度大小,可按下式计算主轴转速:

$$n=60\times1000v_c/(\pi D)$$

式中　n——主轴转速(r/min);

v_c——切削速度(m/s);

D——工件待加工表面最大直径(mm)。

2) 精车外圆

精车(finishing turning)的目的是要保证工件的尺寸精度和表面质量,在此前提下,尽量提高生产率。

精车可达到的尺寸精度公差等级为IT6~IT8,半精车可达到的尺寸精度公差等级为IT9~IT10。此外,精车时要注意,工件的热变形会影响其实际尺寸。所以,粗车后不可立即进行精车,应等工件冷却后再精车。在测量时,要考虑热变形对实际尺寸的影响,大尺寸的零件更是要注意。

精车的表面粗糙度 Ra 为 0.8~3.2 μm,半精车的表面粗糙度 Ra 为 3.2~6.3 μm。精车时,为降低表面粗糙度,可采取如下措施:

(1) 合理选择车刀角度　加大前角使刃口锋利,适当减小副偏角或刀尖磨有小圆弧,减小已加工表面的残留面积。改善前刀面和后刀面的表面粗糙度对提高加工表面质量也有一定的效果。

(2) 合理选择切削用量　可用较小的进给量以减小残留面积。采用较高的切削速度或很低的切削速度都可获得较小的表面粗糙度。非铁金属零件的精车一般可采用较高的切削速度。

(3) 合理选择切削液　低速精车钢件时可用乳化液,低速精车铸件时用煤油。用硬质合金车刀进行切削时,一般不需使用切削液;如需使用,必须连续喷注。

2. 车端面

端面往往是零件长度方向尺寸的度量基准,要在工件上钻中心孔或钻孔时,一般也应先车端面(facing)。端面车削方法如图 5-40 所示。

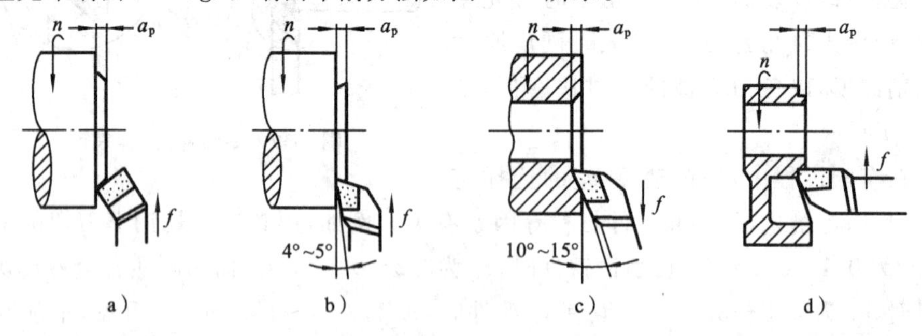

图 5-40　车端面

a) 弯头刀车端面　b) 右偏刀车端面(由外向中心)　c) 右偏刀车端面(由中心向外)　d)左偏刀车端面

车端面时应注意以下几点:

① 车刀的刀尖应对准工件中心,否则将在端面中心处留有小凸台,如图5-41所示。

② 用偏刀车端面，刀尖强度低，散热差，刀具不耐用，切近中心时，应放慢进给速度。当背吃刀量较大时，容易扎刀。用弯头车刀车端面，凸台是逐渐车掉的，所以较为有利(见图 5-40a)。

③ 端面的切削直径从外到内是变化的，切削速度也在改变，从而会影响端面的表面质量，因此车端面应比车外圆的工件转速大一些。

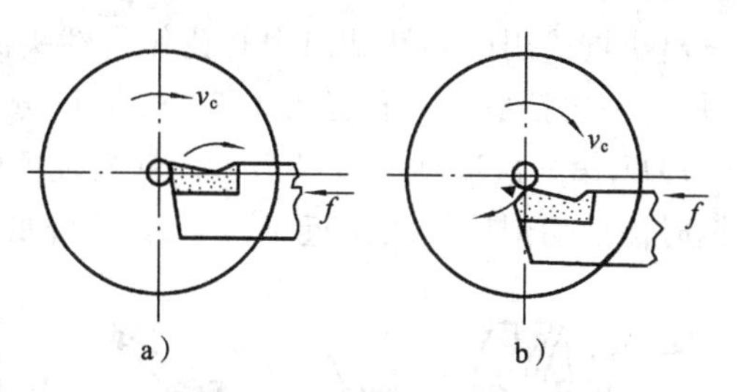

图 5-41 车端面产生凸台现象

a) 刀尖装得过高 b) 刀尖装得过低

④ 对于有孔工件的端面，车削时常采用右偏刀由中心向外进给(见图5-40c)，此时切削厚度小，刀刃有较大的前角，切削速度随进给逐渐增大，可降低端面表面粗糙度。当零件结构不允许用右偏刀时，可用左偏刀车端面(见图 5-40d)。

⑤ 车削直径较大的端面时，若出现凹心或凸面，应检查车刀和刀架是否锁紧，检查中滑板的松紧程度。此外，为使车刀准确地横向进给而无纵向松动，应将床鞍锁紧在床身上，用小滑板来调整切削深度。

3. 车台阶

车台阶(turning step)与车外圆没有明显区别，只需兼顾外圆的尺寸和台阶的位置。为使车刀的主切削刃垂直于工件轴线，装刀时用 90°角尺对刀。有时为使台阶长度符合要求，可用刀尖预先刻出线痕，作为加工的界限。台阶的长度一般用钢直尺测量，长度要求精确的台阶常用游标深度尺来测量，如图 5-42 所示。

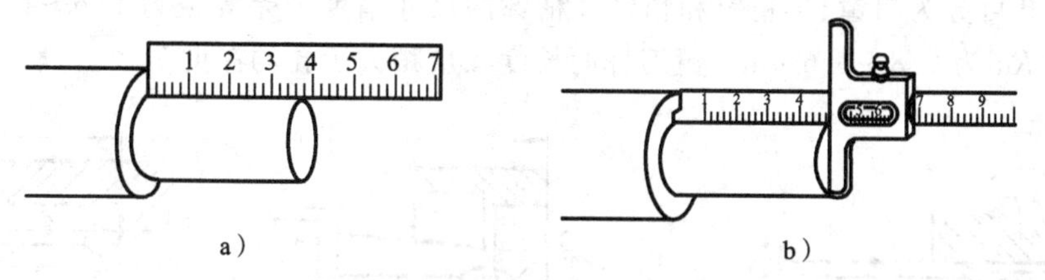

图 5-42 用钢直尺和游标深度尺测量长度

a) 用钢直尺 b) 用游标深度尺

根据相邻两圆柱直径之差，台阶可分为低台阶(高度小于 5 mm)与高台阶(高度大于 5 mm)两种。低台阶可一次走刀车出，应按台阶形式选用相应的车刀。高台阶一般与外圆成直角，需要用偏刀分层进行切削。在最后一次纵向进给后应转为横向进给，将台阶面精车一次，偏刀主切削刃与纵向进给方向应成 95°左右。

4. 孔加工

(1) 钻孔　在车床上钻孔(drill)如图 5-43 所示。工件旋转为主运动，摇动尾座手柄使钻头纵向移动为进给运动。钻孔的尺寸精度公差等级一般为 IT12，表面粗糙度 Ra 为12.5 μm。

钻孔时为防止钻偏，便于钻头定中心，应先将工件端面车平，而且最好在端面处车出小坑或用中心钻钻出中心孔作为钻头的定位孔。当所钻的孔径 D 小于 30 mm 时,可一次钻成。若孔径大于 30 mm,可分两次钻成。第一次取钻头直径为$(0.5\sim0.7)D$,第二次取钻头直径为 D。钻削过程中,需经常退出钻头排屑。钻削碳素结构钢时需加切削液。孔接近于钻通时,应降低进给速度,以防折断钻头。

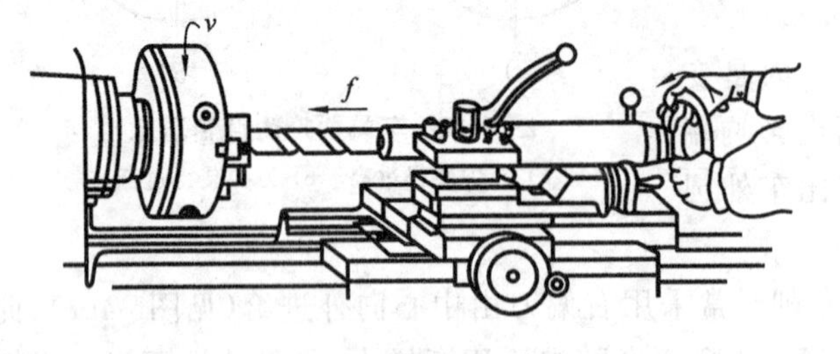

图 5-43　在车床上钻孔

图 5-44　在车床上扩孔

(2) 扩孔　在车床上扩孔(enlarged hole)是在钻孔后用扩孔钻进行半精加工(见图 5-44)。扩孔的尺寸精度公差等级为 IT9～IT10,表面粗糙度 Ra 为 3.2～6.3 μm,加工余量为0.5～2.0 mm。

(3) 铰孔　在车床上铰孔(reaming hole)是在扩孔或半精镗后,用铰刀进行的精加工(见图 5-45)。铰孔的尺寸精度公差等级为 IT7～IT8,表面粗糙度 Ra 为 0.8～1.6 μm,加工余量为 0.1～0.3 mm。

(4) 镗孔　在车床上镗孔(boring)是用镗刀对已经铸出、锻出和钻出的孔作进一步加工(见图 5-46),以扩大孔径,提高精度,降低表面粗糙度和纠正原孔的轴线偏斜。镗孔可分为粗镗、半精镗和精镗。精镗的尺寸精度公差等级为 IT6～IT8,表面粗糙度 Ra 为 0.8～1.6 μm。镗刀杆的长度 d 应稍大于孔的深度 h。

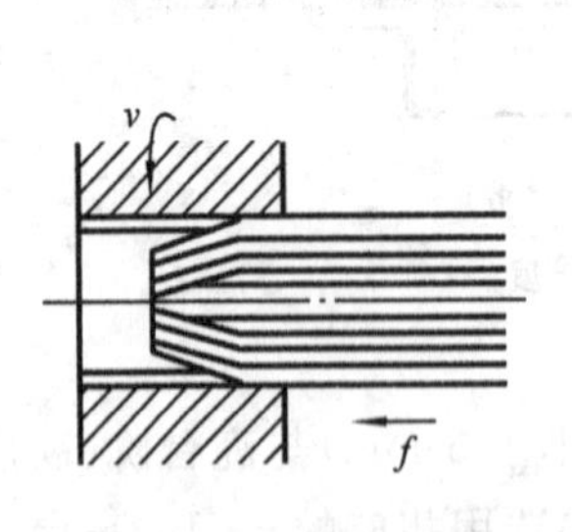

图 5-45　在车床上铰孔

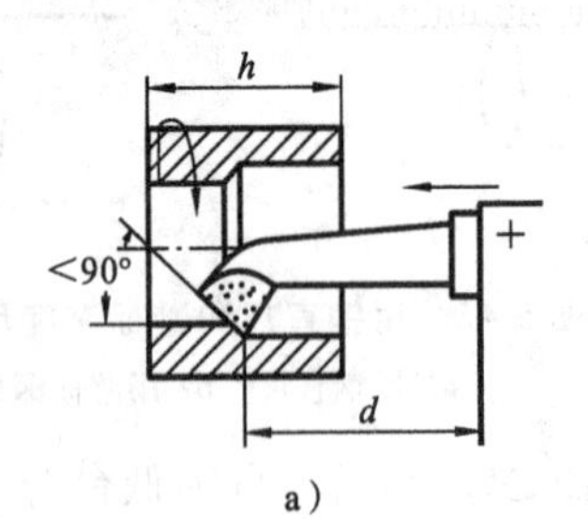

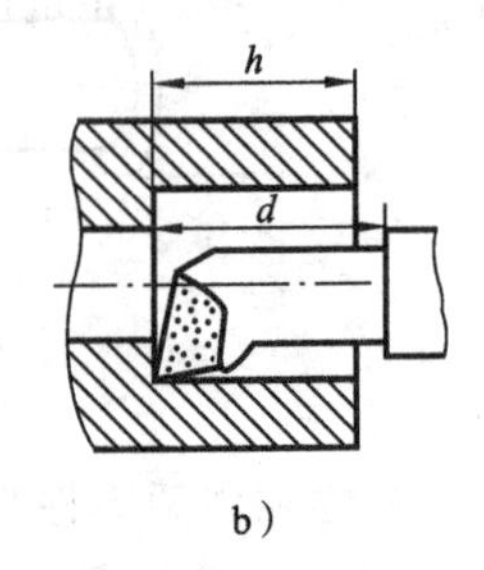

图 5-46　在车床上镗孔

a) 镗通孔　b) 镗不通孔

镗刀杆应尽可能粗,伸出刀架的长度应尽可能小,以免颤动。镗刀杆中心线应大致平行于纵向进给方向。镗刀杆较细,刀头散热体积小且镗孔时不加切削液,所以镗孔的切削用量应比车外圆的小。

5. 车槽

在车床上可加工外槽、内槽和端面槽,统称车槽(grooving),如图 5-47 所示。

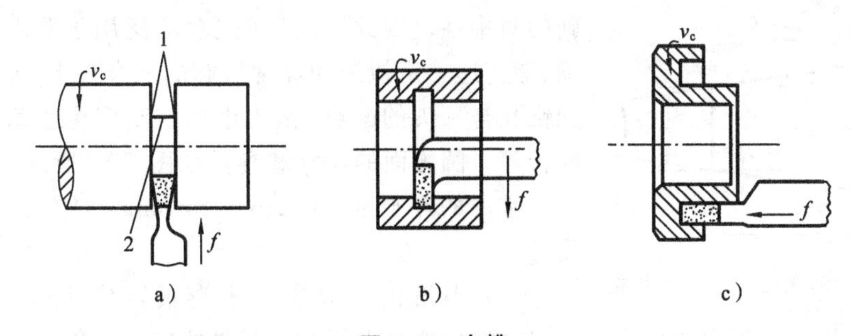

图 5-47　车槽

a) 车外槽　b) 车内槽　c) 车端面槽

1—已加工表面　2—过渡表面

车槽如同左、右偏刀同时车削左、右两个端面，因此，车槽刀具有一个主切削刃、两个副切削刃、两个刀尖和两个副偏角。为避免刀具与工件摩擦，车槽刀应刃磨出1°～2°的副偏角和0.5°～1°的后角(见图5-48)。

车削宽度小于5 mm的窄槽时，主切削刃宽应等于槽宽，在横向进刀中一次车出。车削宽槽时，可进行几次横向进给，最后一次横向进给后，再纵向进给精车槽底，如图5-49所示。

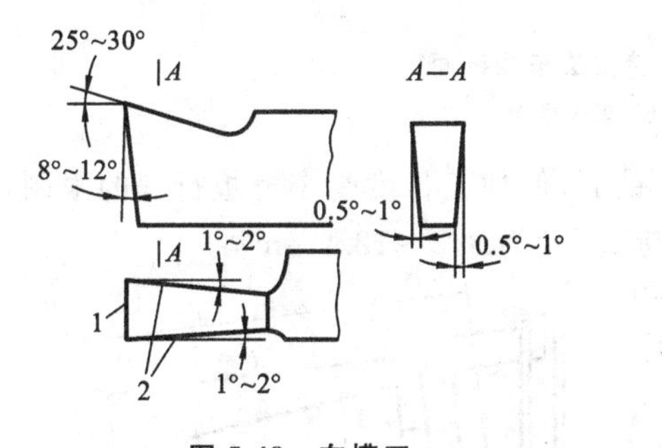

图 5-48　车槽刀

1—主切削刃　2—副切削刃

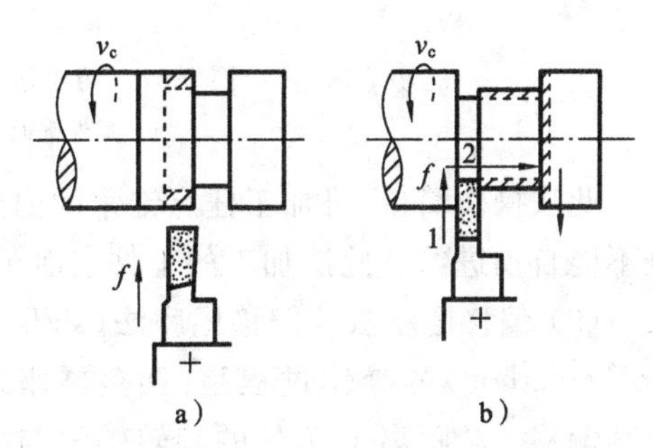

图 5-49　车削宽槽的方法

a) 多次横向进给　b) 最后精切槽底

6. 切断

切断(cutting off)与车槽相类似，但是，切断刀必须横向进给至工件的回转中心。当切断工件的直径较大时，切断刀刀头较长，散热条件差，强度低，排屑困难，刀具易折断。因此，往往将切断刀刀头的高度加大，以增加强度；将主切削刃两边磨出斜刃，以利于排屑。

切断时应降低切削速度，选择适当的进给量，手动进给要均匀，即将切断时，需放慢进给速度，以免折断刀头。切断铸铁件时，一般不加切削液；切断钢件时，最好使用切削液，以减小刀具磨损。

7. 车圆锥面

圆锥面分外锥面和内锥面。锥面配合紧密，拆卸方便，而且多次拆卸仍能保证精

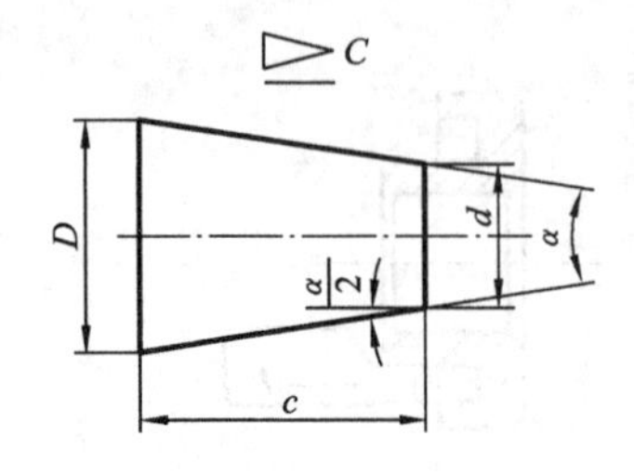

图 5-50　圆锥面的尺寸和参数

确的对中性。因此,圆锥面配合广泛用于要求定位准确、能传递一定扭矩和经常拆卸的配合件上,如车床主轴锥孔与顶尖的配合,钻头锥柄与车床尾座筒锥孔的配合等。圆锥面的尺寸和参数如图 5-50 所示。

常用的车圆锥面(taper turning)的方法有以下几种:

(1) 小滑板转位法　小滑板转位法(compound rest rotating method)的操作过程是:将刀架小滑板绕转盘轴线转 $\alpha/2$ 角($\alpha/2$ 角为锥面的斜角),然后用螺钉固紧,加工时,转动小滑板手柄,将车刀沿锥面的母线移动,即可加工出圆锥面,如图 5-51 所示。

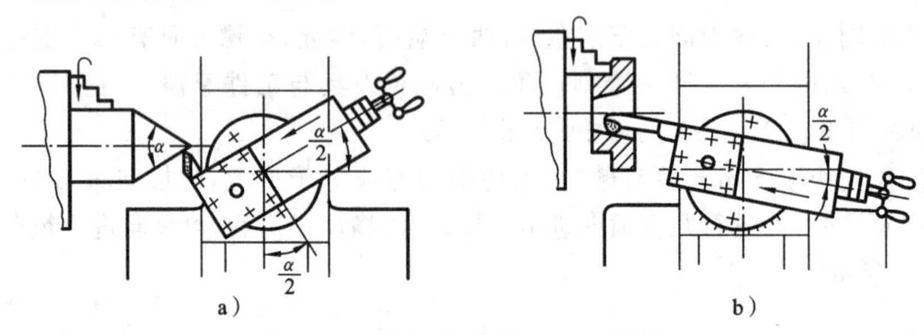

图 5-51　用小滑板转位法车圆锥面

a) 车外锥面　b) 车内锥面

此法操作简单,可加工任意锥角的内外锥面,但加工长度受小滑板行程的限制,且不能自动进给。此法加工的工件表面粗糙度 Ra 为 3.2～12.5 μm 。

(2) 偏移尾座法　偏移尾座法(shift tail-stock method)的操作过程是:调整尾座顶尖使其偏移一个距离 s,工件的旋转轴线与机床主轴轴线相交成斜角 $\alpha/2$,利用车刀的自动纵向进给,车出所需圆锥面,如图 5-52 所示。尾座偏移量为

$$s=L\sin\alpha$$

当 α 较小时,

$$s=L\tan\alpha=L(D-d)/(2l)$$

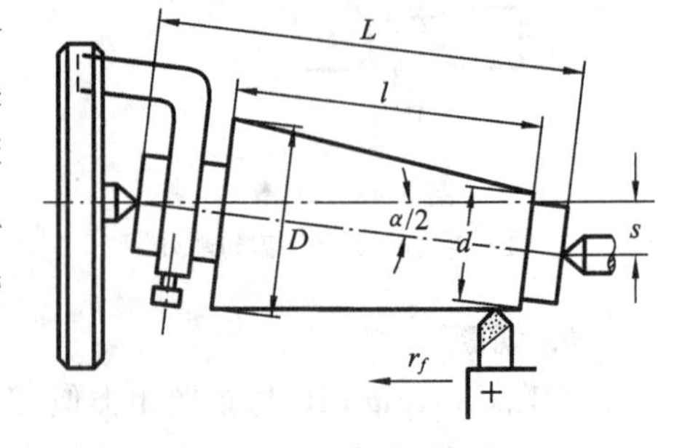

图 5-52　用偏移尾座法车圆锥面

此法能车削较长的圆锥面;由于受到尾座偏移量的限制,一般只能加工锥面斜角较小的外锥面,不能加工内锥面;精确调整尾座偏移量比较耗费工时。此法加工的工件表面粗糙度 Ra 为 1.6～6.3 μm。

(3) 靠模板法　靠模板是车床加工圆锥面的附件。对于某些较长的圆锥面和圆锥孔,当其精度要求较高而批量又较大时,常常采用靠模板法(alongside templet method)加工。

一般靠模板装置的底座固定在床身的后面，底板上面装有锥度靠模板，这可以绕中心轴旋转到与工件轴线交成锥面斜角 $\alpha/2$。为使中滑板自由地滑动，必须将中滑板与床鞍的丝杠与螺母脱开。为了便于调整切削深度，小滑板必须转过 90°。

当床鞍作纵向自由进给时，床鞍就沿着靠模板滑动，从而使车刀的运动平行于靠模板，车出所需的圆锥面，如图 5-53 所示。

靠模板与机床主轴轴线所夹的角度，就是工件锥面的斜角 $\alpha/2$。

(4) 宽刀法　宽刀法(broad tool method)在成批生产中主要用来车削较短的锥面，如图 5-54 所示。采用宽刀法时，刀刃应平直，前后刀面应用油石打磨，使表面粗糙度 Ra 达 0.1 μm；安装时应使刀刃与工件回转轴线成圆锥斜角 $\alpha/2$。此法加工的工件表面粗糙度 Ra 为 1.6～3.2 μm。

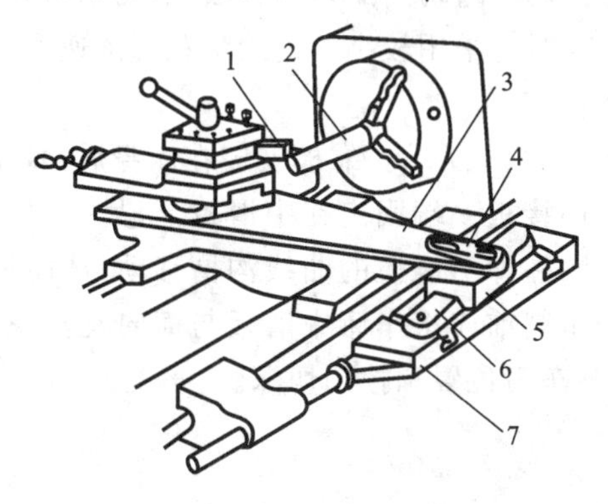

图 5-53　用靠模板法车圆锥面

1—车刀　2—工件　3—中滑板　4—固定螺钉
5—床鞍　6—靠模板　7—托架

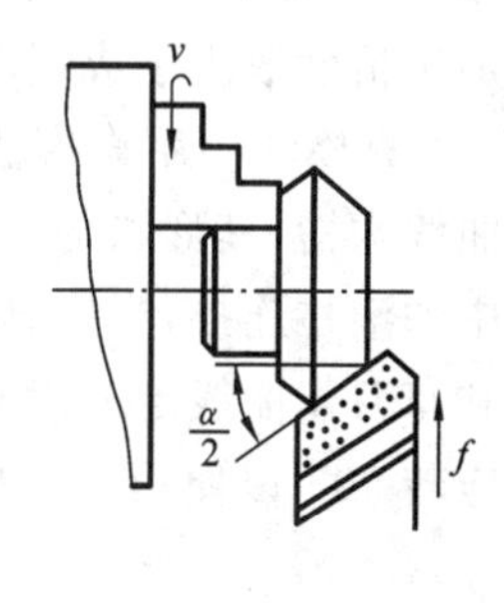

图 5-54　用宽刀法车锥面

8. 车成形面

在车床上可以车削各种以曲线为母线的回转体表面，如手柄、手轮、球的表面等，这些带有曲线轮廓的表面称为成形面。在车床上加工成形面(profiling face)的方法通常有以下三种：

(1) 双手控制法　利用双手同时摇动中滑板和小滑板的手柄，把纵向和横向的进给运动合成为一个运动，使刀尖所走的轨迹与所需成形面的曲线相符，如图 5-55 所示。加工过程中往往需要多次用样板测量(见图 5-56)。一般在车削后要用锉刀仔细修整，最后再用砂布抛光。此法加工的工件表面粗糙度 Ra 为 3.2～12.5 μm。

此法不需要特殊设备和复杂的专用工具，成形面的大小和形状一般不受限制。其优点是简单易行，缺点是生产率低和需要较高的操作技能。双手控制法一般常用来加工工件的数量较少和加工精度不高的成形面。

(2) 成形刀法　成形刀法利用切削刃形状与成形面表面轮廓相同的成形车刀来加工成形面。加工时，刀具只需连续横向进给就可以加工出成形面，如图 5-57 所示。

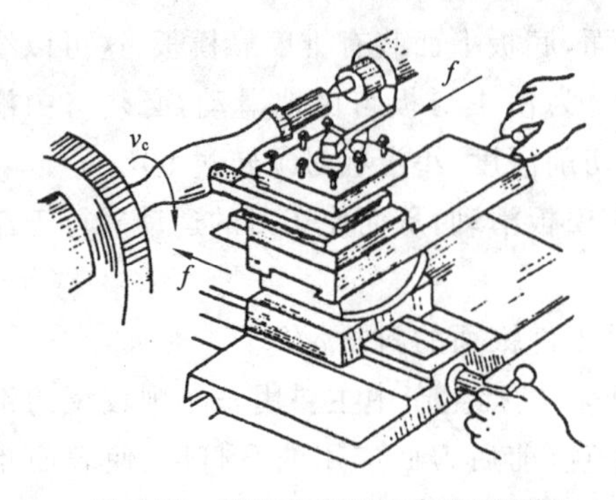

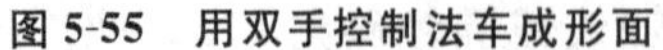

图 5-55　用双手控制法车成形面

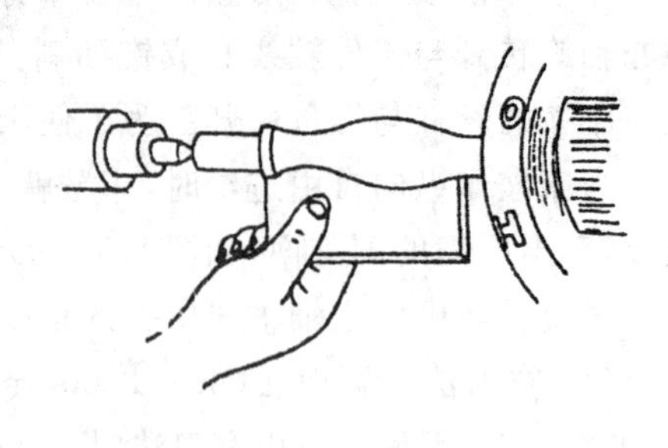

图 5-56　用样板测量成形面

其操作简单,生产率高,适用于大量生产。若参与切削的切削刃较长,切削力大,则要求机床、工件和刀具均应有足够的刚度,同时应采用较小的进给量和切削速度。成形面的加工精度取决于成形车刀的刃磨质量。

(3) 靠模法　用靠模法车成形面如图 5-58 所示。靠模安装在床身后面,靠模上有一曲线沟槽,其形状与工件母线相同,连接板一端固定在中滑板上,另一端与曲线沟槽中的滚柱连接,当床鞍纵向移动时,滚柱即沿靠模的曲线沟槽移动,从而带动中滑板和车刀作曲线走刀而车出成形面。车削前应将车床中滑板与横向丝杠脱开,小滑板应转 90°,以便用它作横向移动,调整车刀位置和控制切深。

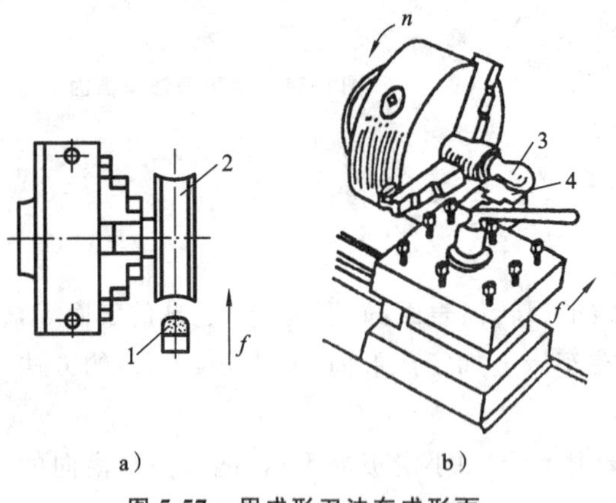

图 5-57　用成形刀法车成形面

a) 车凹轮　b) 车手柄

1,4—车刀　2,3—工件

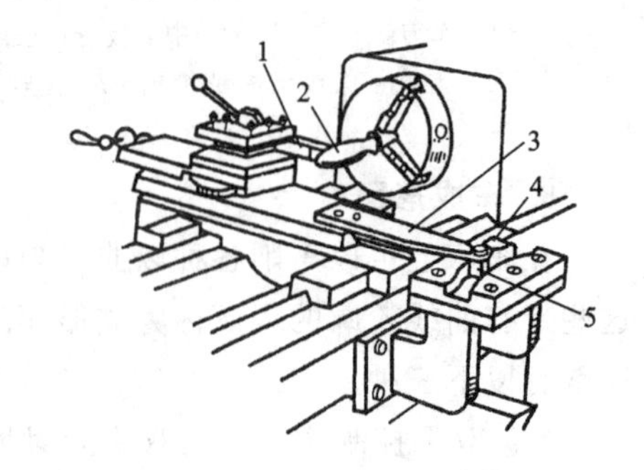

图 5-58　用靠模法车成形面

1—车刀　2—手柄

3—连接板　4—靠模　5—滚柱

此法操作简单,生产率较高,但需制造专用靠模,故只用来在大量生产中车削长度较大、形状较为简单的成形面。

9. 车螺纹

螺纹的应用很广,种类很多,按牙型分类有管螺纹、矩形螺纹和梯形螺纹等,如图 5-59 所示。管螺纹用于连接和紧固,矩形螺纹和梯形螺纹用于传动。螺纹又有右旋、左旋，单线、多线之分。以单线右旋的普通螺纹(即米制管螺纹)应用最广。

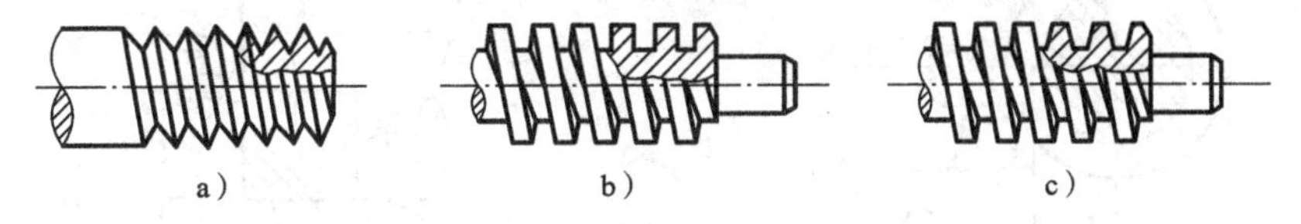

图 5-59 螺纹的种类

a) 管螺纹 b) 矩形螺纹 c) 梯形螺纹

1) 螺纹的基本要素

圆柱普通外(内)螺纹的基本要素(见图 5-60)如下：

(1) 牙型角 α 牙型角指在轴向剖面内螺纹牙型两侧边的夹角。普通螺纹的牙型角 α 为 60°。

(2) 中径 $D_2(d_2)$ 中径指螺纹的牙厚与牙间相等处的圆柱直径。

(3) 螺距 P 螺距指相邻两牙在中径线上对应两点间的轴向距离。

相配合的内外螺纹，其旋向与线数需一致，配合质量的高低主要取决于上述三个基本要素的精度。因此，加工中必须保证这三个基本要素精度。

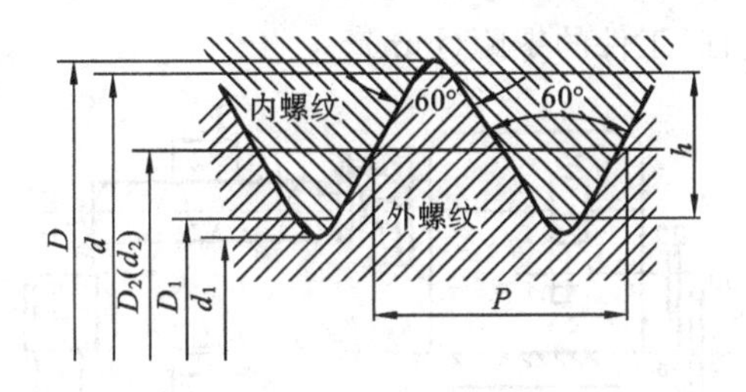

图 5-60 普通螺纹的基本要素

D,d—螺纹大径 D_1,d_1—螺纹小径 D_2,d_2—螺纹中径

2) 螺纹的车削加工

(1) 保证牙型角 α 的精度 牙型角 α 的精度取决于车刀的刃磨和安装。

① 正确刃磨车刀 螺纹车刀的刃磨角度如图 5-61 所示。刃磨后两侧刃的夹角应等于螺纹轴向剖面的牙型角 α，且应使前角 γ_o 为 0°。粗车或精度要求较低的螺纹，车刀常常有 5°～15°的正前角，以使切削顺利。

② 正确安装车刀 螺纹车刀安装时，刀尖必须与工件旋转轴线等高，刀尖角的平分线必须与工件轴线垂直，采用对刀样板对刀，如图 5-62 所示。

(2) 螺距 P 的精度保证 螺距精度取决于机床传动系统精度，螺距大小通过更换交换齿轮确定，同时要防止乱牙。

① 刀具与工件间的相对运动要求 C6132 型车床车螺纹的传动关系如图 5-63 所示。主轴带动工件旋转，丝杠副带动刀具纵向移动。主轴与丝杠之间通过换向机构齿轮、交换齿轮和进给箱连接起来。车螺纹时保证螺距的基本方法，就是工件旋转一周时，车刀准确移动一个螺距，也就是保证下列关系成立：

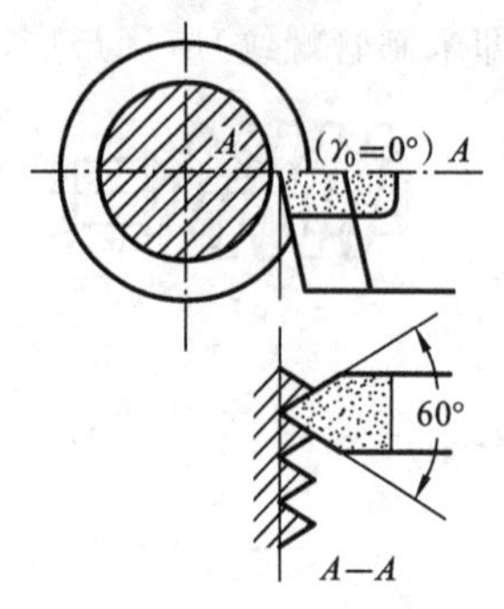

图 5-61 螺纹车刀的刃磨角度

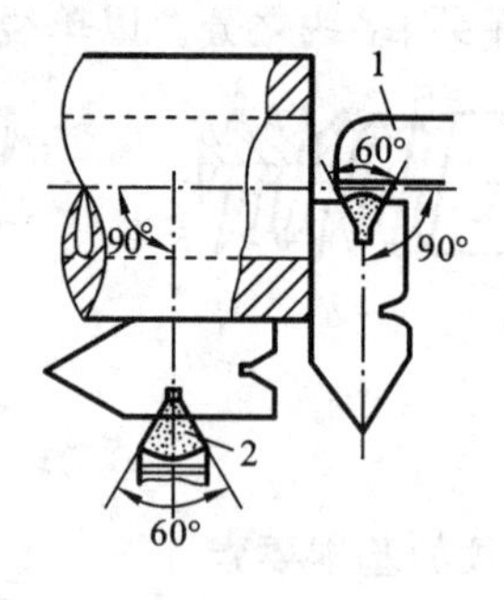

图 5-62 内外螺纹车刀的对刀方法

1—内螺纹车刀 2—外螺纹车刀

$$n_{丝}\ P_{丝}=n_{工}\ P_{工}$$

丝杠与工件的速比

$$i=\frac{n_{丝}}{n_{工}}=\frac{P_{工}}{P_{丝}}$$

式中 $n_{丝}$、$n_{工}$——丝杠、工件的转速(r/min);

$P_{丝}$、$P_{工}$——丝杠、工件的螺距(mm)。

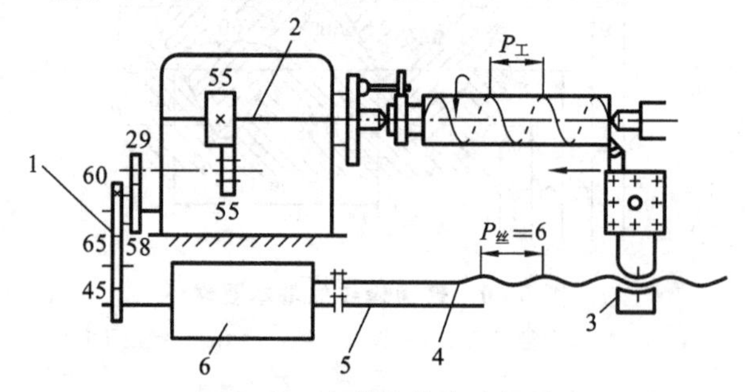

图 5-63 车螺纹的传动关系

1—交换齿 2—主轴 3—开合螺母 4—丝杠 5—光杠 6—进给箱

② 避免乱牙 螺纹需经多次纵向走刀才能完成。在多次切削中,必须保证车刀总是落在已切削的螺纹槽中,否则就会“乱牙”,导致工件报废。

当车床丝杠螺距与工件螺距的比值 $P_{丝}/P_{工}$ 为整数时,不会出现乱牙。只有 $P_{丝}/P_{工}$ 不为整数时,才可能出现乱牙。

采用开正反车法车螺纹,每次进给结束,车刀退离切削后,立即开反车(即主轴反退)退刀;在车出合格螺纹前,开合螺母与丝杠始终啮合,否则易造成乱牙。

螺纹车削过程中可用螺纹量规或螺纹千分尺测量。螺纹量规如图 5-64 所示。如果过规(端)能拧进,而止规(端)拧不进,则螺纹合格。这种方法除检验中径外,还同时检验牙型和螺距。

10. 滚花

滚花(knurling)是用特制的滚花刀挤压工件,使其表面产生塑性变形而形成花

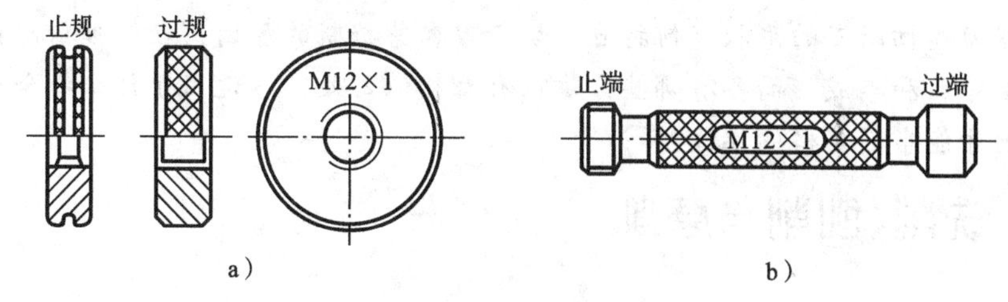

图 5-64　螺纹量规

a) 测外螺纹的环规　b) 测内螺纹的塞规

纹,如图 5-65 所示。工具和零件的手握部分,为了美观和加大摩擦力,常在表面上滚出花纹。例如螺纹量规和活顶尖的手握外圆部分都进行了滚花。

滚花花纹一般有直纹和网纹两种。滚花刀也分直纹滚花刀和网纹滚花刀,如图 5-66 所示。滚花刀安装在方刀架上,滚花前应将滚花部分的直径车削得小于工件所要求尺寸 0.15～0.80 mm,然后将滚花刀的表面与工件平行接触,并且要使滚花刀的中心与工件的中心相一致。滚花时,工件低速旋转,滚花刀径向挤压一定深度后,再进行纵向进给,一般来回滚压一到两次,直到花纹滚好为止。为避免研坏滚花刀和防止细屑滞塞在滚花刀内而产生乱纹,应充分供给切削液。

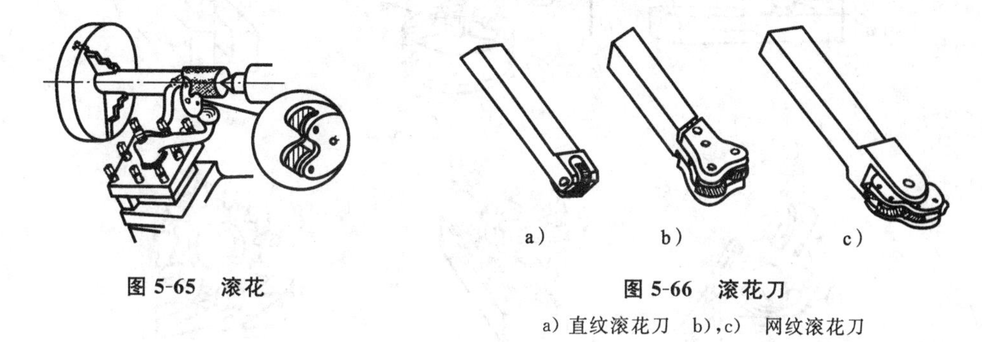

图 5-65　滚花

图 5-66　滚花刀

a) 直纹滚花刀　b),c) 网纹滚花刀

复习思考题 5-2

1. 说明车床的主运动和进给运动。车床的进给运动有哪些方式?
2. 车床有哪些种类? 各类车床的特点是什么?
3. 光杠和丝杠的作用是什么? 能否用丝杠带动刀架移动车外圆,用光杠带动刀架移动车螺纹? 试分析说明。
4. C6132 型车床的主轴转速和进给量如何调整?
5. 外圆车刀的五个主要角度是如何定义的? 各有何作用及选择范围?
6. 车刀安装时,有哪些基本要求?
7. 为什么车削时一般先车端面? 为什么钻孔前也要先车端面?
8. 车外圆和车端面使用哪些形式的车刀?
9. 车床上加工孔的方法有哪些? 为什么镗孔的切削用量比车外圆的小?

10. 车槽刀和切断刀的形状有何特点？切断刀容易折断的原因何在？如何防止？

11. 车圆锥面和车成形面各有哪些方法？有无相似之处？各适用于什么场合？

12. 如何才能车削合格的螺纹？

5.3 铣削、刨削与磨削

5.3.1 铣削

在铣床上利用铣刀的旋转和工件的移动对工件进行的切削称为铣削(milling machining)。铣削可以加工各种平面(水平面、竖直面、斜面)、沟槽(键槽、直槽、角度槽、燕尾槽、T形槽、V形槽、圆形槽、螺旋槽等)和齿轮等，还可进行钻孔、镗孔和切断等。部分铣削应用示例如图5-67所示。

铣削时，铣刀的旋转运动为主运动，工件的移动为进给运动，如图5-68所示。

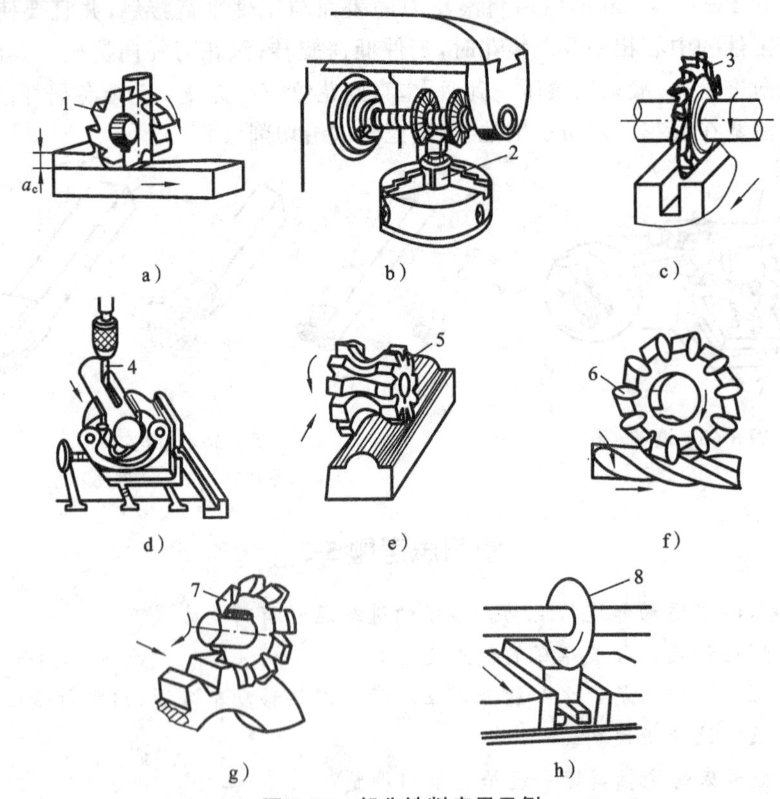

图5-67 部分铣削应用示例

a) 铣平面 b) 铣方头 c) 铣直槽 d) 铣键槽 e) 铣成形面 f) 铣螺旋槽 g) 铣齿轮 h) 切断
1,6—盘形铣刀 2—衬套 3—错齿三面刃盘形铣刀 4—键槽铣刀 5,7—成形铣刀 8—锯片铣刀

铣削用量是指铣削速度、进给量、铣削深度和铣削宽度。铣削速度v_c(m/s)是铣刀最大直径处切削刃的线速度，用硬质合金端铣刀铣削钢材时，v_c取1～3 m/s。进

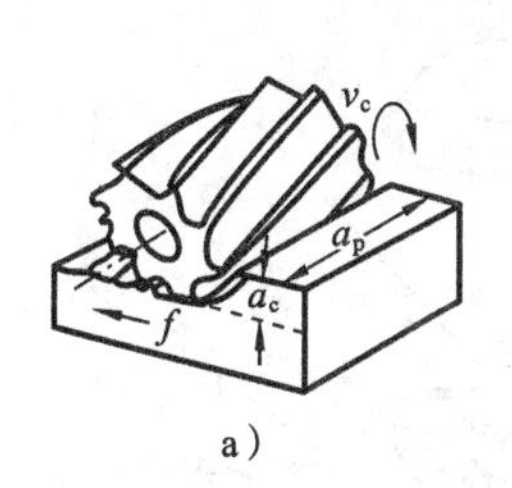

a)

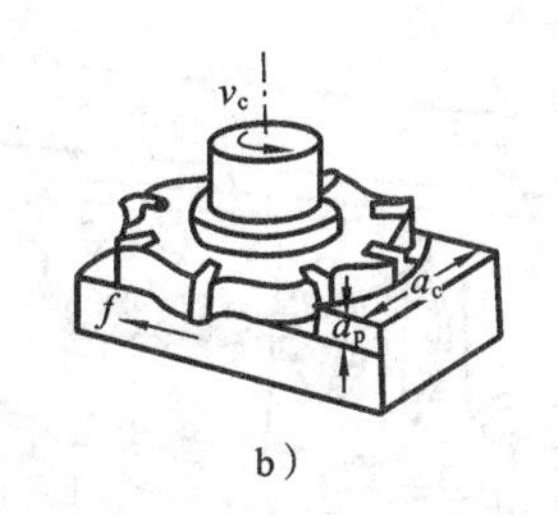

b)

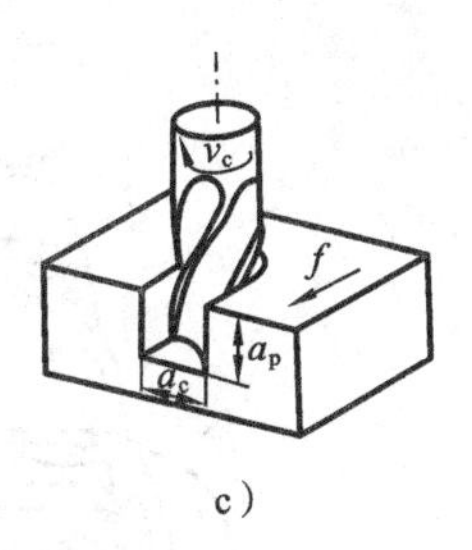

c)

图 5-68　铣削时的运动及铣削用量

a) 用圆柱铣刀铣削　b) 用端铣刀铣削　c) 用立铣刀铣削

给量 f(mm/r)是铣刀每转一周，工件相对铣刀移动的距离。f/z(z 为铣刀齿数)称为每齿进给量，用 a_f 表示，用硬质合金端铣刀切削钢材时，a_f 取 0.05～0.40 mm。铣削深度 a_p(mm)是平行于铣刀轴线方向测量的切削层尺寸，用硬质合金端铣刀铣削钢料时，a_p 取 1～5 mm。铣削宽度 a_c(mm)是垂直于铣刀轴线方向测量的切削层尺寸，用圆柱铣刀削钢料时，a_c 取 0.5～4.0 mm。

铣削加工的尺寸精度公差等级一般为 IT8～IT9，也可达 IT6，表面粗糙度 Ra 为 1.6～6.3 μm。

1. 常用铣床及主要附件

在现代机械制造中，铣床(milling machine)占金属切削机床总数的 25%左右。铣床工作时，有多个刀齿同时工作，生产率比刨削高；切削方式多种多样，可满足不同材料、不同零件的加工要求；刀齿散热条件较好。但是，铣床容易产生冲击和振动，限制了加工质量和生产率的进一步提高。

铣床种类很多，常用的有卧式铣床和立式铣床，此外还有龙门铣床、工具铣床及各种专用铣床。卧式铣床又可分为普通卧式铣床和万能卧式铣床，其中，万能卧式铣床(见图 5-69)应用广泛。万能卧式铣床的转台可以在水平面内旋转一定角度(其转角最大范围为±45°)，以适应铣螺旋槽等要求。

1) 万能卧式铣床的主要组成

XW6132 型号及其含义如下：

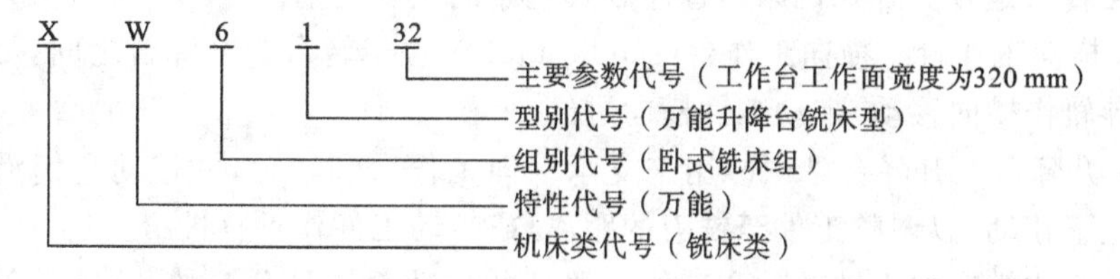

万能卧式铣床的主要组成部分及其作用如下：

(1) 床身　床身(bed)用来支承和连接铣床其他部件。其前壁有燕尾状垂直导轨，升降台可沿该导轨上下升降，顶面上有供横梁移动的水平导轨。床身内部装有转动机构、电气设备及润滑油泵等部件，后壁装有电动机。

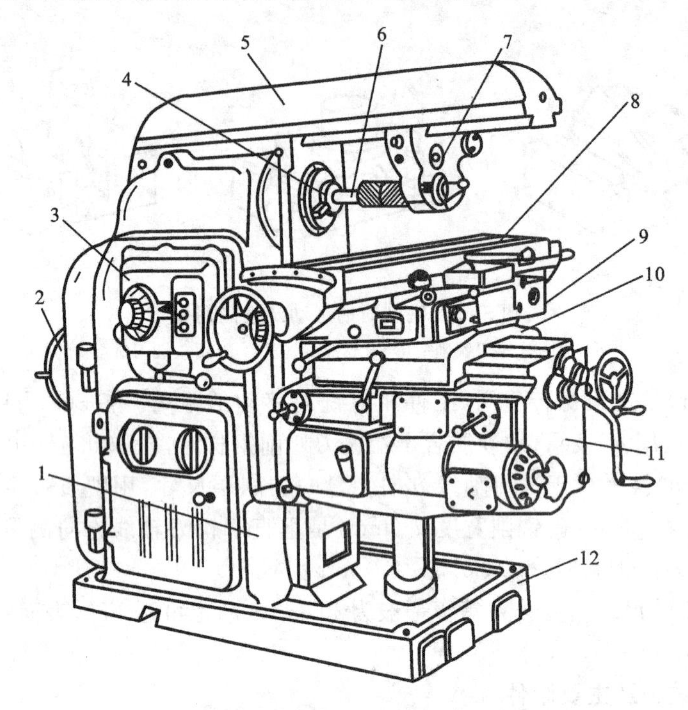

图 5-69　万能卧式铣床

1—床身　2—电动机　3—主轴变速机构　4—主轴　5—横梁　6—刀体　7—吊架
8—纵向工作台　9—转台　10—横向工作台　11—升降台　12—底座

(2) 横梁　横梁(overarm)用来安装吊架,以减少刀杆的弯曲和颤动,横梁的伸出长度可调整。

(3) 主轴　主轴(arbor)为空心轴,其前端为锥孔,用来安装铣刀或刀轴,并带动刀轴旋转。

(4) 纵向工作台　纵向工作台(work table)用来安装工件和夹具,并通过工作台下部的传动丝杠,带动工件作纵向进给运动。

(5) 转台　转台(rotating table)的功用是将纵向工作台在水平面内扳转一定角度。有无转台是万能卧式铣床与普通卧式铣床的主要区别。

(6) 横向工作台　横向工作台(saddle table) 位于转台与升降台之间,可沿升降台上的导轨作横向移动,带动工件横向进给。

(7) 升降台　升降台(knee)用来支承纵向工作台和转台,并带动它们沿床身垂直导轨上下移动,以调整工件至铣刀的距离,或带动工件作垂直进给。

万能卧式铣床的主轴转动和工作台移动的传动系统是分开的,分别由单独的电动机驱动。此外,铣床的操作系统较为完善。使用单手柄操纵机构,工作台在三个方向上均可快速移动,使工件迅速趋近刀具。

2) 立式铣床

立式铣床(vertical miller)与万能卧式铣床的主要区别是其主轴轴线与工作台

面垂直。此外，立式铣床没有横梁、吊架和转台；为了加工的需要，立式铣床的主轴头能偏转一定的角度；其他组成部分及运动（主运动、进给运动）与万能卧式铣床基本相同，如图5-70所示。

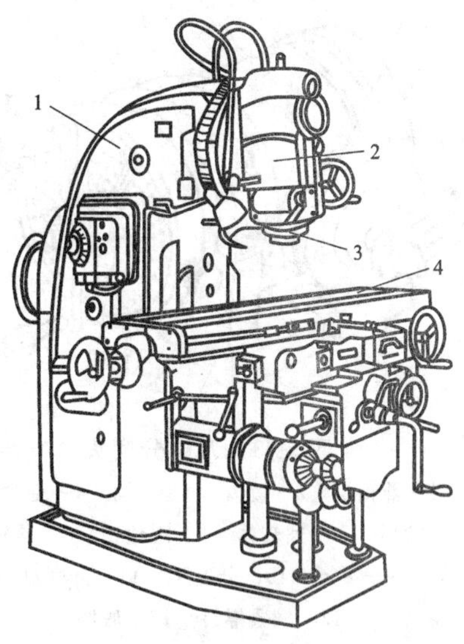

图5-70　立式铣床

1—床身　2—主轴头　3—主轴　4—工作台

3）主要附件

（1）回转工作台　回转工作台（rotating table）如图5-71所示。其内部为蜗杆传动装置，摇动手轮，使蜗杆转动，从而驱使蜗轮转动，带动与蜗轮同轴的回转工作台回转。回转台周围有刻度，用以确定回转台位置，回转工作台中央的孔用以找正和确定工件的回转中心。

回转工作台一般用于较大零件的分度和非整圆弧面的加工。在回转工作台上铣圆弧槽的情况如图5-72所示。用手均匀摇动手轮使回转工作台带动工件作缓慢的圆周进给即可铣出圆弧槽。

（2）分度头　铣削加工时，常会遇到铣六方、铣花键轴和铣齿轮等情况，这时，工件在铣过一面或一个槽之后，需要转过一个角度，再铣削第二面、第二个槽……这种转角度的工作称为分度。分度头（graduator）就是用来进行分度的附件，最常见的是万能分度头。

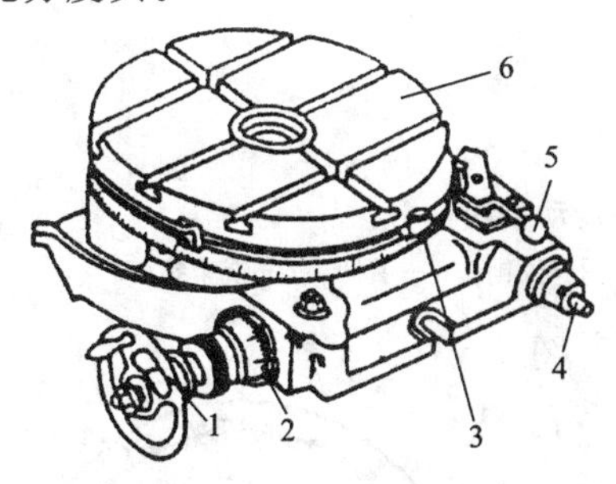

图5-71　回转工作台

1—手轮　2—刻度盘　3—挡铁
4—传动轴　5—离合器手柄　6—回转台

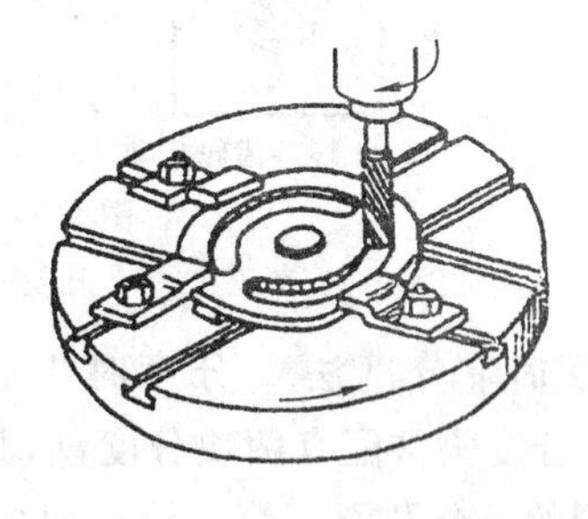

图5-72　在回转工作台上铣圆弧槽

①万能分度头的外形结构和传动系统　万能分度头如图5-73所示。它的底座可用T形槽螺栓固定在铣床的工作台上。在回转体内装有主轴和传动机构。回转体能绕底座的环形导轨扳转一定角度，向下不大于6°，向上为90°，以便将主轴扳到所需的加工位置。主轴的前端有锥孔，可安装前顶尖。前端的外面还有短锥面，可以安装自定心卡盘。主轴的后端也有锥孔，用来安装差动分度所需的挂轮轴。分度盘上有许多同心圆的孔眼圈，以便分度时与定位销配合作定度用。挂轮

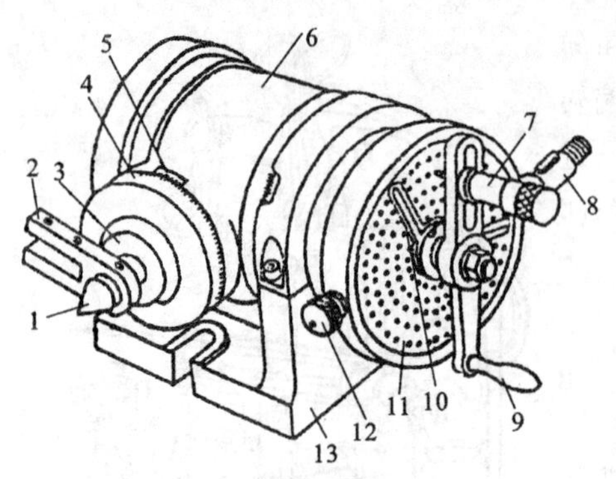

图 5-73 万能分度头

1—前顶尖 2—拨盘 3—主轴 4—刻度盘 5—游标 6—回转体 7—定位销 8—挂轮轴 9—手柄 10—分度叉 11—分度盘 12—锁紧螺钉 13—底座

轴在差动分度和铣槽时安装配换齿轮用。分度时，摇动手柄，通过蜗杆带动分度头主轴旋转即可。

万能分度头的传动系统如图 5-74 所示。主轴上固定有齿数为 40 的蜗轮，它与单头蜗杆配合。工作时，拔出空位销，转动手柄，通过一对齿数相等的齿轮传动(图中一对螺旋齿轮此时不起作用)蜗杆便带动蜗轮主轴旋转。

手柄每转一周，主轴转 1/40 周，相当于将工件分为 40 等份。如果要将工件分为 z 等份，则每一等份要求主轴转 $1/z$ 周，则手柄(即空位销)应转过的转数为 $n=40/z$。

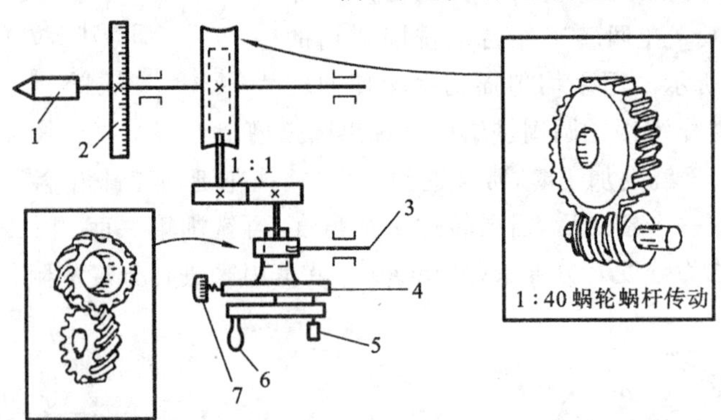

图 5-74 万能分度头的传动系统

1—主轴 2—刻度盘 3—挂轮轴 4—分度盘 5—定位销 6—手柄 7—锁紧螺钉

② 简单分度法 分度时需利用分度盘(见图 5-75)。分度头常配有两块分度盘，其两面各有许多孔数不同的等分孔圈。第一块正面各圈孔数为 24、25、28、30、34、37，反面各圈孔数为 38、39、41、42、43。第二块正面各圈孔数为 46、47、49、51、53、54，反面各圈孔数为 57、58、59、62、66。

分度方法有简单分度法、角度分度法和差动分度法等。现以简单分度法为例说明之。例如，要铣削齿数 z 为 35 的齿轮，需要将齿环分为 35 等份，则有

$$n=40/z=40/35=8/7$$

即每次分度时手柄需要转 1 周加 1/7 周。这 1/7 周

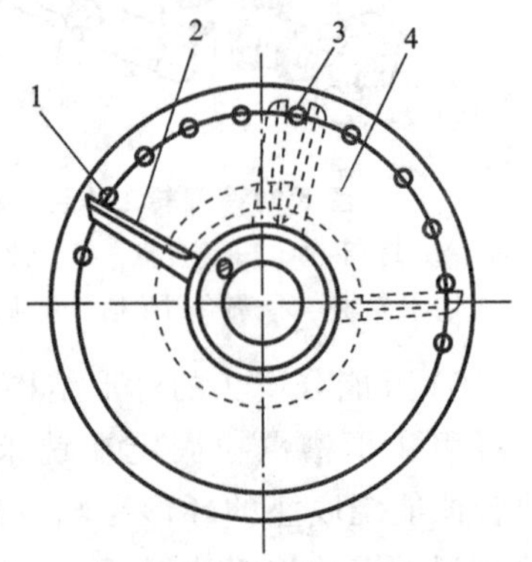

图 5-75 分度盘和分度叉

1—拔出定位销 2—分度叉 3—插入定位销 4—分度盘

需要通过分度盘来控制。简单分度时，分度盘固定不动，在分数盘上任选一个孔圈，只要是 7 的倍数，如选 28 孔的孔圈，1/7 转相当于在 28 孔的孔圈上转过 4 个孔距。调节两块分度叉的夹角，使它们之间包含 28 孔孔圈的 4 个孔距，分度时拔出空位销，转动手柄，使空位销转过一周又 4 个孔距后插入即可。作过一次分度后，必须顺着手柄转动方向拨动分度叉，以备下一次分度使用。

③ 分度头的工作方式　分度头可在水平、竖直和倾斜位置工作，如图 5-76 所示。

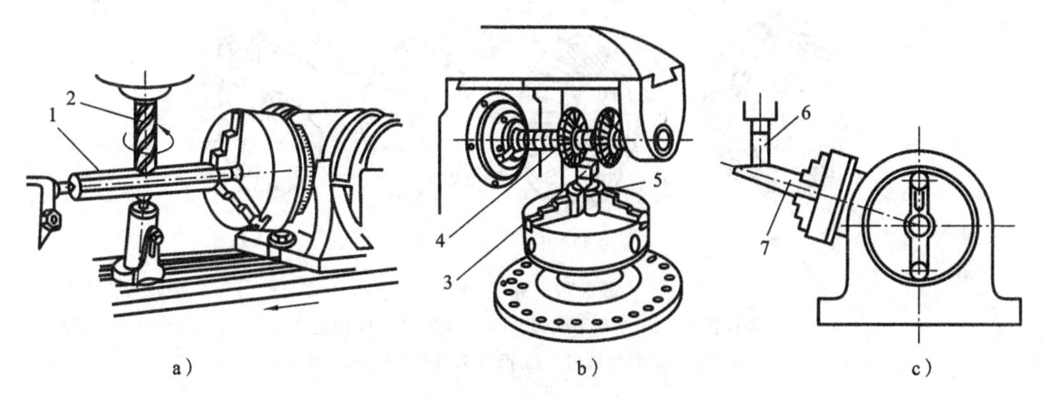

图 5-76　用分度头的工作方式

a) 水平位置　b) 竖直位置　c) 倾斜位置

1,3,7—工件　2,4,6—铣刀　5—衬套

2. 铣刀

1) 带孔铣刀及其安装

带孔铣刀的常见形式如图 5-77 所示。其中，圆柱铣刀一般用高速工具钢制成，刀齿有直齿和螺旋齿，常用于铣削中小平面；三面刃铣刀的圆柱面和两侧端面均有刀刃，主要用来加工沟槽、台阶面及小平面等；锯片铣刀用于铣削窄缝或切断工件；模数铣刀用来铣削齿轮的齿形；单角、双角铣刀用来铣削凹、凸圆弧面。

带孔铣刀多用于卧式铣床，一般安装在刀杆上，如图 5-78 所示。安装时应注意以下几点：① 铣刀应尽可能靠近主轴或吊架，以增加刚度；② 定位套筒的端面与铣刀的端面必须擦净，以减少安装后铣刀的端面跳动；③ 在拧紧刀杆上的压紧螺母前，必须先装好吊架以防刀杆弯曲变形。

2) 带柄铣刀及其安装

带柄铣刀的常见形式如图 5-79 所示。镶齿端面铣刀刀齿一般为硬质合金，刀盘直径一般为 75～300 mm，可进行高速切削，生产效率较高，适合铣削大平面，应用比较广泛。立铣刀主要用于铣削凸台面、直槽及成形面等。键槽铣刀用来铣削轴上的键槽，它仅有两个刃瓣，可以轴向进给，然后沿槽方向运动铣出键槽的全长。T 形槽铣刀和燕尾槽铣刀，分别用于铣削 T 形槽和燕尾槽。

带柄铣刀多用于立式铣床。锥柄铣刀的安装如图 5-80a 所示。安装时，根据铣刀锥柄尺寸，选择合适的过渡锥套，用拉杆将铣刀及过渡锥套一起拉紧在主轴端部的

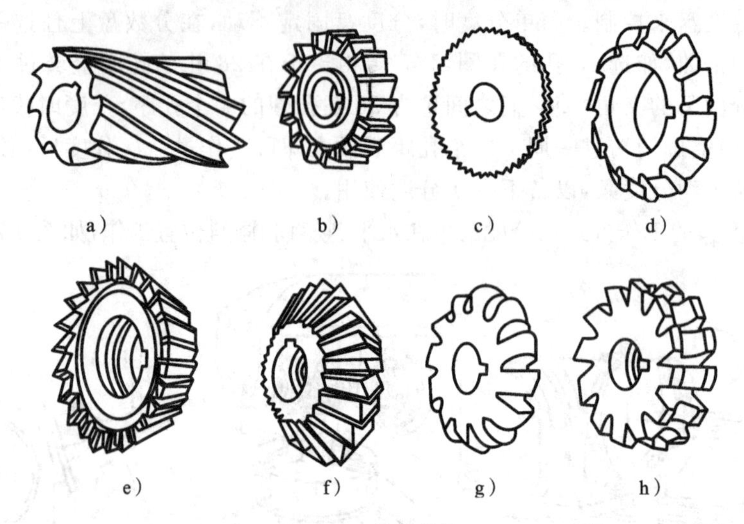

图 5-77　带孔铣刀

a) 圆柱铣刀　b) 三面刃铣刀　c) 锯片铣刀　d) 模数铣刀
e) 单角铣刀　f) 双角铣刀　g) 凸圆弧铣刀　h) 凹圆弧铣刀

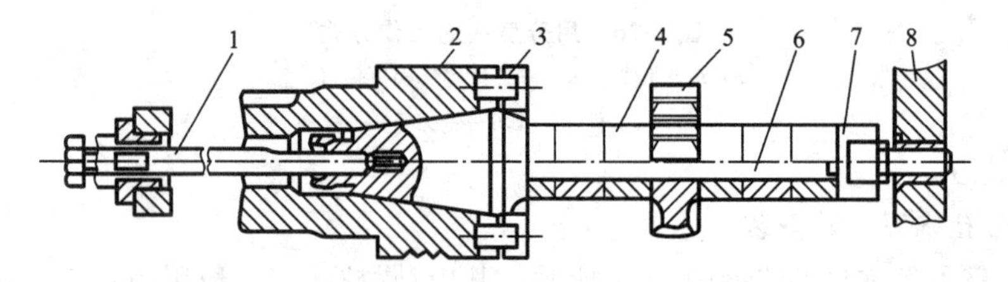

图 5-78　带孔铣刀的安装

1—拉杆　2—主轴　3—端面键　4—套筒　5—铣刀　6—刀杆　7—压紧螺母　8—吊架

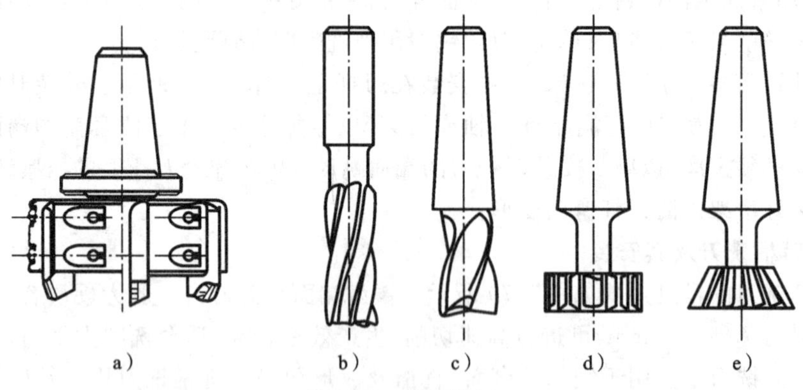

图 5-79　带柄铣刀

a) 镶齿端面铣刀　b) 立铣刀　c) 键槽铣刀　d) T 形槽铣刀　e) 燕尾槽铣刀

锥孔内。直柄铣刀的安装如图 5-80b 所示，多采用弹性夹头进行安装，这类铣刀的直径一般不大于 20 mm。

3. 铣削加工

1）工件的装夹

工件在铣床的装夹有平口钳装夹，压板、螺栓装夹和分度头装夹。

对形状简单、尺寸较小的工件，可用平口钳装夹。若工件高度尺寸小，可用垫铁将工件垫起，使之略高于钳口，并用手锤轻敲工件，使之贴紧垫铁，如图5-81所示。装夹时，一般可按划线找正或按底面及台阶面找正，如图5-82所示。

对大型工件或平口钳难以安装的工件，可用压板、螺栓或用螺钉撑、挡块将工件直接固定在工作台上，如图5-83、图5-84所示。

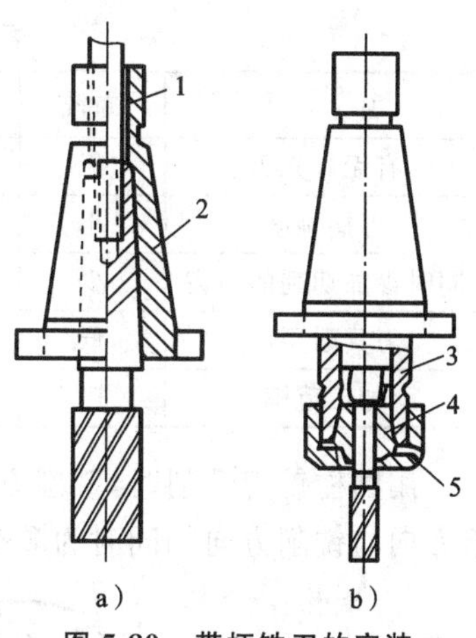

图5-80　带柄铣刀的安装

a）锥柄铣刀　b）直柄铣刀

1—拉杆　2—过渡锥套　3—夹头体

4—螺母　5—弹簧套

2）铣削方式

铣削方式对铣刀的耐用度、工件的表面粗糙度、铣削平稳性和生产率都有很大的影响。铣削时，应根据它们各自的特点，采用合理的铣削方式。

用圆柱铣刀进行铣削的方式称为周铣，用端铣刀进行铣削的方式称为端铣。端铣比周铣的加工质量更好，应用范围更广泛，二者的特点比较如表5-1所示。周铣和端铣方式如图5-85所示。

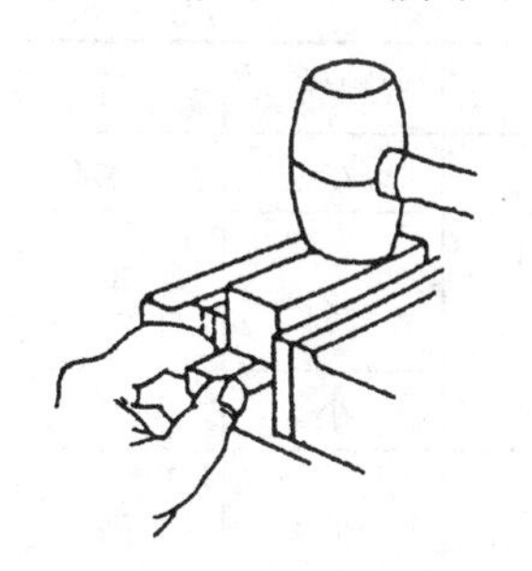

图5-81　用平口钳装夹工件

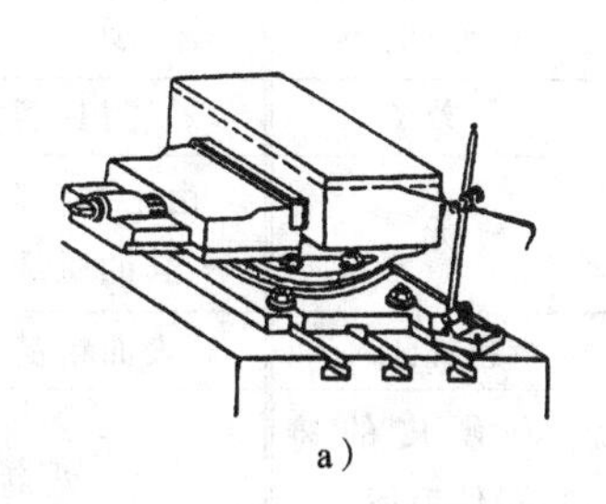

图5-82　用平口钳装夹和找正

a）按加工线找正　b）按台阶面找正

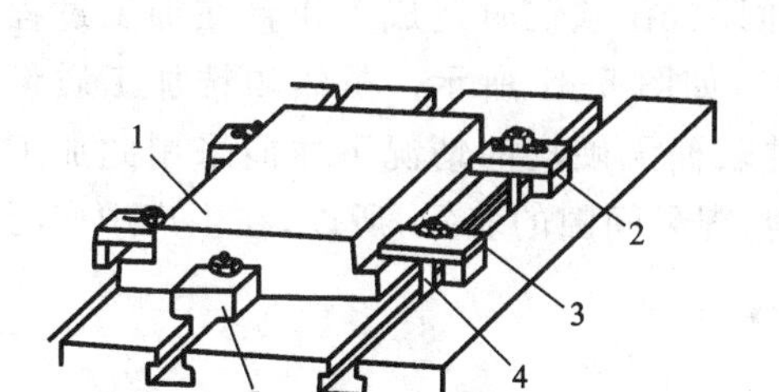

图5-83　用压板、螺栓装夹工件

1—工件　2—垫铁　3—压板　4—螺栓　5—挡铁

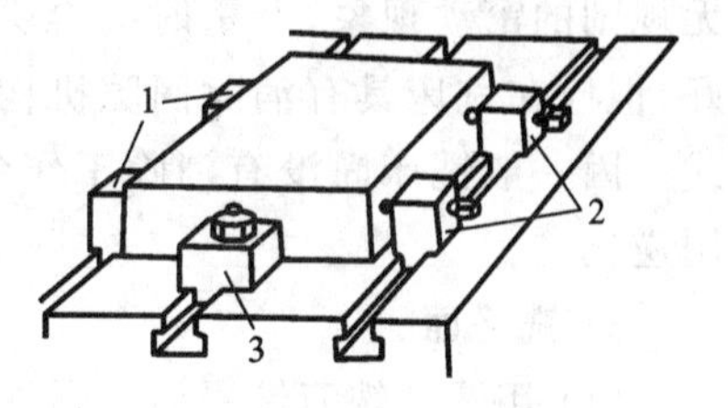

图5-84　用螺钉撑、挡块装夹工件

1，2—螺钉撑　3—挡块

表 5-1　周铣和端铣特点比较

项　　目	周铣	端铣	项　　目	周铣	端铣
有无修光刃	无	有	工件表面质量	差	好
刀柄刚度	小	大	切削振动	大	小
同时参加切削的刀齿	少	多	是否容易镶嵌硬质合金刀片	难	易
刀具耐用度	低	高	生产率	低	高
加工范围	广	较小			

用圆柱铣刀铣削时,铣削方式可分为顺铣和逆铣,如图 5-86 所示。当工件的进给方向与铣削方向相同时为顺铣,反之为逆铣,二者的特点比较如表 5-2 所示。

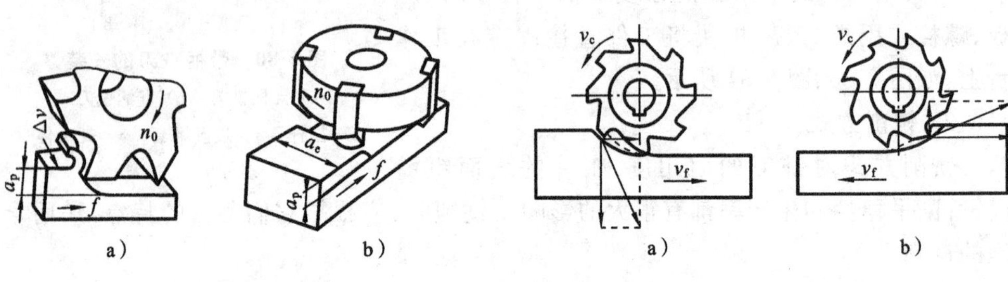

图 5-85　周铣和端铣
a) 周铣　b) 端铣

图 5-86　顺铣和逆铣
a) 顺铣　b) 逆铣

表 5-2　顺铣和逆铣的特点比较

项　　目	顺铣	逆铣	项　　目	顺铣	逆铣
铣削平稳性	好	差	刀具磨损	小	大
工作台丝杠和螺母有无间隙	有	无	由工作台窜动引起的质量事故	多	少
加工工序	精加工	粗加工	表面粗糙度值	小	大
加工范围	无硬皮的工件	有硬皮的铸件、锻件毛坯	生产率	低	高

由于丝杠螺母机构传动存在一定的间隙,在顺铣时造成工作台在加工过程中无规则的窜动现象,严重时甚至会“打刀”,如图 5-87 所示。虽然顺铣加工质量较好,但应在铣床具有消除间隙机构及工件表面无硬皮的情况下才能采用此加工方式。因一般铣床尚没有消除工作台丝杠与螺母间隙的装置,所以,在生产中广泛采用逆铣。

3) 铣平面

(1) 用圆柱铣刀铣平面　圆柱铣刀一般用于卧式铣床铣平面(plain milling),它分为直齿铣刀和螺旋齿铣刀两种。由于直齿切削不如螺旋齿切削平稳,因而多用螺旋齿圆柱铣刀。

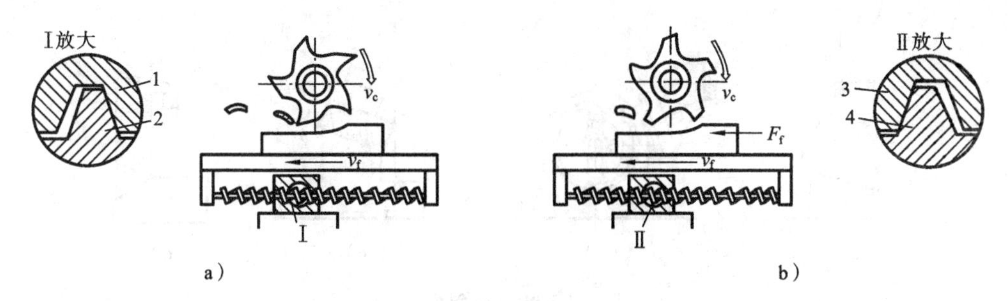

图 5-87　顺铣时工作台的窜动

a) 无切削力　b) F_f>推进力

1,3—螺母　2,4—丝杠

(2) 用端铣刀铣平面　端铣刀铣平面多用镶有硬质合金刀头的端铣刀在立式铣床或卧式铣床上进行,如图 5-88 所示。用端铣刀铣平面与用圆柱铣刀铣平面相比,其特点为:切削厚度变化小,同时参加切削的刀齿较多,工作较平稳。端铣刀的周刃担负着主要的切削工作,端面刃起修光作用,所以表面质量好。

(3) 用立铣刀铣平面　对于工件上较小的凸台面和台阶面,常用立铣刀铣削,如图 5-89 所示。

4) 铣斜面

铣斜面(milling incline)的四种常用方法如图 5-90 所示。

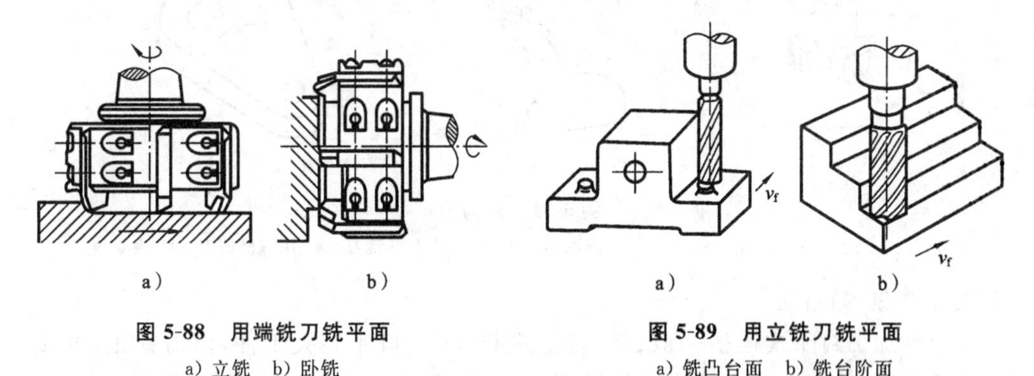

图 5-88　用端铣刀铣平面

a) 立铣　b) 卧铣

图 5-89　用立铣刀铣平面

a) 铣凸台面　b) 铣台阶面

(1) 垫斜块铣斜面　在工作基准面下垫一斜块,使工件加工表面呈水平状态,即可按水平面铣削。

(2) 分度头铣斜面　工件装夹在分度头上,将分度头主轴转至一定角度后铣削。

(3) 旋转立铣头铣斜面　调整铣刀使其倾斜角与工件斜面角度相同后铣削。

(4) 角铣刀铣斜面　用刀具斜角与工件斜面角度相同的铣刀铣削。

5) 铣沟槽

铣沟槽(slotting)时,根据沟槽形状用相应的沟槽铣刀进行铣削,如图 5-91 所示。在铣燕尾槽和 T 形槽之前,应先铣出宽度合适的直槽,然后用相应的燕尾槽铣

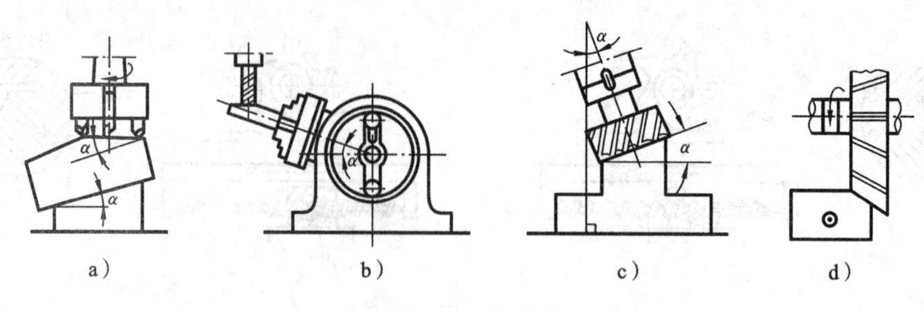

图 5-90　铣斜面

a) 垫斜块铣斜面　b) 分度头铣斜面　c) 旋转立铣头铣斜面　d) 角铣刀铣斜面

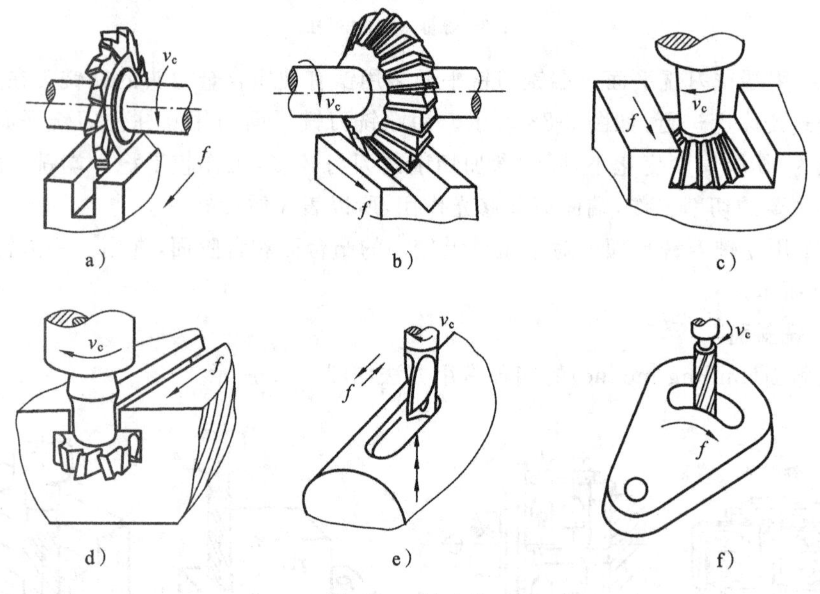

图 5-91　铣沟槽

a) 用三面刃铣刀　b) 用角度铣刀　c) 用燕尾槽铣刀　d) 用 T 形铣刀　e) 用键槽铣刀　f) 用立铣刀

刀或 T 形铣刀铣削。

单件加工封闭式键槽一般在立铣上进行,用平口钳装夹工件,但需找正,如图 5-92a所示。批量较大时,常在键槽铣床上加工,用轴用虎口钳(可自动对中)装夹工件,如图 5-92b 所示,不需要找正。用键槽铣刀铣键槽(见图 5-93a)时,在纵向进程终了时进行垂直进给,然后反方向走刀,如此反复,直至完成加工。用立铣刀铣键槽(见图 5-93b)时,由于铣刀端面齿垂直进给切削很难,所以要先在封闭式键槽的一端圆弧处用相同半径的钻头钻一个孔,然后再用立铣刀加工。

铣削开口式键槽,用分度头装夹工件,在卧式铣床上用三面刃铣刀加工。铣削前必须对刀,即使铣刀中心平面对准工作轴线,以保证键槽的对称性。

6) 铣成形面和曲面

铣成形面(form milling)一般在卧式铣床上用成形铣刀进行,如图 5-94 所示。

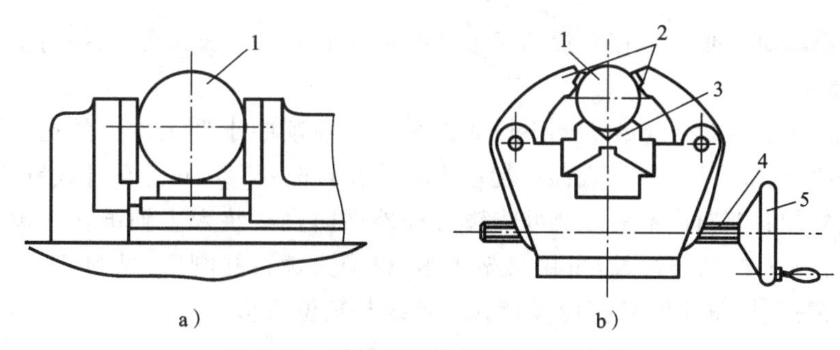

图 5-92　铣轴上键槽的装夹工件方法

a) 用平口钳装夹　b) 用虎口钳装夹

1—工件　2—夹紧爪　3—V形定位块　4—左右旋丝杠　5—压紧手轮

成形铣刀的形状要与成形面的形状相结合。

铣曲面(milling curve face)一般在立式铣床上进行,有以下三种方法:

(1) 按划线铣曲面　对要求不高的曲面,可以在工件表面划曲面线迹,移动工作台进行加工,如图 5-95 所示。

(2) 用回转工作台铣曲面　工件安装在工作台中心,按划线用逆铣法铣削圆弧曲面,如图 5-96 所示。

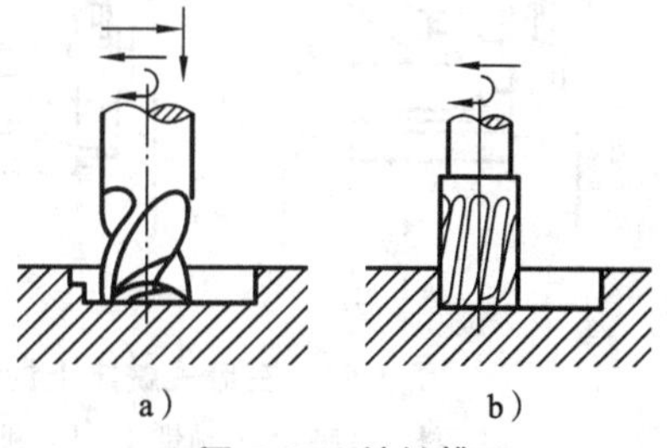

图 5-93　铣键槽

a) 键槽铣刀　b) 立铣刀

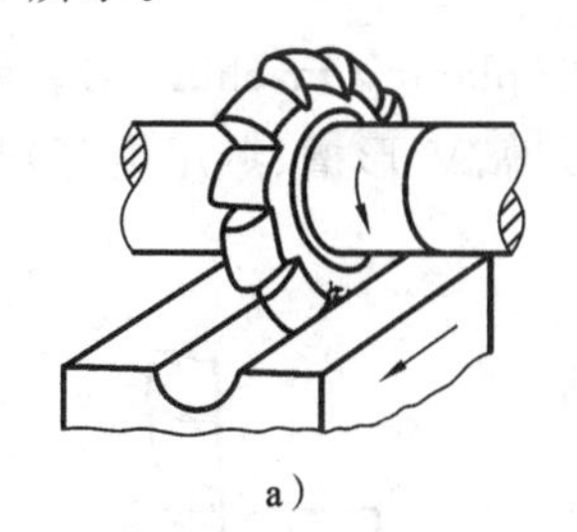
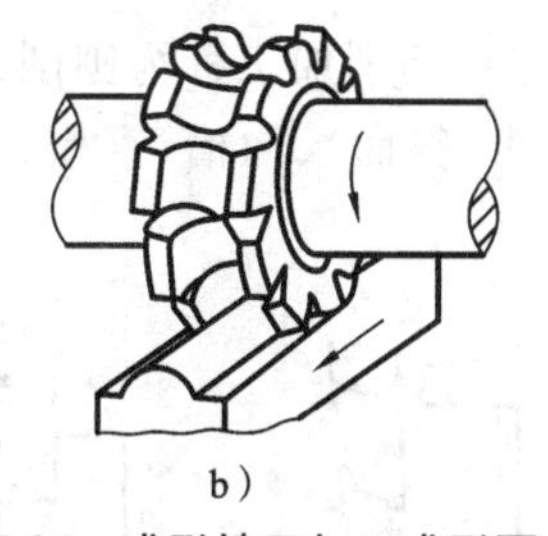

图 5-94　成形铣刀加工成形面

a) 凸圆弧铣刀铣凹圆弧面　b) 凹圆弧铣刀铣凸圆弧面　c) 模数铣刀铣齿形

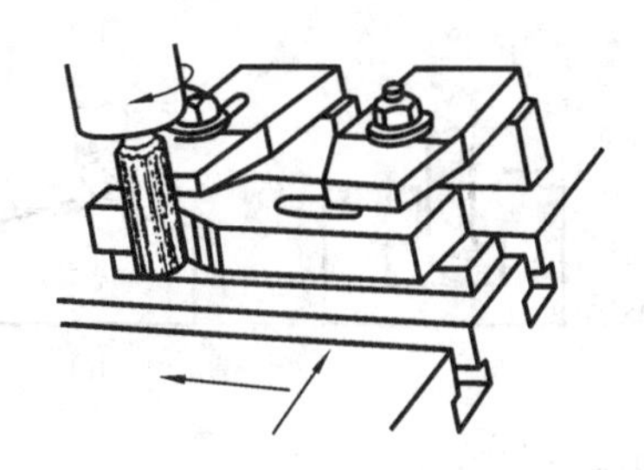

图 5-95　按划线铣曲面

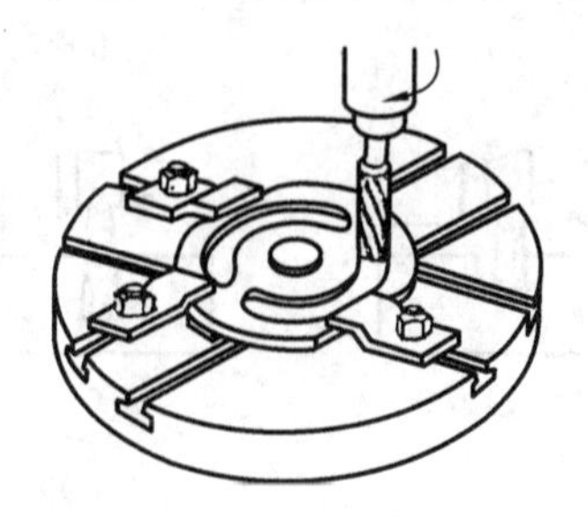

图 5-96　铣圆弧曲面

(3) 用靠模铣曲面　在大量加工工件时可以采用靠模铣曲面，以提高生产率。

7) 镗孔

在铣床上镗孔(boring of miller)通常只适宜镗削中小型工件上的孔，其尺寸精度公差等级可达 IT7～IT8，表面粗糙度 Ra 可达 1.6～3.2 μm。在卧式铣床上镗孔时，孔的轴线与定位面 A 平行。可将镗刀杆外锥面直接装入主轴锥孔内镗孔(见图 5-97a)。若镗刀杆悬伸过长，可用吊架支承，以增大镗刀杆刚度(见图 5-97b)。在立式铣床上镗孔(见图 5-98)时，应保持孔的轴线与定位面垂直。

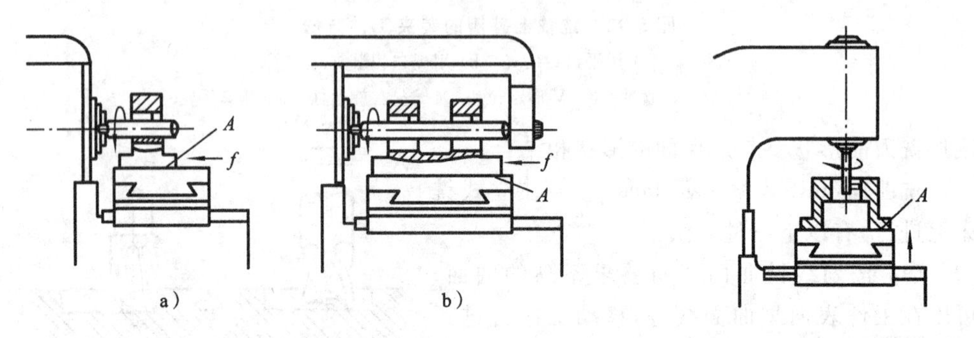

图 5-97　在卧式铣床上镗孔

a) 刀杆直接装入主轴锥孔　b) 利用吊架

图 5-98　在立式铣床上镗孔

5.3.2　刨削

在刨床上用刨刀对工件进行切削加工称为刨削加工(planing machining)。刨削可以加工平面(水平面、竖直面、斜面)、沟槽(直槽、T 形槽、V 形槽、燕尾槽等)和成形面，如图 5-99 所示。

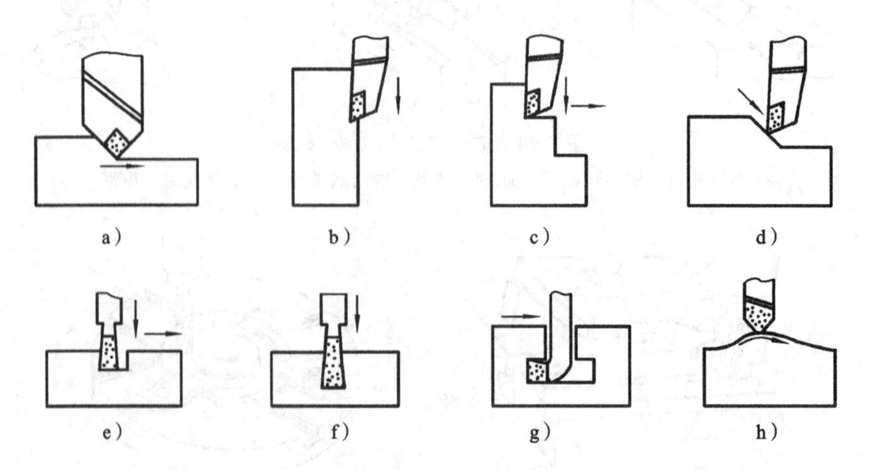

图 5-99　刨床加工应用示例

a) 刨水平面　b) 刨竖直面　c) 刨台阶面　d) 刨斜面　e) 刨直槽　f) 切断　g) 刨 T 形槽　h) 刨成形面

刨削加工的工艺特点如下：

① 刨刀在向前运动时进行切削，为工作行程；返回运动时不进行切削，为空行程。刨削为间歇工作方式，生产率较低，但对于刨削狭长平面（如机床导轨面）或采用多件、多刀刨削，其生产率还是比较高的。

② 刨削时，机床和刀具的调整较简单，生产前准备工作少，适应性较强。刨削时工作行程的平均速度称为切削速度 v_c(m/s)。刨刀在一次往复后，工件所移动的距离称为进给量 f(mm/str)。刨刀切入工件的深度，称为切削深度 a_p(mm)。一般，牛头刨床加工的尺寸精度公差等级可达 IT7～IT9，表面粗糙度 Ra 可达 1.6～6.3 μm。

1. 牛头刨床

牛头刨床(bullhead planers)是刨削类机床中应用最广泛的一种，适合刨削中小型工件，主要由床身、滑枕(ram)、刀架、横梁和工作台组成。B6065 型牛头刨床如图 5-100 所示，主传动系统如图 5-101 所示。

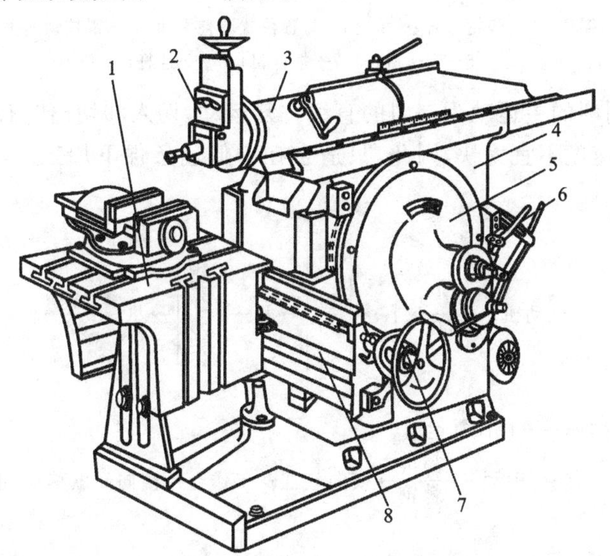

图 5-100　B6065 型牛头刨床

1—工作台　2—刀架　3—滑枕　4—床身
5—曲柄摆杆机构　6—变速机构　7—进刀机构　8—横梁

B6065 型牛头刨床型号含义如下：

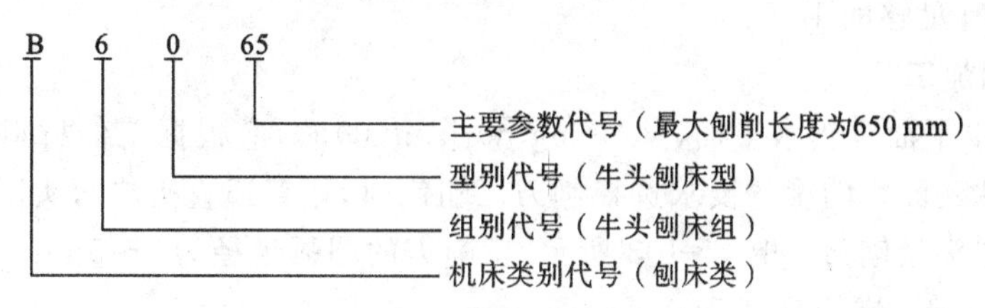

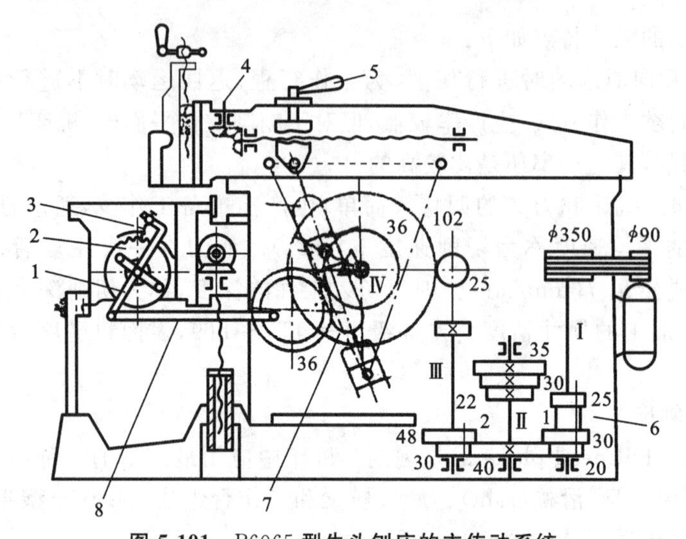

图 5-101　B6065 型牛头刨床的主传动系统

1—摇杆　2—棘轮　3—棘爪　4—行程位置调整手柄　5—滑枕锁紧手柄

6—变速机构　7—摆杆机构　8—连杆

牛头刨床刨削的主运动为刨刀的直线往复运动，切入和切出时有较大的冲击力，惯性力大，切削速度不宜太快，因此，只适合在中低速条件下加工。其传动链结构式如下：

$$\text{电动机}\rightarrow\frac{\phi 90}{\phi 350}\rightarrow \mathrm{I}\rightarrow\begin{bmatrix}\frac{20}{40}\\[4pt] \frac{30}{30}\\[4pt] \frac{25}{35}\end{bmatrix}\rightarrow \mathrm{II}\rightarrow\begin{bmatrix}\frac{40}{30}\\[4pt] \frac{22}{48}\end{bmatrix}\rightarrow \mathrm{III}\rightarrow\frac{25}{102}\rightarrow$$

$$\rightarrow\begin{bmatrix}\text{滑块}\rightarrow\text{摆杆}\rightarrow\text{滑枕往复运动}\\ \mathrm{IV}\rightarrow\frac{36}{36}\rightarrow\text{连杆}\rightarrow\text{摇杆}\rightarrow\frac{\text{棘爪}}{\text{棘轮}}\rightarrow\text{横向丝杠}\rightarrow\text{工作台}\rightarrow\text{横向间歇移动(进给运动)}\end{bmatrix}$$

2. 刨刀

刨刀(planning tools)的结构和几何角度与车刀相似，由于刨刀每次切入时要承受较大的冲击力，因而一般刨刀刀柄的横截面比车刀的大。另外，在刨削较硬的铸件表面时，刀柄常做成弓形，为的是当刀柄受力产生弹性弯曲变形时刀柄能绕点 O 转动，刀尖抬起，从而不至啃入工件或折断刀尖，如图 5-102 所示。刀头不要伸出太长，以保证刀柄有足够的刚度。

3. 刨削加工

(1) 刨水平面　刨水平面(planning horizontal)时，应根据工件材料选择刨刀材料，根据工件表面粗糙度的要求选择刨刀。粗刨时，用普通直头或弯头平面刨刀。精刨时，可用圆头精刨刀，如图 5-103 所示，切削刃的圆弧半径为 3～5 mm，刨削深度 a_p 为 0.2～0.5 mm，进给量 f 为 0.33 mm/str。

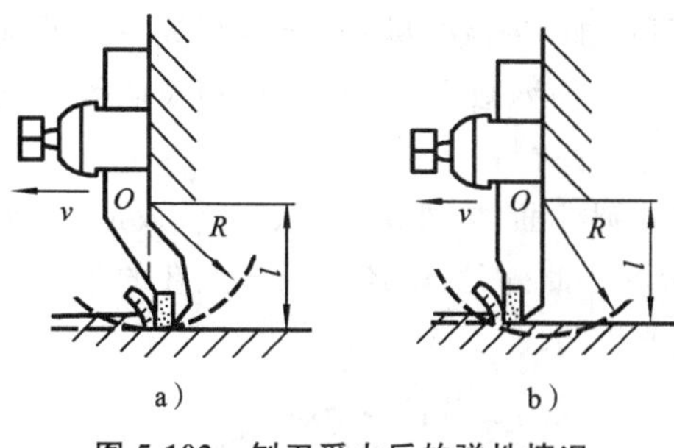

图5-102 刨刀受力后的弹性情况

a) 弯头刨刀 b) 直头刨刀

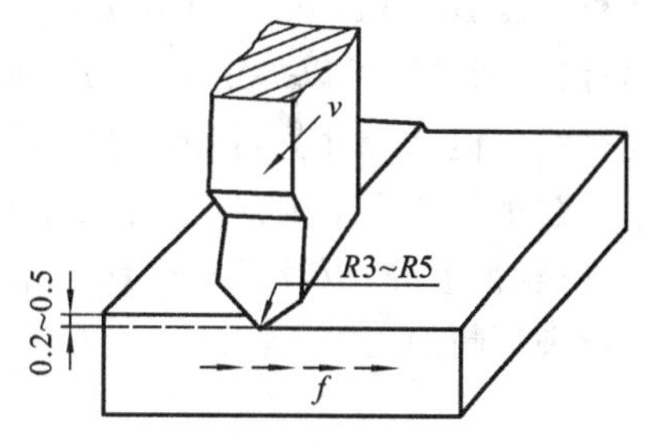

图5-103 精刨水平面

(2) 刨竖直面 刨竖直面(planning vertical)须采用偏刀。安装偏刀时,刨刀伸出的长度应大于整个刨削面的高度。加工前,刀架转盘的刻线应对准零线。刀座必须偏转一定的角度(一般为10°~15°),以保证抬刀板在回程时能带动刨刀抬离工件的是竖直面,从而减小刨刀磨损和避免划伤已加工表面。

(3) 刨斜面 工件上的斜面可分为内斜面和外斜面。最常用的刨斜面(planning incline)方法是倾斜刀架法。将刀架和刀座分别倾斜一定角度,自上而下倾斜进给进行刨削,刀座偏转的方向与刨竖直面时相同。

(4) 刨T形槽 刨T形槽(planning T slot)前,应先刨出各关联平面,达到图样要求的尺寸,然后在工件端面和顶面划出加工线,用切槽刀刨出直角槽,使其宽度等于T形槽槽口的宽度,深度等于T形槽的深度,最后用弯切刀刨削一侧的凹槽。如果凹槽的宽度大于刀宽,一刀不能刨完,可分几次刨完。但凹槽的竖直面要用竖直走刀精刨一次,才能使槽壁平整。

(5) 刨成形面 刨成形面(planning form face)有划线加工法和成形刀加工法。

① 划线加工法 采用单刃刨刀按划线加工。进给方式一般采用横向自动进给,竖向手动进给,如图5-104a所示。由于不需要专用工具和刀具,因此加工成本低,但按划线手动控制进给难度较大,对工人操作水平要求高,且加工质量不高,只用于单件小批生产。

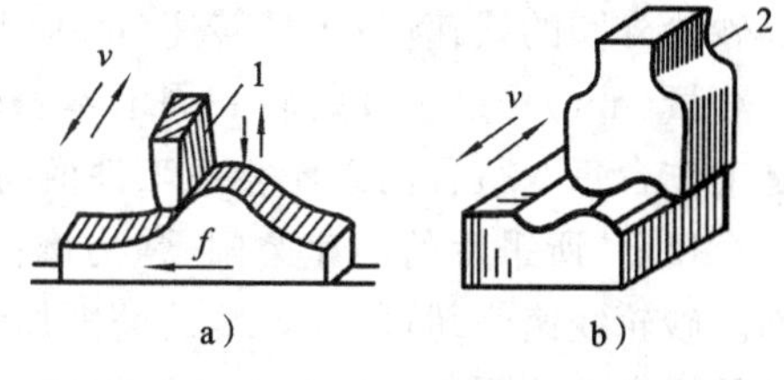

图5-104 刨成形面

a) 单刃刀刨成形面 b) 成形刀刨成形面

1—圆弧刨刀 2—成形刨刀

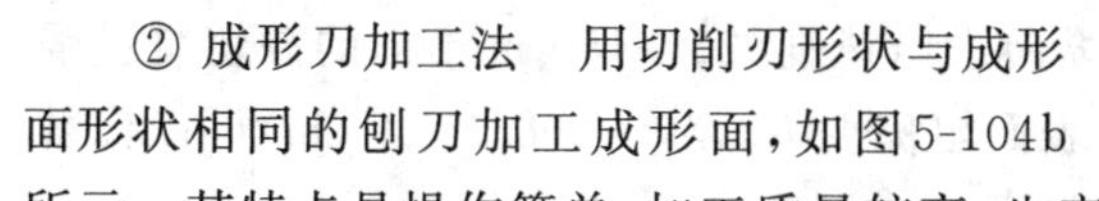

② 成形刀加工法 用切削刃形状与成形面形状相同的刨刀加工成形面,如图5-104b所示。其特点是操作简单,加工质量较高,生产率较高,但刀具一般需在工具磨床上刃磨。成形刀加工法多用于形状简单、横截面较小、批量较大的零件的生产。

5.3.3 磨削

用砂轮(或砂带)作为切削工具,对工件表面进行加工的工艺过程称为磨削(grinding)。磨削是零件精加工方法之一,加工尺寸精度公差等级可达IT6~IT7,表

面粗糙度 Ra 可达 0.2～0.8 μm。磨削不仅可以加工铸铁、碳钢、合金钢等一般的金属材料，而且还可以加工一般刀具难以加工的淬火钢、硬质合金、陶瓷和玻璃等高硬度材料。但是，磨削不宜加工塑性较大的非铁金属材料。

磨削的应用范围很广，可以加工平面、内外圆柱面、内外圆锥面、沟槽、成形面(螺纹、齿轮齿形等)以及各种刀具，如图 5-105 所示。此外，磨削还可用于毛坯的预加工和清理等粗加工。

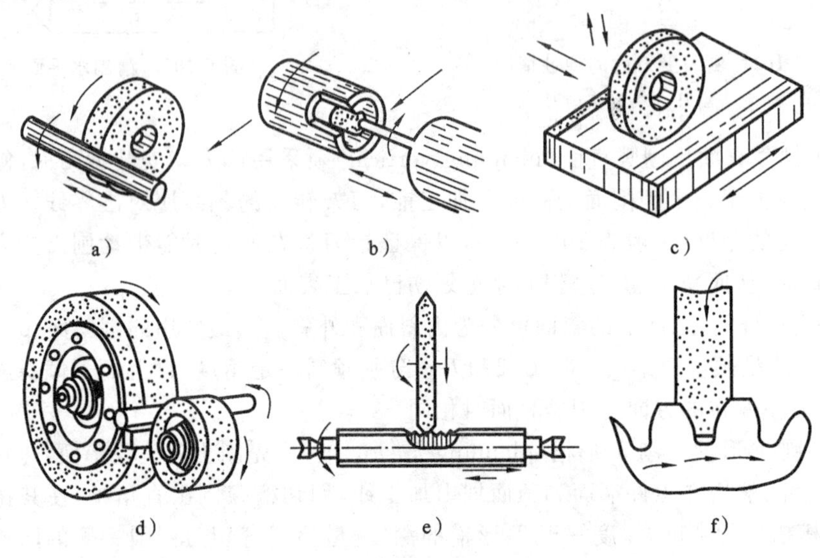

图 5-105　磨削加工范围

a) 外圆磨削　b) 内圆磨削　c) 平面磨削　d) 无心磨削　e) 螺纹磨削　f) 齿轮磨削

磨削要素包括磨削速度、工件转速、纵向进给量和横向进给量。磨削速度(m/s)是砂轮外圆的线速度；工件转速(m/s)又称圆周进给量，是工件外圆的线速度；纵向进给量(mm/r)是工件每转一周沿本身轴线方向移动的距离；横向进给量(mm/dst)是工作台每双行程内砂轮相对工件横向移动的距离，或称磨削深度。

目前，所采用的高速磨削、强力磨削和数控磨削等都是较先进高效的磨削新技术。砂轮线速度超过 45 m/s 的磨削加工，称为高速磨削。强力磨削有两种形式：一种是提高砂轮圆周速度和加大进给速度的磨削，另一种是提高砂轮圆周速度和加大磨削深度(10 mm 左右)以及降低工件纵向进给速度(30～150 mm/s)的深切缓进强力磨削。此外，高精度、低粗糙度磨削(表面粗糙度 Ra 为 0.008～0.1 μm)可以代替研磨加工，以提高效率和减轻工人劳动强度。

在磨削过程中，切削区的温度高达 800～1000 ℃。为降低切削温度，保证工件的加工质量，磨削时需使用大量的切削液。

1. 砂轮

砂轮(grinding wheel)是磨削的主要工具。它由砂粒(磨料)、结合剂和空隙构成，如图 5-106 所示。砂轮的特性与磨料的粒度、空隙度、硬度、强度、形状和尺寸等有关。

磨料直接担负切削工作,必须锋利和坚韧。磨料的选择主要与工件的材料、热处理方法有关。常见的磨料及其应用范围如表5-3所示。粒度是指磨料颗粒的大小。粒度号愈大,颗粒愈小。粗颗粒用于粗加工及磨软料,细颗粒则用于精加工。

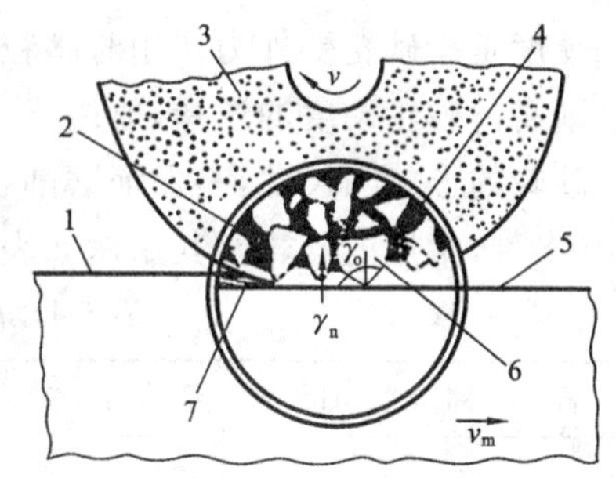

图 5-106 砂轮的组成

1—待加工表面 2—空隙 3—砂轮 4—结合剂 5—已加工表面 6—磨粒 7—过渡表面

结合剂的作用是能把分散的磨粒黏结在一起、使其具有一定形状和强度。结合剂的选择与磨削方式及工件表面加工质量有关,常用的为陶瓷结合剂。

表 5-3 磨料名称及其应用范围

系别	名称	旧代号	新代号	颜色	特点	应用范围
刚玉类	棕刚玉	GZ	A	棕色	硬度较低,韧度较高	磨碳钢、合金钢和淬火钢,铸铁,青铜
	白刚玉	GB	WA	白色	自锐性好,磨削力较小,韧度低	磨淬火钢、高速工具钢、合金钢,磨螺纹、齿轮、刀具、薄壁工件及细长轴等
	铬刚玉	GG	PA	粉红色	与白刚玉硬度相近而韧度较高	磨合金钢、高速工具钢、锰钢,磨表面粗糙度较小的工件
	单晶刚玉	GD	SA	浅灰色 浅黄色	硬度和韧度都比白刚玉高,自锐性好	磨不锈钢、高钒钢、高速工具钢等
	微晶刚玉	CW	MA	棕黑色	硬度高,韧度和自锐性好	磨不锈钢、球墨铸铁
碳化物类	黑碳化硅	TH	C	黑色 深蓝色	硬度高,韧度低,脆性较大	磨铸铁、黄铜及其他非金属材料
	绿碳化硅	TL	GC	绿色	硬度与黑碳化硅相近,脆性更大	磨硬质合金、光学玻璃、钛合金等
金刚石类	人造金刚石	JR	SD	—	硬度高,磨削性能好	磨硬质合金、光学玻璃等高硬度材料
	天然金刚石	JT	—	—	硬度高,磨削性能好	磨硬质合金、光学玻璃等高硬度材料
其他	立方氮化硼	—	CBN	—	磨难磨材料比金刚石好	磨钛合金、高速工具钢等高硬度材料

硬度是指砂轮受外力作用时磨粒脱落的难易程度。磨粒易脱落,砂轮硬度就低,反之则高。砂轮硬度的选择,取决于工件的材料、磨削方式、磨削状况等。

砂轮的形状与尺寸,是保证磨削各种形状和尺寸工件的必要条件。砂轮的形状有40多种,常用的砂轮及其用途如表5-4所示。

表5-4　常用的砂轮及其用途

名　称	旧代号	新代号	截面图	用　途
平行砂轮	P	1		根据不同尺寸分别用于外圆磨、内圆磨、平面磨、无心磨、刀具刃磨、螺纹磨和装在砂轮机上磨削
双斜边一号砂轮	PSX1	4		主要用于磨齿轮的齿面和单线螺纹磨削
单面凹砂轮	PDA	5		多用于内圆磨、平面磨、外径较大时的外圆磨
薄片砂轮	PB	41		主要用于切断和开槽
杯形砂轮	B	6		主要用其端面刃磨铣刀、铰刀、拉刀等,也可用于磨平面和内孔
碗形砂轮	BW	11		通常用于刃磨铣刀、铰刀、拉刀等,也可用于磨机床导轨
平行砂瓦	WP	31		砂瓦是由数块拼装起来,用于平面磨削

为了使用和保管方便,根据GB/T 2484—2006《固结磨具 一般要求》规定,砂轮的特性参数全部以代号形式标志在砂轮上,其书写顺序为砂轮形状、尺寸、磨料、磨料粒度、空隙度、结合剂、安全工作线速度。例如1(P)400×40×127A60L5V35的含义是:形状—平行;尺寸—大径400 mm,厚度40 mm,孔径127 mm;磨料—棕刚玉;粒度—60目(0.256 mm);硬度—中软;空隙度—中等级;结合剂—陶瓷;安全工作线速度—35 m/s。

砂轮在安装前要根据敲击的声响来检查砂轮是否有裂纹,以避免砂轮高速旋转时破裂。此外,还要对砂轮进行静平衡试验,以保证砂轮平稳工作。砂轮工作一段时间后,磨粒逐渐变钝,工作表面空隙被堵塞,正确的几何形状被破坏。这时必须进行修整,将砂轮表面一层变钝了的磨粒切去,恢复砂轮的切削能力和正确的几何形状。

2. 外圆磨床及其工作

1）外圆磨床

图 5-107 所示的 M1420 型万能外圆磨床(cylindrical grinder)主要由床身、砂轮架、头架、尾架、工作台、内圆磨头等组成。它可磨削外圆、内圆和任意锥度的内外锥面。磨床型号 M1420 的含义是:M—磨床类;14—万能外圆磨床;20—最大磨削直径的 1/10,即最大磨削直径为 200 mm。

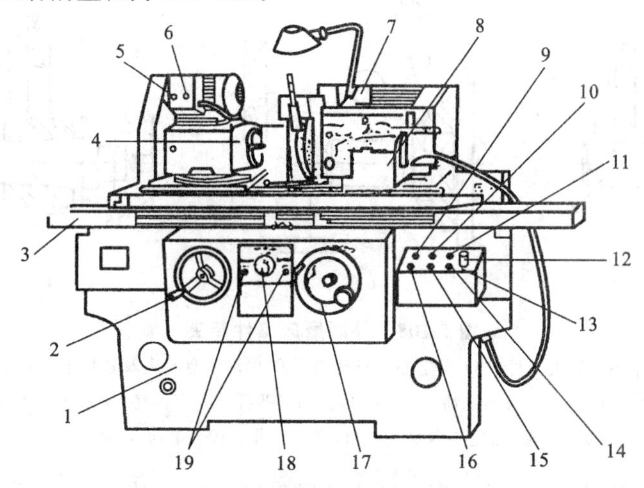

图 5-107　M1420 型万能外圆磨床

1—床身　2—工作台手动手轮　3—工作台　4—工件头架　5—工件转动点动按钮　6—工件转动变速旋钮　7—砂轮架　8—尾架　9—总停按钮　10—砂轮退出、工件和切削液泵停止按钮　11—液压油泵停止按钮　12—砂轮变速旋钮　13—电气操纵板　14—液压油泵启动按钮　15—砂轮引进、工件转动、切削液泵启动按钮　16—砂轮启动按钮　17—砂轮横向移动手动手轮　18—工作台自动或无级调速旋钮　19—工作台左右端停留时间调整旋钮

2）外圆磨床工作

(1) 工件装夹　在外圆磨床上常见的工件装夹方法有顶尖装夹、卡盘装夹和心轴装夹三种。磨床上使用的顶尖都是固定顶尖,这样可以减小安装误差。顶尖装夹适用于两端有中心孔的轴类工件,自定心卡盘或单动卡盘装夹适用于磨削外圆的短工件,磨削盘套类空心工件外圆常用心轴装夹,如图 5-108 所示。

(2) 外圆磨削　外圆磨削一般在普通外圆磨床或万能外圆磨床上进行。由于工件的材料、几何形状、尺寸大小及加工要求不同,其磨削方法也不同。

① 纵磨法　磨削时,砂轮高速旋转(主运动),工件低速旋转(圆周进给)并和工作台一起往复直线运动(纵向进给),如图 5-109 所示。每当工件一次往复行程终了时,砂轮做周期性的横向进给。每次磨削深度很小,一般为 0.005～0.01 mm,磨削余量是在多次往复行程中切除的。纵磨法的特点是可用同一砂轮磨削长度不同的各种工件,广泛用于单件小批生产零件的精磨,特别适用于细长轴的磨削。

② 横磨法　横磨法又称径向磨法或切入磨法。磨削时,工件不纵向移动,而由

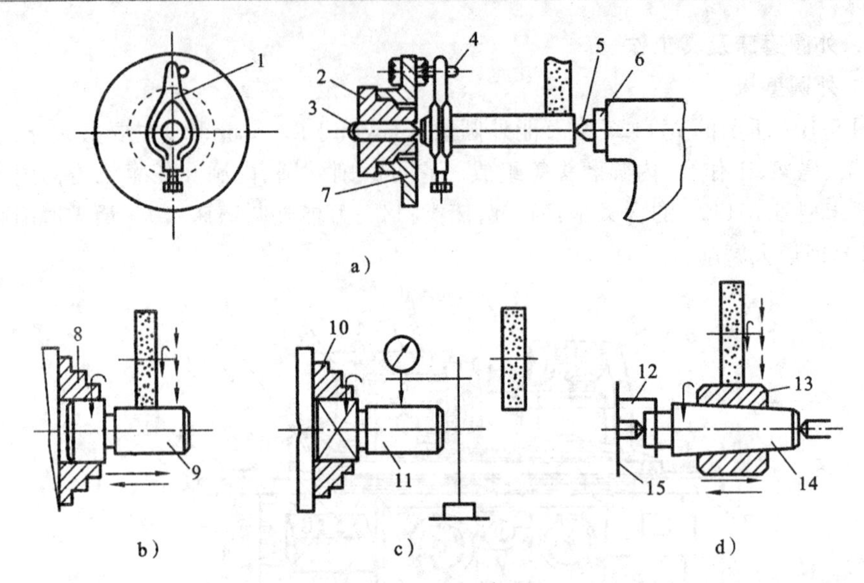

图 5-108　外圆磨床工件装夹

a) 外圆磨床上用顶尖装夹工件　b) 自定心卡盘装夹　c) 单动卡盘装夹及其找正　d) 锥度心轴装夹

1,12—卡箍　2—头架主轴　3—前顶尖　4—拨杆　5—后顶尖　6—尾架套筒

7,15—拨盘　8—自定心卡盘　9,11,13—工件　10—单动卡盘　14—心轴

砂轮以慢速作连续的横向进给，直至磨去全部磨削余量，如图 5-110 所示。横磨法的特点是生产率高，适合在成批、大量生产中加工短而粗及带台阶的轴类工件的外圆。

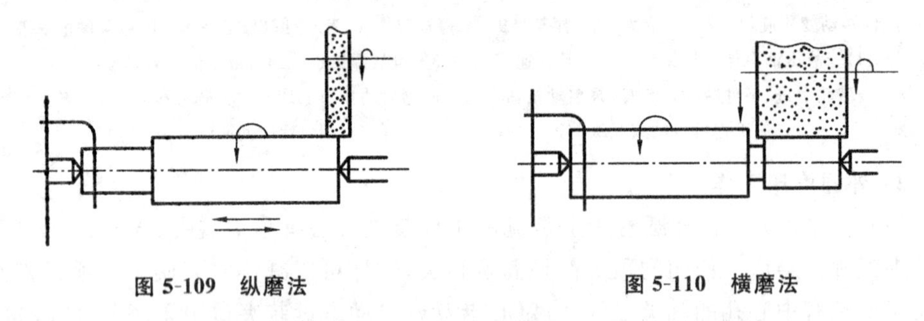

图 5-109　纵磨法　　　　**图 5-110　横磨法**

③ 综合磨法　先用横磨法将工件表面分段进行粗磨，相邻两段间有 5～10 mm 的搭接，工件上留下 0.01～0.03 mm 的余量，然后用纵磨法进行精磨。此法综合了横磨法和纵磨法的优点。

④ 深磨法　磨削时，用较小的纵向进给量(一般取 1～2 mm/r)，较大的磨削深度(一般为 0.03 mm 左右)，在一次行程中切除全部余量。其特点是生产率较高，只适合成批、大量生产中加工刚度较大的工件。工件的被加工表面两端有较大的距离，允许砂轮切入和切出。

3) 锥面磨削

在万能外圆磨床上磨削锥面的方法，包括扳转工作台法和转动工件头架法，如图

5-111 所示。前者适合磨削锥度较小、锥面较长的工件，后者适合磨削锥度较大、锥面较短的工件。

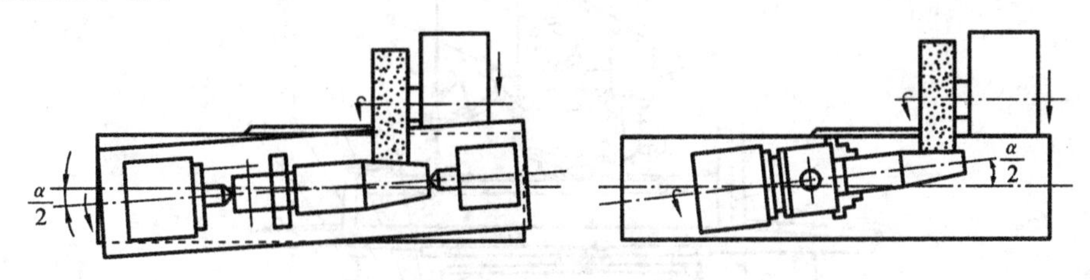

图 5-111 磨外圆锥面

a) 扳转工作台法 b) 转动工件头架法

4）内圆磨削

在万能外圆磨床上可以加工圆柱孔、圆锥孔和成形内圆面。与外圆磨削类似，内圆磨削也可分为纵磨法和横磨法，大多数情况下采用纵磨法。鉴于砂轮轴的刚度很低，横磨法仅适合用来磨削短孔及内成形面。纵磨圆柱孔时，工件安装在自定心卡盘上，在其旋转的同时，沿轴线作直线运动(纵向进给)。装在砂轮架上的砂轮高速旋转，并在工件往复行程终了时做周期性的横向进给。磨削锥孔时，只需将磨床的头架在水平方向偏转半个锥角即可。

3. 平面磨床及其工作

图 5-112 所示的 M7120D 型平面磨床(horizontal-spindle surface grinder)由床身、工作台、立柱、磨头、砂轮修整器和电气操纵板等组成。磨床型号 M7120D 的含义：M—磨床类；71—卧轴矩形工作台平面磨床；20—工作台宽度的 1/10，即工作宽度为 200 mm；D—经过四次重大改进。

1）工件装夹

(1) 直接在电磁吸盘上定位装夹工件 在平面磨床上磨削中小型导磁工件，采用电磁吸盘装夹，如图 5-113 所示。注意装夹前必须先擦干净电磁吸盘和工件，若有毛刺应以油石去除；工件应装在电磁吸盘磁力能吸牢的位置，以有利于磨削加工。

(2) 用夹具装夹工件 当工件为非铁金属、非金属等不导磁工件或装夹面不是平面时，要采用夹具装夹，如图 5-114 所示。

2）平面磨削

以砂轮的工作表面划分，平面磨削分为圆周磨削和端面磨削。圆周磨削是用砂轮圆周面磨削，适用于精磨各种平面零件。端面磨削是用筒形砂轮端面磨削，适用于磨削精度要求不高且形状简单的零件。

(1) 平行面的磨削方法

① 横向磨削法 每当工作台纵向行程终了时，砂轮主轴作一次横向进给，待工件上去除一层金属后，砂轮再作竖向进给，直至切去全部余量。此法适合磨削长而宽的平面工件。

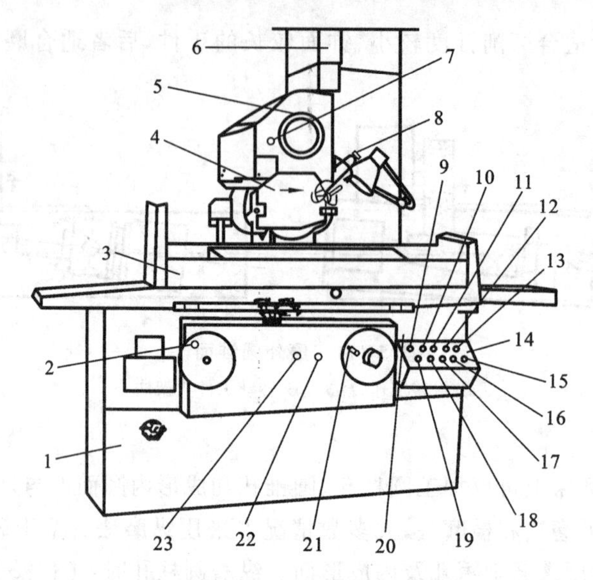

图 5-112　M7120D 型平面磨床

1—床身　2—工作台手动手轮　3—工作台　4—磨头　5—砂轮横向手动手轮　6—立柱　7—砂轮横向自动进给换向推拉手柄　8—砂轮修整器　9—电源指示灯　10—砂轮低速启动按钮　11—砂轮停止按钮　12—砂轮高速启动按钮　13—切削液泵开关　14—电气操纵板　15—电磁吸盘开关　16—砂轮下降电动按钮　17—砂轮上升电动按钮　18—液压油泵启动按钮　19—总停按钮　20—砂轮垂向进给微动手柄　21—砂轮升降手动手柄　22—砂轮横向自动进给(断续或连续)旋钮　23—工作台自动及无级调速手柄

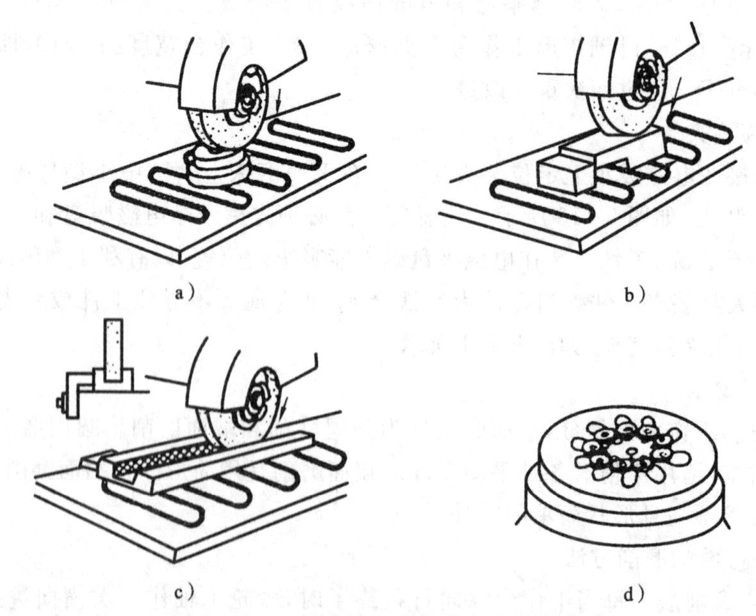

图 5-113　工件直接在电磁吸盘上定位装夹

a) 先以大面为基准磨小面　b) 在小基面工件的前端加挡铁　c) 磨夹具体的凹槽面　d) 工件的多件装夹

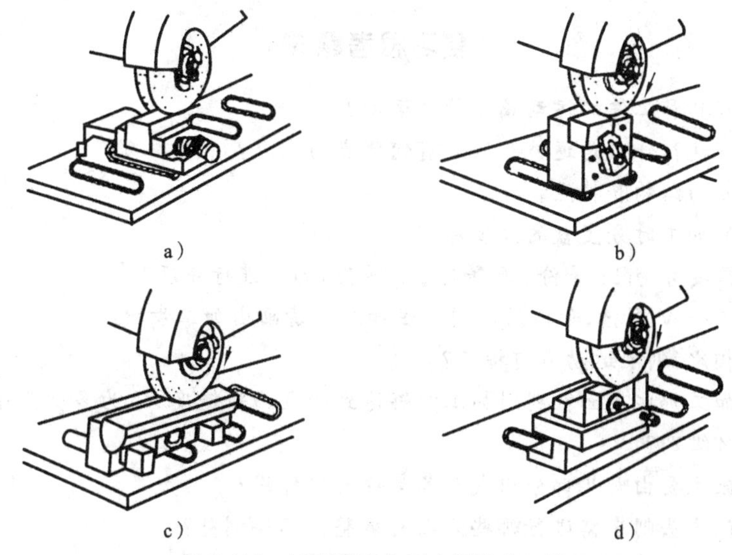

图 5-114　平面磨床上用夹具装夹工件

a) 在平口钳上装夹磨工件垂直面　b) 用精密方箱装夹磨工件垂直面

c) 用电磁方箱装夹磨工件平面　d) 用直角弯板装夹磨工件垂直面

② 切入磨削法　磨削时，砂轮不作横向进给，只是在磨削将要结束时，作适当的横向移动。此法适用于工件磨削面宽度小于砂轮宽度时。

③ 阶台砂轮磨削法　根据工件的磨削余量将砂轮修整成阶台形，并采用较大的横向进给量，一般阶台高度为 0.05 mm。此法适用于磨削余量较大的工件。

(2) 垂直面的磨削方法　垂直面是指表面成 90°角的平面，工件装夹方法如图 5-114所示。

(3) 斜面的磨削方法　以组合拉刀侧面压紧槽角度面的加工为例，如图 5-115 所示。其工作过程：将拉刀装夹在平面磨床电磁吸盘（工作台）上（见图 5-116），根据拉刀压紧槽角度面的角度、深度和宽度修整成形砂轮；检测角度和角度面的余量；调整砂轮架（或工作台），使砂轮处于对工件角度面的正确位置，直到使砂轮与被磨面之间留有很小的间隙为止；开动磨床，使工作台作纵向往复运动进行磨削。

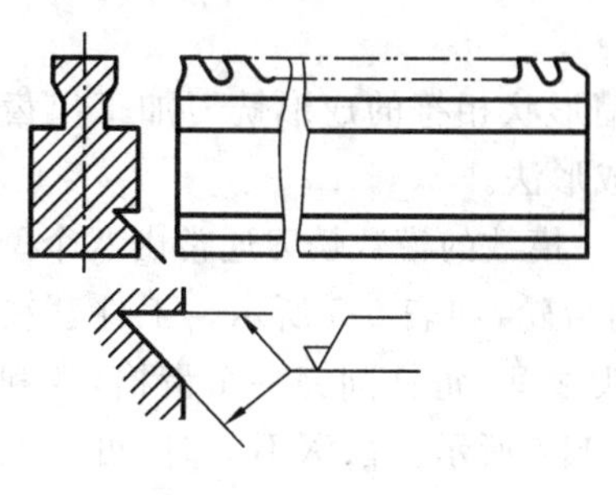

图 5-115　工件简图

图 5-116　把工件装夹在电磁吸盘上

复习思考题 5-3

1. 铣削时刀具和工件的运动属于什么运动?
2. 什么是顺铣? 什么是逆铣? 两者有何优点与缺点?
3. 试述铣刀的结构和特点。
4. 试述铣削加工时分度盘的分度原理。
5. 若工件需要分为 11 等份、26 等份、43 等份,如何进行分度?
6. 若要加工一 V 形槽,如何用铣削方法加工? 请画出加工步骤图。
7. 与车削相比,刨削运动有何特点?
8. 刨削能加工哪些表面? 刨削加工能够达到的表面粗糙度 Ra 为多少? 精度一般能达到什么级别?
9. 牛头刨床主要由哪几部分组成? 各部分有何作用?
10. 刨削前,牛头刨床需进行哪些方面的调整? 怎样调整?
11. 刨刀与车刀相比有何特点?
12. 试说明刀座的作用。刨削斜面时,应如何调整刀架和刀座?
13. 磨削加工的特点是什么? 为什么会有这些特点?
14. 磨削适用于加工哪些零件?
15. 试用工艺简图表示出磨外圆、内圆和平面的切削运动。
16. 万能外圆磨床由哪几部分组成? 各有何功用?
17. 如何选用砂轮? 磨料的硬度与砂轮的硬度是否为同一个概念?
18. 砂轮为什么要修整? 如何进行修整?
19. 磨削外圆的方法有哪些? 各有何特点?
20. 磨内圆与磨外圆有什么不同之处? 为什么?
21. 比较平面磨削时周磨法与端磨法的优缺点。
22. 在平面磨床上磨削平面时,哪类工件可直接安装在工作台上? 为什么?

5.4 齿轮齿形加工

1. 成形法

成形法(form cutting)是用与加工齿轮轮槽形状相符的成形铣刀加工出齿形的方法,在卧式铣床上用模数铣刀加工齿形即为成形法。

模数铣刀根据齿轮的模数来选择。一套同一模数的模数铣刀通常由八个型号组成。一种型号的铣刀适合加工一定齿数范围的齿轮,如表 5-5 所示。工件套在心轴上,心轴用顶尖拨盘安装在分度头及尾座的顶尖之间,每铣削完一个齿槽,就利用分度头进行一次分度,直至铣完全部轮齿,如图 5-117 所示。齿深不大时,可一次粗铣完,约留 0.2 mm 作为精铣余量;齿深较大时,应分几次铣出整个齿槽。

成形法铣齿特点如下:① 设备简单,刀具成本低;② 铣齿属于间歇加工,每切一

表 5-5 铣刀号数与齿轮齿数的关系

铣刀号数	1	2	3	4	5	6	7
能铣制的齿数	12～13	14～16	17～20	21～25	26～34	55～135	135 以上

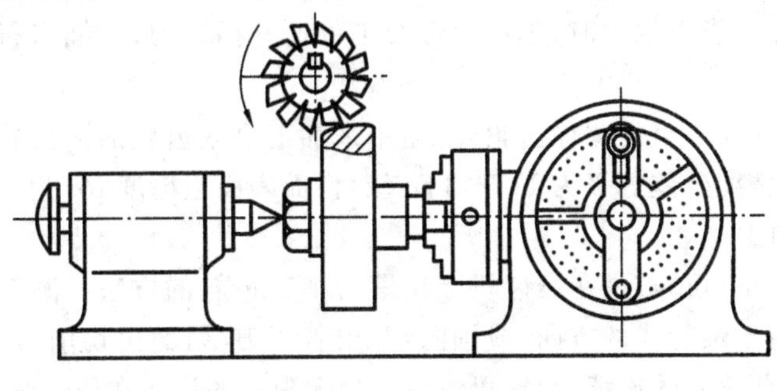

图 5-117 铣直齿轮

齿，均存在切入、切出、退出和分度的辅助时间，因而生产率低；③ 加工出的齿轮精度较低，尺寸精度公差等级只能达到 IT9～IT11，因为齿轮铣刀切削部分的形状及分度均有误差。因此，成形法铣齿一般多用来修配或制造某些精度不高的单件齿轮。

2. 展成法

展成法(generating)是利用齿轮刀具与被加工齿轮的互相啮合运动而加工出齿形的方法，插齿和滚齿均属于展成法。

1) 插齿加工

插齿加工(pinion-shaped cutter gear machining)是在插齿机上进行的(见图 5-118)。插齿刀像具有刀刃的外齿轮，用高速工具钢制造，磨有前、后角，具有锋利的刀刃。插齿时刀具与齿坯之间的运动分为以下四种。

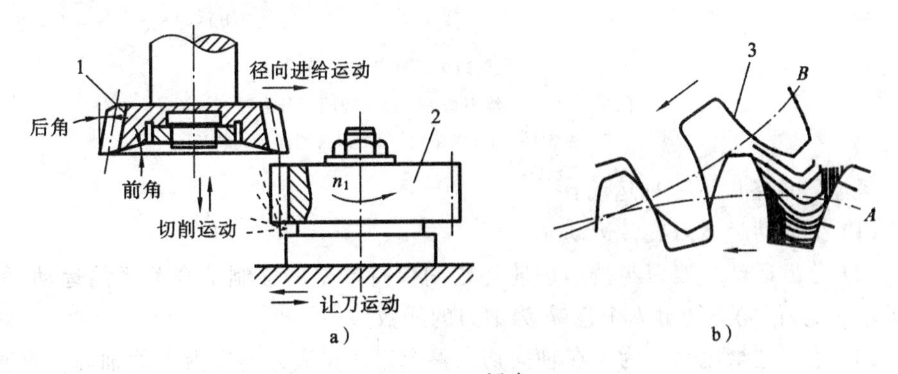

图 5-118 插齿

a) 插齿刀及其运动 b) 插齿刀切去工件上齿间部分金属

1,3—插齿刀 2—齿坯

(1) 范成运动 插齿刀与齿坯以恒定的传动比作回转运动，如同一对齿轮啮合传动一样，直至全部齿槽切削完毕。

(2) 切削运动　插齿刀沿齿坯的轴线方向作上下往复切削运动。

(3) 进给运动　在切削过程中，插齿刀还需向齿坯中心作径向进给运动，使插齿刀逐渐切至齿全深。

(4) 让刀运动　为了防止退刀时插齿刀与工作表面摩擦，擦伤已加工表面和减少刀齿磨损，在插齿刀退刀时，工作台带着工件让开插齿刀，在插齿行程开始前又恢复原位。

插齿加工除加工直齿圆柱齿轮外，还用来加工多联齿轮的内齿轮。插齿加工所能达到的尺寸精度公差等级为IT7～IT8级，齿面表面粗糙度 Ra 为1.6～3.2 μm。

2) 滚齿加工

滚齿加工(hobbing)是在滚齿机上用滚刀加工齿轮的方法。滚刀刀齿分布在螺旋线上，在垂直于螺旋线的方向(或轴向)开出若干刀槽，磨出切削刃，其法向剖面为齿条齿形。因此滚刀的连续旋转，可看成一根无限长的齿条在作连续的直线运动。

滚刀刀齿轮廓线是具有切削能力的刀刃，在强制滚刀与被切齿坯保持啮合的运动过程中，滚刀刀齿的轨迹即可包络成渐开线齿轮的齿形(见图5-119)。滚齿时，应使滚刀的齿向与被加工齿轮的方向一致，因此，滚刀刀轴需扳转一定角度。

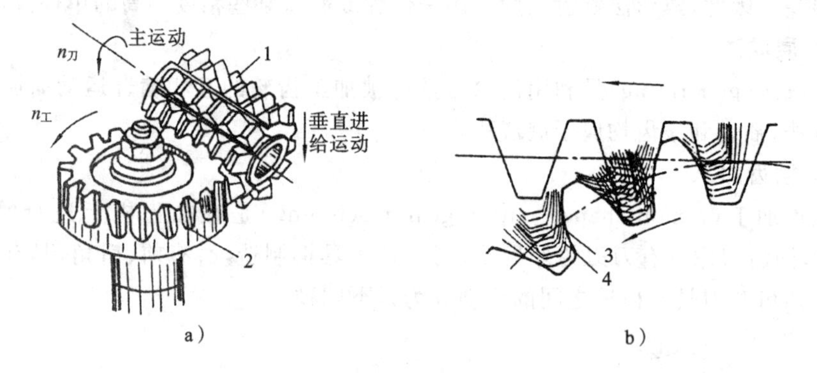

图5-119　滚齿

a) 滚齿运动　b) 滚刀切去工件上齿间部分金属

1—滚刀　2—齿轮坯　3—包络线　4—刀齿侧面运动轨迹

滚齿需具备以下三种运动：

(1) 主运动　滚刀旋转运动。

(2) 分齿运动　滚刀与被切齿轮坯之间保持严格的强制啮合关系的运动，即滚刀每转一周，齿轮应转过 k 个齿(k 为滚刀的线数)。

(3) 垂直进给运动　为了在轴向切出整个齿宽。滚刀还应沿工件轴向作垂直进给运动。滚齿除加工直齿、斜齿圆柱齿轮，还可以用来加工蜗轮和链轮等。

滚齿加工所能达到的尺寸精度公差等级为IT7～IT8，齿面表面粗糙度 Ra 为1.6～3.2 μm。每一把滚刀可加工出模数相同而齿数不相同的渐开线齿轮，且滚齿加工为连续切削，因此滚齿是展成法中加工效率最高的一种方法。

复习思考题5-4

1. 齿形加工有哪几种类型？
2. 什么是成形法齿形加工？它有哪些特点？
3. 什么是展成法齿形加工？它有哪些特点？
4. 在实习中了解到哪些齿形加工设备？请列出设备的名称、规格、型号、加工齿轮的种类和加工方法、齿轮所能达到的精度。

5.5　钳工及装配

钳工(locksmith)是手持工具对工件进行加工的方法。钳工的主要工作包括划线、錾削、锯切、锉削、钻孔、铰孔、攻螺纹、套螺纹、刮削、研磨、装配和修理等。钳工工具简单，操作灵活，在某些情况下可完成机械加工不方便或难以完成的工作。但是，钳工劳动强度大，对工人技术水平要求较高，生产效率低。钳工主要用于机械加工前的准备工作，精密零件的加工，机器设备的安装、调试、维修等场合。为了减轻工人劳动强度，提高生产效率，钳工工具及工艺正在不断改进，钳工正在逐步实现机械化和自动化。钳工常用的设备有钳工工作台(见图5-120a)、台虎钳(见图5-120b、c)、砂轮机、钻床等。

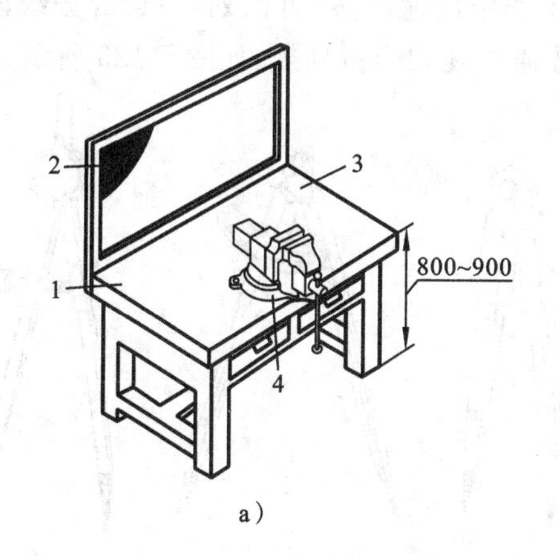

a)

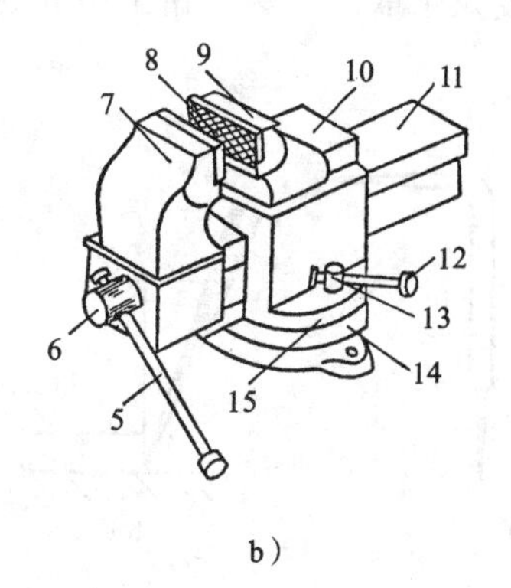

b)

图5-120　钳工用设备

a) 固定式　b) 回转式

1—放量具位置　2—防护网　3—放工具位置　4—台虎钳　5—手柄　6—丝杆　7—活动钳身　8—钳口　9—固定钳身　10—砧座　11—导轨　12—小手柄　13—螺钉　14—底座　15—转盘

5.5.1　划线

根据图样要求，在毛坯或半成品工件表面划出基准线和加工界线的过程，称为划线(lineation)。划线是钳工必须掌握的一项基本操作技能。

1. 划线的作用

划线具有以下作用：作为校正和加工的依据；检查毛坯的形状和尺寸是否符合图样要求；合理分配各加工表面的余量。在工件的一个平面上划线称为平面划线，在工件的长、宽、高三个方向上划线称为立体划线，如图 5-121 所示。

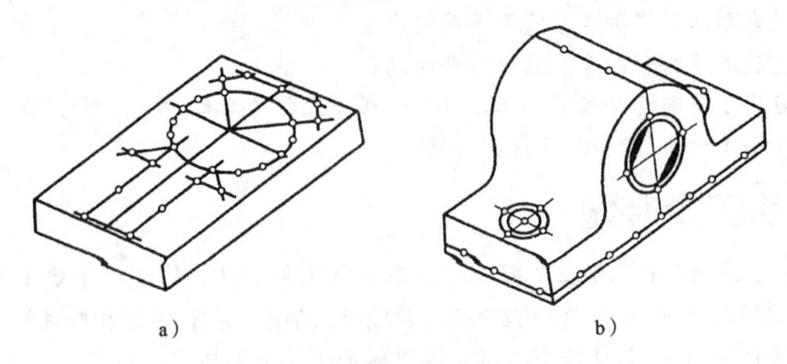

图 5-121　平面划线和立体划线

a) 平面划线　b) 立体划线

2. 划线工具及其用途

(1) 划针　划针(needle)是平面划线工具，多用弹簧钢制成，尖端淬火后磨锐，如图 5-122 所示。

(2) 划规　划规(compasses)在划线工作中用途最多，可以划圆弧、等分线段、等分角度及量取尺寸等。钳工用的划规有普通划规和弹簧划规，如图 5-123 所示。

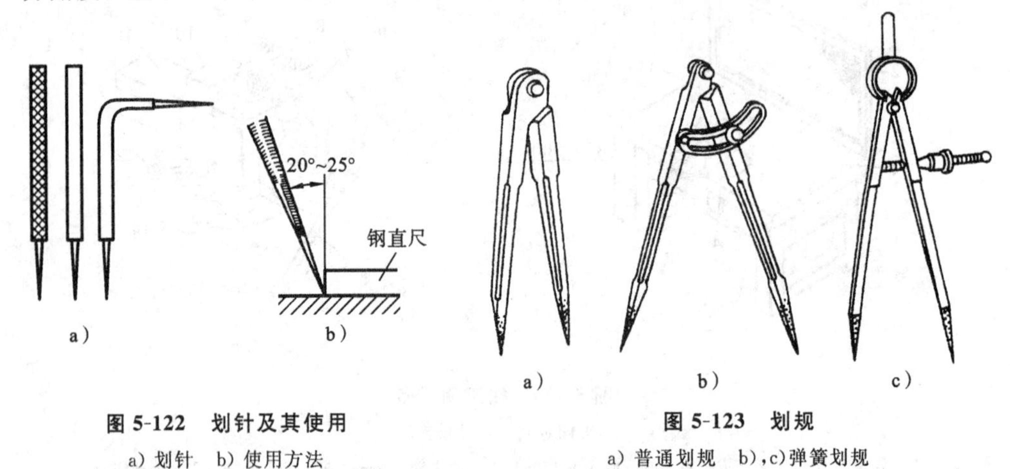

图 5-122　划针及其使用

a) 划针　b) 使用方法

图 5-123　划规

a) 普通划规　b),c) 弹簧划规

(3) 划线平板　划线平板(lineation flat)用铸铁制成，表面经过刨、刮等精加工，是划线的基准平面。平板要安放稳固，上平面保持水平状态，平板各处要均匀使用，严禁敲打，并保持干净，为防生锈可在其表面涂上机油，如图 5-124 所示。

(4) 划针盘和高度尺　划针盘(needle plate)主要用来在工件上划与基准面平行的直线和平行线。划针的一端为针尖状，供划线用，另一端有弯钩，用来检查平面是

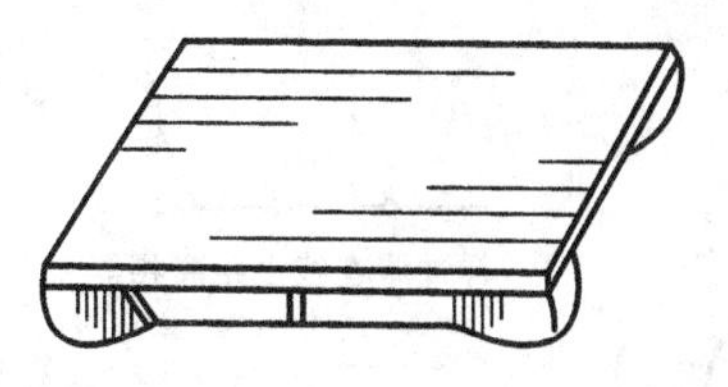

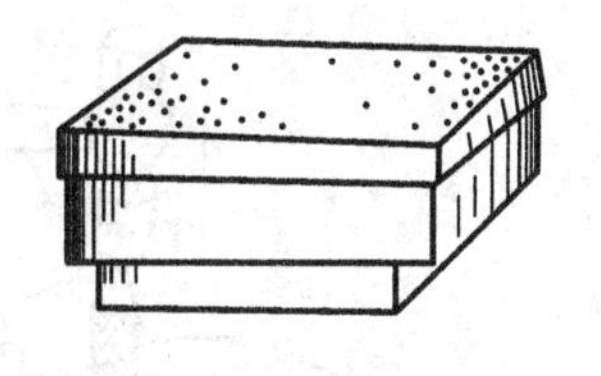

图 5-124　划线平板

否平整。在尺座上固定一钢直尺，高度尺(height ruler)与划针盘配合量取尺寸。划针盘和高度尺如图 5-125 所示。

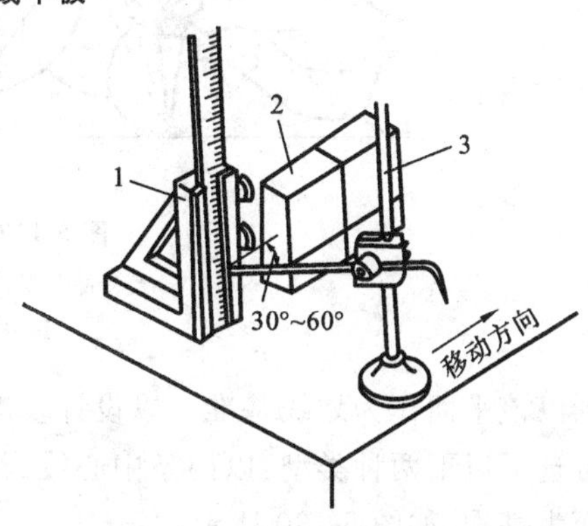

图 5-125　划针盘和高度尺

1—高度尺　2—工件　3—划针盘

(5) 方箱　方箱(square box) 是用铸铁制成的空心立方体，如图 5-126 所示。方箱的六面都经过精加工，其相邻平面互相垂直，用于夹持较小的工件并能方便翻转后划出工件的垂直线。方箱上端有放置圆形工件的 V 形槽和夹紧装置。

(6) 千斤顶　千斤顶(jack)支承工件如图 5-127 所示。通常三个为一组，主要用来垫平和调整不规则的铸、锻件毛坯。用千斤顶支持工件时要保证工件稳定可靠，千斤顶 A、B 的连线应与 Y 方向平行。

(7) 样冲　样冲是用来在工件上划线位置打出样冲眼的工具。划好的线上应打出样冲眼，使所划的线被擦除后还能根据样冲眼显示出来。钻孔前的圆心也需打出样冲眼，以便于钻头定位。样冲及其用法如图 5-128 所示。

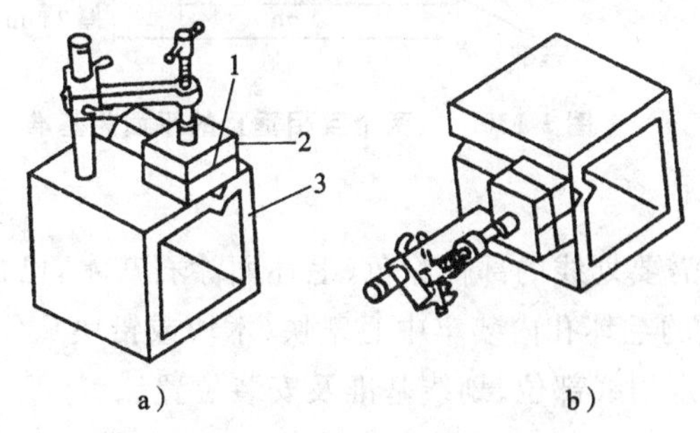

图 5-126　方箱

a) 划水平线　b) 划垂直线

1—划出的水平线　2—工件　3—方箱

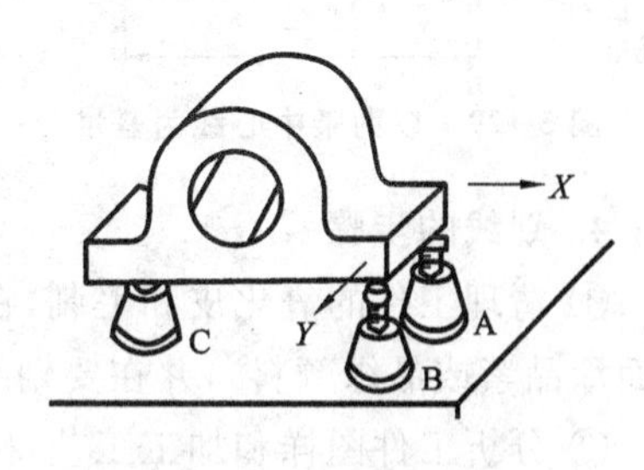

图 5-127　千斤顶支承工件

3. 划线基准

基准是零件上用来确定点、线、面位置的依据。作为划线依据的点、线、面称为划线基准(lineation benchmark)。正确地选择划线基准是划线的关键。若工件上有重要的孔需要加工，一般选择该孔的轴线作为划线基准；若工件上个别平面已经加工，

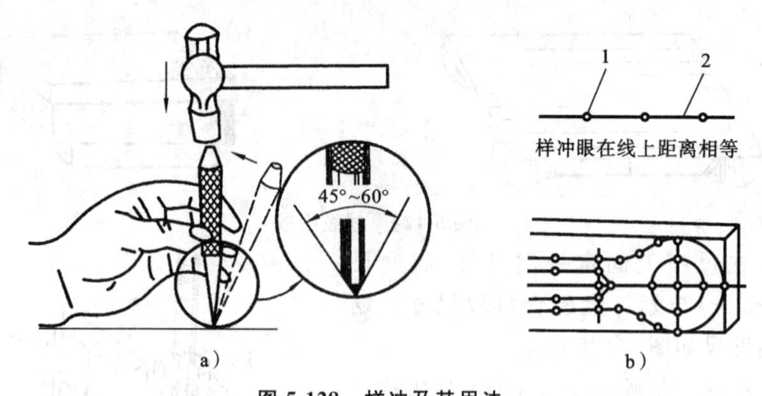

图 5-128 样冲及其用法

a) 样冲及对准位置 b) 样冲眼分布

1—样冲眼 2—线

则以该平面作为划线基准。以设计基准作为划线基准可以简化计算。划线基准一般可选择以下两种类型:以两条中心线为基准,如图 5-129 所示;以两个互相垂直的平面为基准,如图 5-130 所示。

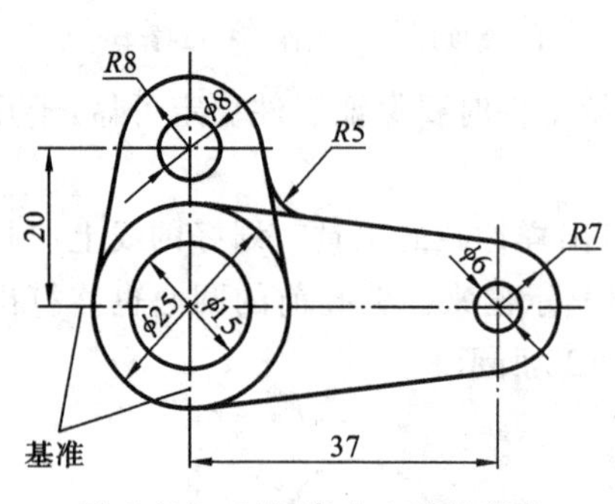

图 5-129 以两条中心线为基准

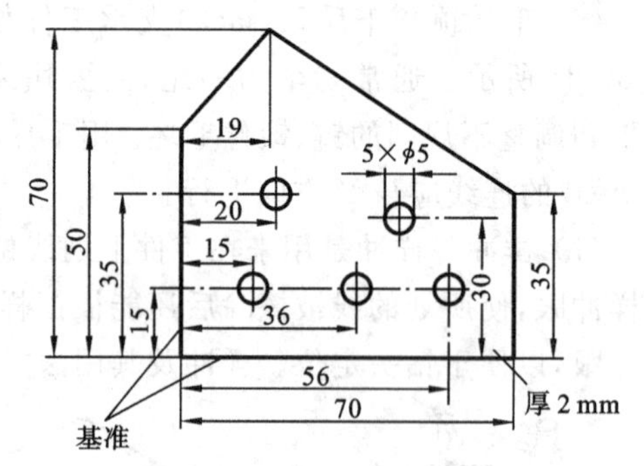

图 5-130 以两个互相垂直的平面为基准

4. 划线的步骤

① 清理工件的氧化皮和毛刺,在需要划线的部位涂色(毛坯面涂石灰水,已加工表面涂品紫或品绿颜料),并在要划线的毛坯孔内装牢中心塞块(木块或铅块)。

② 分析工件图样和加工工艺,确定划线部位、划线基准及安装位置。

③ 检查工件是否存在缺陷、误差。如果通过借料可弥补,则要考虑借料的方向和尺寸(对于铸、锻件毛坯,加工余量分配不均匀,只有通过划线调整相互位置,重新分配加工余量,才能保证产品质量,这种划线过程称为借料)。

④ 工件要安放平稳,以防滑倒或移动。

⑤ 在一次支承中应把需要划的平行线划全,以免再次补划,费工费时和造成误差。

轴承座直接翻转立体划线法如图 5-131 所示。

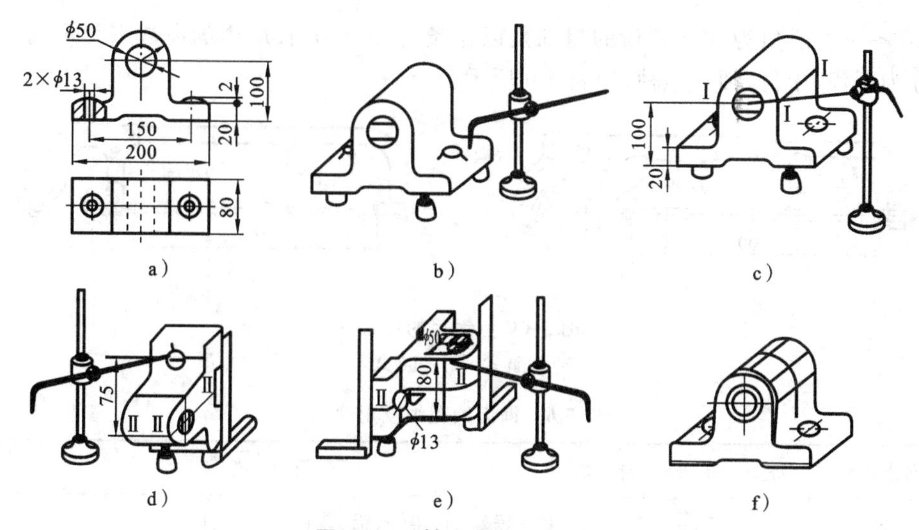

图 5-131　轴承座的立体划线

a）轴承座零件图　b）根据孔中心及上平面调节千斤顶，使工件水平

c）划底面加工线和大孔的水平中心线　d）转 90°，用 90°角尺找正，划大孔的垂直中心线及螺钉孔中心线

e）再转 90°，用直尺两个方向找正划螺钉孔另一方向的中心线及大端面加工线　f）打样冲眼

5.5.2　钳工的基本工作

1. 锯切

锯切(sawing)是用手锯把材料(或工件)锯出窄槽或进行分割的操作，锯切操作的应用如图 5-132 所示。

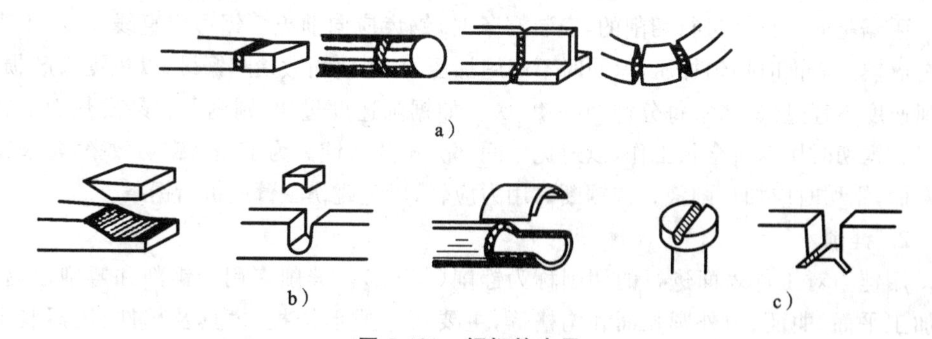

图 5-132　锯切的应用

a）锯槽　b）锯成形面　c）锯窄槽

1）手锯

手锯(handsaw) 由锯弓和锯条组成。锯弓(saw bow)用来安装和拉紧锯条，分为固定式和可调式两种，如图 5-133 所示。锯条(saw blade)一般由碳素工具钢制成，锯条长度以两个安置孔中心距表示，常用锯条长 300 mm，宽 12 mm，厚 0.8 mm。锯齿相当于一排同样形状的錾子，每个齿都有切削作用。锯齿的楔角为 45°～50°，后角

为 40°～50°,前角为 0°。锯齿的粗细是以锯条每 25 mm 长度内的齿数来表示的,一般分为粗齿、中齿、细齿三种,如表 5-6 所示。

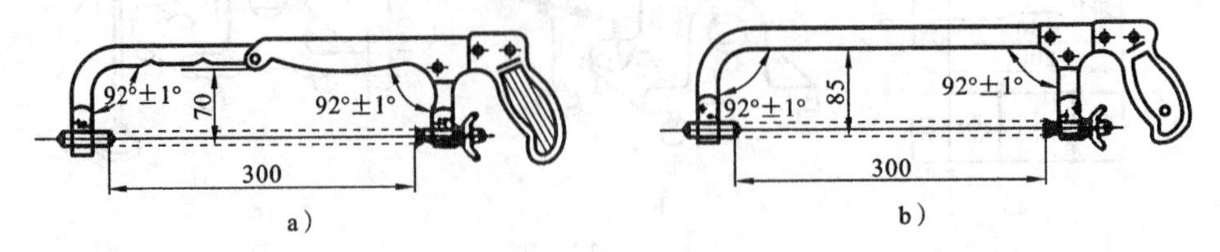

图 5-133 锯弓的形式

a) 可调式 b) 固定式

表 5-6 锯齿的粗细及用途

锯齿粗细	每 25 mm 长度内齿数	用 途
粗	14～18	锯软钢、铸铁、铝、紫铜、人造胶质材料
中	22～24	锯中等硬度钢、厚壁的钢管、铜管
细	32	锯薄板料、薄壁管子

锯条的选择是根据材料的软硬和厚度进行的。锯切较软材料(如铜、铝等)或厚度较大的工件时,应选用粗齿锯条,因粗齿锯条齿距大,锯屑不易堵塞齿间。锯硬材料或厚度较小的工件时,一般用细齿锯条,这样可以使同时参加锯削的齿数(一般二三个齿)增加,锯齿不易崩裂。

2) 锯切方法

手锯是向前推动进行切削的,安装锯条时,锯齿应向前方。锯弓应直线往复,不得左右摇摆。前推时均匀加压,返回时不应施加压力,还应稍微抬起锯弓,以免锯齿磨损。锯削速度不宜过快,通常每分钟 20～40 次。如锯削速度过快,则锯条容易发热而加剧磨损。锯切时用锯条全长工作,以避免中间部分迅速磨钝。为了提高锯切效率,延长锯条寿命,锯切时应加切削液。快锯断时用力应轻,以免碰伤手臂或折断锯条。

2. 锉削

用锉刀对工件表面进行的切削称为锉削(filing)。锉削多用于锯削和錾削之后,可加工平面、曲面、内外圆弧面和沟槽等,主要用于成形样板、模具及部件、机器装配时的工件修整。该法加工尺寸精度公差等级为 IT7～IT8,表面粗糙度 Ra 为 0.4 μm 左右。

1) 锉刀

(1) 锉刀的种类　锉刀(file)分为普通锉、整形锉(也称什锦锉)和特种锉三种。普通锉按其截面形状的不同可分为平(板)锉、方锉、圆锉、半圆锉、三角锉等五种。整形锉适用于修整工件上细小部位和精密工件(如样板、模具等)的加工。特种锉是加工各种工件的特殊表面用的。锉刀的形状和用途如表 5-7 所示。

表5-7　锉刀的形状及用途

品种		外形及截面形状	用途
钳工锉	齐头扁锉		锉削平面、外曲面
	尖头扁锉		
	方锉		锉削凹槽、方孔
	三角锉		锉削三角槽、大于60°的内角面
	半圆锉		锉削内曲面、大圆孔及与圆弧相接平面
	圆锉		锉削圆孔、小半径内曲面
特种锉	直锉		锉削成形表面，如各种异形沟槽、内凹面等
	弯锉	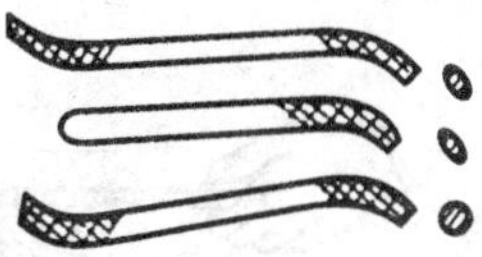	
整形锉	普通整形锉	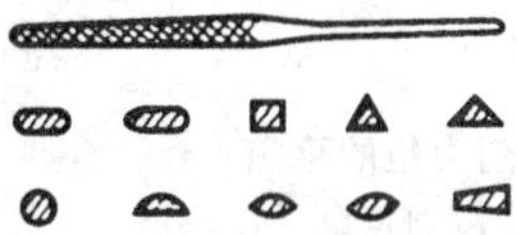	修整零件上的细小部位，工具、夹具、模具制造中锉削小而精细的零件
	人造金刚石整形锉	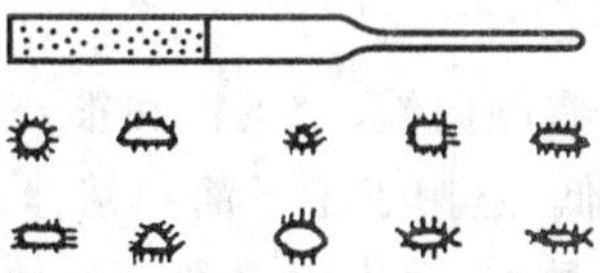	锉削硬度较高的金属，如硬质合金、淬硬钢，修配淬火处理后的各种模具

(2) 锉刀的选择　合理地选用锉刀，对提高工作效率，保证加工质量，延长锉刀的使用寿命有很多好处。锉刀的选择原则是：依据零件的加工部位不同，选择锉刀的截面形状；依据零件表面加工余量、精度、表面粗糙度选择锉刀锉纹号；依据零件锉削面积，合理选择锉刀的长度。锉刀的规格及适用范围如表5-8所示。

2）锉削操作

(1)锉刀的握法　锉刀握法的正确与否，对锉削质量、锉削效率和操作者的疲劳程度有一定的影响，应以方便、稳固为准则。

表 5-8 锉刀的规格及适用范围

类别	锉纹号	长度/mm									加工余量/mm	能达到的表面粗糙度 $Ra/\mu m$
		100	125	150	200	250	300	350	400	450		
		每 100 mm 长度内主要锉纹条数										
粗齿锉	Ⅰ	14	12	11	10	9	8	7	6	5.5	0.5～1.0	12.5
中齿锉	Ⅱ	20	18	16	14	12	11	10	9	8	0.2～0.5	6.3～12.5
细齿锉	Ⅲ	28	25	22	20	18	16	14	14	—	0.1～0.2	3.2～6.3
粗油光锉	Ⅳ	40	36	32	28	25	22	20	—	—	0.05～0.1	1.6～3.2
细油光锉	Ⅴ	56	50	45	40	36	32	—	—	—	0.02～0.05	0.8～1.6

(2) 锉削力矩的平衡　由于锉刀两端伸出工件的长度随时都在变化,两手的压力大小也必须随着变化,使两手压力对工件中心的力矩相等,这是平面锉削和型面锉削时保持锉刀平直运动的关键,如图 5-134 所示。

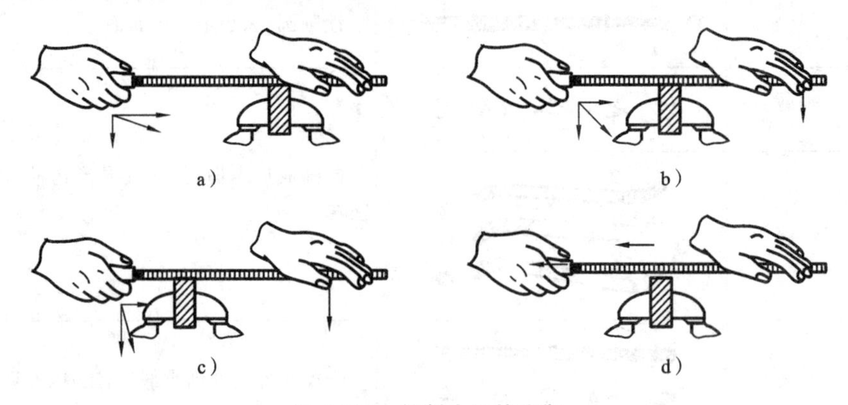

图 5-134　锉削力矩的平衡

a) 起锉　b) 进锉中　c) 进锉尾　d) 抬平

3) 锉削方法

(1) 平面锉削方法　平面锉削方法有顺向锉、交叉锉和推锉,如图 5-135 所示。顺向锉的锉纹较整齐、美观,表面粗糙度低,适用于小平面和精锉的场合。交叉锉的锉纹呈交叉状,平面度较好,表面粗糙度稍差,适用于锉削余量较大的平面粗加工。当工件表面狭长或加工面前有凸台无法用顺向锉来锉光时,可用推锉法。推锉法主要用来提高工件表面光整程度和修正尺寸。

锉削平面后,应检验尺寸和平面的直线度及两平面间的直角,可用钢直尺或卡尺检验工件尺寸,用 90°角尺与锉削平面贴合时是否透光来检查直线度和直角,如图 5-136所示。

(2) 曲面锉削方法　锉削外圆弧面一般采用锉刀顺着圆弧锉削的方法,锉刀作前进运动的同时,还绕工件圆弧中心作摆动。当加工余量较大时,可采用横着圆弧锉

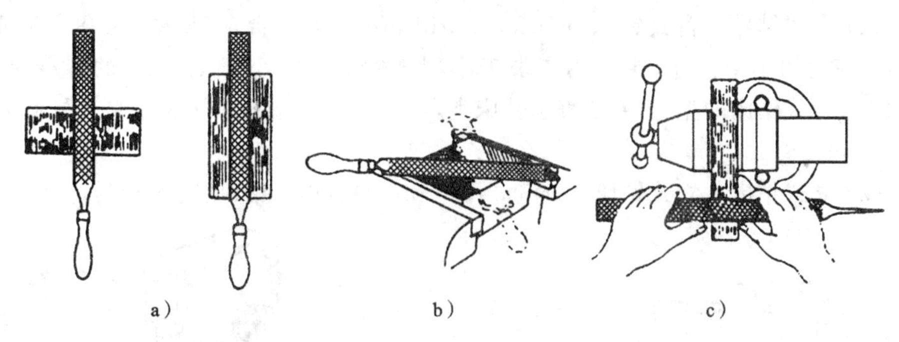

图 5-135 平面锉削方法

a）顺向锉法 b）交叉锉法 c）推锉法

的方法，如图5-137a所示。

锉削内圆弧时，可选用圆锉、半圆锉或方锉（圆弧半径较大）。锉刀要完成前进运动、向左或向右移动（约半个到一个锉刀直径）、绕锉刀中心线转动 90°，如图 5-137b 所示。

锉削球面时用平锉。锉刀在完成外圆弧锉削复合运动的同时，还须绕球中心作周向摆动，如图 5-137c 所示。

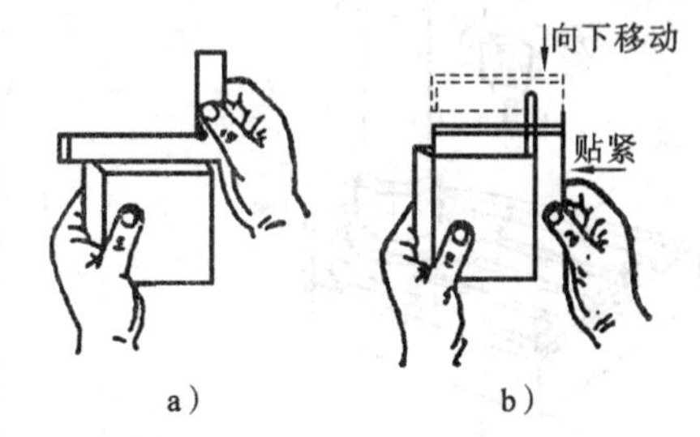

图 5-136 检查直线度和直角

a）检查直线度 b）检查直角

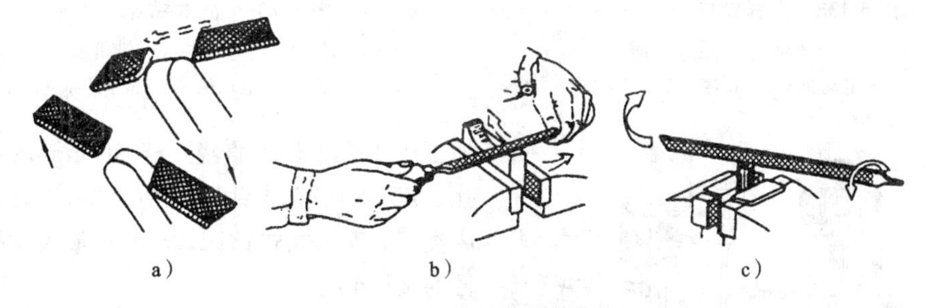

图 5-137 曲面锉削方法

a）外圆弧面锉削 b）内圆弧面锉削 c）球面锉削

3. 孔加工

1）钻孔

用钻头在实体材料上加工孔的操作称为钻孔（drilling）。钻孔时，钻头容易引偏（指加工时由于钻头弯曲而引起的孔径扩大、孔不圆或孔的轴线歪斜等），排屑困难、切削热不易传散，一般加工的尺寸精度公差等级在 IT10 以下，表面粗糙度 Ra 大于 12.5 μm，生产效率也低。因此，钻孔主要用于粗加工，例如：加工精度和表面粗糙度要求不高的螺钉孔和油孔；一些内螺纹，在攻螺纹之前，需要先进行钻孔；加工精度和表面粗糙度较高的孔，也要以钻孔作为预加工工序。钻孔通常在钻床上进行，扩孔、铰孔、镗孔、攻螺纹、锪端面等孔加工工作也在钻床上进行。

(1) 台式钻床　台式钻床(platform drill press)简称台钻(见图 5-138)，是放在台桌上使用的小型钻床，主要用来加工小型零件上直径小于 13 mm 的各种小孔。Z4012 型台式钻床的型号中，Z 表示钻床类，40 表示台式钻床，12 表示最大钻孔直径为 12 mm。

(2) 立式钻床　立式钻床(vertical drill press)简称立钻(见图 5-139)，主要用来加工中小型工件上直径小于 50 mm 的中小孔。Z5125 型立式钻床的型号中，Z 表示钻床类，51 表示立式钻床，25 表示最大钻孔直径为 25 mm。

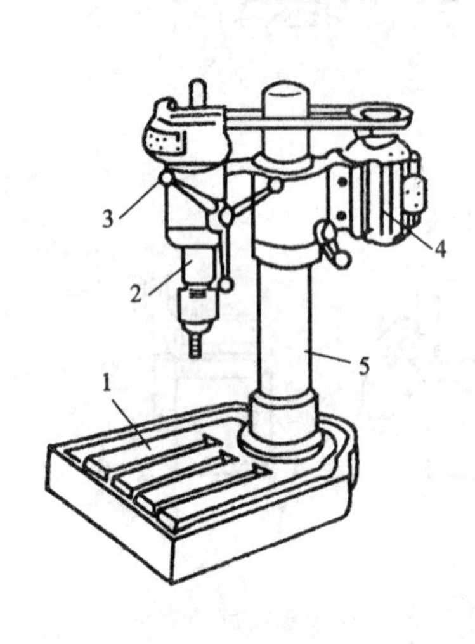

图 5-138　台式钻床

1—工作台　2—主轴　3—进给手柄
4—电动机　5—立柱

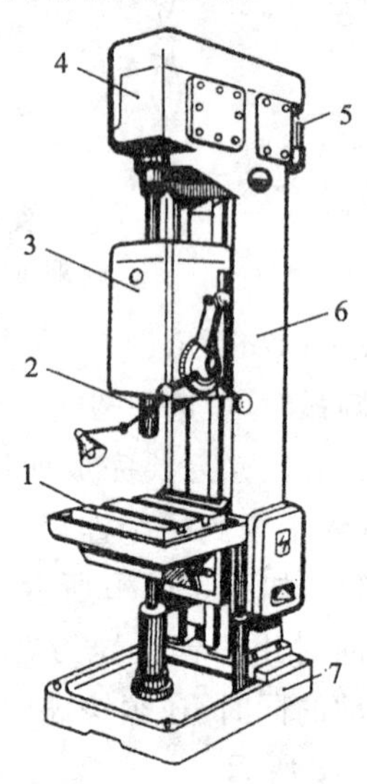

图 5-139　立式钻床

1—工作台　2—主轴　3—进给箱
4—主轴变速箱　5—电动机　6—立柱　7—机座

(3) 摇臂钻床　摇臂钻床(radial drill press)是靠移动钻床的主轴来对准工件上孔的中心的，加工比立式钻床方便，如图 5-140所示。摇臂钻床的主轴转速范围和进给量范围很广，所以加工范围也广泛，主要用于大型工件上孔的加工。

此外还有数控钻床，它可以完成工件上复杂孔系的加工，其加工精度和效率大大提高。

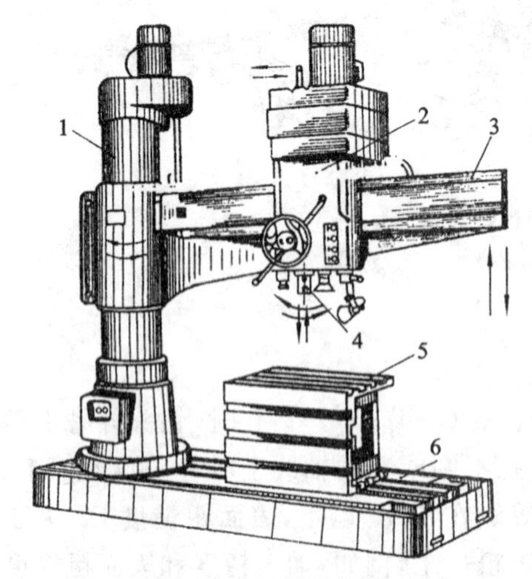

图 5-140　摇臂钻床

1—立柱　2—主轴箱　3—摇臂
4—主轴　5—工作台　6—机座

(4) 钻头　用于钻削加工的刀具称为

钻头，主要有麻花钻、中心钻、扁钻和深孔钻等，其中麻花钻应用最广。

麻花钻（见图 5-141）前端有两个主切削刃，形成 116°～118°的顶角，钻头的顶部有横刃，导向部分有两条螺旋槽和两条刃带；螺旋槽的作用是形成切削刃和排屑，刃带的作用是导向和减少钻头与孔壁的摩擦。钻柄有直柄（直径小于 12 mm）和锥柄（直径大于 12 mm）两种。麻花钻的结构决定了它的刚性和导向性均较差。钻孔时，主运动和进给运动都由钻头完成（见图 5-142）。

（5）钻孔方法　钻孔前应划线，打样冲眼，孔中心样冲眼冲大些，以便使钻头横刃可落入样冲眼锥坑中，不易引偏。装夹工件时，应使孔中心线与钻床工作台面垂直，装夹要稳固，可用平口钳或压板螺栓装夹工件。

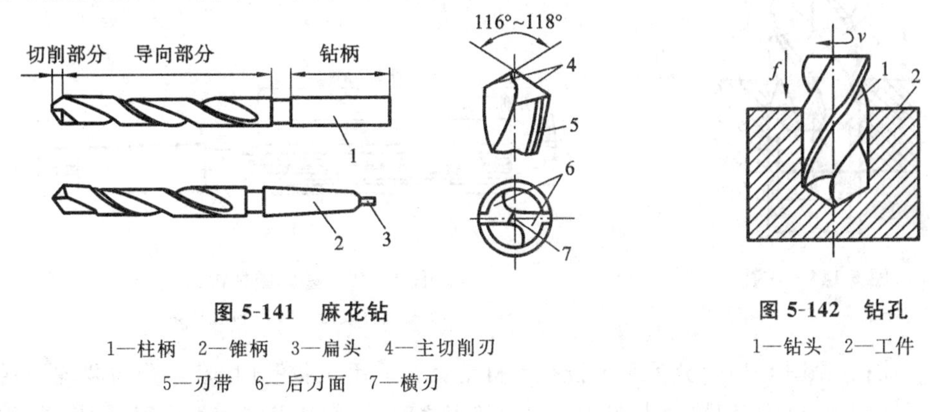

图 5-141　麻花钻

1—柱柄　2—锥柄　3—扁头　4—主切削刃　5—刃带　6—后刀面　7—横刃

图 5-142　钻孔

1—钻头　2—工件

钻孔时，先用钻头在孔的中心锪一小坑（约占孔径的 1/4），检查小坑与所划圆是否同心；临近钻透时，变自动为手动，进给量要小。工件材料较硬或钻深孔时要经常退出钻头及时排屑和冷却。直径 D 大于 30 mm 的孔应分两次钻，第一次用（0.5～0.7）D 的钻头先钻，再用所需直径的钻头将孔扩大到所需直径。

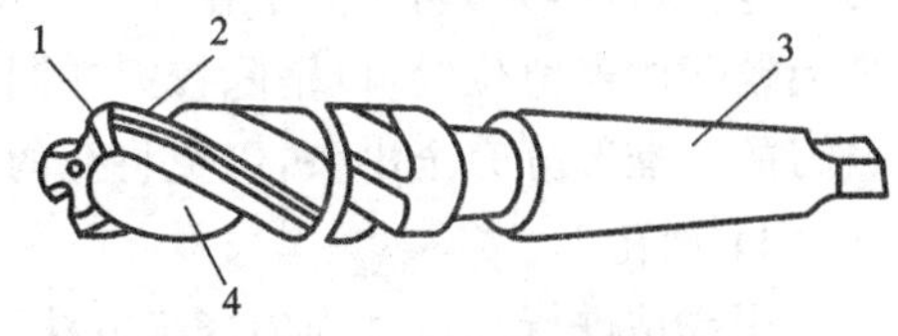

图 5-143　扩孔钻

1—主切削刃　2—刃带　3—锥柄　4—螺旋槽

应避免在斜面上钻孔，如需在斜面上钻孔，必须先用中心钻钻出定心坑，或用立铣刀铣一个平面再钻孔。

2）扩孔

图 5-143 所示为扩孔钻，对工件上已有孔进行扩大孔径的加工方法称为扩孔（boring hole）。一般可用麻花钻作为扩孔钻。但在扩孔精度要求较高或生产批量较大时，应采用专用的扩孔钻。扩孔钻有 3～4 条切削刃，无横刃，容屑槽较浅，钻心粗实，刚度好，导向性能好，切削较平稳。因此，扩孔的加工质量比钻孔高，尺寸精度公差等级可达 IT9～IT10，表面粗糙度 Ra 可达 3.2～6.3 μm。扩孔（见图 5-144）常作为孔的半精加工。当孔的精度和表面粗糙度要求更高时，则要采用铰孔。

3）铰孔

用铰刀对孔进行精加工的加工方法称为铰孔(reaming hole)，其加工的尺寸精度公差等级为IT6～IT7，表面粗糙度 Ra 为0.8～1.6 μm。铰刀有整体圆柱铰刀、可调铰刀、锥铰刀、螺旋槽铰刀和硬质合金铰刀等类型，其中最常用的是整体圆柱铰刀，如图5-145所示。

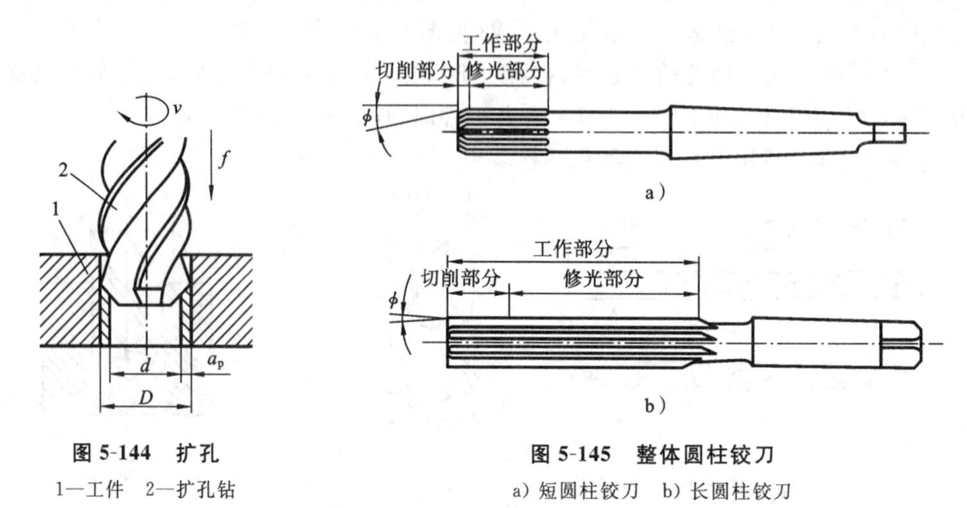

图 5-144　扩孔

1—工件　2—扩孔钻

图 5-145　整体圆柱铰刀

a）短圆柱铰刀　b）长圆柱铰刀

铰孔(见图5-146)分为手工铰孔和机动铰孔。手工铰孔时，双手用力要均衡；铰刀不能倒转，否则，切屑会卡在孔壁和切削刃之间，划伤孔壁或使切削刃崩裂；要经常变换铰刀的停留位置，以消除铰刀在同一处停留所产生的刻痕；孔快铰通时，不要让铰刀的校准部分完全出头，以免将孔的下端划伤。

4）锪孔

用锪钻进行孔口型面的加工方法称为锪孔。锪孔的形式有三种：锪柱形沉头孔、锪锥形沉头孔和锪孔端平面，如图5-147所示。锪孔时，切削速度不宜过高，锪钢件时需加润滑油，以免锪削表面产生径向刻纹等质量问题。

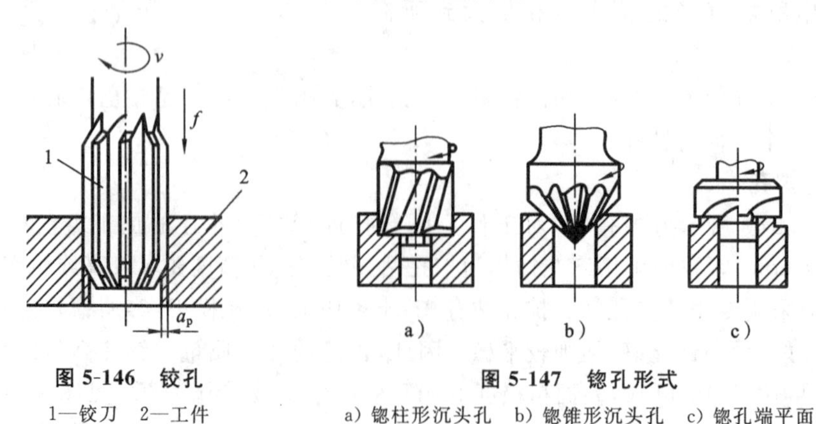

图 5-146　铰孔

1—铰刀　2—工件

图 5-147　锪孔形式

a）锪柱形沉头孔　b）锪锥形沉头孔　c）锪孔端平面

4. 攻螺纹和套螺纹

攻螺纹(见图 5-148)和套螺纹(见图 5-149)是配合使用的两个环节。

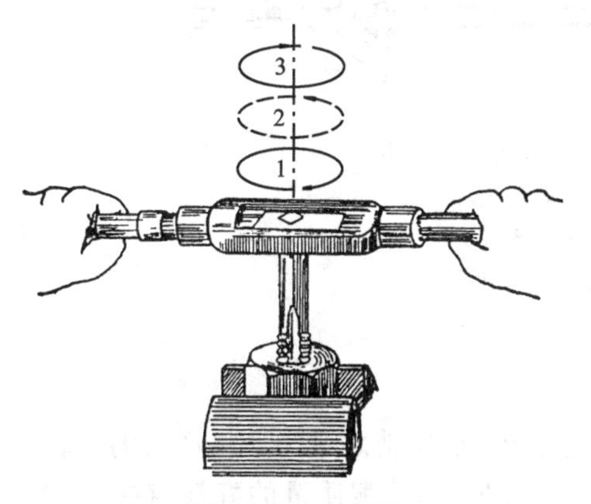

图 5-148　攻螺纹

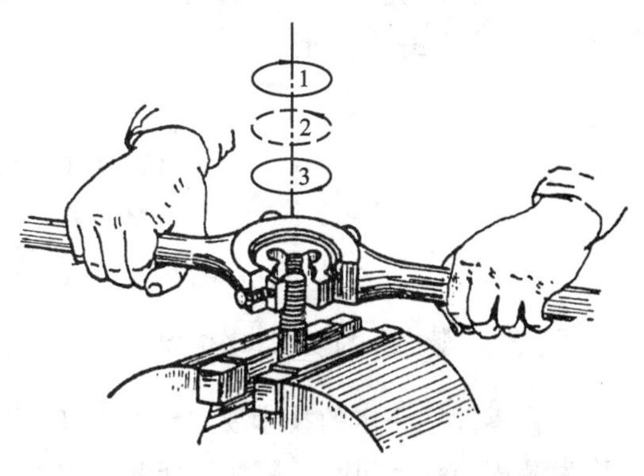

图 5-149　套螺纹

(1) 攻螺纹　用丝锥加工内螺纹的方法称为攻螺纹(tapping)。手用普通螺纹丝锥分粗牙和细牙两种,可攻通孔和不通孔螺纹,公称直径 1～27 mm。每种尺寸的丝锥一般由两只组成一套,分别称为头锥和二锥。丝锥的结构如图 5-150 所示。攻螺纹前底孔直径的确定如表 5-9 所示。

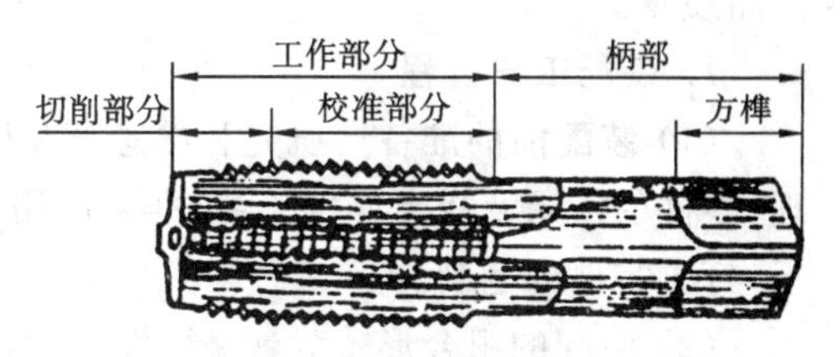

图 5-150　丝锥结构

表 5-9　底孔直径的确定

螺纹种类	规格	钢或韧性材料	铸铁或脆性材料
普通螺纹	$t<1$	$D_x=D-t$	
	$t>1$	$D_x=D-t$	$D_x=D-(1.05\sim1.1)t$

注:t —螺距(mm);D_x—攻螺纹前底孔直径(mm);D—螺纹公称直径(mm)。

底孔表面粗糙度 Ra 小于 6.3 μm,底孔孔口应倒角。攻不通孔螺纹的底孔时,底孔深度 H 可按下式确定:

$$H=h+0.7D$$

式中　h—所需螺纹深度(mm);

D—螺纹公称直径(mm)。

(2) 套螺纹　用板牙加工外螺纹的方法称为套螺纹。常用的圆板牙和板牙架如图 5-151 所示。圆板牙就像一个圆螺母,只是在它上面有几个排屑孔并形成刀刃。圆板牙由切削部分、校准部分和排屑孔组成。套螺纹前圆杆直径 D 由下式确定:

$$D=d-0.13t$$

式中　d——螺纹大径(mm);

t——螺距(mm)。

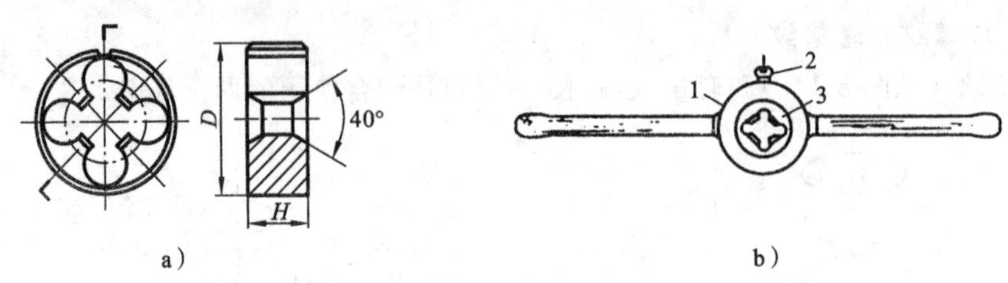

图 5-151 板牙和板牙架

a) 板牙结构 b) 板牙架

1—板牙架 2—紧固螺钉 3—板牙

5.5.3 装配的基本知识

将零件按一定的技术要求组装起来,并经过调整、试车使之成为合格产品的过程称为装配(assembly)。装配工作是产品制造的最后阶段,装配质量的好坏直接影响产品质量。

1. 装配工艺过程

(1) 装配前的准备 研究和熟悉产品装配图及技术要求,了解产品结构、工作原理、零件的作用及相互连接关系,准备所用工具,确定装配方法和顺序,清洗零件的油污,打去零件的毛刺。

(2) 装配的组合形式为:① 组件装配,将若干个零件安装在基础件上构成组件;② 部件装配,将若干个零件、组件安装在另一个基础件上构成部件;③ 总装配,将若干个零件、组件、部件安装在另一个较大的、较重的基础件上构成功能完善的产品。

(3) 调试及精度检验 产品装配完毕,应对零件或机构的相互位置、配合间隙进行调整,然后进行精度检验,最后进行试车,检查产品的工作性能。

(4) 涂油、装箱 为防止生锈,机器的部分表面应涂防锈油,然后装箱入库。

2. 装配方法

(1) 完全互换法 在同类零件中,任取一件不需经过其他加工就可以装配成符合要求的部件或机器。完全互换法对零件的加工精度要求高,适合大量生产。

(2) 分组选配法 装配前,按零件的实际尺寸分成若干组,然后将对应的各组进行装配,以达到配合要求。分组选配法可提高零件的装配精度,而且不增加零件的加工成本,适合于成批生产中的某些精密配合。

(3) 修配法 在装配过程中,修去某配合件上的预留量,使配合零件达到规定的装配精度。修配法适合单件、小批生产。

(4) 调整法 通过调整一个或几个零件的位置来保证装配精度。调整法适合单件、小批生产。

3. 典型机械装配

1) 螺纹连接装配

螺纹连接是一种可拆的固定连接,它具有结构简单、连接可靠、装拆方便等优点,在机械装配中应用广泛。螺纹连接的种类及其应用如表5-10所示。

表5-10 螺纹连接种类及其应用

名称	图例	应用场合
普通螺栓连接		在机械制造中广泛应用
双头螺栓连接		主要用在不经常拆卸的部位上，而上面的连接件，可以经常拆卸，方便修理和调整
机用螺栓连接		普遍用在一些受力不大的小机件上
内六方螺栓连接		广泛用于箱体盖、夹具中的定位板、齿条及密封装置中

螺纹连接的装配要点如下：

① 螺纹配合应做到能用手自动旋入，过紧会咬坏螺纹，过松会使螺纹受力后断裂。

② 螺栓或螺母与零件贴合表面应平整光滑，螺母紧固时应加垫圈，以防损伤贴合面。

③ 为了润滑和防止生锈，在螺纹的连接处应涂润滑油。

④ 螺纹装配连接时，应选用合适的工具；拧紧力矩应适宜，不同材料和直径的螺纹拧紧力矩不同；对有特殊控制螺纹力矩预紧力要求的，应采用测力扳手。

⑤ 装配成组螺栓、螺母时，为保证零件的贴合面受力均匀，应按一定的顺序，分两步或三步拧紧，如图5-152所示。

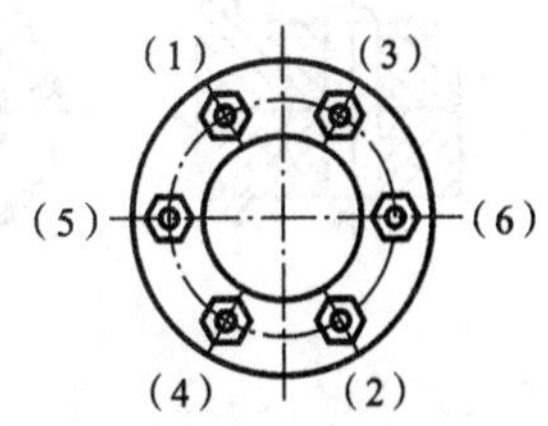

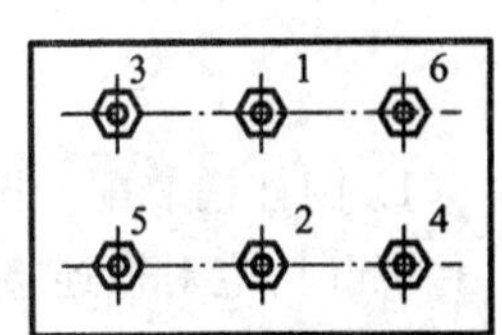

图5-152 拧紧成组螺栓、螺母的顺序

⑥ 连接件在工作中有振动或受到冲击，为了防止螺栓或螺母松动，必须采用防松装置。常用的防松装置如图5-153所示。

2）销连接装配

销连接按结构可分为圆柱销、圆锥销、开口销等。其主要作用是定位、连接或锁定零件，有时还可作为安全装置中的过载剪切元件，如图5-154所示。

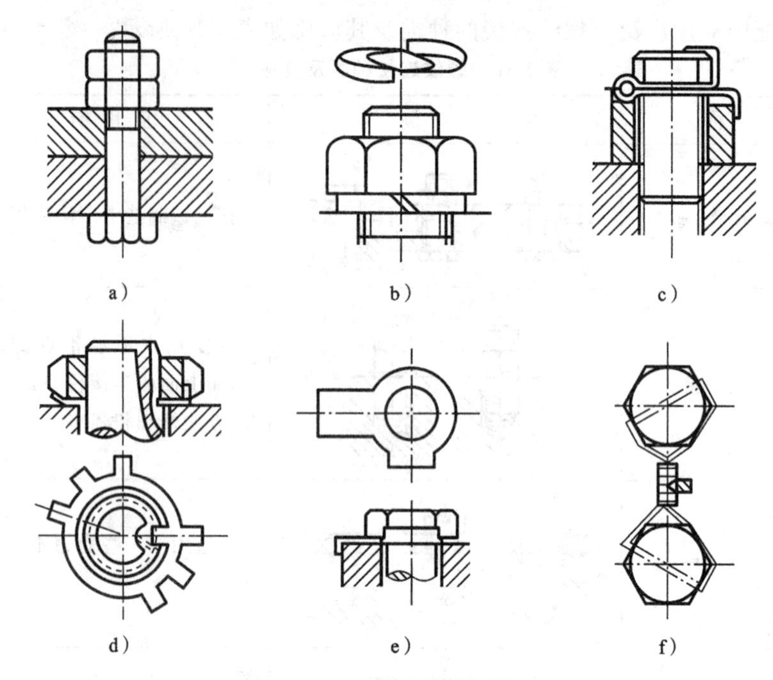

图 5-153　螺纹连接常用防松装置

a) 双螺母　b) 弹簧垫圈　c) 开口销　d) 止动垫圈　e) 镶片　f) 串联钢丝

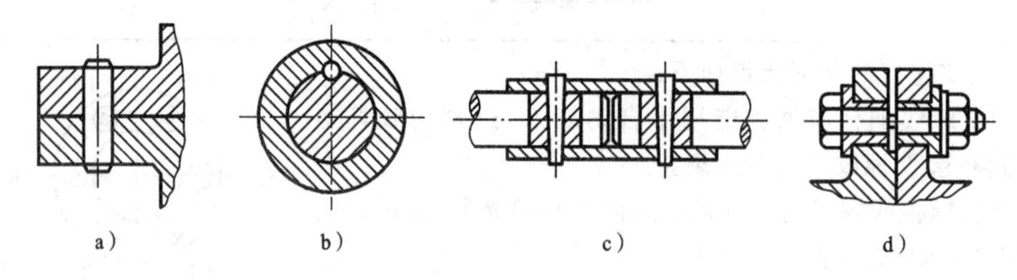

图 5-154　销连接

a) 定位作用　b),c) 连接作用　d) 保险作用

(1) 圆柱销装配　圆柱销按配合性质分为间隙配合、过度配合和过盈配合。圆柱销装配时,应对被连接件的两孔同时钻、铰,使孔表面粗糙度 Ra 小于 1.6 μm。在装配时应在销子表面涂机油,用铜棒轻轻敲入。对于盲孔,销子装入前应将销子磨出通气平面,让孔底空气排出。

(2) 圆锥销装配　圆锥销装配时,两连接件也应一起钻、铰。钻孔时按圆锥销小头直径选用钻头(圆锥销以小头直径和长度表示规格)。用锥度为 1∶50 的铰刀铰孔,以圆锥销自由插入全长的 80%～85%为宜,然后用手锤敲入,销子的大端可稍高出工件表面。

拆卸普通圆柱销和圆锥销时,可以从小头向外敲出;有螺尾的圆锥销,可用螺母旋出;若拆卸带内螺纹圆柱销或圆锥销,可用拔销器拔出。

3）滚动轴承装配

滚动轴承的常用装配方法如表 5-11 所示。

表 5-11　滚动轴承的装配方法

装配方法	图　示	说　明
敲入法		当配合过盈较小时，可用套筒垫起来敲入，或用铜棒对称地敲击轴承内圈（或外圈）
压入法		当过盈较大时，可用压力机直接压入，也可用套筒垫起来压轴承内、外圈或整体套筒一起压入壳体孔及轴上
温差法		当过盈配合较大，不便使用上述方法时，采用温差法。将轴承放入油中加热到 80～120 ℃，趁热装入轴颈处，拆卸时，也得在油中加热

复习思考题 5-5

1. 划线有何作用？为什么划线能使某些加工余量不均匀的毛坯免于报废？
2. 如何选择划线基准？工件的水平位置和垂直位置如何找正？
3. 如何选择锯条？分析锯切时锯条崩齿和折断的原因。
4. 如何选择锉刀？锉削平面的方法有哪些？各用于何种场合？
5. 分析平面锉削中经常产生中凸缺陷的原因。
6. 如何确定攻螺纹前的螺纹底孔的直径和深度？
7. 比较钻孔、扩孔和铰孔的工艺特点及其用途。
8. 攻螺纹、套螺纹时为何要经常反转？
9. 丝锥为何要两个（或三个）为一组？是否可以只用一个？
10. 为何要尽量避免在斜面上钻孔？可采用哪些方法来解决斜面上钻孔的问题？
11. 简述装配工作的重要意义。举例说明组件装配、部件装配的工艺过程。

第6章　数控加工

6.1　数控机床

6.1.1　概述

1. 数控机床的产生

数字控制(NC,numerical control)是指在机床领域用数字化信号对机床运动及其加工过程进行控制的一种方法,简称数控。如果采用存储程序的专用计算机来实现部分或全部基本数控功能,则称为计算机数控(CNC,computer numerical control)。

数控技术的创立给机械制造业带来了巨大的变革。制造业自动化基础技术,现代计算机辅助设计与制造(CAD/CAM)、柔性制造系统(FMS,flexible manufacturing system)和计算机集成制造系统(CIMS,computer integrated manufacturing system)等,都是建立在数控技术之上的。

数控机床即是采用了数控技术的机床,或者说是装备了数控系统的机床,是为了解决单件、小批复杂零件加工的自动化并保证质量要求而产生的。

2. 数控机床的特点

数控机床是一种高效能自动加工机床,是一种典型的机电一体化产品。与普通机床相比,数控机床具有如下一些特点:

① 易于加工异形复杂零件,易于保证加工质量,产品一致性好。

② 可以实现一机多用、单人多机看管,工件加工周期短,生产效率高,可以大大减轻工人劳动强度,减少所需工人数量。

③ 可以大大减少专用工装、夹具,并有利于延长刀具使用寿命。

④ 具有广泛的适应性和较大的灵活性,可以大大减少在制品数量,实现精确的成本计算和生产进度安排。

⑤ 可实现软件误差补偿和优化控制,是实现柔性自动加工的重要设备,是发展柔性生产和计算机辅助制造的基础。

3. 数控机床的工作原理

数控机床加工零件时,首先应编制零件的数控程序(这是数控机床的工作指令),将数控程序输入到数控装置,再由数控装置控制机床主运动的变速、启停,进给运动的方向、速度和位移大小,以及刀具选择交换、工件夹紧松开和切削液通断等动作,使刀具与工件及其他辅助装置严格地按照数控程序规定的顺序、路程和参数进行工作,从而加工出符合形状、尺寸与精度要求的零件。

4. 数控机床的组成

1）数控机床控制系统

数控机床控制系统的组成如图 6-1 所示。其核心部分是计算机数控装置，它由硬件和软件组成。硬件的主体是计算机，主要包括 CPU、存储器、键盘、CRT、输入/输出接口和位置控制等部分。高档计算机数控系统常采用多 CPU 计算机系统，各 CPU 间协调工作，共同完成数控功能。软件由管理软件和控制软件组成。管理软件主要包括输入/输出、显示、诊断等程序。控制软件包括译码、刀具补偿、速度控制、插补运算、位置控制等程序。

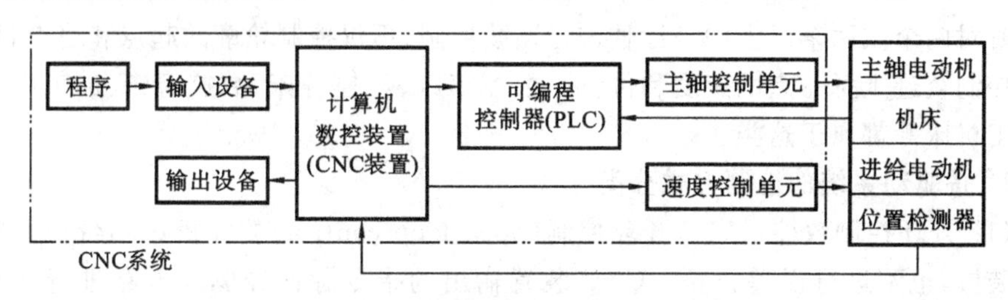

图 6-1　数控机床控制系统的组成

高级的输入、输出设备包括自动编程机乃至 CAD/CAM 系统。

可编程控制器(PLC，programmable logical controller)处于 CNC 装置和机床之间，对 CNC 装置和机床的输入、输出信号进行处理，用 PLC 程序代替以往的继电器线路，实现辅助功能、主轴转速功能、刀具功能的控制和译码。

主轴驱动装置控制主轴的旋转运动，而进给驱动装置控制机床各坐标轴的切削进给运动。进给驱动装置由驱动部件(交、直流电动机及速度检测元件)和速度控制单元组成。一些要求不高的数控机床，可采用功率步进电动机及其驱动器作为进给驱动装置。

2）主机

数控机床是一种高度自动化的机床，既可以进行大切削量粗加工，以获得高效率，也可以进行半精加工和精加工，以获得高的加工精度。这就要求数控机床具有大功率和高精度。数控机床的主轴转速和进给速度远比同规格的普通机床的高。高速化的趋势在中小型数控机床上尤为明显。数控机床应能在高负荷下长时间无故障地工作，具有高可靠性。可靠性对于组成柔性制造单元和柔性制造系统的数控机床尤其重要。

为了满足数控机床高自动化、高效率、高精度、高速度、高可靠性的要求，与普通机床相比，数控机床的机械结构具有以下一些特点：① 高的刚度和高减振性；② 小的机床热变形；③ 高效率、无间隙、低摩擦传动；④ 简单的机械传动结构。

为了保证数控机床正常运行，还必须配备必要的辅助装置，包括液压、气压传动装置，交换工作台，数控转台，数控分度头，排屑装置，刀具及其监控检测装置等。

5. 数控机床的分类

数控机床的种类很多,可从不同的角度对其进行分类。

1) 按能够控制刀具与工件间相对运动的轨迹分类

(1) 点位控制或位置控制数控机床　点位控制(point to point control)或位置控制(positioning control)数控机床只能控制工作台(或刀具)从一个位置(点)精确地移动到另一位置(点),在移动过程中不进行加工,各个运动轴可以同时移动,也可以依次移动,数控镗床、钻床、冲床都属于此类。

(2) 轮廓控制数控机床　轮廓控制(contouring control)数控机床的控制系统能够同时对两个或两个以上的坐标轴进行连续控制,不仅控制轮廓的起点和终点,而且还要控制轨迹上每一点的速度和位置。数控车床、数控铣床、数控磨床、加工中心和电加工机床等都属于这类。

2) 按驱动系统的控制方式分类

(1) 开环控制数控机床　开环控制(open loop control)数控机床不带位置检测反馈装置,也不进行误差校正。CNC 装置输出的指令脉冲经驱动电路进行功率放大,驱动步进电动机转动,再经传动机构带动工件台移动。图 6-2 为开环控制框图。开环控制数控机床加工精度的提高受到一定的限制,但它结构简单,调试和维修方便,工作可靠,性能稳定,价格低廉,广泛用于精度要求不高的中小型数控机床上。

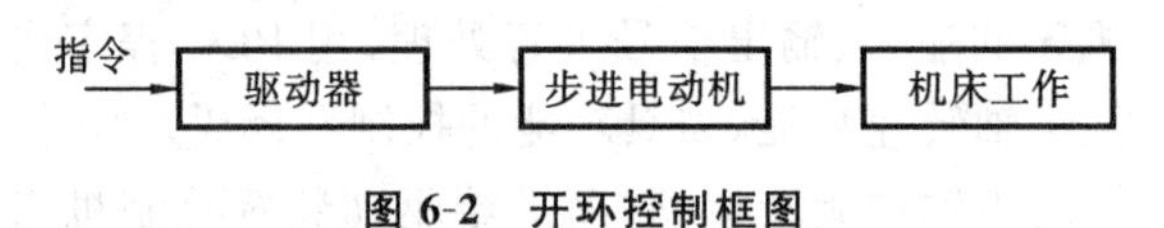

图 6-2　开环控制框图

(2) 闭环控制数控机床　闭环控制(closed loop control)数控机床带有位置检测反馈装置。位置检测装置安装在机床工作台上,用以检测机床工作台的实际运行位置,并与 CNC 装置的指令位置进行比较,用其差值进行控制。图 6-3 为闭环控制框图。闭环控制数控机床加工精度高,但调试和维修比较复杂,成本也高,主要用于精度要求较高的大型数控机床和精密数控机床上。

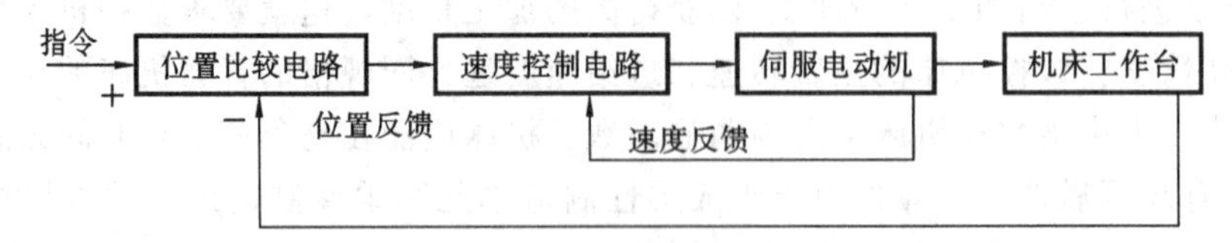

图 6-3　闭环控制框图

(3) 半闭环控制数控机床　将检测元件安装在电动机的端头或丝杠的端头,则为半闭环控制(semi closed control)数控机床,图 6-4 为半闭环控制框图。

由于半闭环的环路内不包括丝杠、螺母副及工作台,所以可以获得比较稳定的控制特性。其控制精度虽不如闭环控制数控机床,但调试比较方便,因而被广泛采用。

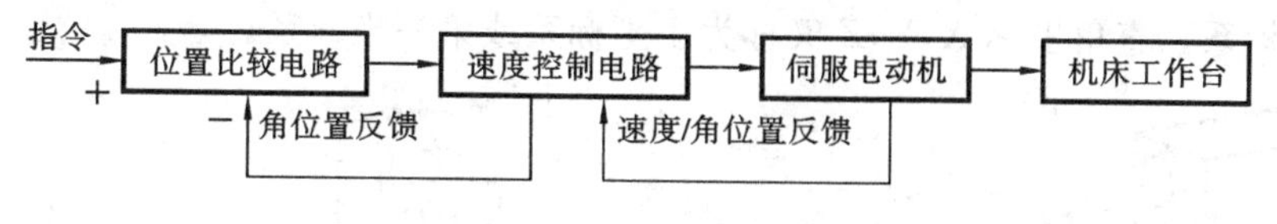

图 6-4　半闭环控制框图

3）按加工方法分类

（1）金属切削类　属此类的有数控车床、数控钻床、数控铣床、数控镗床和加工中心等。

（2）金属成形类　属此类的有数控折弯机、数控弯管机、数控回转头压力机等。

（3）特种加工类　属此类的有数控线切割机、数控电火花加工机床及激光切割机等。

（4）其他类　如数控火焰切割机床、三坐标测量机等。

6.1.2　数控加工程序编制

1. 机床坐标系的确定

数控机床坐标系是为了确定工件在机床中的位置、机床运动部件的特殊位置（如换刀点、参考点等）以及运动范围（如行程范围）等而建立的几何坐标系。

标准的坐标系采用右手直角笛卡儿坐标系（见图 6-5）。直角坐标轴 X,Y,Z 三者的关系及其正方向用右手定则判定，围绕 X,Y,Z 各轴的回转运动及其正方向 $+A,+B,+C$ 分别用右手螺旋法则判定。与 $+X,+Y,\cdots,+C$ 相反的方向相应用带“′”的 $+X',+Y',\cdots,+C'$ 表示。图 6-6 和图 6-7 所示分别为卧式车床和立式铣床的

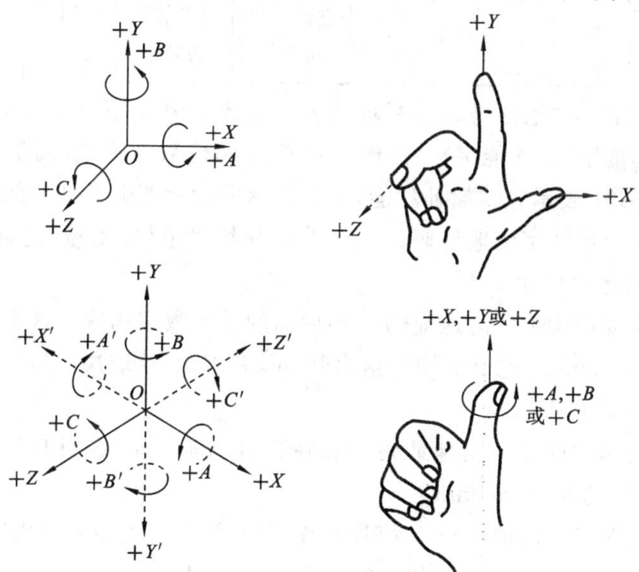

图 6-5　右手直角笛卡儿坐标系

标准坐标系。直角坐标 X,Y,Z 又称为主坐标系或第一坐标系。

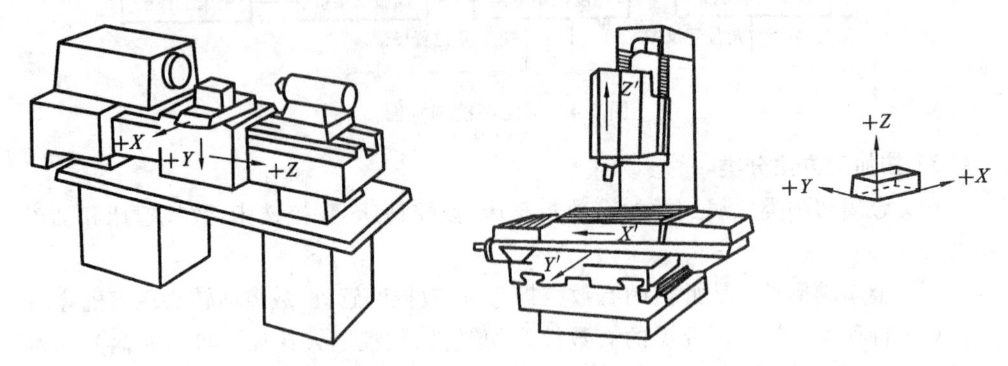

图 6-6　卧式车床标准坐标系　　　　图 6-7　立式铣床标准坐标系

如有第二组坐标和第三组坐标平行于 X,Y,Z,则分别指定为 U,V,W 和 P,Q,R。Z 轴始终与主轴平行。

2. 程序的组成与程序段格式

(1) 程序的组成　一个完整的零件加工程序由若干个程序段组成,一个程序段由若干个代码字组成,每个代码字由文字(地址符)和数字组成。程序段组成加工程序的全部内容和机床的开/停信息。

(2) 字地址符可变程序段格式　一个程序中的字的顺序并不严格,一般习惯的排列顺序如下:

N_	G_	X_	Y_	…	F_	S_	T_	M_	LF
顺序号字	准备功能字	尺寸字			进给速度功能字	主轴转速功能字	刀具功能字	辅助功能字	程序段结束

(3) 顺序号字　由地址码 N 和后面的若干位数字构成,用来识别程序段的编号。

(4) 准备功能字(G 功能字)　由地址码 G 和两位数字构成,用来描述机床的动作类型。例如,G01 表示直线插补功能,G02 表示顺时针圆弧插补功能。

(5) 尺寸字　尺寸字由地址码,+、-符号和绝对值(或增量)的数字构成,用来表示各个坐标的运动尺寸。

(6) 进给速度功能字　由地址码 F 和后面的若干数字构成。这个数字的单位可以是 mm/r 或 mm/min,也有的用进给率数 min^{-1} 表示,这取决于每个数控系统所采用的进给速度指定方法。

(7) 主轴转速功能字　由地址码 S 和在其后的若干位数字构成,其单位可以是转速(r/min)或切削速度(m/min)。

(8) 刀具功能字　由地址码 T 和若干数字构成,在自动换刀的机床中,该指令用以选择所用刀具。刀具功能字中的数字代表刀具的编号。

(9) 辅助功能字　由地址码 M 和两位数字表示,用来指定机床的辅助动作和状态，如主轴的启停，切削液的通断，更换刀具等。

6.2　数控车床

数控车床(numerical control lathe)是20世纪50年代出现的，它集中了卧式车床、转塔车床、多刀车床、仿形车床、自动和半自动车床的主要功能，主要用于回转体零件的加工，它是数控机床中产量最大、用途最广的一种。与其他车床相比较，数控车床具有精度高、效率高、柔性大、可靠性好、工艺能力强，能按模块化原则设计等特点。现以CK6132数控车床为例予以介绍。

6.2.1　数控车床的组成及用途

CK6132型数控车床如图6-8所示。该机床采用华中数控的“世纪星”数控系统(HNC-21T)，通过发出和接受信号控制交流伺服电动机、车床的主轴和转位刀架。其主轴采用变频器控制电动机转速达到无级变速，进给速度可任意设定，从而实现由微电脑控制的自动化加工。该机床可在自动、手动方式下进行操作，具有半自动对刀、刀具补偿和间隙补偿功能，配有硬件、软件限位等功能。床身导轨采用耐磨铸铁经超音频淬火及精磨而成，床鞍及滑动面贴塑，能长久稳定地保持机床工作精度。因此具有高精度、高效率、可靠性和长寿命等特点。

图6-8　CK6132**数控车床**

1—横向导轨(X轴)　2—纵向导轨(Z轴)　3—卡盘　4—电气控制柜(背面)　5—控制面板　6—回转刀架　7—溜板箱　8—床身

床身为钢板焊接的箱形结构，是车床的基础，它连接电气控制柜和防护罩，其内部装有排屑装置。回转刀架安装在床身中部的十字溜板上，可实现纵向(Z)和横向(X)的运动。车床在防护罩关上时才能工作，操作者只能通过防护罩上的玻璃窗观察车床的工作情况，这样就不用担心切屑飞溅伤人，故切削速度可以很高，以充分发挥刀具的切削性能。车床的电气控制系统主要由车床前右侧的CNC操作面板、车床操作面板、CRT显示器和车床最后面的电气柜组成，能完成该车床复杂的电气控制自动管理。主轴轴承、支承轴承以及滚珠丝杠螺母副均采用油脂润滑。

6.2.2 数控车床的基本操作

1. 数控车床操作面板

在数控机床操作中，无论使用的是数控车床、数控铣床还是加工中心，都是通过操作装置来实现控制的，其基本操作方法大致相似，即通过机床控制面板(MCP)和手持单元(MPG)直接控制机床的动作或加工过程，如启动、暂停零件程序的运行，手动进给坐标轴，调整进给速度等；通过 NC 键盘完成系统的软件菜单操作，如零件程序的编辑、参数输入、MDI 操作及系统管理等。

下面以 CK6136 型数控车床上配置的 HNC-21T 系统为例，介绍数控车床操作面板的基本结构和使用方法。

"世纪星"数控系统操作面板如图 6-9 所示，它包括机床操作按键、全数字式 MDI 操作键盘、液晶显示器和功能软键。

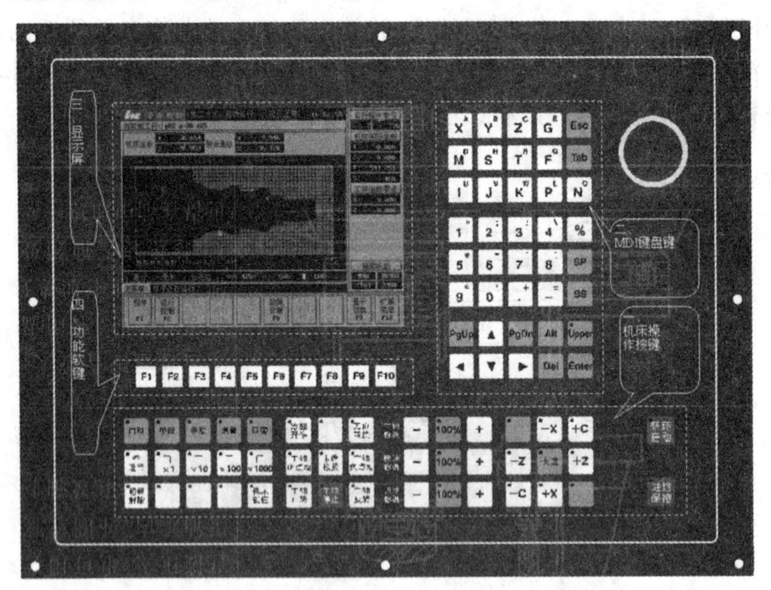

图 6-9 "世纪星"车床数控装置操作面板

2. 数控车床操作面板按键组的功能

1) 机床操作按键组

机床操作按键组可改变数控机床的加工方式，也可用该按键组直接控制机床的运行，如图 6-10 所示。机床操作按键组各按键功能如表 6-1 所示。

2) MDI 键盘

键盘主要用于零件程序的编制、参数输入、MDI 及系统管理操作等，如图 6-11 所示。MDI 键盘各按键的功能如表 6-2 所示。

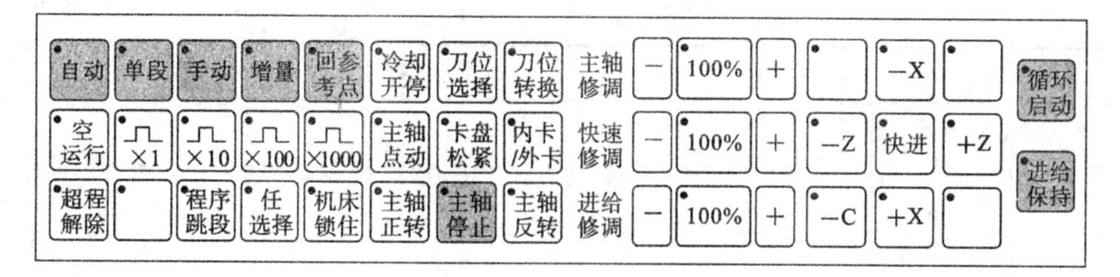

图 6-10 机床操作按键组

表 6-1 机床操作按键组各按键功能

功能键		功能说明
工作方式选择键	自动	自动连续加工工件，模拟加工工件，在 MDI 模式下运行指令
	单段	单段仅对自动方式有效。每按一次循环启动键，执行一段程序
	手动	在此功能下，可通过机床操作按键进行手动换刀、手动移动机床各轴、手动松紧刀具等
	增量	按压此功能键，可用操作面板上“轴选择”开关切换“增量”工作方式或“手摇”工作方式。可定量移动机床坐标轴，移动距离可由操作面板中“倍率修调”进行调整
	回参考点	按下该键，再按“＋X”“＋Z”的移动按键，进行回参考点操作，建立机床坐标系
主轴旋转键	主轴正转	在“手动”和“增量”方式下按下该键，可使主轴正转
	主轴反转	在“手动”和“增量”方式下按下该键，可使主轴反转
	主轴停止	在“手动”和“增量”方式下按下该键，可使主轴停止，机床正在做进给运动时，该键无效
超程解除键	超程解除	当机床超出安全范围时，行程开关撞上机床上的挡块，此时机床会切断伺服强电，机床不能动作，起到保护作用。如要重新工作，需按下该键不放，待接通电源同时在“手动”方式下，反向移动机床，使行程开关离开挡块
机床锁住按键	机床锁住	在“手动”和“手摇”方式下按下该键，机床的所有实际动作无效。但指令运算有效，故可在此状态下模拟运行程序

续表

功能键		功能说明
倍率修调按键	×1 ×10 ×100 ×1000	在“增量”和“手摇”的方式下有效，通过该类按键选择定量移动的距离量
运行控制按键	循环启动	在“自动”和“单段”方式下，在系统主菜单下按 F1 键进入自动加工子菜单，再按 F1 选择要运行的程序，然后按一下“循环启动”键，自动加工开始。适用于自动运行方式的按键同样适用于 MDI 运行方式和单段运行方式。**注意**：自动加工前应保证对刀正确
	空运行	在“自动”方式下按下该键，CNC 处于空运行状态，坐标轴将以最大快移速度移动。使用此功能可确认切削路径和检查程序。**注意**：在实际切削时，必须关闭此功能，否则可能会造成危险
	程序跳段	如程序中使用了跳段符号“/”，按下该键后，程序运行到有该符号标定的程序段，即跳过不执行该段程序；解除该键，则跳段功能无效
	进给保持	在自动运行加工过程中按下该键，机床上刀具相对工件的进给运动停止，但机床的主运动并不停止，再按下“循环启动”键，继续运行下面的进给运动
	任选择	在自动运行暂停状态下，除了能从暂停处重新启动继续运行外，还可控制程序从任意行执行。如程序中使用了 M01 辅助指令，当按下该键后，程序运行到该指令即停止，再按“循环启动”键，继续运行；解除该键，则 M01 功能无效
手动机床动作控制按键	主轴点动	在“手动”方式下按下该键，主轴将产生正向连续转动，松开此键，主轴停止转动
	冷却开停	在“手动”方式下按下该键，切削液开，再按一下，切削液关
	刀位选择	在“手动”方式下可用此键选择工作刀位的刀具，但此时不立即进行换刀
	刀位转换	用“刀位选择”按键选择好工作刀位上的刀具后按下该键，此时即可进行换刀
	卡盘松紧	在手动方式下按下该键，卡盘松开工件，可以进行更换工件操作；再按一下该键，夹紧工件，可以进行加工工件操作，如此循环
速度修调	− 100% +	通过这三个速度修调按键，可对主轴转速、G00 快移速度、工作进给或手动进给速度进行修调

续表

功 能 键		功 能 说 明
轴手动按键	−X −Z 快进 +Z +X	在“手动”“增量”和“回零”方式下有效。在“手动”方式时，确定机床移动的轴和方向，通过该类按键，可手动控制刀具移动。移动的速度由系统快速修调和进给修调按键确定。当同时按下方向键和“快进”键时，以系统设定的最大加工速度移动。在“增量”方式时，确定机床定量移动的轴和方向。在“回零”方式时，确定回参考点的轴和方向
急停按钮	急停	机床在运行中，如出现危险或紧急状况，按下该键，CNC即进入急停状态，伺服进给及主轴运转立即停止工作；顺时针旋转该键，即解除急停，CNC系统进入复位状态

表 6-2 MDI 键盘的功能

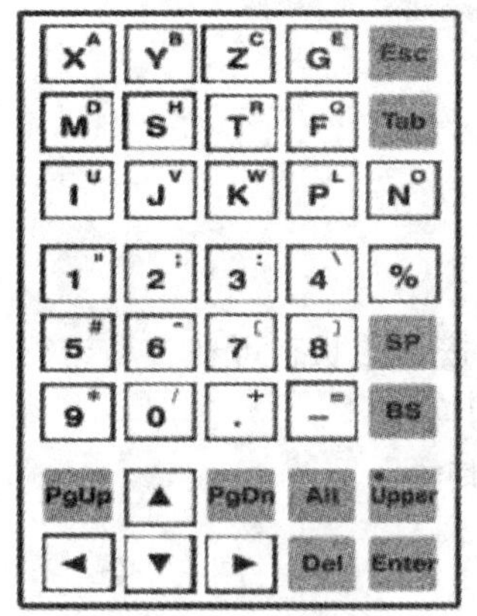

图 6-11 MDI 按键组

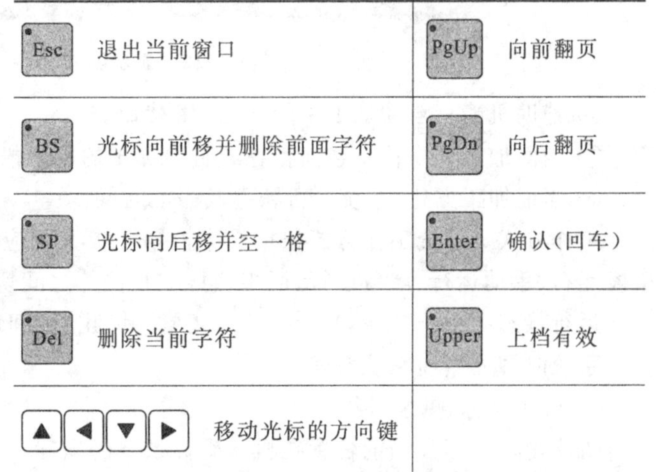

按键	功能	按键	功能
Esc	退出当前窗口	PgUp	向前翻页
BS	光标向前移并删除前面字符	PgDn	向后翻页
SP	光标向后移并空一格	Enter	确认(回车)
Del	删除当前字符	Upper	上档有效
▲ ◄ ▼ ►	移动光标的方向键		

3）显示屏

显示器主要用于汉字菜单、系统状态、故障报警的显示和加工轨迹的图形仿真，如图 6-12 所示。

系统界面显示各区域内容如下：

① 图形显示窗口　可以根据需要，用功能键 F9 设置窗口的显示模式。

② 菜单命令条　通过菜单命令条中的功能键 F1～F10 来完成系统功能的操作。

③ 运行程序索引　自动加工中的程序名和当前程序段行号。

④ 刀具在选定坐标系下的坐标值　坐标系可在机床坐标系、工件坐标系、相对坐标系之间切换；显示值可在指令位置实际位置、剩余进给、跟踪误差、负载电流、补偿值之间切换(负载电流只对 11 型伺服有效)。

⑤ 工件坐标零点　工件坐标系零点在机床坐标系下的坐标。

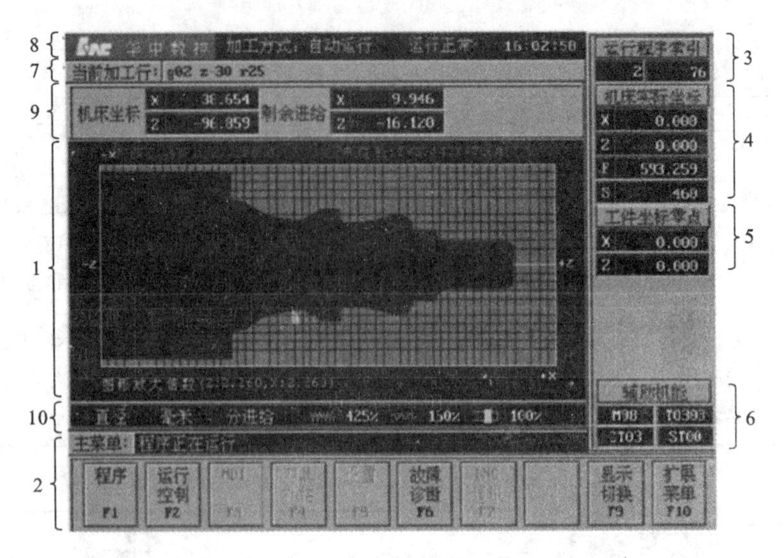

图 6-12 显示屏

⑥ 辅助机能 自动加工中的 M、S、T 代码。

⑦ 当前加工程序行 当前正在或将要加工的程序段。

⑧ 当前加工方式、系统运行状态及当前时间。

工作方式 系统工作方式根据机床控制面板上相应按键的状态可在自动运行、单段运行、手动运行、增量运行、回零、急停、复位等之间切换。

运行状态 系统工作状态在“运行正常”和“出错”间切换。

系统时钟 当前系统时间。

⑨ 机床坐标、剩余进给。

机床坐标 刀具当前位置在机床坐标系下的坐标。

剩余进给 当前程序段的终点与实际位置之差。

⑩ 直径/半径编程、米制/英制编程、每分进给/每转进给、快速修调、进给修调、主轴修调。

4）功能软键

功能软键系统界面中最重要的一块是菜单命令条，如图 6-13 所示。操作者通过操作菜单命令条中 F1～F10 功能软键对应显示屏下方的 F1～F10 功能软键，完成系统的主要功能。

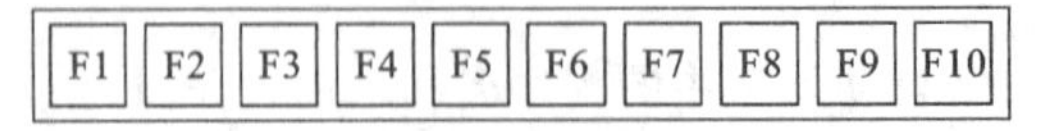

图 6-13 功能软件组

由于功能软键中每个功能包括不同的操作，菜单采用层次结构，即在主菜单下选择一个菜单项后，数控装置会显示该功能下的子菜单，故按下同一个功能软键，在不同菜单层时，其功能不同。用户可根据操作需要选择菜单显示的功能进行操作。该系统基本功能菜单为三级结构。

① 第一级菜单如下：

主菜单									
F1	F2	F3	F4	F5	F6	F7	F8	F9	F10
程序	运行控制	MDI 功能	刀具补偿	设置	故障诊断	DMC 通信		显示切换	扩展菜单

② 第二级菜单如下：

F1 程序									
F1	F2	F3	F4	F5	F6	F7	F8	F9	F10
选择程序	编辑程序		保存程序	程序校验	停止运动	重新运行		显示切换	主菜单

F2 运行控制									
F1	F2	F3	F4	F5	F6	F7	F8	F9	F10
指定行运行				保存断点	恢复断点			显示切换	返回

F3 MDI 功能									
F1	F2	F3	F4	F5	F6	F7	F8	F9	F10
	MDI 清除		回程序起点			返回断点	重新对刀		返回

F4 刀具补偿									
F1	F2	F3	F4	F5	F6	F7	F8	F9	F10
刀偏表	刀补表							显示切换	返回

F5 设置									
F1	F2	F3	F4	F5	F6	F7	F8	F9	F10
坐标系设定	毛坯设置	设置显示		网络	串口参数			显示切换	返回

F6 故障诊断									
F1	F2	F3	F4	F5	F6	F7	F8	F9	F10
	运行统计	预设统计值			报警显示	错误历史		显示切换	返回

F10 扩展菜单									
F1	F2	F3	F4	F5	F6	F7	F8	F9	F10
PLC	蓝图编程	参数	版本信息		注册	帮助信息	后台编辑	显示切换	返回

③ 第三级菜单如下：

F4 刀具补偿→F1 刀偏表									
F1 X 轴清零	F2 Z 轴清零	F3	F4	F5 刀架平移	F6	F7	F8	F9	F10 返回

F5 设置→F1 坐标系设定									
F1 G54 坐标系	F2 G55 坐标系	F3 G56 坐标系	F4 G57 坐标系	F5 G58 坐标系	F6 G59 坐标系	F7 工件 坐标系	F8 相对值 零点	F9	F10 返回

F10 扩展菜单→F1 PLC									
F1 装入 PLC	F2 编辑 PLC	F3 输入输出	F4 状态显示	F5	F6	F7 备份 PLC	F8	F9 显示切换	F10 返回

F10 扩展菜单→F3 参数									
F1 参数索引	F2 修改口令	F3 输入口令	F4	F5 置出厂值	F6 恢复前值	F7 备份参数	F8 装入参数	F9	F10 返回

F10 扩展菜单→F8 后台编辑									
F1	F2 文件选择	F3 新建文件	F4 保存文件	F5	F6	F7	F8	F9	F10 返回

3. 数控车床的基本操作

1）开机、关机、回零操作

(1) 开机　开机操作步骤如下：

① 按下操作面板上“急停”键；

② 顺时针旋转电气柜门上的空气开关旋钮，指示灯亮表示电源接通，机床通电；

③ 自动进入数控系统操作界面，显示器上方显示工作方式为“急停”；

④ 向右旋转操作面板上“急停”键，解除急停状态。

注意　关机后重新启动系统，要间隔 3 s 以上，不要短时间连续频繁开关机。

(2) 关机　关机操作步骤如下：

① 按下操作面板上“急停”键；

② 逆时针旋转电气控制柜门上的空气开关旋钮，指示灯灭表示电源切断。

注意　时刻牢记“急停”键的尾座并随时准备操作它。当遇到紧急情况时，应立即按下该键。

(3) 回参考点　回参考点操作步骤如下：

① 按压操作面板上工作方式中“回参考点”键；

② 按压操作面板上“＋X”键；

③ 按压操作面板上“＋Z”键。

掌握要点 观察回参考点过程中，“＋X”“＋Z”键指示灯的变化情况；观察回参考点过程中，机床坐标系的变化情况；观察各轴硬极限、参考点位置的挡块和行程开关的位置。

注意 不回参考点，机床会产生意想不到的运动，所以为了防止学生在开机之后忘记回参考点，系统会提示“请先回参考点”，否则无法操作。为了保证安全，数控车床回参考点时必须先回“＋X”，再回“＋Z”；如先回“＋Z”则可能导致刀架电动机与尾座发生碰撞事故。

2）进行手动控制机床移动操作

(1) 手动操作 在手动方式中，可以使刀架连续运行。操作步骤如下：

① 按压操作面板上工作方式中“手动”键；

② 按压操作面板上“＋X”(或“－X”或“＋Z”或“－Z”)键，使刀架按相应的方向运动，运动的速度可用速度修调中“进给修调”进行调整；

③ 按住“快进”并同时按压“＋X”(或“－X”或“＋Z”或“－Z”)键，使刀架快速移动；同样，运动的速度可用“进给修调”进行调整。

掌握要点 注意观察进给速度F的显示，感觉按键的连续控制能力。

注意 在手动方式操作移动刀架时，要时刻注意刀架的运动位置，防止与工件或尾座发生碰撞。

(2) 增量操作 在增量工作方式下，可使刀具点动移动，利用倍率修调可精确定位坐标轴。操作步骤如下：

① 按压操作面板上工作方式中“增量”键；

② 将操作面板上“轴选择”旋钮置于“Off”位置；

③ 选择操作面板上增量倍率“×1”“×10”“×100”或“×1000”键并按压；

④ 按压操作面板上“＋X”(或“－X”或“＋Z”或“－Z”)键，将刀具移动并定位到机床指令坐标某点处。

掌握要点 注意观察进给速度F的显示，感觉按键的定位控制能力。

注意 这几个按键互锁，即选择了其中一个(指示灯亮)，其余几个就会失效(指示灯灭)。

(3) 手摇操作 刀架的运动可以借助手轮来实现。一般在微动、对刀、移动刀架等操作中使用此功能。操作步骤如下：

① 按压操作面板上的工作方式中“增量”键；

② 将操作面板上“轴选择”旋钮转到“X轴”或“Z轴”；

③ 按压操作面板上增量倍率“×1”“×10”“×100”或“×1000”键；

④ 用手摇动手轮。

掌握要点　注意观察进给速度 F 的显示，感觉手轮的定位控制能力。

注意　在使用最大倍率“×1000”键摇动手轮时，请勿快速摇动手轮，否则可能会出现撞刀危险。

3）换刀操作

(1) 手动换刀　在手动方式下，可用操作面板中的按键直接进行换刀操作。操作步骤如下：

① 按压操作面板上工作方式中“手动”键；

② 按压操作面板上“刀位选择”键，并注意观察显示屏上的辅助机能中手动换刀“ST0 ”的刀具号；

③ 选择好刀位后再按下操作面板上“刀位转换”键。

掌握要点　注意观察当前刀“CT0 ”、手动换刀“ST0 ”、自动换刀“T00”的刀具号显示变化。

注意　请勿在短时间内频繁换刀，否则会损坏电动机。

(2) “MDI”方式下自动换刀　MDI 方式也称手动数据输入方式。它具有从 CRT/MDI 操作面板输入一个程序段的指令并执行该程序段的功能。常在主轴运转、换刀、对刀等操作中使用该方式。操作步骤如下：

① 在功能软键主菜单中，选择 “MDI”F3 功能键；

② 在显示屏光标处输入程序段(例如自动换刀指令 T0100)，按下“Enter”键；

③ 按压操作面板上工作方式中“自动”键，再按“循环启动”键。

注意　在 MDI 功能中的程序不能存储。编程应在编辑方式中进行。

4）超程解除操作

(1) 故障诊断　在机床操作过程中，如果系统出现报警而操作者无法确定故障的来源，可通过功能软键中的“故障诊断”键找到故障原因，并解除。操作步骤如下：

① 当系统有出错报警时，在功能软件的扩展菜单中选择“故障诊断”F6 功能键；

② 在子菜单中选择“报警显示”F3 功能键。

(2) 超程解除　当某轴出现超程时，系统视其状况为紧急停止。此时必须退出超程状态。操作步骤如下：

① 当系统报警显示某轴超程或机床位置丢失时，即该轴碰到了限位开关，应观察并判断是正或负向超程，同时观察是软超程还是硬超程；

② 如报警显示为软超程，按压操作面板上工作方式中“手动”键，再按压操作面板上“＋X”(或“－X”或“＋Z”或“－Z”)键，使工作台反方向退离，直至报警解除。

③ 如报警显示为硬超程(“超程解除”按键内指示灯亮)，必须用一只手按下操作面板上“超程解除”键，不松开，当“急停”状态显示为“复位”后另一只手再按下“手动”键，再按压操作面板上“＋X”(或“－X”或“＋Z”或“－Z”)键，使工作台反方向退离限位开关。

注意 在移回伺服机构时请注意移动方向及移动速率，以免发生撞机事故。

5）编辑、输入并保存程序

在编辑方式下，可以输入新程序或对已有的程序进行编辑和修改。操作步骤如下：

① 按压功能软键主菜单中“选择程序”F1 功能键，进入程序功能子菜单；

② 选择“编辑程序”F2 功能键；

③ 按压“新建程序”F3 功能键；

④ 在光标处输入以英文字母“O”开头的文件名（例如 Onew123）并回车确认；

⑤ 在编辑区输入程序；

⑥ 输入完毕后选择“保存程序”F4 功能键，回车确定。

掌握要点 注意保存的文件名必须以英文字母“O”开头，后面可加上数字或字母。

6）调用原有程序操作

操作步骤如下：

① 按下主菜单中“选择程序”F1 功能键，进入程序功能子菜单；

② 用 NC 键盘中“▲”或“▼”光标键选择加工程序；

③ 按压 NC 键盘中“Enter”键确认。

7）图形显示参数设置操作

(1) 毛坯尺寸设置 可根据当前运行的程序对毛坯进行相应的设置，以正确校验程序的合理性与正确性。操作步骤如下：

① 选择主菜单“设置”F5 功能键；

② 选择子菜单“毛坯尺寸”F2 功能键；

③ 用 NC 键盘中左右键移动光标，将“毛坯尺寸”中外径、内径、长度、内端面对应值正确设置并输入，并回车确认。

掌握要点 改变内端面的设置，观察图形的显示变化情况。

注意 长度是指工件的前端面到卡盘（或工件的内端面）的长度；内端面值是指卡盘（或工件的内端面）在工件坐标系中 Z 轴的有向距离，如工件坐标系的原点设置在前端面中心线上，那么内端面值为负的长度值；毛坯尺寸可根据不同的加工零件、程序进行重新设置。

(2) 设置显示 当前显示值包括下列几种：

指令位置 CNC 输出的理论位置；

实际位置 反馈元件采样的位置；

剩余进给 当前程序段的终点与实际位置之差；

跟踪误差 指令位置与实际位置之差；

负载电流 只对华中数控伺服系统有效；

补偿值 系统参数对每个轴的机械补偿。

操作步骤如下：

① 在功能软件主菜单中选择“设置”F5 功能键；

② 用 NC 键盘中的“←”(或“→”或“↓”或“↑”)键根据需要在“机床坐标系”“工件坐标系”“相对坐标系”等之间进行切换。

8）程序的校验

程序校验用于对调入加工缓冲区的程序文件进行校验，系统提示可能出现的错误，并可直观检查程序的合理性。操作步骤如下：

① 选择主菜单中程序 F1 功能键，用“↓”“↑”选择所编辑的文件名(例如 Onew)回车确认；

② 按压“显示切换”F9 功能键，可切换显示窗口；

③ 按压“程序校验”F5 功能键；

④ 按压“手动”键；

⑤ 按压“机床锁住” 键；

⑥ 按压“自动”键；

⑦ 按压“循环启动”键。

掌握要点 注意观察程序校验的图形轨迹，并分辨图形轨迹线中黄色线条、红色线条的意义，如程序有误再进行修改。

注意 校验运行时，机床不动作；为确保加工程序的正确无误，请选择不同的图形显示方式来观察校验运行的结果。

9）仿真加工

仿真加工也称模拟加工。将机床锁住运行加工程序，使刀具不运行，此时可通过 X-Z 平面图形显示来观察加工的过程。操作步骤如下：

① 按压操作面板上“机床锁住”键；

② 选择功能软件中“返回”F10 功能键，回到系统主菜单；

③ 选择主菜单中“程序”F1 功能键；

④ 按压“选择程序”F1 功能键；

⑤ 用 NC 键盘中“▼”或“▲”键选择文件，回车确认；

⑥ 按压功能软件中“显示切换”F9 功能键，可切换显示窗口；

⑦ 选择“返回”F10 功能键，回到系统主菜单；

⑧ 按压“毛坯尺寸”F2 功能键；

⑨ 根据加工程序的要求相应设置毛坯外径、内径、长度、内端面；

⑩ 按下操作面板上“循环启动”键。

注意 必须确认机床是否锁住，否则可能出现危险。

10）对刀操作

对刀的目的是调整数控车床每把刀具的刀位点，这样在刀架转位之后，虽然各刀具的刀尖不在同一个点上，但通过刀具补偿将使每把刀具的刀位点都重合在某一理想位置上，编程者只需按工件的轮廓编制加工程序而不必考虑不同刀具长度和刀尖半径的影响。操作步骤如下：

① 在功能软件中选择“刀具补偿”F4 功能键，再按压“刀偏表”F1 键，显示界面会出现“绝对刀偏表”；

② 在安全位置手动换 1 号外圆刀；

③ 用 1 号外圆刀试切毛坯外径一段距离，$+X$ 向不移动，将刀具朝 $+Z$ 向退出加工表面，再用卡尺或千分尺准确测量出外圆尺寸；

④ 用光标键“←”或“→”在 1 号刀偏寄存器中选择“试切直径”栏中输入已测量出的工件直径值，并确认；

⑤ 再用 1 号外圆刀试切毛坯的端面，并将端面朝端面中心切平，Z 向不移动，将刀具朝 $+X$ 向退出加工表面；

⑥ 在刀偏寄存器“试切长度”一栏中输入“0”（如工件坐标系的原点位置在外端面圆心上），并确认；此时，1 号刀具对刀完成；

⑦ 用以上同样的方式可对其他刀位的刀具进行对刀操作。

注意 对刀前必须确定机床回好零点建立机床坐标系；试切工件端面到该刀具要建立的工件坐标系的零点位置的有向距离，也就是试切工件端面在要建立的工件坐标系的 Z 轴坐标值；设置的工件坐标系 X 轴零点偏置（即机床坐标系 Z 轴坐标值减去试切直径的值），因而试切工件外径后，不得移动 X 轴；设置的工件坐标系 Z 轴零点偏置（即机床坐标系 X 轴坐标值减去试切长度的值），因而试切工件端面后，不得移动 Z 轴。

11）运行加工程序

当对刀操作正确完成之后，就可以开始实际运行经过反复校验、修改并仿真加工的加工程序。操作步骤如下：

① 取消“机床锁住”；

② 以下步骤同“仿真加工”中步骤②～⑧。

掌握要点 学会使用“进给保持”“继续运行”“停止运行”和“重新运行”的操作。区别“进给保持”和“重新运行”的差别。

注意 此操作前必须进行准确对刀。

12）删除程序文件

当系统的电子盘中存储过多文件或该文件不再使用，可将该文件删除。操作步骤如下：

① 按压“选择程序”F1 功能键；

② 用“▼”或“▲”键选择文件；

③ 按压 NC 键盘中“DEL”键删除文件。

注意 被删除的文件不可恢复，所以请确定是否要删除该文件后再执行。

6.3　数控车削编程基础

6.3.1　数控编程的内容与方法

数控机床是一种按照输入的数据信息进行自动加工的机床。因此,零件加工程序的编制是实现数控加工的重要环节。所谓编程,就是将零件的加工顺序、图形尺寸、工艺参数(主轴转速、进给量、切削深度)、机床的运动以及刀具位移等综合因素,按照数控系统规定的格式和指令、代码编写成加工程序单的过程。再将编制的程序输入数控装置,数控装置按照程序的要求控制机床,对零件进行自动加工。

数控机床程序编制过程如图 6-14 所示。

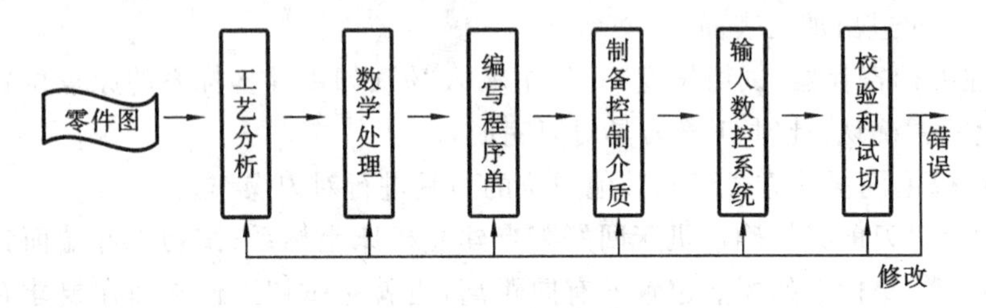

图 6-14　数控编程过程

1. 数控编程的内容

1）零件图工艺分析

零件图工艺分析主要内容有:

① 确定加工机床、刀具与夹具;

② 确定零件加工的工艺路线、工步顺序;

③ 确定切削用量(主轴转速、进给速度、进给量和背吃刀量);

④ 确定辅助功能(换刀、主轴正转或反转、切削液的开或关等)。

2）数学处理

根据零件图尺寸,确定一个合适的工件坐标系,并以此工件坐标系为基础,完成以下任务:

① 计算直线和圆弧轮廓的终点(实际为求直线与圆弧间的交点、切点)坐标值,以及圆弧轮廓的圆心、半径等;

② 计算非圆曲线轮廓的离散逼近点的坐标值(当数控系统没有相应曲线的插补功能时,一般要将此曲线在满足精度的前提下,用直线段或圆弧段逼近);

③ 将计算的坐标值按数控系统规定的编程单位换算为相应的编程值。

3）编写程序单及初步校验

根据制定的加工路线、切削用量、选用的刀具、辅助动作和计算的坐标值,按照数控系统规定的指令代码及程序格式,编写零件程序,并进行初步的校验(一般采用阅读法,即对照准备加工的零件的要求,对编制的加工程序进行仔细的阅读和分析,以检查程序的正确性),检查出上述两个步骤的错误。

4) 程序的输入

对于手工编写的程序,一般可以通过数控机床面板直接输入系统,也可以通过磁盘、通信接口等控制介质输入数控系统。

5) 程序的校验和试切

(1) 程序的校验　程序的校验用于检查程序的正确性和合理性,但不能检查加工精度。利用数控系统的相关功能,在数控机床上运行程序,通过刀具运动轨迹检查程序,这种检查方法较为直观、简单,现被广泛采用。

(2) 程序的试切　通过程序的试切,在数控机床上加工实际零件以检查程序的正确性和合理性。试切法不仅可检验程序的正确性,还可检查加工精度是否符合要求。通常只有试切零件经检验合格后,加工程序才算编制完毕。

2. 数控编程的方法

1) 手工编程

手工编程是指编制零件数控加工程序的各个步骤,包括零件图分析、工艺处理、确定加工路线和工艺参数、计算数控机床所需输入的数据、编写零件的数控加工程序及程序的检验等,均由人工来完成。对于点位加工或几何形状不太复杂的零件,数控编程计算较简单,程序段不多,手工编程即可实现。但对于轮廓形状不是由简单的直线、圆弧组成的复杂零件,特别是空间复杂曲面零件,以及几何元素虽不复杂,但程序量很大的零件,数值计算则相当烦琐,工作量大,容易出错,且很难校对,采用手工编程是难以完成的。因此,为了缩短生产周期,提高数控机床的利用率,有效地解决各种模具及复杂零件的加工问题,必须采用自动编程方法。

2) 自动编程

自动编程是用计算机把输入的零件图信息改写成数控机床能执行的数控加工程序,就是说数控编程的大部分工作由计算机来完成。编程人员一般只需根据零件图及工艺要求,使用规定的数控编程语言编写一个较简短的零件程序,并将其输入计算机(或编程机),计算机(或编程机)自动进行处理,计算出刀具中心轨迹,输出零件数控加工程序。自动编程减轻了编程人员的劳动强度,缩短了编程的时间,提高了编程质量,同时解决了手工编程无法解决的许多复杂零件的编程难题(如非圆曲线轮廓的计算)。通常三轴联动以上的零件程序用自动编程来完成。

6.3.2 坐标系的设定

1. 机床坐标系的设定

以机床原点为坐标原点建立起来的直角坐标系称为机床坐标系。机床坐标系是用来确定工件坐标的基本坐标系,机床坐标系的原点也称机床原点(或零点)。机床零点的位置一般由机床参数来指定,但指定后,这个零点便被确定下来,保持不变。

数控机床通电时并不知道机床零点的位置。为了正确地在机床工作时建立机床坐标系,通常在每个坐标轴的移动范围内设置一个机床参考点。机床参考点与机床零点可以重合也可以不重合,通过机床参数指定该参考点到机床零点的距离,如图6-15所示。机床工作时,各轴先进行回机床参考点的操作,就可建立机床坐标系。

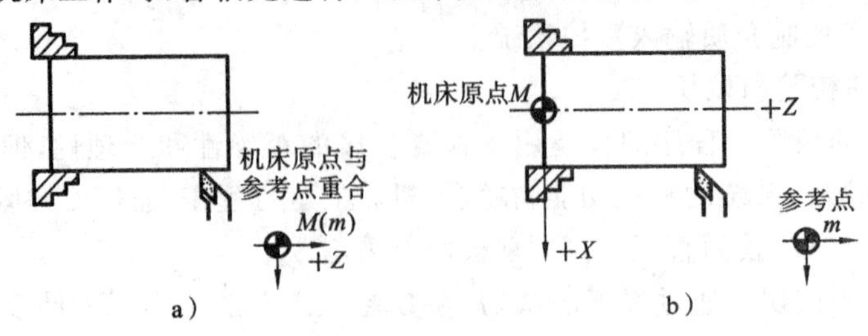

图 6-15 机床原点与参考点的关系

a) 机床原点与参考点重合 b) 机床原点与参考点不重合

机床坐标轴的机械行程范围是由最大和最小限位开关来限定的,机床坐标轴的有效行程范围是由机床参数(软件限位)来界定的。在机床经过设计、制造和调试后,机床参考点和机床最大、最小行程限位开关便被确定下来,它们是机床上的固定点;而机床零点和有效行程范围是机床上不可见的点,其值由制造商通过参数来定义。机床零点(*OM*)、机床参考点(*om*)、机床坐标轴的机械行程及有效行程的关系,如图6-16所示。

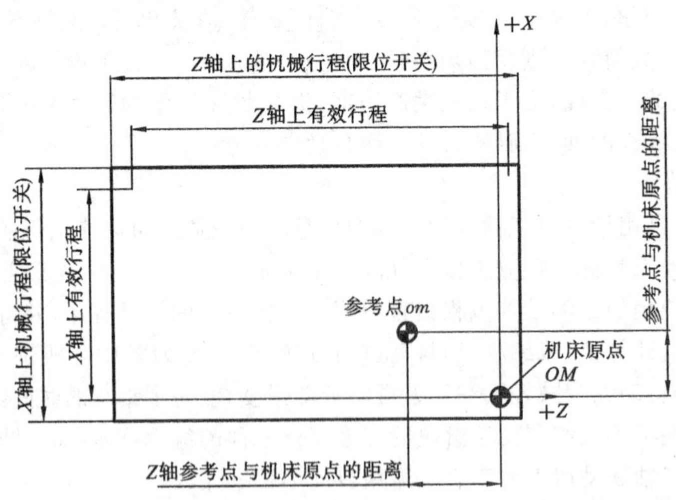

图 6-16 机床零点 *OM* 与机床参考点 *om* 之间的关系

当机床坐标轴回到了参考点位置时,就知道了该坐标轴零点的位置;机床所有坐标轴都回到了参考点,此时数控机床就建立起了机床坐标系,即机床回参考点的过程实质上是机床坐标系的建立过程。因此,在数控机床启动时,一般都要进行自动或手动回参考点操作,以建立机床坐标系。

数控机床的参考点有两个主要作用:一个是建立机床坐标系,另一个是消除由于漂移、变形等造成的误差。机床使用一段时间后,工作台会有一些漂移,使加工产生误差，回一次机床参考点，就可以使机床的工作台回到准确位置，消除误差。所以在机床加工前，经常要进行回机床参考点的操作。

2. 工件坐标系的设定

工件坐标系是编程人员为编程方便，在工件、工装夹具上或其他地方选定某一已知点为原点，建立一个平行于机床各坐标轴的坐标系，这个新的坐标系，称为工件坐标系。工件坐标系的引入是为了简化编程、减少计算，使编辑的程序不因工件的尺寸大小、安装的位置不同而改变。工件坐标系一旦建立便一直有效，直到被新的工件坐标系所取代。

工件坐标系原点也称程序原点，选择程序原点的一般原则为：① 一般情况下，以坐标式尺寸标注的零件，程序原点应选在尺寸标注的基准点，尽量满足编程简单、尺寸换算少、引起的加工误差小的要求；② 对称零件或以同心圆为主的零件，程序原点应选在对称中心线或圆心上；③ 能方便工件的装夹、测量和检验；④ Z 轴的程序原点通常选在工件的上表面。

为了方便，数控车床工件坐标系原点一般设在工件右端面的轴心上，工件直径方向为 X 轴，工件轴线方向为 Z 轴，刀具远离工件的方向为正方向，如图 6-17 所示。

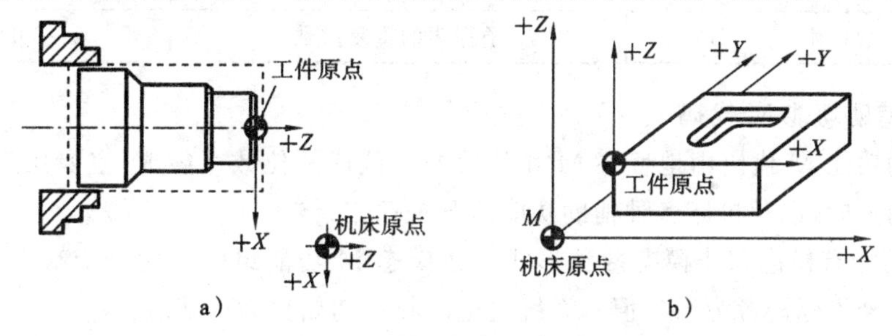

图 6-17 工件坐标系原点的设置

a）数控车床 b）数控铣床

6.3.3 数控车床的指令字符

1. 指令字符的意义

下面以华中数控“世纪星”HNC-21T/21M 系统为例，介绍编制程序的一些标准和规范，该系统所用指令和 ISO 规定的指令基本一致。其所使用的地址符及其含义如表 6-3 所示。

表 6-3 指令字符一览表

机 能	地址符	意 义	参数范围
零件程序号	%或O	程序编号	1～9999
程序段号	N	程序段编号	1～9999
准备机能	G	指令动作方式（直线、圆弧等）	00～99

续表

机　能	地址符	意　　义	参数范围
尺寸字	X,Y,Z A,B,C U,V,W	坐标轴的移动命令	±99999.999
	R	圆弧的半径	
	I,J,K	圆弧中心相对起点的坐标位置	
进给速度	F	进给速度的指定	0～15000
主轴机能	S	主轴旋转速度的指定	0～9999
刀具机能	T	刀具编号的指定	0～99,000～9999
辅助机能	M	机床侧开/关控制的指定	0～99
补偿号	H,D	刀具补偿号的指定	00～99
暂停	P,X	暂停时间的指定(s)	
程序号的指定	P	子程序号的指定	1～9999
重复次数	L	子程序的重复次数	2～9999

2. 辅助功能 M 代码

辅助功能 M 代码由地址字 M 和其后的一位或两位数字组成，主要用来控制零件程序的走向，以及机床各种辅助功能的开关动作。

M 功能有模态和非模态两种形式。在模态 M 功能组中包含一个缺省功能(表 6-4 中有“★”标记者为缺省值)，系统通电时将被初始化为该功能。

华中数控“世纪星”HNC-21T/21M 系统 M 指令功能如表 6-4 所示。

表 6-4　辅助功能 M 代码及其功能

代　码	模态代码	功能说明	代　码	模态代码	功能说明
M00	非模态	程序暂停	M03	模态	主轴正转启动
M01	非模态	选择停止	M04	模态	主轴反转启动
M02	非模态	程序结束	★M05	模态	主轴停止转动
M30	非模态	程序结束并返回程序起点	M06	非模态	换刀
M98	非模态	调用子程序	M07	模态	切削液打开
M99	非模态	子程序结束	★M09	模态	切削液停止

M00、M02、M30、M98、M99 用于控制零件程序的走向，是 CNC 系统内定的辅助功能，不由机床制造商设计决定，也就是说，与 PLC 程序无关。其余 M 代码用来控制机床各种辅助功能的开关动作(如主轴的旋转、切削液的开关、零件的松紧等)，其功能不由 CNC 内定，而是由 PLC 程序指定，所以有可能因机床制造厂不同而有差异

(即各机床的M代码个数可能不同,同一代码实现的功能也可能不同,表6-4所示为标准PLC指定的功能)。

3. 准备功能G代码

准备功能G代码由G和一位或二位数字组成,用来规定刀具和工件的相对运动轨迹、机床坐标系、坐标平面、刀具补偿、坐标偏置等多种加工操作。

G代码也有非模态代码和模态代码之分。非模态代码是指只在所规定的程序段中有效,程序段结束时就被注销;而模态代码是指一组可以相互注销的G功能,其中一个G功能一旦被使用则一直有效,直到被同一组的另一G功能所取代即被注销。

表6-5所示为数控车床准备功能G代码。

表6-5 数控车床准备功能G代码表

<table>
<tr><th>G代码</th><th>组</th><th>功　能</th><th>参数(后续地址字)</th></tr>
<tr><td>★G00</td><td rowspan="4">01</td><td>快速定位</td><td rowspan="2">X,Z</td></tr>
<tr><td>G01</td><td>直线插补</td></tr>
<tr><td>G02</td><td>顺圆插补</td><td rowspan="2">X,Z,I,K,R</td></tr>
<tr><td>G03</td><td>逆圆插补</td></tr>
<tr><td>G04</td><td>00</td><td>暂停</td><td>P</td></tr>
<tr><td>G20</td><td rowspan="2">08</td><td>英寸输入</td><td rowspan="2">X,Z</td></tr>
<tr><td>★G21</td><td>毫米输入</td></tr>
<tr><td>G28</td><td rowspan="2">00</td><td>返回刀参考点</td><td rowspan="2"></td></tr>
<tr><td>G29</td><td>由参考点返回</td></tr>
<tr><td>G32</td><td>01</td><td>螺纹切削</td><td>X,Z,R,E,P,F</td></tr>
<tr><td>★G36</td><td rowspan="2">17</td><td>直径编程</td><td rowspan="2"></td></tr>
<tr><td>G37</td><td>半径编程</td></tr>
<tr><td>G40</td><td rowspan="3">09</td><td>刀尖半径补偿取消</td><td></td></tr>
<tr><td>G41</td><td>左刀补</td><td rowspan="2">T</td></tr>
<tr><td>G42</td><td>右刀补</td></tr>
<tr><td>★G54</td><td rowspan="9">11</td><td rowspan="6">坐标系选择</td><td rowspan="7"></td></tr>
<tr><td>G55</td></tr>
<tr><td>G56</td></tr>
<tr><td>G57</td></tr>
<tr><td>G58</td></tr>
<tr><td>G59</td></tr>
<tr><td>G65</td><td>宏指令简单调用</td></tr>
<tr><td>G71</td><td>外径/内径车削复合循环</td><td rowspan="2">X,Z,U,W,C,P,
Q,R,E</td></tr>
<tr><td>G72</td><td>端面车削复合循环</td></tr>
</table>

续表

<table>
<tr><th>G代码</th><th>组</th><th>功　能</th><th>参数(后续地址字)</th></tr>
<tr><td>G73</td><td rowspan="5">06</td><td>闭环车削循环</td><td rowspan="2"></td></tr>
<tr><td>G76</td><td>螺纹切削复合循环</td></tr>
<tr><td>★G80</td><td>外径/内径车削固定循环</td><td rowspan="3">X,Z,I,K,C,P,R,E</td></tr>
<tr><td>G81</td><td rowspan="2">端面车削固定循环</td></tr>
<tr><td>G82</td></tr>
<tr><td>★G90</td><td rowspan="2">14</td><td>绝对坐标编程</td><td rowspan="2"></td></tr>
<tr><td>G92</td><td>增量(相对)坐标编程</td></tr>
<tr><td>G92</td><td>00</td><td>工件坐标系设定</td><td>X,Z</td></tr>
<tr><td>★G94</td><td rowspan="2">14</td><td>每分钟进给</td><td rowspan="2"></td></tr>
<tr><td>G95</td><td>每转进给</td></tr>
<tr><td>G96</td><td rowspan="2">16</td><td rowspan="2">恒线速度切削</td><td rowspan="2">S</td></tr>
<tr><td>★G97</td></tr>
</table>

注意：① 表中带“★”号的表示该G代码为缺省值；

② 00组中的G代码是非模态的，其他组的G代码是模态的。

6.3.4　数控加工与编程准备

1. 尺寸单位的选择指令 G20、G21

格式：$\begin{cases} G20 \\ G21 \end{cases}$

说明：G20、G21用于尺寸字的输入制式(即单位)。

其中：G20为英寸输入制式；G21为毫米输入制式。

两种制式下线性轴、旋转轴的尺寸单位如表6-6所示。

表6-6　尺寸输入制式及其单位

制　式	线 性 轴	旋 转 轴
英制(G20)	英寸(in)	度(°)
米制(G21)	毫米(mm)	度(°)

G20、G21为模态指令，G21为缺省值。

2. 进给速度单位的设定指令 G94、G95

格式：$\left\{\begin{matrix} G94 \\ G95 \end{matrix}\right\} F\_\_$

说明：G94、G95用于指定进给速度F的单位。F是模态指令，表示工件被加工时刀具相对于工件的合成进给速度，进给速度的单位取决于G94或G95。G94为每分钟进给量，单位为 mm/min，如图 6-18a 所示；G95 为每转进给量，即主轴旋转一周时刀具的进给量，单位为 mm/r，如图 6-18b 所示。

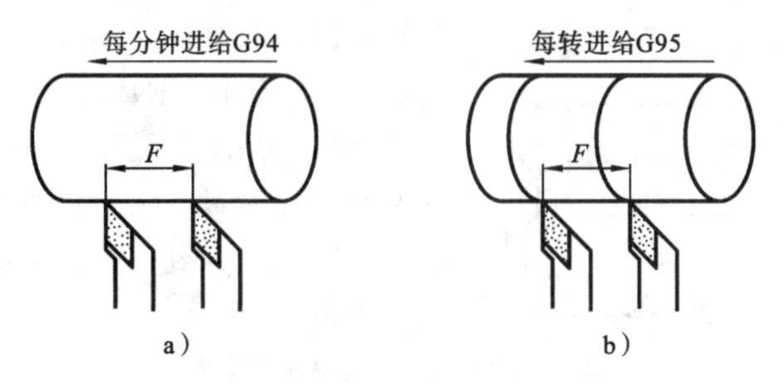

图 6-18 进给速度 F 的设定

a) 每分钟进给量 b) 每转进给量

G94、G95 为模态指令。G94 为缺省值，只有在主轴装有编码器时才有效。

实现每转进给量与每分钟进给量的转化可参照下式：

$$f_m = f_r S$$

式中 f_m——每分钟的进给量(mm/min)；

f_r——每转的进给量(mm/r)；

S——主轴转数(r/min)。

当工作在 G01、G02 或 G03 方式时，编程的 F 值一直有效，直到被新的 F 值所取代为止。当工作在 G00 方式，快速定位的速度是各轴的最高速度，与所指定的 F 值无关。借助机床控制面板上的倍率按键，进给速度可在一定范围内进行倍率修调。

3. 直径编程和半径编程指令 G36、G37

格式：$\begin{cases}\text{G36}\\ \text{G37}\end{cases}$

说明：该组指令选择编程方式。

其中：G36 为直径编程；G37 为半径编程。

由于数控车床加工的通常是旋转体，其 X 值尺寸可以用两种方式加以指定，即直径方式或半径方式。G36 为缺省值。

4. 绝对值编程与增量值编程指令 G90、G91

格式：$\begin{cases}\text{G90}\\ \text{G91}\end{cases}$

说明：该组指令选择编程方式。

其中：G90 为绝对值编程；G91 为增量值编程。

采用 G90 编程时，坐标轴上的坐标值 X、Z 是相对程序原点而言的；采用 G91 编程时，坐标轴上的坐标值 X、Z 是相对前一个位置而言的，该值等于沿轴移动的距离，

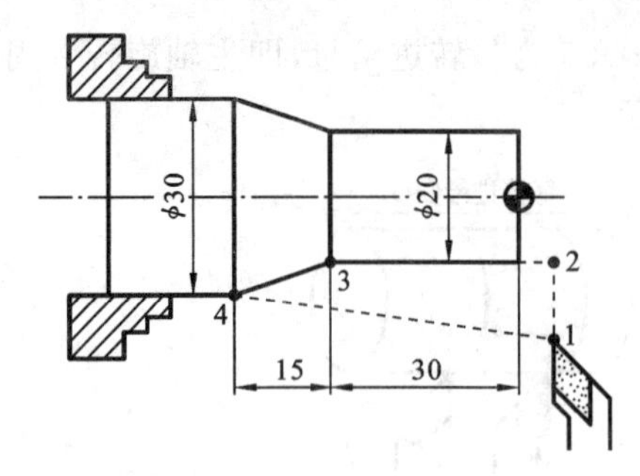

图 6-19　G90、G91 编程加工工件

与当前编程坐标系无关。

G90、G91 为模态指令，可相互注销；G90 为缺省值。采用 G91 编程时，也可以用 U、W 表示 X 轴、Z 轴的增量值(相对值)。

例如，分别采用 G90、G91 编程加工图 6-19所示工件，要求刀具由原点按顺序移动到 2、3、4 点，然后回到原点。G90、G91 编程加工程序如表 6-7 所示。

表 6-7　G90、G91 编程加工程序

绝对值编程	增量值编程	混合编程
%0001	%0001	%0001
T0101(G36)	T0101(G36)	T0101(G36)
(G90)G00 X50 Z2	G00 X50 Z2	(G90)G00 X50 Z2
G01 X20 (Z2)	G91 G01 X-30(Z0)	G01 X20 (Z2)
(X20)Z-30	(X0)Z-32	Z-30
X30 Z-45	X10 Z-15	U10 Z-45
X50 Z2	X20 Z47	X50 W47
M30	M30	M30

5. 工件坐标系设定指令 G92

格式：G92 X __ Z __

说明：G92 通过设定对刀点与工件坐标系原点的相对位置建立工件坐标系。

其中：X、Z 分别为设定的工件坐标系原点到对刀点的有向距离。

执行该指令时，刀具当前点必须恰好在对刀点上，否则加工出来的产品就有误差或报废，甚至出现危险。因此，在实际操作时怎样使两点重合，由对刀操作时完成。

如图 6-20 所示，使用 G92 编程，建立工件坐标系。

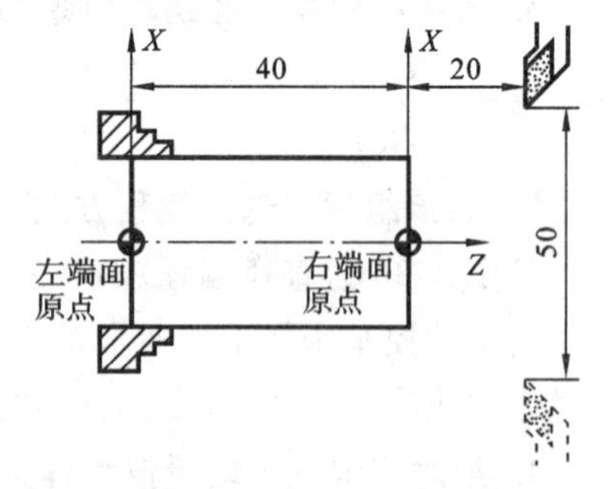

图 6-20　G92 设立工件坐标系

当以工件左端面为工件原点时，应按下行建立坐标系。

G92　　X50　　Z60

当以工件右端面为工件原点时，应按下行建立坐标系。

G92　　X50　　Z20

确定 X、Z 值，即确定对刀点在工件坐标系下的坐标值。其选择的一般原则是：① 方便数学计算和简化编程；② 容易找正对刀；③ 便于加工检查；④ 引起的加工误差小；⑤ 不要与机床、工件发生碰撞；⑥ 方便拆卸工件；⑦ 空行程不要太长。

6. 工件坐标系选择指令 G54～G59

格式：
- G54
- G55
- G56
- G57
- G58
- G59

说明：G54～G59 是系统预定的六个坐标系，可根据需要任意选用。

加工时坐标系的原点，必须设为工件坐标系的原点在机床坐标系中的坐标值，否则加工出的产品就有误差或会报废，甚至出现危险。

这六个预定工件坐标系的原点在机床坐标系中的值（工件零点的偏置值）可用 MDI 方式输入，系统自动记忆。

工件坐标系一旦选定，后续程序段中绝对值编程时的指令值均为相对工件坐标系原点的值。

G54～G59 为模态功能，可相互注销，G54 为缺省值。

7. 设定工件坐标系指令 T

格式：T××××

说明：采用刀具补偿功能参数进行换刀，四位数字中的前两位数字为刀具安装的刀位号，后两位数字为刀具补偿号，如下所示：

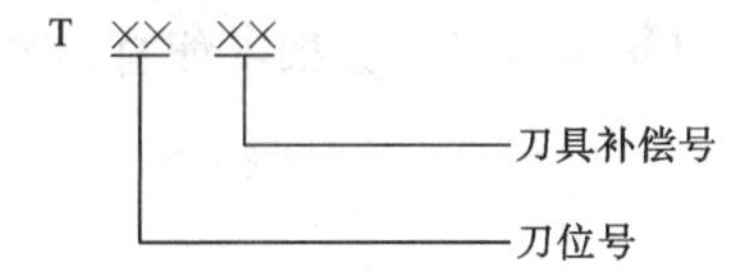

T 加补偿号表示开始补偿功能。补偿号为 00 表示补偿量为 0，即取消补偿功能。此设定工件坐标系适合多把刀具加工时使用，它可为每把刀具通过刀偏设置的方式预先构建不同的工件坐标系。执行 T 指令，转动转塔刀架，选用指定的刀具，同时调入刀补寄存器中的补偿值（刀具的几何补偿值即偏置补偿与磨损补偿之和），该值不立即移动，而是当后面有移动指令时一并执行。

当一个程序段同时包含 T 指令与刀具移动指令时，先执行 T 指令，而后再执行刀具移动指令。

6.4 数控车削加工工艺

6.4.1 车外圆

1. 项目描述

编制图 6-21 中外圆 $\phi30$ mm 的加工程序，并注意尺寸的精度要求。毛坯尺寸为

ϕ40 mm×80 mm，材料为铸造铝合金 ZL102。加工后所有材料回收再利用。

2. 装夹与走刀路径的确定

由于项目要求是车一段直径为 30 mm、长度为 50 mm 的外圆，因此可以用自定心卡盘进行定位和夹紧，留出大约 60 mm 的伸出长度。

加工顺序按照先粗后精，由右到左的原则确定，即先从右到左进行粗车，留出足够的加工余量，再从右到左进行精车。起刀点设置在(45,2)处，换点设置在(45,50)处，第一次粗加工到 ϕ35 mm×50 mm，第二次粗加工到 ϕ31 mm×50 mm，最后精加工到 ϕ30 mm×50 mm。走刀路径规划如图 6-22 所示。

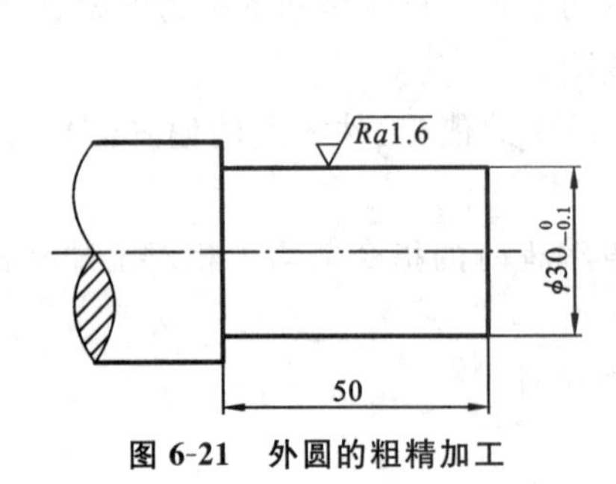

图 6-21　外圆的粗精加工

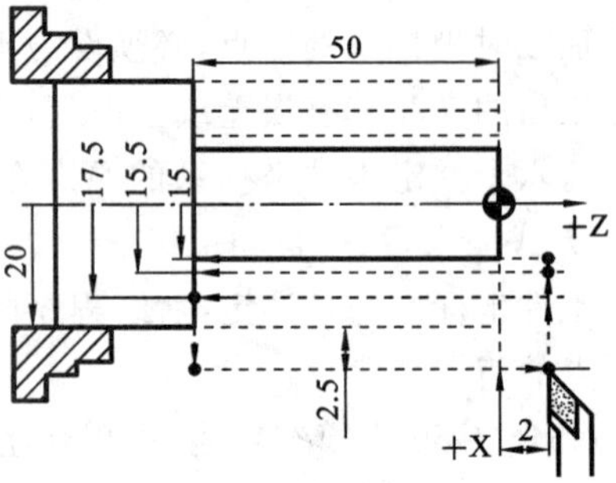

图 6-22　走刀路径规划

3. 刀具选择

因为铸造铝合金加工性能良好，所以可以选择高速工具钢制的 90°右偏外圆车刀。刀具前角可以为 10°～15°，后角可以为 8°～10°，主偏角为 90°，副偏角粗加工时选择 10°，精加工时选择 5°，刃倾角为零。如果不能自动换刀，可以选择同一副偏角 5°进行粗精加工。

4. 切削用量的确定

(1) 背吃刀量 a_p 的确定　粗加工时为 2～2.5 mm，分两次走刀；精加工时选为 0.5 mm。

(2) 主轴转速 n 的确定　粗车切削速度 v_c 可以选择 100 m/min，主轴转速经计算为 800 r/min；精车切削速度 v_c 可以选择 140 m/min，主轴转速经计算为 1500 r/min。

(3) 进给速度 v_f 的确定　粗车进给量按 0.3 mm/r 选择，精车进给量按 0.1 mm/r 选择。经计算得到进给速度分别为：粗车 240 mm/min，精车 150 mm/min。

5. 数控加工工艺卡的制定

将上述结果填写在下列数控加工工艺卡(见表 6-8)中。此卡是数控编程的基础，没有工艺卡，数控程序可能没有意义。

表 6-8　外圆粗精加工工艺卡片

单位名称		产品名称或代码		零件名称	零件图号
		阶梯轴		铝合金小轴	图 6-21
工序号	程序编号	夹具名称		使用设备	车间或实训室
001	%0003	自定心卡盘		____数控车床	数控加工 ____

续表

工步号	工步内容	刀具号	刀具规格/mm	主轴转速/(r/min)	进给速度/(mm/min)	背吃刀量/mm	备注
1	平端面	T0202	25×25	800	—	—	手动
2	粗车 ϕ35mm×50mm	T0101	25×25	800	240	2.5	自动
	粗车 ϕ31mm×50mm					2.0	自动
3	精车 ϕ30mm×50mm	T0102	25×25	1500	150	0.5	自动
编制	审核	批准		年　月　日	共　页	第　页	

6. 圆柱面内(外)径切削循环指令 G80

格式:G80 X(U)__ Z(W)__ F __

说明:该指令执行如图 6-23 所示 $A \to B \to C \to D \to A$ 的轨迹动作。

其中:绝对值编程时,X、Z 为切削终点 C 在工件坐标系下的坐标值;增量编程时,X、Z 为切削终点 C 相对于循环起点 A 的有向距离,用 U、W 表示,如图 6-23 所示。

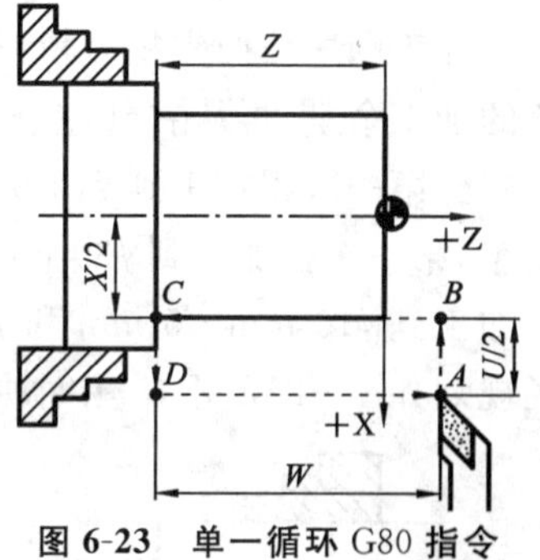

图 6-23 单一循环 G80 指令

A—循环起点 B—切削起点
C—循环终点 D—退刀点

7. 数控加工程序的编制

车外圆的数控加工程序如表 6-9 所示。

表 6-9 车外圆的数控加工程序

段号	程序段	程序段的意义
%0003		程序号
N01	T0101	在安全位置换 1 号外圆车刀,调用 1 号刀补值
N02	G00 X45 Z2	快速接近工件至加工起点位置
N03	M03 S800	主轴正转,转速 800 r/min
N04	G80 X35 Z-50 F240	G80 外圆单一循环指令进行第一次粗车循环
N05	G80 X31 Z-50	第二次粗车循环
N06	G00 X45	快速退刀离开加工表面
N07	Z50	快速退至换刀点
N08	T0202	换 2 号外圆精车刀,调用 2 号刀补值
N09	G00 X30 Z2	刀具快速移动至加工起点处
N10	M03 S1500	主轴正转,转速 1500 r/min
N11	G80 X30 Z-50 F150	第三次进行精加工循环
N12	G00 X45	快速退刀离开加工表面
N13	Z50	快速退至换刀点
N14	M05	主轴停止
N15	M30	程序停止并返回程序起始

6.4.2　车台阶端面

1. 项目描述

编制如图 6-24 所示零件加工程序，按要求完成台阶端面的加工。毛坯尺寸为 ϕ40 mm×80 mm，材料为铸造铝合金 ZL102。加工后所有材料回收再利用。

2. 装夹与走刀路径的确定

由于项目要求是车一段直径为 30 mm、长度为 5 mm，以及直径为 10 mm、长度为 5 mm 的外圆及相应的端面，因此可以用自定心卡盘进行定位和夹紧，留出大约 30 mm 的伸出长度。

加工顺序按照先粗后精，从右到左的原则确定，即先从右到左进行粗车，留出足够的加工余量，再从右到左进行精车。起刀点设置在(45，2)处，换刀点设置在(45，50)处，第一次粗加工到 ϕ10 mm×2.5 mm，第二次粗加工到 ϕ10 mm×4.8 mm；继续粗车，第一次粗加工到 ϕ30 mm×2.5 mm，第二次粗加工到 ϕ30 mm×4.8 mm。最后精加工到 ϕ10 mm×5 mm 和 ϕ30 mm×5 mm，包括端面、台阶面和外圆面。走刀路径规划如图6-25所示，其中精加工路径为粗箭线。

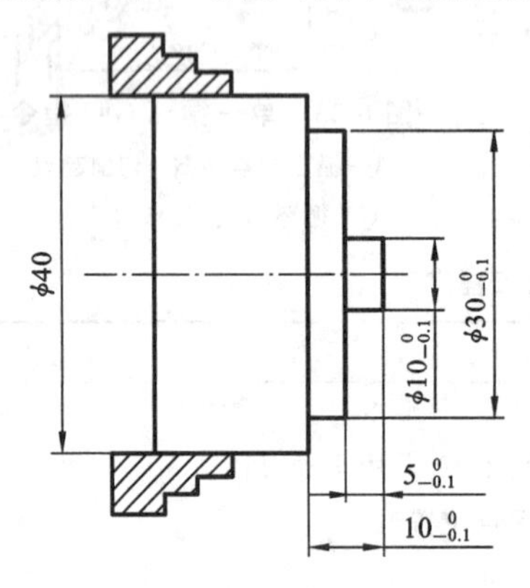

图 6-24　台阶端面加工

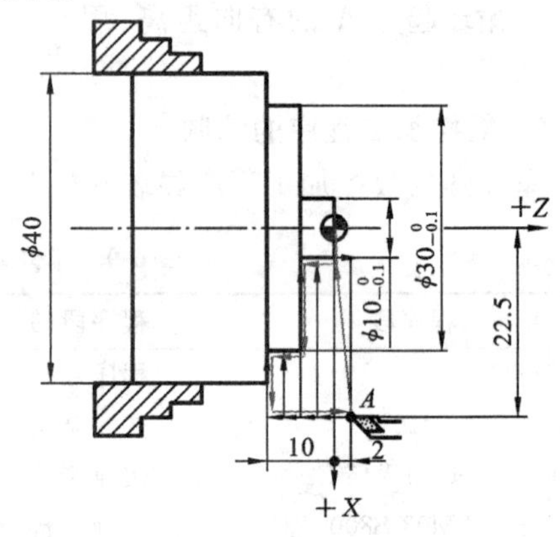

图 6-25　走刀路径规划

3. 刀具选择

因为铸造铝合金加工性能良好，所以可以选择高速工具钢制的 90°右偏端面车刀。刀具前角可以为 10°～15°，后角可以为 8°～10°，主偏角为 90°，副偏角粗加工时选择 10°，刃倾角为零。精加工可以选择 90°右偏外圆车刀，副偏角选择 5°，其他同前。如果不能自动换刀，可以选择同一副偏角 5°进行粗精加工。

4. 切削用量的确定

(1) 背吃刀量 a_p 的确定　粗加工时为 2～2.5 mm，分两次走刀；精加工时为 0.5 mm。

(2) 主轴转速 n 的确定　粗车切削速度 v_c 可以选择 100 m/min，主轴转速经计算为 800 r/min；精车切削速度 v_c 可以选择 140 m/min，主轴转速经计算为 1500

r/min。

(3) 进给速度 v_f 的确定　粗车进给量按 0.3 mm/r，精车进给量按 0.1 mm/r 选择；经计算得到进给速度分别为：粗车 240 mm/min，精车 150 mm/min。

5. 数控加工工艺卡的制定

将上述结果填写在数控加工工艺卡（见表 6-10）中，它是数控编程的基础。

表 6-10　外圆及端面粗精加工工艺卡片

<table>
<tr><td rowspan="2">单位名称</td><td rowspan="2"></td><td colspan="2">产品名称或代码</td><td colspan="2">零件名称</td><td colspan="2">零件图号</td></tr>
<tr><td colspan="2">台阶轴</td><td colspan="2">铝合金小轴</td><td colspan="2">图 6-24</td></tr>
<tr><td>工序号</td><td>程序编号</td><td>夹具名称</td><td></td><td colspan="2">使用设备</td><td colspan="2">车间或实训室</td></tr>
<tr><td>001</td><td>%0004</td><td>自定心卡盘</td><td></td><td colspan="2">______数控车床</td><td colspan="2">数控加工 ______</td></tr>
<tr><td>工步号</td><td>工步内容</td><td>刀具号</td><td>刀具规格/mm</td><td>主轴转速/(r/min)</td><td>进给速度/(mm/min)</td><td>背吃刀量/mm</td><td>备注</td></tr>
<tr><td>1</td><td>平端面</td><td>T0202</td><td>25×25</td><td>800</td><td>—</td><td>—</td><td>手动</td></tr>
<tr><td rowspan="2">2</td><td>粗车端面外圆至 ϕ10mm×2.5mm</td><td rowspan="2">T0101</td><td rowspan="2">25×25</td><td rowspan="2">800</td><td rowspan="2">240</td><td>2.5</td><td>自动</td></tr>
<tr><td>粗车端面外圆至 ϕ10mm×4.8mm</td><td>2.0</td><td>自动</td></tr>
<tr><td rowspan="2">3</td><td>粗车端面外圆至 ϕ30mm×2.5mm</td><td rowspan="2">T0101</td><td rowspan="2">25×25</td><td rowspan="2">800</td><td rowspan="2">240</td><td>2.5</td><td>自动</td></tr>
<tr><td>粗车端面外圆至 ϕ30mm×4.8mm</td><td>2.0</td><td>自动</td></tr>
<tr><td>4</td><td>精车 ϕ10mm 外圆端面、外圆面，ϕ30 mm 外圆台阶面、外圆面</td><td>T0102</td><td>25×25</td><td>1500</td><td>150</td><td>0.5</td><td>自动</td></tr>
<tr><td colspan="2">编制</td><td>审核</td><td>批准</td><td colspan="2">年　月　日</td><td>共　页</td><td>第　页</td></tr>
</table>

6. 端面切削数控程序的编制

1）端平面切削循环指令 G81

格式：G81 X(U)__ Z(W)__ F __

说明：该指令执行 $A \rightarrow B \rightarrow C \rightarrow D \rightarrow A$ 的轨迹动作。

其中：绝对值编程时，X、Z 为切削终点 C 在工件坐标系下的坐标值；增量值编程时，X、Z 为切削终点 C 相对于循环起点 A 的有向距离，用 U、W 表示，如图 6-26 所示。

2）圆锥端面切削循环指令 G81

格式：G81 X(U)__ Z(W)__ K __ F __

说明：该指令执行 $A \rightarrow B \rightarrow C \rightarrow D \rightarrow A$ 的轨迹动作。

其中:绝对值编程时,X、Z 为切削终点 C 在工件坐标系下的坐标值;增量值编程时,X、Z 为切削终点 C 相对于循环起点 A 的有向距离,用 U、W 表示;K 为切削起点 B 相对于切削终点 C 的 Z 向有向距离,如图 6-27 所示。

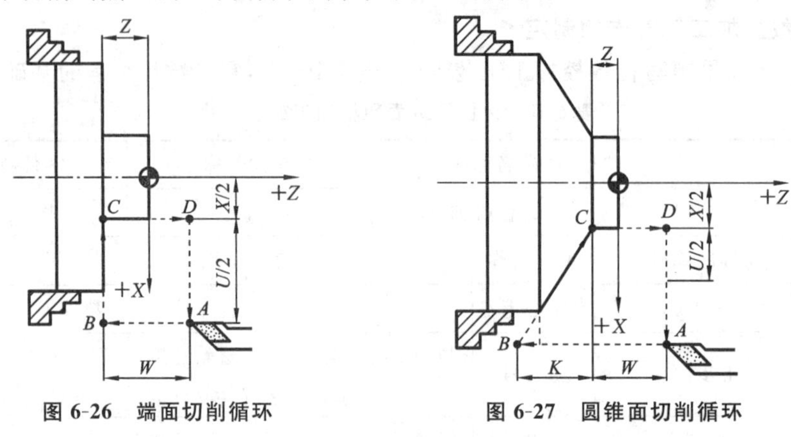

图 6-26　端面切削循环　　　　图 6-27　圆锥面切削循环

A—循环起点　*B*—切削起点　*C*—循环终点　*D*—退刀点

3) 端面加工的刀具选择

常用端面刀具有 45°端面外圆刀、90°右偏外圆刀、90°左偏外圆刀和螺纹刀等,如图 6-28 所示。

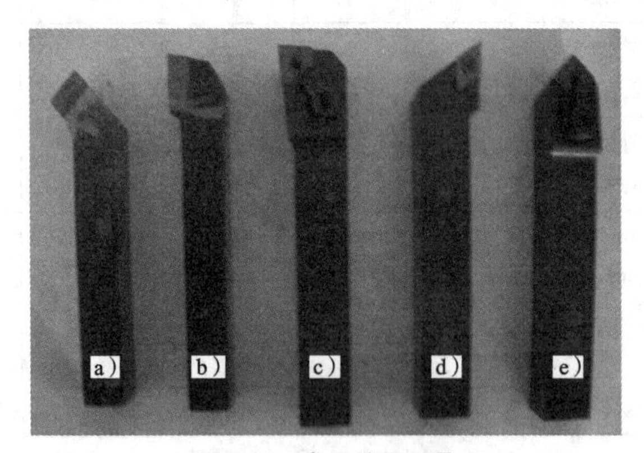

图 6-28　常用端面刀具

a) 45°端面外圆刀　b)、c) 90°右偏外圆刀　d) 90°左偏外圆刀　e) 螺纹刀

7. 数控加工程序的编制

车台阶端面的数控加工程序如表 6-11 所示。

表 6-11　车台阶端面的数控加工程序

段号	程序段	程序段意义
	%0004	程序名
N01	T0101	换 1 号端面粗车刀,调用 1 号刀补值
N02	G00 X52 Z2	刀具快速移动至加工起始点位置

续表

段号	程序段	程序段意义
N03	M03 S800	主轴正转,转速 800 r/min
N04	G81 X10.5 Z-2.5 F240	用单一循环指令进行第一次粗车循环加工 ϕ10 mm 外圆
N05	G81 X10.5 Z-4.8	第二次粗车循环
N06	G00 Z-5	刀具快速移动至 ϕ40 mm 外圆加工起点处
N07	G81 X40.5 Z-7.5 F240	用单一循环指令进行第一次粗车循环,加工 ϕ40 mm 外圆
N08	G81 X40.5 Z-9.8	第二次粗车循环
N09	G00 X60 Z50	刀具快速移动至换刀点处
N10	T0202	换 2 号外圆精车刀,调用 2 号刀补值
N11	G00 X12 Z0	刀具快速移动至加工起点处
N12	M03 S1500	
N13	G01 X0 F150	精加工外端面
N14	X9.95	退刀至 ϕ10 mm 处
N15	Z-5.02	精加工 ϕ10 mm 外圆,长度为 5 mm
N16	X39.95	退刀至 ϕ40 mm 外圆处
N17	Z-10.02	精加工 ϕ40 mm 外圆,长度为 5 mm
N18	X52	退刀,离开加工表面
N19	G00 X60 Z50	刀具快速退至换刀点处
N20	M05	主轴停止
N21	M30	程序结束并复位

6.4.3 倒角

1. 项目描述

编制图 6-29 所示零件加工程序,并注意倒角。材料为铸造铝合金 ZL102,毛坯尺寸为 ϕ40 mm×80 mm。从图 6-29 可见,该零件没有尺寸精度和表面粗糙度的要求,因此,加工时可以只考虑粗加工。

在考虑加工路径时,可以直接用上面的台阶加工方法,然后再结合倒角加工就可以完成加工任务。

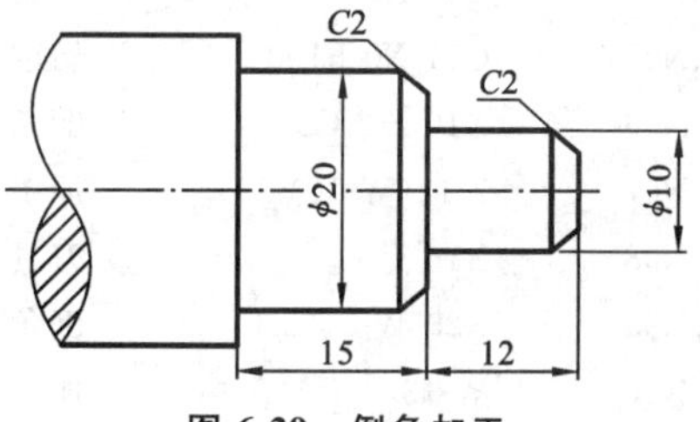

图 6-29 倒角加工

2. 编制倒角的加工程序

倒角的主要作用是配合导向、去锐边等,也是为了美观。倒角的编程指令为 G01,具体如下。

1) 倒直角指令 G01

格式:G01 X(U)__ Z(W)__ C __

说明:该指令用于直线后倒直角,指令刀具从点 E 到点 F,然后到点 H,如图6-30所示。

其中:绝对值编程时,X、Z 为未倒角前两相邻程序段轨迹的交点 G 的坐标值;增量值编程时,X、Z 为点 G 相对于起始直线轨迹的始点 E 的移动距离;C 是倒角终点相对于相邻两直线的交点 G 的距离。

2）倒圆角指令 G01

格式:G01 X(U)__(W)__ R __

说明:该指令用于直线后倒圆角,指令刀具从点 E 到点 F,然后到点 H,如图6-31所示。

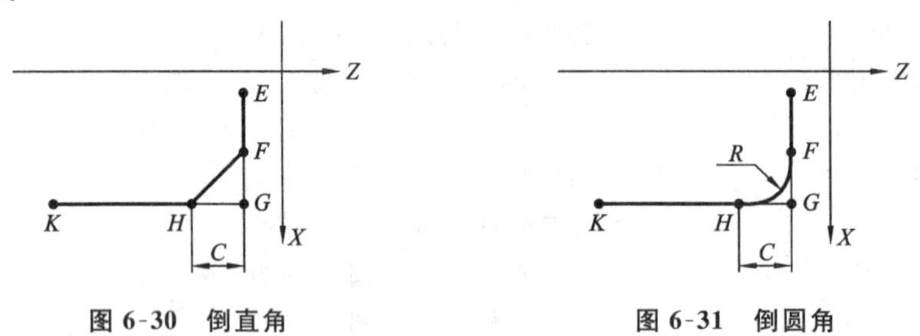

图 6-30 倒直角　　图 6-31 倒圆角

其中:绝对值编程时,X、Z 为未倒角前两相邻程序段轨迹的交点 G 的坐标值;增量值编程时,X、Z 为点 G 相对于起始直线轨迹的始点 E 的移动距离;R 是倒角圆弧的半径。

将上述结果综合后,可以得到倒角的数控加工程序,如表 6-12 所示。

表 6-12 倒角的数控加工程序

段号	程序段	程序段意义
%0005		程序号
N01	T0101	在安全位置换 1 号刀具,调用 1 号刀补值
N02	G00 X32 Z2	刀具快速移动至加工起始点位置
N03	M03 S800	主轴正转,转速为 800 r/min
N04	G00 Z0	刀具在 Z 轴快速移动至零点位置
N05	G01 X0 F100	切削端面
N06	X10 Z-2 C2	倒角 $C2$
N07	Z-12(W-10)	加工 ϕ10 mm 外圆,长度为 10 mm
N08	X16	刀具在 X 轴方向退至 ϕ16 mm 处
N09	X20 W-2 C2	倒角 $C2$
N10	W-13	加工 ϕ20 mm 外圆,长度为 13 mm
N11	X32	刀具在 X 轴方向退至 ϕ32 mm 处,离开加工表面
N12	G00 X50 Z50	刀具快速退回换刀点
N13	M05	主轴停止
N14	M30	程序结束并复位

6.4.4 车槽

1. 项目描述

编制如图6-32所示零件加工程序。材料为铸造铝合金ZL102,毛坯尺寸为ϕ40 mm×80 mm。从图6-32可见,该零件没有尺寸精度和表面粗糙度的要求,因此,加工时可以只考虑粗加工。

在考虑加工路径时,可以直接用上面的外圆、端面及倒角加工方法,加工出长61 mm、直径24 mm的圆柱,并倒角$C2$,然后再结合车槽加工就可以完成加工任务。

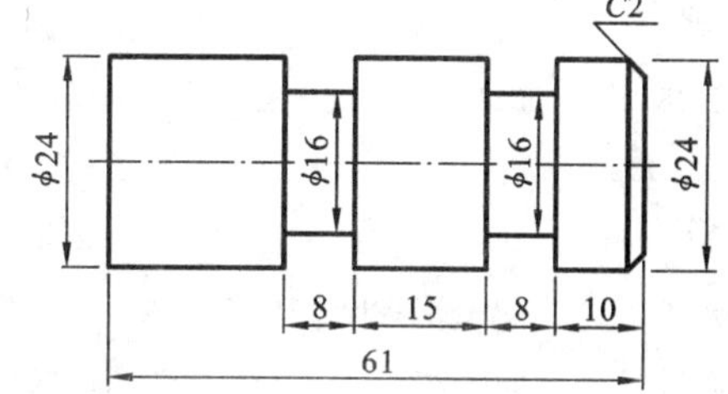

图6-32 车槽加工

2. 车槽的方法

① 若刀宽等于槽宽,可用直进法进行切削,到底部暂停。

② 若刀宽不等于槽宽,应分多刀加工。前几刀可留0.2 mm左右的余量,最后一刀加工到规定尺寸,然后横向切削一刀。如采用的是机夹类车槽刀,则不宜横向拉刀。

③ 应特别注意,主轴转速应较低,以250 r/min、300 r/min为宜。进给速度F选用50 mm/min。

④ 车槽刀对刀时,以切断刀的左刀尖对刀,编程时也要以左刀尖进行编程。

⑤ 切断工件时一般采用直进法。

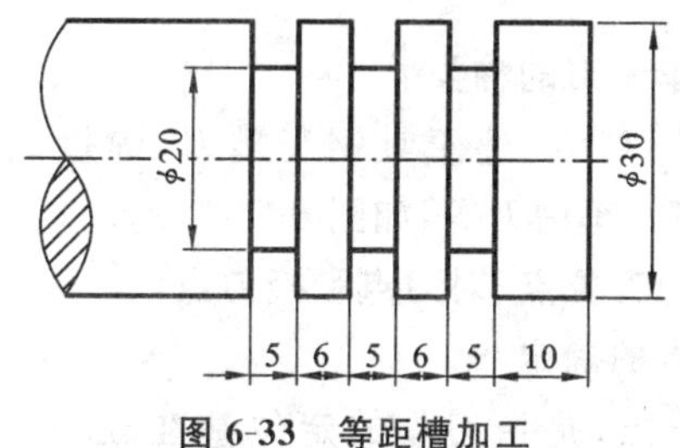

图6-33 等距槽加工

3. 子程序在车槽编程中的应用

在一个加工程序中,如果包括有一个或多个在写法上完全相同的或相似的内容,为了简化程序编制,把这种程序段单独抽出,并按一定格式单独加以命名,成为子程序。需要进行处理这部分轮廓形状时调用该子程序,调用子程序的程序为主程序。

图6-33所示为等距槽加工,已知02号刀为车槽刀,宽度为5 mm,外圆已加工。用子程序车槽的数控加工程序如表6-13所示。

表6-13 用于程序车槽的数控加工程序

段号	程序段	程序段意义
%0007		主程序名
N01	T0202	在安全位置换2号车槽刀,调用2号刀补值
N02	G00 X32 Z2	刀具快速移动至加工起始点处
N03	M03 S300	主轴正转,转速300 r/min

续表

段号	程序段	程序段意义
N04	Z-10	在 Z 轴方向快速定位至－10 mm 处
N05	M98 P0008 L3	调用%0008 子程序三次
N06	G00 X50	在 X 轴方向退刀
N07	Z100	在 Z 轴方向退刀至换刀点处
N08	M30	主程序结束并复位
%0008		子程序名
N09	G00 W-5	在 Z 轴负方向移动 5 mm 至第一个槽处
N10	G01 X20 F60	车第一个槽至规定尺寸
N11	G04 X2	在槽底停留 2 s
N12	G01 X35	在 X 轴方向退出
N13	G00 W-6	在 Z 轴负方向移动 6 mm
N14	M99	子程序结束并返回主程序

4. 暂停指令 G04

G04 为进给暂停指令，按指令的时间延迟执行下一个程序段。在车槽时，常用暂停指令使刀具在槽底作短暂的停留，使槽底面得到较高的表面质量。

格式：G04 X __(或 G04 P __)

说明：X 为暂停时间，单位 s；P 为暂停时间，单位 ms。

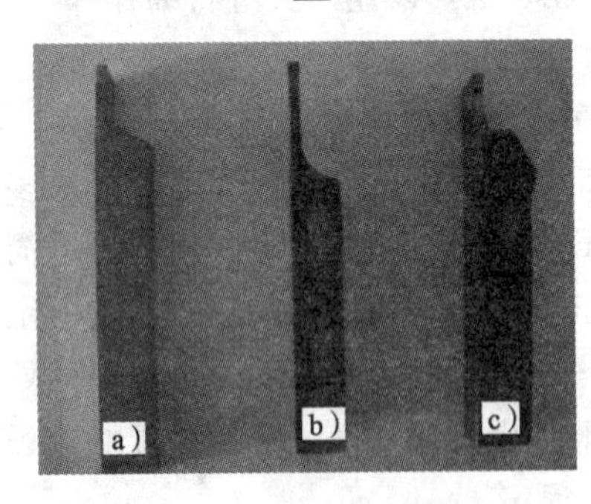

图 6-34　车槽刀的种类

a) 高速工具钢车槽刀　b) 焊接式车槽刀
c) 机夹式车槽刀

5. 常用车槽刀的种类

常用车槽刀有高速工具钢车槽刀、焊接式车槽刀和机夹式车槽刀等，如图 6-34 所示。

6. 刀具的刀位点、对刀点和换刀点

1) 刀位点的确定

所谓刀位点，是指刀具的定位基准点。它是在编制加工程序时用来表示刀具位置的坐标点，一般指刀具上的一点。尖形车刀的刀位点为理想的刀尖点，圆弧车刀的刀位点在圆弧中心，钻头的刀位点在钻尖等，如图 6-35 所示。

2) 对刀点的确定

对刀点是数控机床加工中刀具相对于工件运动的起点。由于加工程序也是从这一点开始执行的，因此对刀点也可以称为加工起点。对刀就是将“对刀点”与“刀位点”重合的操作。该操作是工件加工之前必须完成的一个步骤，即在加工前采用手动方式移动刀具或工件，使刀具的刀位点与工件的对刀点重合。

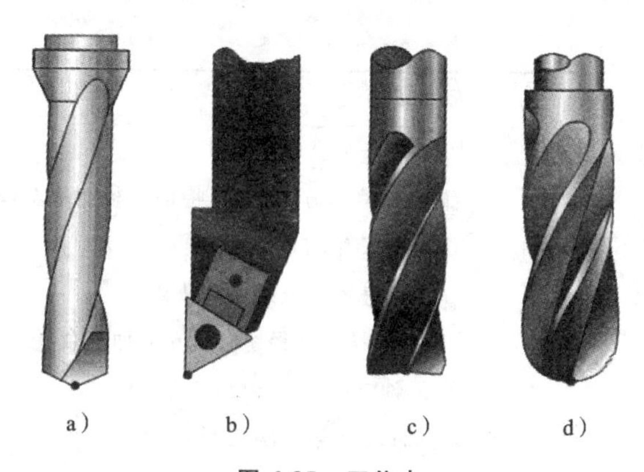

a) b) c) d)

图6-35 刀位点

a) 钻头 b) 车刀 c) 圆柱铣刀 d) 球头铣刀

对刀的目的是确定程序原点在机床坐标系中的位置(工件原点偏置),或者说确定机床坐标系与工件坐标系的相对关系。对刀点可以设在零件上、夹具上或机床上,也可以设在任何便于对刀之处,但该点必须与程序原点有确定的坐标联系。对于以孔定位的零件,可以以孔的中心作为对刀点。

因此,选择对刀点应遵循以下原则:① 选在零件的设计基准、工艺基准上,或与之相关的位置上,以保证工件的加工精度;② 选在方便坐标计算的地方,以简化程序编制;③ 选在便于对刀、便于测量的地方,以保证对刀的准确性。

3) 换刀点的确定

在数控车床上加工零件时,需要经常进行换刀,在编程时就要设置换刀点。所谓换刀点,就是在加工过程中进行换刀的地方。"换刀点"应根据工序内容合理安排,该点可以是任意一点,也可以是某一固定点。为了防止换刀时刀具碰伤工件,换刀点往往设在零件的外面。

7. 车槽的加工程序

将上述分析和子程序用于车槽加工,可获得车槽的数控加工程序(见表6-14)。

表6-14 车槽的数控加工程序

段号	程序段	程序段意义
%0006		程序名
N01	T0101	换1号车槽刀,调用1号刀补值
N02	G00 X30 Z2	刀具快速移动至加工起始点位置
N03	M03 S300	主轴正转,转速300 r/min
N04	Z-14	刀具在Z轴方向快速移动至第一个槽处
N05	G01 X16.2 F60	切削第一次,外径留0.2 mm加工余量
N06	G00 X25	在X轴方向退刀
N07	W-4	刀具移动至第二次切削处

续表

段号	程序段	程序段意义
N08	G01 X16 F60	切削第二次至规定尺寸
N09	W4	刀具在 X 轴方向切削，将槽外径切削至规定尺寸
N10	G00 X25	刀具在 X 轴方向退刀
N11	Z-27	刀具快速移动至第二个槽处
N12	G01 X16.2 F60	切削第一次，外径留 0.2 mm 加工余量
N13	G00 X25	在 X 轴方向退刀
N14	W-4	刀具移动至第二次切削处
N15	G01 X16 F60	切削第二次至规定尺寸
N16	W4	刀具在 X 轴方向切削，将槽外径切削至规定尺寸
N17	G00 X30	在 X 轴方向退刀
N18	X50 Z50	刀具快速移动至换刀处
N19	M05	主轴停止
N20	M30	程序结束并复位

6.4.5 圆弧加工

1. 项目描述

编制如图 6-36 所示零件圆弧加工程序。材料为铸造铝合金 ZL102，毛坯尺寸为 ϕ40 mm×60 mm。从图 6-36 可见，该零件没有尺寸精度和表面粗糙度的要求，因此，加工时可以只考虑粗加工。

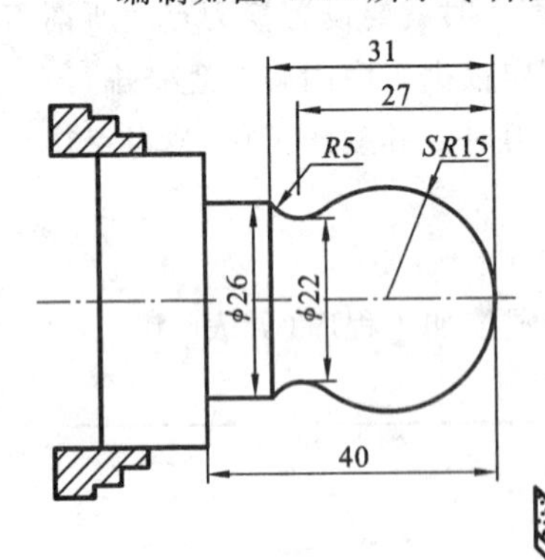

图 6-36 圆弧加工图

在考虑加工路径时，可以直接用上面的外圆端面加工方法，加工出长 40 mm、直径 30 mm 的圆柱；然后再结合圆弧加工就可以完成加工任务。

2. 圆弧插补指令 G02/G03

1）终点坐标和半径 R 编程

格式：G02/G03 X(U)__ Z (W)__ R __ F __

说明：G02/G03 指令刀具，按 *F* 规定的进给速度，从当前位置按顺时针/逆时针进行圆弧加工。圆弧插补 G02/G03 的判断，在加工平面内，根据其插补时的旋转方向为顺时针/逆时针来区别的。在 G90 时，*X*、*Z* 为圆弧终点在工件坐标系中的坐标；在 G91 时，*X*、*Z* 为圆弧终点相对于圆弧起点的位移量。

当圆弧角小于 180°(即表明圆弧段小于或等于半圆)时，*R* 为“+”；当圆弧角大于 180°(即表明圆弧段大于半圆)时，*R* 为“－”。

2）终点坐标和圆心坐标编程

格式：G02/G03 X(U)__ Z (W)__ I __ K __ F __

说明：X、Z 代表终点坐标值，I、K 代表圆心坐标相对于圆弧起点的增量值（等于圆心的坐标减去圆弧起点的坐标），F 代表进给速度，如图 6-37 所示。

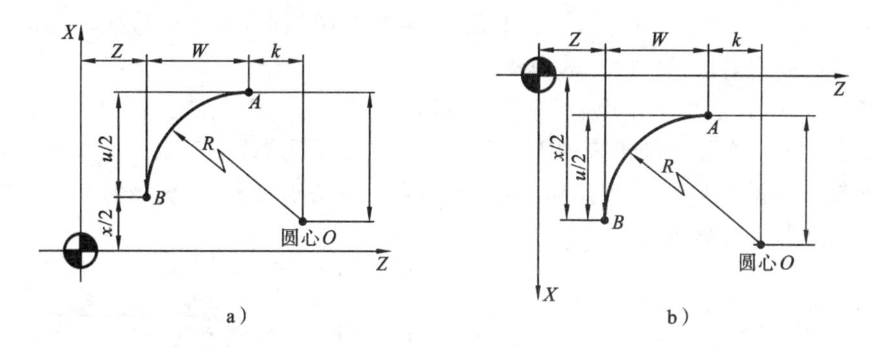

图 6-37 I、K 参数说明

a）工件坐标与圆心在同一象限 b）工件坐标与圆心在不同象限

3. 圆弧顺圆和逆圆的判断方法

数控车床加工中圆弧插补指令 G02/G03 的判断是以观察者迎着 Y 轴的指向所面对的平面。如图 6-38 所示，对于后置刀架和前置刀架，因坐标系的不同而产生圆弧方向的变化，但不管是前置刀架还是后置刀架，其程序都是一样的，即对于外圆加工，凸圆都是 G03，凹圆都是 G02。

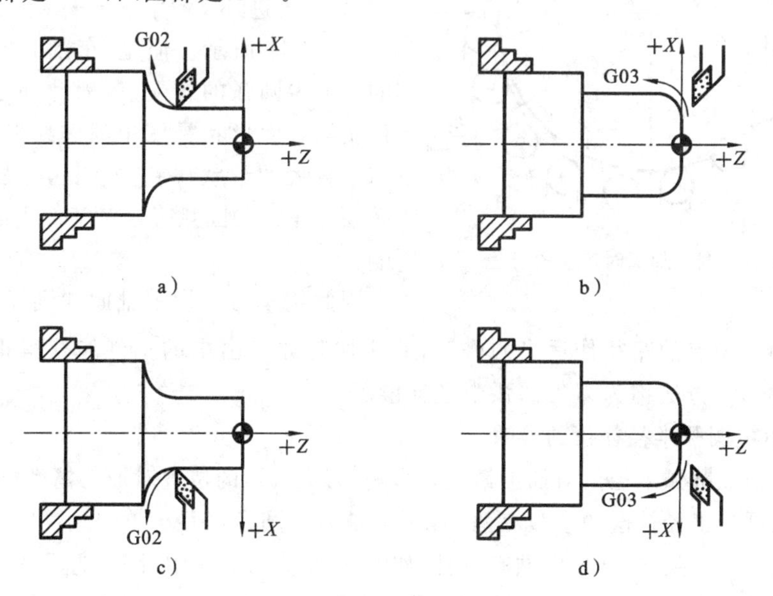

图 6-38 圆弧 G02、G03 判断方法

a)，c) G02 圆弧 b)，d) G03 圆弧

4. 刀具的圆弧半径补偿

1）刀尖圆弧半径补偿的目的

对数控车削加工而言，由于车刀的刀尖通常是一段半径很小的圆弧，而假设的刀尖点(一般是通过对刀仪测量出来的)并不是刀刃圆弧上的一点，点 A 为编程时的理想刀尖，如图 6-39 所示。因此，在车削锥面、倒角或圆弧时，可能会造成切削加工不足(不到位)或切削过量(过切)的现象。

从图 6-40 中可以看出，编程时刀尖运动轨迹是 $P_0 \to P_1 \to P_2$。但由于刀尖圆弧半径 R 的存在，实际切削出来的工件形状为图中虚线，这样就产生了圆锥表面的误差。如果工件要求不高，可以忽略不计，但如果工件要求很高，就应该考虑刀尖圆弧半径对工件形状的影响。

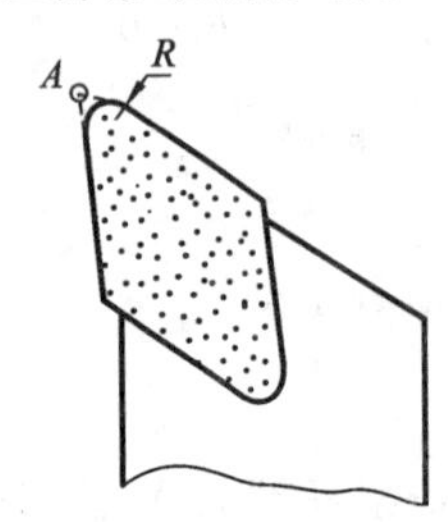

图 6-39　车刀的假设及刀刃圆弧

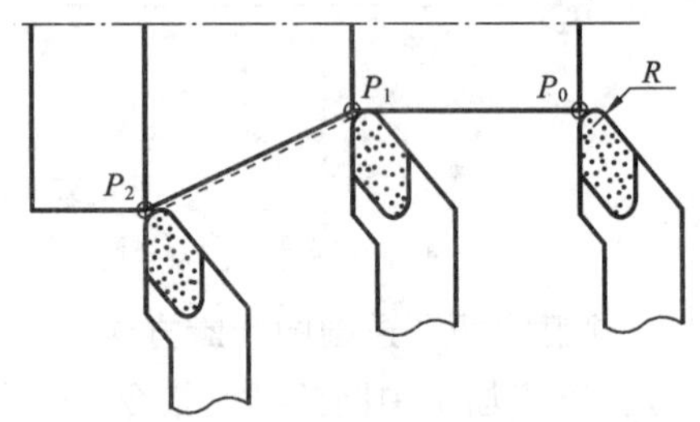

图 6-40　锥面车削不足产生的加工误差

如果加工圆弧，编程时刀尖运动轨迹是刀尖 A 的轨迹应为 $P_1 \to A \to A \to \cdots \to A \to P_2$，如图 6-41 所示。但是，车削时实际起作用的是刀尖圆弧的各切点，因此加工出来的工件实际表面形状是图中的虚线形状，这样就产生较大的形状误差。可见，在加工圆弧时必须考虑刀尖圆弧半径对工件表面形状的影响。

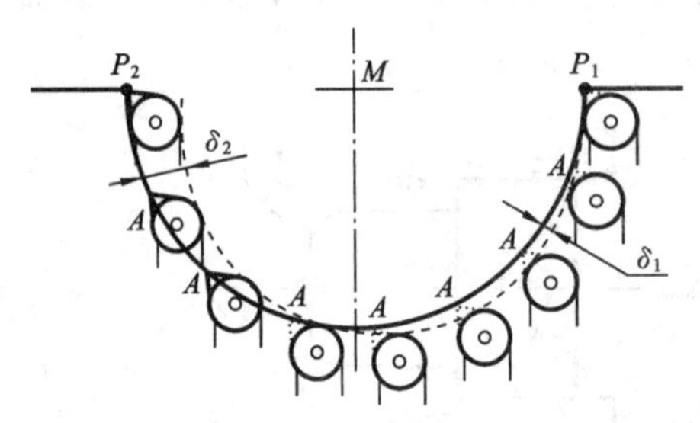

图 6-41　圆弧加工时产生的误差

因此用车刀来切削锥面和圆弧时，必须将假设的刀尖点的路径作适当的修正，使之切削加工出来的工件能获得正确的尺寸。这种修正方法称为刀尖圆弧半径补偿。

2）刀尖圆弧半径补偿的参数

不仅刀尖圆弧半径值对加工精度有影响，刀尖圆弧的位置对加工精度也有影响，所以刀尖圆弧半径补偿的参数有两个：一个是刀尖圆弧半径 R 的大小，另一个是刀尖圆弧位置的刀尖方位号 T，共有九种，如图 6-42 所示。其中：图 a 为后置刀架刀尖位置图，图 b 为前置刀架刀尖位置图；黑点表示理想刀尖，“＋”为刀尖圆弧中心点。在加工前，利用操作面板，将刀尖圆弧半径值 R 和刀尖方位号 T 值手动输入刀具半径补偿表中。

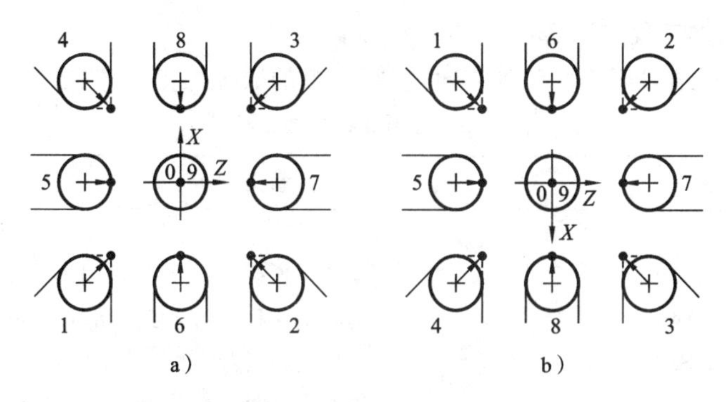

图 6-42 车刀刀尖位置码定义

a) 后置刀架刀尖位置 b) 前置刀架刀尖位置

● 代表刀具刀位点 ＋代表刀尖圆弧圆心

3) 刀尖圆弧半径补偿指令 G40、G41、G42

格式：$\begin{Bmatrix} \text{G40} \\ \text{G41} \\ \text{G42} \end{Bmatrix} \begin{Bmatrix} \text{G00} \\ \text{G01} \end{Bmatrix} \text{X(U)\_\_ Z(W)\_\_}$

说明：该组指令用于建立/取消刀具半径补偿。

其中：G40为取消刀尖圆弧半径补偿，如需要取消刀尖圆弧半径补偿，可编入该指令，此时，理想刀尖就和编程轨迹重合。

G41为左刀补，顺着刀具运动方向看，刀具在工件的左侧。前置刀架和后置刀架方向判断如图6-42所示。

G42为右刀补，顺着刀具运动方向看，刀具在工件的右侧。前置刀架和后置刀架方向判断如图6-42所示。

X、*Z* 为G00/G01的参数，即建立刀补或取消刀补的终点。

G40、G41、G42都是模态代码，可相互注销。

在判断刀尖半径补偿G41、G42时，和圆弧判断方法一样，对于切削同一个零件，不管是前置刀架还是后置刀架，编写的程序都是一致的，并不会因为刀架的前后而改变。

注意

① G40、G41、G42只能和G00或G01结合使用编程，不允许同G02或G03等其他指令结合使用编程，即它是通过直线运动来建立或取消刀具半径补偿的。

② 程序段的最后必须以取消刀具补偿结束，如果没有取消刀具补偿，则刀具不能在终点定位，而停在与终点位置偏离一个矢量的位置上。

③ 在调用新刀具前或要更改刀具补偿方向时，必须使用G40取消刀具补偿。在使用G40前，刀具必须已经离开工件加工表面。

④ 在G41或G42中不要再指定一个G41或G42，否则补偿会出错。

⑤ 在使用G41或G42之后的程序段，不能出现连续两个或两个以上的不移动指令，否则G41或G42会失效。

5. 圆弧的加工程序

将上述分析结果用于圆弧加工,可获得圆弧的数控加工程序(见表 6-15)。

表 6-15　圆弧的数控加工程序

段号	程序段	程序段意义
%0009		程序名
N01	T0101	安全位置换 1 号刀具,调用 1 号刀补值
N02	G00 X40 Z2	刀具快速移动到加工起始点位置
N03	M03 S500	主轴正转,转速 500 r/min
N04	Z0	刀具在 Z 轴方向移动至 0 点位置
N05	G01 X0 F100	刀具到达工件端面中心、$R15$ 圆弧起点处
N06	G03 U24 W-24 R15	加工 $R15$ 圆弧
N07	G02 X26 Z-31 R5	加工 $R5$ 圆弧
N08	G01 Z-40	加工 $\phi26$ mm 外圆
N09	G00 X40	在 X 轴方向退刀
N10	Z50	在 Z 轴方向退刀至换刀点处
N11	M05	主轴停止
N12	M30	程序结束并复位

6.5　数控铣削加工工艺

6.5.1　数控铣床

1. 数控铣床的分类

(1) 立式数控铣床　立式数控铣床的主轴垂直于水平面,这种铣床在数控铣床中是数量最多的一种,应用范围也最为广泛。XK714B 型立式铣床(见图 6-43)由床身、工作台、立柱、主轴箱及电气控制系统组成。小型数控铣床一般都采用工作台移动、升降而主轴不动的方式,与普通立式升降台铣床结构相似。中型数控铣床一般采用工作台纵向和横向移动,且主轴沿垂直溜板上下运动的方式。大型数控铣床因要考虑扩大行程、缩小占地面积及增大刚度等技术问题,往往采用龙门架移动的方式,其主轴可以在龙门架的纵向与垂直溜板上运动,而龙门架则沿床身作纵向移动。立式数控铣床可以附加数控转盘,采用自动交换台,增加靠模装置等来增加立式数控铣床的功能,扩大加工范围和加工对象,进一步提高生产率。

(2) 卧式数控铣床　卧式数控铣床的主轴平行于水平面。为了扩大加工范围和扩充功能,卧式数控铣床通常增加数控转盘或采用万能数控转盘来实现四轴或五轴加工,如图 6-44 所示。这样一来,不但可以加工工件侧面上的连续回转轮廓,而且可以实现在一次安装中通过转盘改变工位,进行“四面加工”。尤其是万能数控转盘可以把工件上各种不同角度或空间角度的加工面摆成水平状来加工,可以省去许多专用夹具或专用角度的成形铣刀。对箱体类零件或在一次安装中需要改变工位的工件来说，选择带数控转盘的卧式数控铣床进行加工是非常合适的。

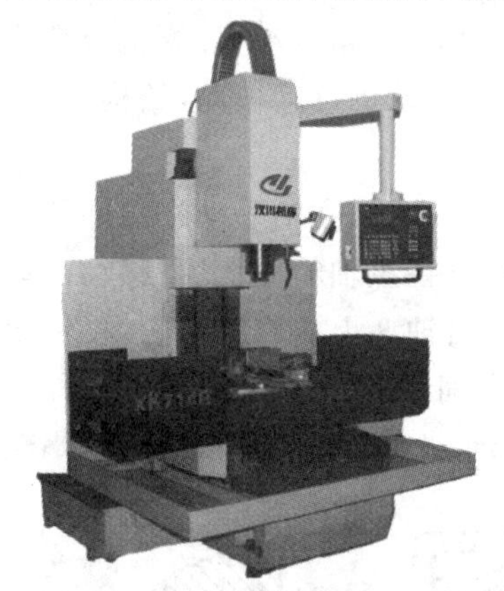

图 6-43 XK714B 型立式数控铣床

图 6-44 XK6036 型卧式升降台数控铣床

（3）立、卧两用数控铣床 立、卧两用数控铣床(见图 6-45)的数量目前正在逐渐增多，它的主轴方向可以更换，在一台机床上既可以进行立式加工，又可以进行卧式加工。其使用范围更广，功能更全，特别是当生产批量小、品种较多，又需要立、卧两种方式加工时，只需要一台这样的机床就行了。

立、卧两用数控铣床的主轴方向的更换有手动与自动两种。采用数控万能主轴头的立、卧两用数控铣床，其主轴头可以任意转换方向，可以加工出与水平面成各种不同角度的工件表面。当立、卧两用数控铣床增加数控转盘后，就可以实现对工件的“五面加工”，即除了工件与转盘贴面的定位面外，其他表面都可以在一次安装中进行加工。因此，其加工性能非常优越。

图 6-45 立、卧两用数控铣床

数控铣床一般能对板类、盘类、壳具类或模具类等复杂零件进行加工。数控铣床除 X、Y、Z 三轴外，还配有旋转工作台。旋转工作台可安装在机床工作台的不同位置，这给凸轮和箱体类零件的加工带来方便。与普通铣床相比，数控铣床的加工精度高，精度稳定性好，适应性强，操作者劳动强度低，特别适合复杂零件或对精度保持性要求较高的中小批量零件的加工。

2. 数控铣床的典型结构

下面以 JZK7532-1 型多功能数控铣床为例，介绍数控铣床的典型结构。

（1）机床的使用范围 JZK7532-1 型多功能数控铣床是三轴联动的经济型数控机床，可使钻、铣、扩孔、铰孔和镗孔等多工序实现自动循环，既可进行坐标镗孔，又可精确、高效地完成平面内各种复杂曲线，如凸轮、样板、冲模、压模、弧形槽等零件的自动加工，尤其适合模具、异形零件的加工。

(2) 机床的主要结构　机床主要由工作台、主轴箱、立柱、电气柜、计算机数控系统(以下简称 CNC)等组成。工作台的进给运动由步进电动机直接拖动，结构简单，调整方便。

图 6-46、图 6-47、图 6-48 所示分别为主轴调整部分结构、主轴手动进给部分结构和主轴箱结构。主轴安装在齿条套筒内，齿条套筒可在主轴箱内上、下移动。动力由主轴电动机经轴 1 上的齿轮、轴 2 上的齿轮传递给轴 3 上的固定齿轮，再传给主轴齿轮带动主轴旋转，通过杠杆拨动组合齿轮和中间齿轮可使主轴获得六种不同的转速。套在主轴上的齿条套筒可使主轴上下移动，拨开滑移套筒，使它与蜗轮

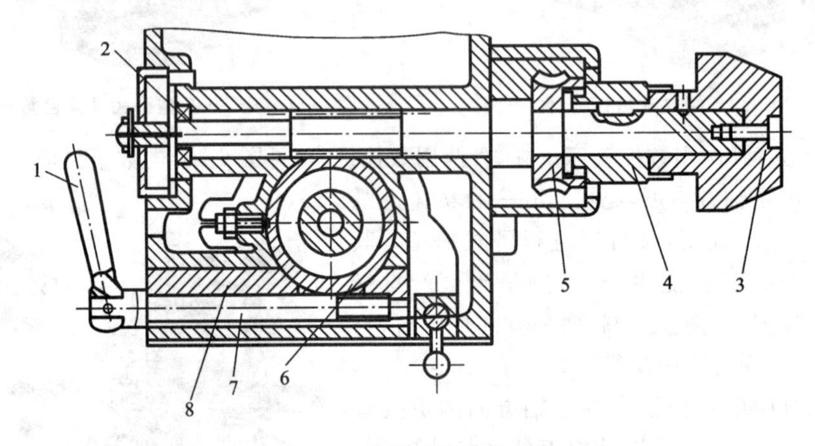

图 6-46　主轴调整部分结构

1—旋转手把　2—蜗轮轴　3—手轮 1　4—滑移套筒　5—蜗轮　6—齿条套筒　7—轴 4　8—套

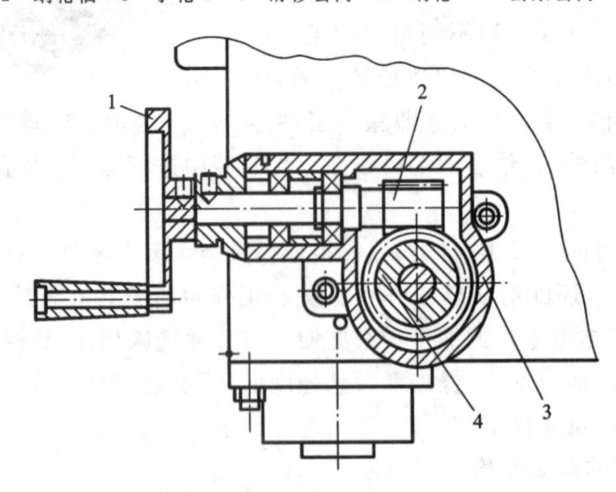

图 6-47　主轴手动进给部分结构

1—手轮 2　2—蜗杆　3—盖　4—蜗轮

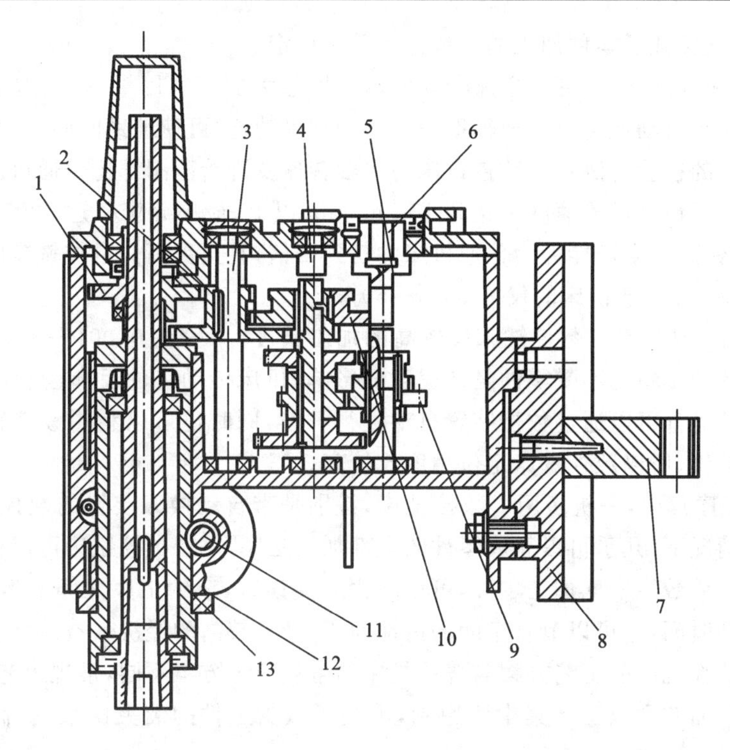

图 6-48 主轴箱结构

1—主轴齿轮 2—固定齿轮 3—轴 3 4—轴 2 5—轴 1 6—联轴器 7—螺母
8—连接座 9—组合齿轮 10—中间齿轮 11—蜗轮轴齿条 12—齿条套筒 13—主轴

上的内齿脱离，转动手轮 1，通过蜗杆轴和齿条套筒使主轴快速移动。滑移套筒使左端的齿轮与蜗轮上的内齿轮相啮合，转动手轮 2，可使主轴手动慢速进给。旋转手把带动轴 4 可使套刹紧齿条套筒，阻止主轴上下移动。主轴箱安装在连接座上，通过螺母可沿立柱垂直移动，主轴箱体可沿连接座中心转动正负 180°，便于特殊零件的加工。

(3) 立柱　立柱用于实现主轴箱的垂直移动和支撑作用。在立柱上端的步进电机直接带动丝杠，可使主轴箱垂直(Z 向)移动。

6.5.2 数控铣床的加工特点

(1) 适应性强　由于数控铣床能实现多轴联动，所以数控铣床能完成复杂面的加工，特别是对可用数学方程式和坐标点表示的形状复杂的零件，加工非常方便。当改变加工零件时，数控铣床只需更换零件加工的程序，不必用凸轮、靠模、样板或其他模具等专用工艺装备，且可采用成组技术的成套夹具。因此，采用数控铣床可使生产准备周期短，有利于机械产品的迅速更新换代。所以，数控铣床的适应性非常强。

(2) 加工质量稳定　对于同一批零件，使用了同一机床和刀具及同一加工程序，刀具的运动轨迹完全相同，且数控铣床是根据数控程序自动进行加工，可以避免人为的误差,这就保证了零件加工的一致性且质量稳定。

(3) 生产效率高　在数控铣床上可以采用较大的切削用量,有效地节省了机动工时。它还有自动换速及其他辅助操作自动化等功能,可使辅助时间大为缩短,而且不需工序间的检验与测量。数控铣床的主轴转速及进给范围都比普通机床的大。目前数控铣床的最高进给速度可达到 100 m/min 以上,最小分辨率达 0.01 μm。一般来说,数控铣床的生产能力为普通机床的三到四倍,甚至更高。数控铣床的时间利用率高达 90%,而普通铣床的仅为 30%～50%。

(4) 加工精度高　数控铣床有较高的加工精度,一般在 0.001～0.1 mm 之间。数控铣床的加工精度不受零件复杂程度的影响,机床传动链的反向齿轮间隙和丝杠的螺距误差等都可以通过数控装置自动进行补偿,同时还可以利用数控软件进行精度校正和补偿,所以数控铣床定位精度比较高。

(5) 工序集中,一机多用　数控铣床,特别是带自动换刀装置的数控铣床,在一次装夹的情况下,几乎可以完成零件的全部加工工序,一台数控铣床可以代替数台普通机床。采用数控铣床加工零件,可以减少装夹误差,节约工序之间的运输、测量和装夹等辅助时间,还可以节省车间的占地面积,带来较高的经济效益。

此类数控铣床的工艺方案与普通机床的常规工艺方案不同,常规工艺以"工序分散"为特点,而它则以工序集中为原则,着眼于减少工件的装夹次数,提高重复定位精度。

(6) 减轻工人的劳动强度　在输入程序并启动后,数控铣床就自动地连续加工,直至零件加工完毕。这样就简化了工人的操作,使劳动强度大大降低。

(7) 利于生产管理现代化　数控铣床的加工,可预先精确估计控制信息,易于实现加工信息的标准化,目前已与计算机辅助设计与制造(CAD/CAM)有机地结合起来,是现代化集成制造技术的基础。

6.5.3　铣床数控系统的功能简介

铣床数控系统的功能指数字控制的特性,主要包括控制功能、编程功能及通信功能。下面分别介绍这些功能。

1. 控制功能

1) 进给坐标轴的位置控制功能

数控系统可以进行数字控制的坐标轴包括进给坐标轴(如铣床的 X、Y、Z 轴)、主轴(如 C 轴)与辅助轴。数控系统同时控制若干个进给坐标轴进行插补运动。三个或三个以上坐标轴的联动,可以加工空间曲线或曲面。

(1) 插补运算功能。

(2) 程序段运行功能　应用这一功能,便于校验加工程序的运行情况,并兼有按其所需要位置进行随机暂停的作用。

(3) 循环功能　循环功能的项目较多,数控系统可以具有多项循环功能。灵活

地运用这些功能,能简化和缩短加工程序,减少编制加工程序的工作量。循环功能包括以下内容:

① 反复循环 反复循环指整个加工程序全部执行完后,又自动从该程序的第一条程序段开始,无限制地反复执行下去,直至给出终止执行信号为止。在许多数控系统中,常规定"M20"为反复循环的功能指令。

② 程序循环 程序循环又称为局部循环,该功能是指在一个加工程序中,按需要指定其循环内容和次数的一种方法。在经济型数控机床中,常规定"G22"为程序循环的开始指令,"G80"为程序循环结束指令,即在G22和G80两条指令之间的程序段均为需要循环的内容。

③ 复合循环 应用复合循环功能,可以大大简化加工程序,提高编程特别是手工编程的效率。复合循环又分为矩形循环(如用于粗车外圆或端面)、钻深孔循环、螺纹切削循环、车槽循环、锥形循环和封闭式循环(沿零件轮廓走刀)等。在设计数控装置时,复合循环的程序已预先编好,加密后存储在数控装置中。当需要使用复合循环的功能指令时,必须按其数控装置所规定的程序段格式,填写有关的具体事项。

④ 固定循环 固定循环功能用于一系列指定机床坐标运动的加工工序,或使机床主轴完成钻、镗、钻底孔与攻螺纹,以及其他的组合加工工序。固定循环所规定的功能指令一般为G81～G89。

(4) 间隙补偿功能 该功能是指其数控装置通过有关程序,并按用户约定,自动地补偿机床进给坐标轴在换向运动时因各传动部件的综合机械间隙而产生的误差。

2) 刀具控制功能

(1) 刀具补偿功能 刀具补偿包括以下三个方面的补偿:

① 刀具位置补偿 该补偿指对刀具位置沿平行于控制坐标轴方向所进行的自动补偿,补偿值的大小和方向由对刀过程中所测刀位偏差确定。

② 刀具半径补偿 该补偿功能主要是针对刀位点在圆心位置上的刀具而设定的,它根据实际尺寸进行自动补偿。例如数控铣削加工中的铣刀半径,数控车削加工中使用圆弧形车刀的刀刃半径补偿等。

③ 刀具长度补偿 该补偿是对刀具在深度方向上的长度变化所进行的自动补偿。

(2) 刀具的寿命管理 刀具的寿命管理包括以下两方面内容:

① 耐用度监控 在加工过程中,对刀具耐用状况所进行的实时监控,并对切削时间自动进行累计,以便确定是否重磨或更换。

② 损坏监控 在刀具发生破损时,数控装置能立即发出停车命令使机床停止加工,同时发出报警信号,通知有关人员及时处理。

3) 主轴控制功能

主轴控制功能指除对机床主轴进行有级和无级调速等基本控制外,还包括对主轴与进给坐标轴的同步进给控制,主轴的定向准停、恒线速度和多主轴控制等功能。

4) 辅助控制功能

辅助控制功能,如主轴的启停、正反转、定向准停,零件的夹紧或松开,切削液的开启、关闭等,由数控装置规定,由 M 指令实现。另外,还有一些专门规定的特殊辅助功能,如交换工作台控制等。现将部分较特殊的辅助控制功能简单介绍如下:

(1) 内置可编程控制器控制功能　在数控系统中,内置一个或多个可编程控制器,协助主控计算机,完成多种原来由强电装置所完成的辅助控制。

(2) 自动检测零件功能　使用在线检测传感器,可以在机床上对加工零件进行在线检测,并将检测结果及时反馈到数控装置中进行修正,以保证加工的成品率;还可以检测零件的安装与定位的偏差,以便进行自动修正;另外还可对刀具进行监控。

(3) 自适应控制功能　自适应控制即适应控制(AC),这一功能是通过适应控制系统完成的。该功能可以对加工过程中的切削条件(如毛坯余量不匀、材料硬度不一致、刀具变钝,以及零件变形而影响到的切削力变化等)的变化进行跟踪测量和调整,使其切削用量始终保持在最佳状态。

6.5.4　数控铣床的操作

数控铣床的自动化程度很高,具有精度高、效率高和适应性强的特点,但其运行效率的高低、设备的故障率、使用寿命的长短等,在很大程度上取决用户的正确使用与维护。好的工作环境、好的使用者和维护者,不仅会大大延长无故障工作时间,提高生产率,而且会减少机械部件的磨损,避免不必要的失误,大大减轻维修人员的负担。

1. 数控铣床开机调试

数控铣床是一种技术含量很高的机电一体化设备,当用户购回一台数控机床后,采取正确方式开机调试,对这台数控铣床充分发挥功效、延长使用寿命是十分关键的。数控铣床的开机、调试要有步骤地进行。

1) 通电前的外观检查

① 打开机床电控箱,检查继电器、接触器、熔断器、伺服控制单元插座、主轴电动机控制单元插座等有无松动,如有松动,应恢复正常状态,有锁紧机构的接插件一定要锁紧;机床有转接盒的一定要检查转接盒上的插座、接线有无松动,有锁紧机构的一定要锁紧。

② 打开 CNC 电箱门,检查各类接口插座及伺服电动机反馈线插座、主轴脉冲发生器插座、手摇脉冲发生器插座等,如有松动,应重新插好,有锁紧机构的一定要锁紧。按照说明书检查各块印制电路板上的短路端子的设置情况,一定要符合机床生产厂设定的状态,确实有误的应重新设置,在一般情况下无须重新设置,但用户一定要对短路端子的设置状态做好原始记录。

③ 检查所有的接线端子,包括机床生产厂自行接线的端子及各电动机电源线的接线端子,每个端子都要用工具紧固一次,直到拧不动为止,各电动机插座一定要

拧紧。

④ 所有电磁阀都要用手推动数次，以防止长时间不通电造成的动作不正常，如发现异常，应做好记录，以备通电后确认修理或更换。

⑤ 检查所有限位开关动作的灵活程度及固定是否牢固，发现动作不正常或固定不牢的应立即处理。

⑥ 检查操作面板上所有按钮、开关、指示灯的状态及接线，发现错误应立即处理，检查CRT单元上的插座及接线。

⑦ 测量机床地线，接地电阻不能大于1 Ω。

⑧ 用相序表检查输入电源的相序，确认输入电源的相序与机床上各处标定的电源相序一致。对有二次接线的设备，如电源变压器等，必须确认二次接线的相序一致。要保证各处相序的绝对正确。此时应测量电源电压，并做好记录。

2）接通机床总电源

① 接通机床总电源，检查CNC冷却风扇、主轴电动机冷却风扇、机床电器箱冷却风扇的转向是否正确，检查润滑、液压等处的油标指示以及机床照明灯是否正常，检查各熔断器有无损坏；如有异常，应立即停电进行检修。

② 测量强电各部分的电压，特别是供给伺服单元用的电源变压器的初、次级电压，并做好记录。

③ 观察有无漏油，特别是转塔转位、卡紧及主轴换挡、卡盘卡紧等处的液压缸和电磁阀；如有漏油，应立即停电修理或更换。

3）CNC电箱通电

① 按CNC电源通电按钮，接通CNC电源，观察CRT显示，直到出现正常画面为止。如果出现ALARM显示，应该寻找故障并排除，排除故障后应重新送电检查。

② 在第①项无误后，应根据有关资料上给出的测试端子的位置测量各级电压，有偏差的应调整到给定值，并做好记录。

③ 将状态开关置于适当的位置，如日本FANUC系统应放置在MDI状态。选择参数页面，逐条逐位地核对参数，这些参数应与随机所带参数表符合。如发现有不一致的参数，则应弄清各参数的意义后再决定是否修改，如齿隙补偿的值可能与参数表不一致，这可在进行实际加工后可进行修改。

④ 将状态选择开关置于JOG位置，将点动速度放在最低挡，分别进行各坐标正反方向的点动操作，同时用手按与点动方向相对应的超程保护开关，验证其保护作用的可靠性，然后再进行慢速的超程试验，验证超程撞块安装的正确性。

⑤ 将状态开关置于回零位置，完成回零操作。有的机床参考点返回的动作不完成就不能进行其他操作，遇此情况应首先进行本项操作，然后再进行第④项操作。

⑥ 将状态开关置于JOG位置或MDI位置，进行手动变挡试验，验证无误后将主轴调速开关放在最低位置，进行各挡的正反转试验，观察主轴运转的情况和速度显示的正确性，然后再逐渐升速到最高转速，观察主轴运转的稳定性。

⑦ 进行导轨润滑试验,使导轨具有良好的润滑。

⑧ 依次调整快移开关和进给速度倍率开关,随意点动刀架,观察速度的变化。

4）MDI 试验

① 将机床锁住开关放在接通位置,用手动方式输入指令,进行主轴任意变挡、变速试验,测量主轴实际转速,并观察主轴速度显示值,其误差应限定在 5%之内。

② 进行转塔或刀座的选刀试验,其目的是检查刀座的正、反转和定位精度。

③ 因需求不同,数控机床的功能也不同,可根据具体情况对各种功能进行试验。为防止意外情况发生,最好先将机床锁住(机床锁住开关放在接通位置)进行试验,然后再取消锁住状态进行试验。

5）EDIT 功能试验

将状态选择开关置于 EDIT 位置,自行编制一简单程序,尽可能多地包括各种功能指令和辅助功能指令,移动尺寸以机床最大行程为限,同时进行程序的插入、删除和修改。

6）自动状态试验

先将机床锁住,用编制的程序进行空运转试验,验证程序的正确性,然后取消机床锁住状态,分别将进给速度倍率开关、快速开关、主轴速度倍率开关等进行多种变化,使机床在上述各开关的多种变化的情况下充分运行。然后将各倍率开关置于 100%处,使机床充分运行,观察整机的工作情况是否正常。

至此,一台数控机床才算开机调试完毕。

2. 数控铣床的操作面板

华中数控“世纪星”HNC-21M 系统操作面板与数控车床 HNC-21T 系统的操作面板基本相同,有关内容请参考数控车床系统的操作面板章节。这里主要介绍手摇进给。

图 6-49　手持单元结构

图 6-49 所示为手持单元结构,由手摇脉冲发生器、坐标轴选择开关组成,用于手摇方式增量进给坐标轴。

当手持单元的坐标轴选择波段开关置于“X”“Y”“Z”“4”挡时,按一下控制面板上的“增量”按键(指示灯亮),系统处于手摇进给方式,可手摇进给机床坐标轴。

顺时针/逆时针旋转手摇脉冲发生器 1 格,选定的坐标轴将向正向或负向移动 1 个增量值。手摇进给方式每次只能增量进给 1 个坐标轴。

手摇进给的增量值(手摇脉冲发生器每转 1 格的移动量)由手持单元的增量倍率波段开

关“×1”“×10”“×100 ”控制。增量倍率按键和增量值的对应关系如表 6-16 所示。

表 6-16 增量倍率按键与增量值的关系

增量倍率按键	×1	×10	×100
增量值/mm	0.001	0.01	0.1

4. 数控铣床基本指令

1）设定工件坐标系指令 G92

格式:G92 X＿ Y＿ Z＿

说明:在机床上建立工件坐标系(也称编程坐标系);坐标值 X、Y、Z 为刀具刀位点在工件坐标系中的坐标值(也称起刀点或换刀点);操作者必须在工件安装后检查或调整刀具刀位点,以确保机床上设定的工件坐标系与编程时在零件上所规定的工件坐标系在位置上重合;对尺寸较复杂的工件,为了计算简单,在编程中可以任意改变工件坐标系的程序零点。

在数控铣床中有两种设定工件坐标系的方法。一种方法如图 6-50 所示,先确定刀具的换刀点位置,然后由 G92 指令根据换刀点位置设定工件坐标系的原点,G92 指令中 X、Y、Z 坐标表示换刀点在工件坐标系 $O_pX_pY_pZ_p$ 中的坐标值。另一种方法如图 6-51 所示,通过与机床坐标系 $OXYZ$ 的相对位置建立工件坐标系 $O_pX_pY_pZ_p$,如有的数控系统用 G54 指令的 X、Y、Z 坐标值表示工件坐标系原点在机床坐标系中的坐标值。

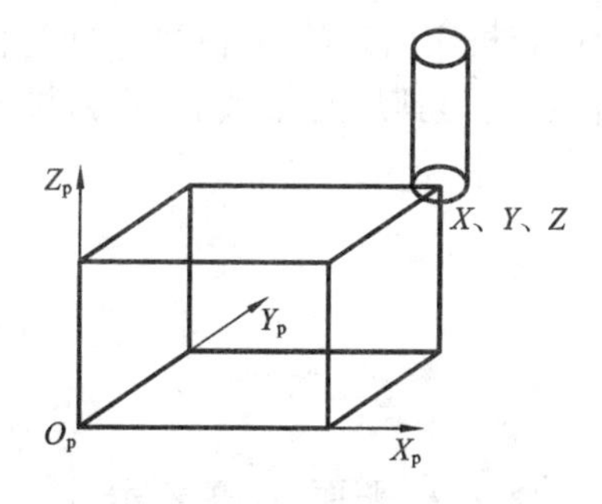

图 6-50 G92 设定工件坐标系

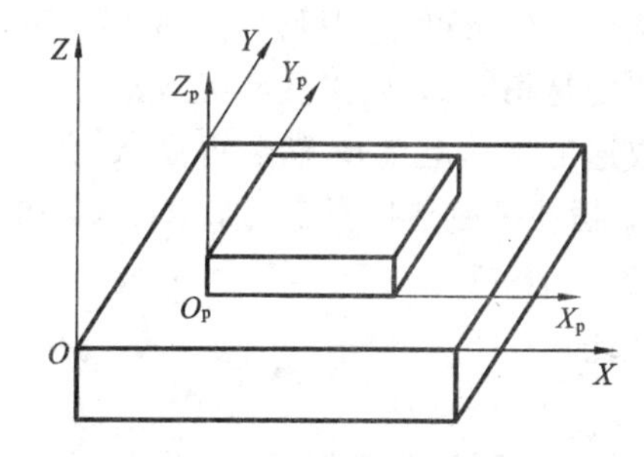

图 6-51 G54 设定工件坐标系

2）绝对坐标输入方式指令 G90 **和增量坐标输入方式指令** G91

格式:$\begin{cases} \text{G90} \\ \text{G91} \end{cases}$

说明:G90 指令建立绝对坐标输入方式,移动指令目标点的坐标值 X、Y、Z 表示刀具离开工件坐标系原点的距离;G91 指令建立增量坐标输入方式,移动指令目标点的坐标值 X、Y、Z 表示刀具离开当前点的坐标增量值。

如图 6-52 所示,刀具从点 A 快速移动至点 C,使用绝对坐标编程和增量坐标编程。

采用绝对坐标编程:

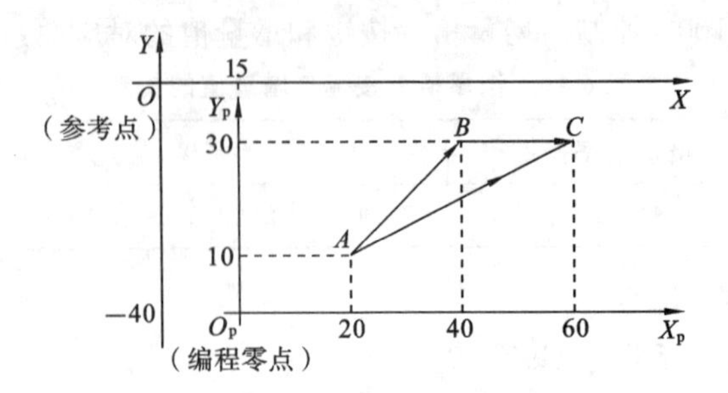

图 6-52　快速定位

G92 X0 Y0 Z0	设定工件坐标系原点,换刀点 O 与机床坐标系原点重合
G90 G00 X15 Y-40	刀具快速移动至点 O_p
G92 X0 Y0	重新设定工件坐标系,换刀点 O 与机床坐标系原点重合
G00 X20 Y10	刀具快速移动至点 A 定位
X60 Y30	刀具从始点 A 快速移动至终点 C

采用增量坐标编程:

G92 X0 Y0 Z0	
G91 G00 X15 Y-40	
G92 X0 Y0	
G00 X20 Y10	
X40 Y20	刀具从始点 A 快速移动至终点 C

从以上分析可知,刀具从点 A 移动至点 C 时,若机床内定的 X 轴和 Y 轴的快速移动速度是相等的,则刀具实际运动轨迹为一折线,即刀具从始点 A 按 X 轴与 Y 轴的合成速度移动至点 B,然后再沿 X 轴移动至终点 C。

3)插补平面选择指令 G17、G18、G19

格式:$\begin{cases}\text{G17}\\\text{G18}\\\text{G19}\end{cases}$

说明:G17 表示选择 X-Y 平面;G18 表示选择 Z-X 平面;G19 表示选择 Y-Z 平面。

4)暂停指令 G40

格式:G40$\begin{cases}\text{X __}\\\text{P __}\end{cases}$

说明:刀具作短暂的无进给光整加工;参数 X 可用小数,单位为 s;参数 P 只能用整数,单位为 ms。

5)自动返回参考点指令 G28

格式:G28 X __ Y __ Z __

说明:坐标值 X、Y、Z 为中间点坐标,刀具返回参考点时应避免与工件或夹具发生干涉。

G28指令通常用于返回参考点后自动换刀，执行该指令前必须取消刀具半径补偿和刀具长度补偿。

G28指令的功能是刀具经过中间点快速返回参考点。指令中参考点的含义为：如果没有设定换刀点，那么参考点指的是回零点，即刀具返回至机床的极限位置；如果设定了换刀点，那么参考点指的是换刀点。通过返回参考点能消除刀具在运行过程中的插补累积误差。在指令中设置中间点的意义是设定刀具返回参考点的走刀路线。如“G92 G28 X0 Z0”表示刀具先从 Y 轴的方向返回至 Y 轴的参考点位置，然后从 X 轴的方向返回至 X 轴的参考点位置，最后从 Z 轴的方向返回至 Z 轴的参考点位置。

6）从参考点移动至目标点指令 G29

格式：G29 X__ Y__ Z__

说明：返回参考点后执行该指令，刀具从参考点出发，以快速点定位的方式，经过由G28所指定的中间点到达由 X、Y、Z 坐标值所指定的目标点位置；X、Y、Z 表示目标点坐标值，G90指令表示目标点为绝对坐标方式，G91指令表示目标点为增量坐标方式，即表示目标点相对于G28中间点的增量；如果在G29指令前，没有G28指令设定中间点，在执行G29指令时，则以工件坐标系零点作为中间点。

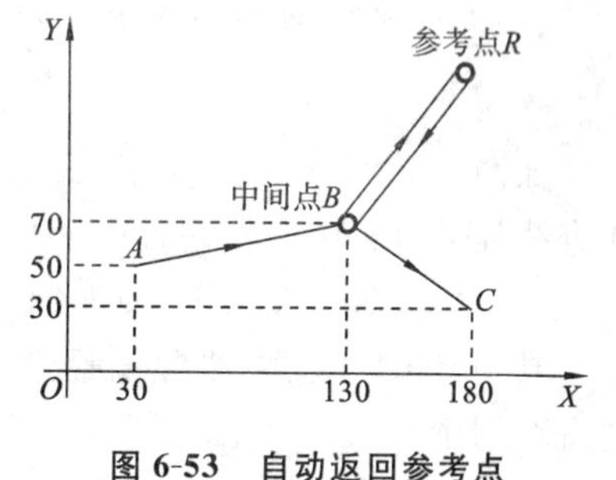

图6-53 自动返回参考点

如图6-53所示，刀具从点 A 经过中间点 B 返回参考点 R，换刀后再经过中间点 B 到点 C 定位，分别使用绝对坐标编程和增量坐标编程。

采用绝对坐标编程：

G90 G29 X130 Y70	当前点 $A \to B \to R$
M60	换刀
G29 X180 Y30	参考点 $R \to B \to C$

采用增量坐标编程：

G91 G28 X100 Y20

M60

G29 X50 Y-40

若程序中无G28指令，则程序段为

G90 G29 X180 Y30　　进给路线为 $A \to O \to C$

7）刀具半径补偿指令 G41、G42

格式：$\begin{Bmatrix} \text{G41} \\ \text{G42} \end{Bmatrix} \begin{Bmatrix} \text{G00} \\ \text{G01} \end{Bmatrix}$ X__ Y__ H(或D)__

说明：X、Y 表示刀具移动至工件轮廓上点的坐标值；H(或D)为刀具半径补偿寄存器地址符,或者说 H(或 D)为寄存器存储刀具半径补偿值。

如图 6-54a 所示,沿刀具进刀方向看,刀具中心在零件轮廓左侧,则为刀具半径左补偿,用 G41 指令。如图 6-54b 所示,沿刀具进刀方向看,刀具中心在零件轮廓右侧,则为刀具半径右补偿,用 G42 指令。

可以通过 G00 或 G01 运动指令建立刀具半径补偿。

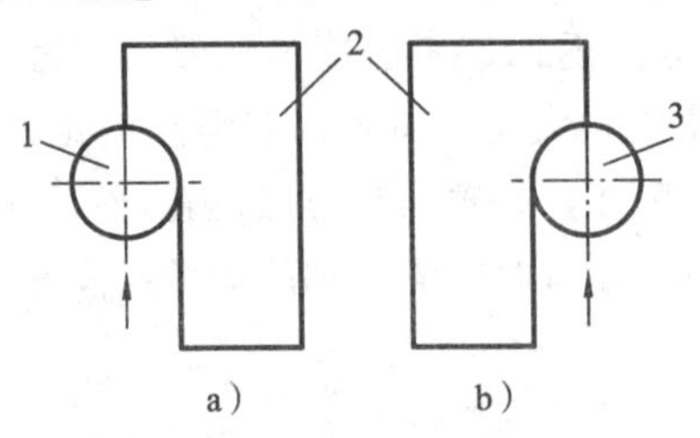

图 6-54　刀具半径补偿位置判断图

a) 刀具半径左补偿　b) 刀具半径右补偿

1、3—刀具　2—工件

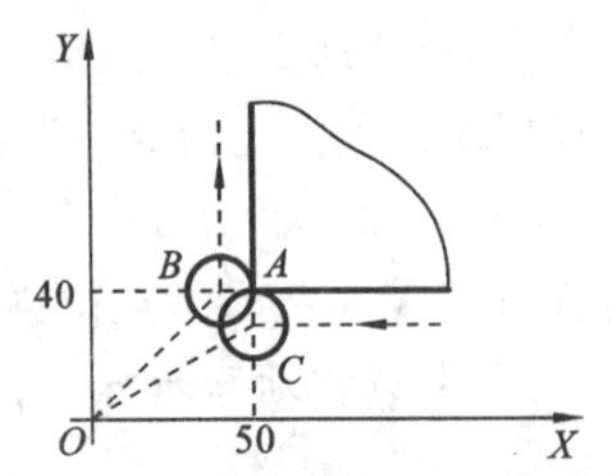

图 6-55　刀具半径补偿过程

如图 6-55 所示,刀具由点 O 至点 A,采用刀具半径左补偿指令 G41 后,刀具将在直线插补过程中向左偏置一个半径值,使刀具中心移动到点 B,以下为其程序段:

G41 G01 X50 Y40 F100 H01

其中,H01 为刀具半径偏置代码,偏置量(刀具半径)预先寄存在 H01 指令指定的寄存器中。

运用刀具半径补偿指令时,通过调整刀具半径补偿值来补偿刀具的磨损量和重磨量,r_1 为新刀具的半径,r_2 为磨损后刀具的半径,如图 6-56 所示。此外运用刀具半径补偿指令,还可以实现使用同一把刀具对工件进行粗、精加工,粗加工时刀具半径设定为 $r+\Delta$,精加工时刀具半径为 r,其中 Δ 为精加工余量,如图 6-57 所示。

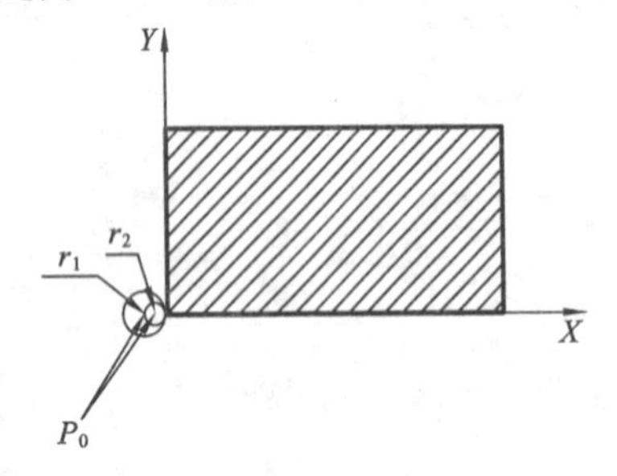

图 6-56　刀具磨损后的刀具半径补偿

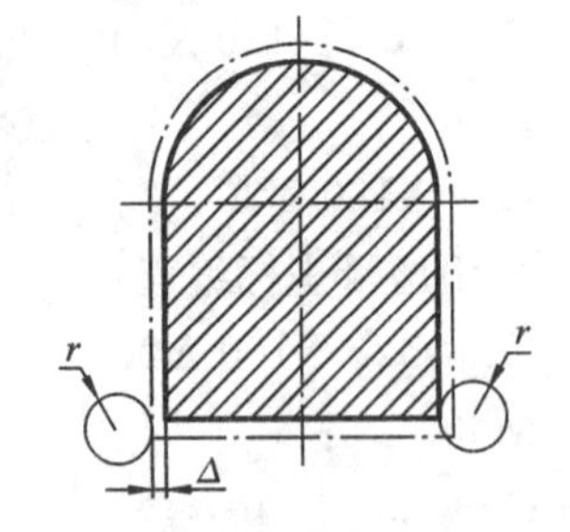

图 6-57　粗精加工的刀具半径补偿

8) 取消刀具半径补偿指令 G40

格式:$\begin{Bmatrix} \text{G00} \\ \text{G01} \end{Bmatrix}$ G40X __ Y __

说明:指令中 X、Y 表示刀具轨迹中取消刀具半径补偿点的坐标值;通过 G00 或 G01 运动指令取消刀具半径补偿;G40 必须和 G41 或 G42 成对使用。

如图 6-54 所示，当刀具以半径左补偿指令 G41 加工完工件后，通过图中 *CO* 段取消刀具半径补偿，以下为其程序段。

G40 G00 X0 Y0

9）刀具长度补偿指令 G43、G44、G49

$$格式:\left\{\begin{matrix}G43\\G44\\G49\end{matrix}\right. \left.\begin{matrix}\\ \\ \end{matrix}\right\} Z\_\ H\_$$

说明：G43 指令为刀具长度正补偿，G44 指令为刀具长度负补偿，G49 指令为取消刀具长度补偿。刀具长度补偿指刀具在 *Z* 方向的实际位移比程序给定值增加或减少一个偏置值。格式中的 *Z* 值是指程序中的指令值。H 为刀具长度补偿代码，后面两位数字是刀具长度补偿寄存器的地址符，H01 指 01 号寄存器，在该寄存器中存放对应刀具长度的补偿值；H00 寄存器必须设置刀具长度补偿值为 0，调用时取消刀具长度补偿的作用；其余寄存器存放刀具长度补偿值。

执行 G43 指令时，*Z* 实际值＝*Z* 指令值＋H _中的偏置值。

执行 G44 指令时，*Z* 实际值＝*Z* 指令值－H _中的偏置值。

如图 6-58 所示，图中点 *A* 为刀具起点，加工路线为 1→2→3→4→5→6→7→8→9。要求刀具在工件坐标系零点 *Z* 轴方向向下偏移 3 mm，按增量坐标编程（提示：把偏置量 3 mm 存入地址为 H01 的寄存器中）。

程序如下。

N01 G91 G00 X70 Y45 S800 M03

N02 G43 Z-22 H01

N03 G01 G01 Z-18 F100 M08

N04 G04 X5

N05 G00 Z18

N06 X30 Y-20

N07 G01 Z-33 F100

N08 G00 G49 Z55 M09

N09 X-100 Y-25

N10 M30

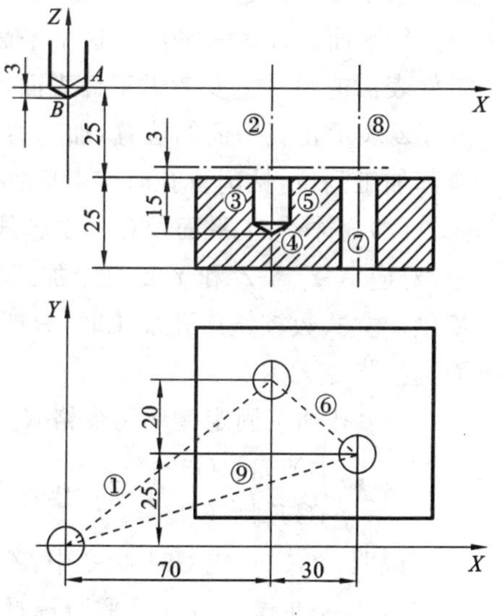

图 6-58 刀具长度补偿

10）孔加工固定循环指令 G90、G91

（1）孔加工固定循环的运动与动作 对工件的孔加工时，根据刀具的运动位置可以分为四个平面：初始平面（点）、*R* 平面、工件平面和孔底平面，如图 6-59 所示。在孔加工过程中，刀具的运动由以下六个动作组成。

动作 1——快速定位至初始点，*X*、*Y* 表示了初始点在初始平面中的位置。

动作 2——快速定位至 R 平面,即刀具自初始点快速进给到 R 平面。

动作 3——孔加工,即以切削进给的方式执行孔加工的动作。

动作 4——在孔底的相应动作,包括暂停、主轴准停、刀具移位等动作。

动作 5——返回到 R 平面,即继续孔加工时刀具返回到 R 平面。

动作 6——快速返回到初始平面,即孔加工完成后返回到初始平面。

为了保证孔的加工质量,有的孔加工固定循环指令需要主轴准停、刀具移位。在图 6-60 中表示了在孔加工固定循环中刀具的运动与动作,图中的虚线表示快速进给,实线表示切削进给。

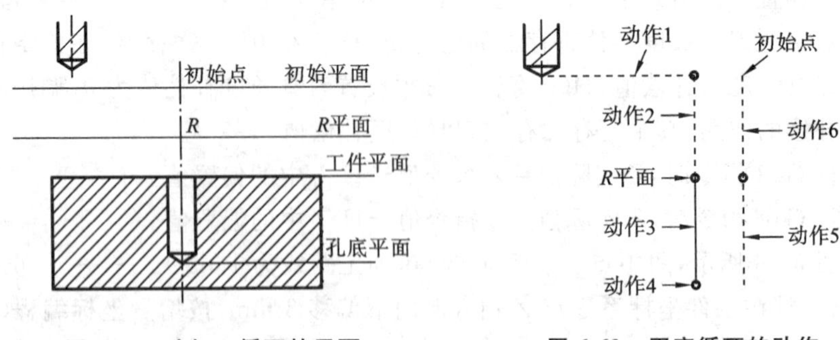

图 6-59　孔加工循环的平面　　**图 6-60　固定循环的动作**

初始平面是为安全操作而设定的定位刀具的平面。初始平面到零件表面的距离可以任意设定。若使用同一把刀具加工若干个孔，当孔间存在障碍需要跳跃或全部孔加工完成时,用 G98 指令使刀具返回到初始平面,否则,在中间加工过程中可用 G99 指令使刀具返回到 R 平面,这样可缩短加工辅助时间。

R 平面又称参考平面。这个平面表示刀具从快进转为工进的转折位置，平面距工件表面的距离主要考虑工件表面形状的变化,一般可取 2～5 mm。

Z 表示孔底平面的位置,加工通孔时刀具伸出工件孔底平面一段距离,保证通孔全部加工到位,钻削盲孔时应考虑钻头钻尖对孔深的影响。

(2) 选择加工平面及孔加工轴线　选择加工平面有 G17、G18 和 G19 等三条指令,对应 X-Y、X-Z 和 Y-Z 三个加工平面,以及对应孔加工轴线分别为 Z 轴、Y 轴和 X 轴。立式数控铣床孔加工时,只能在 X-Y 平面内使用 Z 轴作为孔加工轴线,与平面选择指令无关。

(3) 孔加工固定循环指令格式

格式：$\begin{Bmatrix}\text{G90}\\\text{G91}\end{Bmatrix}\begin{Bmatrix}\text{G99}\\\text{G98}\end{Bmatrix}$G73～G89X __ Y __ Z __ R __ Q __ P __ F __ L __

说明:在 G90 或 G91 指令中,Z 值有不同的定义。

G98、G99 指令为返回平面选择指令,G98 指令表示刀具返回到初始平面,G99 指令表示刀具返回到 R 平面,如图 6-61 所示。

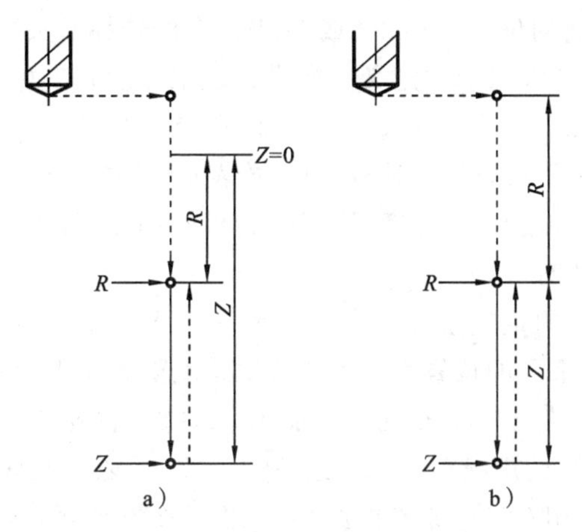

图 6-61 G90 与 G91 的坐标计算

a) 绝对坐标方式 G90 b) 增量坐标方式 G91

G73、G74、G76、G80～G89 为孔加工方式对应指令，如表 6-17 所示。

表 6-17 固定循环功能表

G代码	孔加工动作 (－Z方向)	孔底动作	返回方式 (＋Z方向)	用途
G73	间歇进给	—	快速进给	高速深孔往复排屑钻
G74	切削进给	暂停→主轴正转	切削进给	攻左旋螺纹
G76	切削进给	主轴定向停止→刀具移位	快速进给	精镗孔
G80	—	—	—	取消固定循环
G81	切削进给	—	快速进给	钻孔
G82	切削进给	暂停	快速进给	锪孔、镗阶梯孔
G83	间歇进给	—	快速进给	深孔往复排屑钻
G84	切削进给	暂停→主轴反转	切削进给	攻右旋螺纹
G85	切削进给	—	切削进给	精镗孔
G86	切削进给	主轴停止	快速进给	镗孔
G87	切削进给	主轴停止	快速进给	背镗孔
G88	切削进给	暂停→主轴停止	手动操作	镗孔
G89	切削进给	暂停	切削进给	精镗阶梯孔

注：G80 为取消孔加工固定循环指令，如果中间出现了任何 01 组的 G 代码，则孔加工固定循环自动取消。因此用 01 组的 G 代码取消孔加工固定循环，其效果与用 G80 指令是完全相同的。

X __ Y __ 指定加工孔的位置(与 G90 或 G91 指令的选择有关)。

Z __指定孔底平面的位置(与 G90 或 G91 指令的选择有关)。

R __指定 R 平面的位置(与 G90 或 G91 指令的选择有关)。

Q __在 G73 或 G83 指令中定义每次进刀加工深度，在 G73 或 G87 指令中定义位移量，Q 值为增量值，与 G90 或 G91 指令的选择无关。

P __指定刀具在孔底的暂停时间，用整数表示，单位为 ms。

F __指定孔加工切削进给速度，该指令为模态指令，即使取消了固定循环，在其后的加工程序中仍然有效。

L __指定孔加工的重复加工次数，执行一次，即 L1 可以省略。如果程序中选 G90 指令，刀具在原来孔的位置上重复加工；如果选择 G91 指令，则用一个程序段对分布在一条直线上的若干个等距孔进行加工。L 指令仅在被指定的程段中有效。

如图 6-61a 所示，选用绝对坐标方式 G90 指令，Z 表示孔底平面相对坐标原点的距离，R 表示 R 平面相对坐标原点的距离；如图 6-61b 所示，选用相对坐标方式 G91 指令，R 表示初始平面至 R 平面的距离，Z 表示 R 平面至孔底平面的距离。

孔加工方式指令以及在指令中 Z、R、Q、P 等都是模态的，因此只要指定了这些指令，在后续的加工中不必重新设定。如果仅仅是某一加工数据发生变化，仅修改需要变化的数据即可。

下面的程序是孔加工固定循环指令的应用。

N01 G91 G00 X __ Y __ M03　　主轴正转，按增量坐标方式快速点定位至指定位置

N02 G81 X __ Y __ Z __ F __　　G81 为钻孔固定循环指令，指定固定循环原始数据

N03 Y __　　钻削方式与 N02 相同，按 Y __移动后执行 N02 的钻孔动作

N04 G82 X __ P __ L __　　移动 X __后执行钻孔固定循环指令，重复执行 L __次

N05 G80 X __ Y __ M05　　取消孔加工固定循环，除 F 代码之外全部钻削数据被清除

N06 G85 X __ Z __ R __ P __　　G85 为精镗孔固定循环指令，重新指定固定循环原始数据

N07 X __ Z __　　移动 X __后按 Z __坐标执行 G85 指令，前段 R __仍然有效

N08 G89 X __ Y __　　移动 X __ Y __后执行 G89 指令，前段的 Z __及 N06 段的 R __ P 仍有效

N09 G01 X __ Y __　　除 F __外，孔加工方式及孔加工数据全部被清除

(4) 各种孔加工方式说明

① 高速深孔往复排屑钻孔指令 G73。加工动作如图 6-62a 所示。G73 指令用于

深孔钻削，Z 轴方向的间断进给有利于深孔加工过程中断屑与排屑。图中 Q 为每一次进给的加工深度(增量值且为正值)，图中退刀距离 d 由数控系统内部设定。

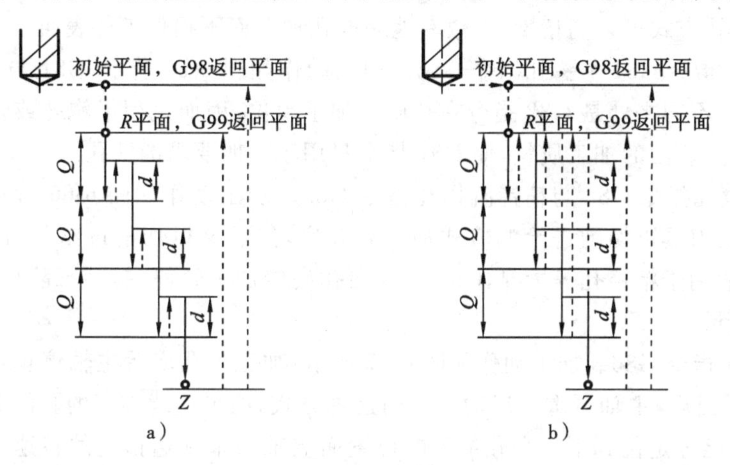

图 6-62 钻孔

a) 高速深孔往复排屑钻孔 b) 深孔往复排屑钻孔

② 深孔往复排屑钻孔指令 G83。加工动作如图 6-62b 所示。与 G73 指令略有不同的是每次刀具间歇进给后回退至 R 平面，这种退刀方式排屑畅通，此处的 d 表示刀具间断进给每次下降时由快进转为工进的那一点至前一次切削进给下降的点之间的距离，d 值由数控系统内部设定。由此可见这种钻削方式适合加工深孔。

③ 攻左旋螺纹指令 G74 与攻右旋螺纹指令 G84。攻左旋螺纹加工动作如图 6-63所示，使用 G74 指令，主轴左旋攻螺纹，至孔底后正转返回，到 R 平面后主轴又恢复反转。如果使用 G84 指令，主轴右旋攻螺纹，至孔底后反转返回，到 R 平面后主轴又恢复正转。

如果在程序段中暂停指令 P _有效，则在刀具到达孔底后先执行暂停动作，然后改变主轴转动方向后返回。

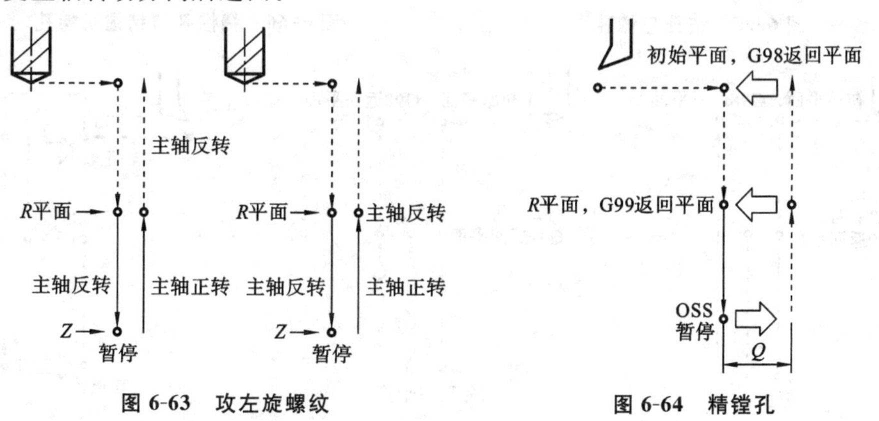

图 6-63 攻左旋螺纹　　图 6-64 精镗孔

④ 精镗孔指令 G76。加工动作如图 6-64 所示。图中，OSS 表示主轴暂停，Q 表

示刀具移动量(规定为正值,若使用了负值则负号被忽略)。在孔底主轴定向停止后,刀头按地址 Q 所指定的偏移量移动,然后提刀,刀头的偏移量在 G76 指令中设定。采用这种镗孔方式可以高精度、高效率地完成孔加工而不损伤工件表面。

⑤ 钻孔指令 G81 与锪孔指令 G82。加工动作如图 6-65 所示,G81 与 G82 指令相比较,唯一不同之处是 G82 指令在孔底增加了暂停,因而适用于锪孔或镗阶梯孔,提高了孔台阶表面的加工质量,而 G81 指令只用于一般要求的钻孔。

⑥ 精镗孔指令 G85 与精镗阶梯孔指令 G89。加工动作如图 6-66 所示,这两种孔加工方式,刀具以切削进给的方式加工到孔底,然后又以切削进给的方式返回 R 平面,因此适用于精镗孔等情况,G89 指令在孔底增加了暂停,提高了阶梯孔台阶表面的加工质量。

⑦ 镗孔指令 G86。加工动作如图 6-67 所示,加工到孔底后主轴停止,返回初始平面或 R 平面后,主轴再重新启动。采用这种方式,如果连续加工的孔间距较小,可能出现刀具已经定位到下一个孔加工的位置而主轴尚未到达指定的转速,为此可以在各孔动作之间加入暂停指令 G04,使主轴获得指定的转速。

⑧ 背镗孔指令 G87。加工动作如图 6-68 所示,X 轴和 Y 轴定位后,主轴停止,刀具以与刀尖相反的方向按 Q 设定的偏移量移动,并快速定位到孔底,在该位置刀具

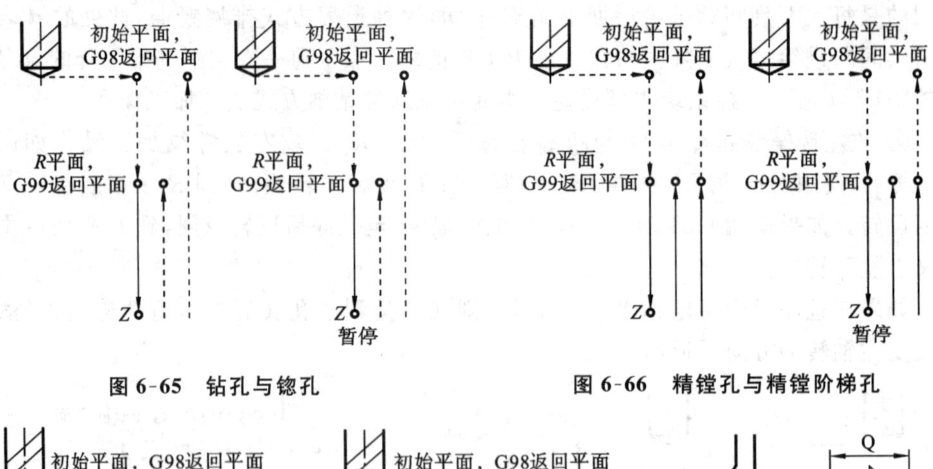

图 6-65 钻孔与锪孔

图 6-66 精镗孔与精镗阶梯孔

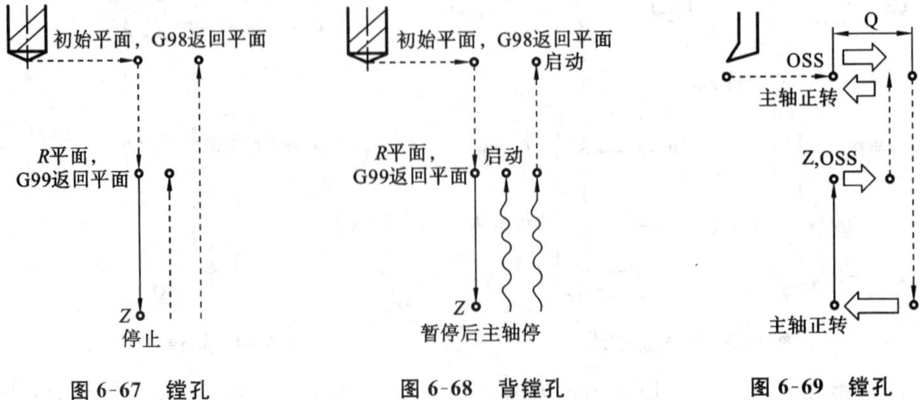

图 6-67 镗孔

图 6-68 背镗孔

图 6-69 镗孔

按原偏移量返回，然后主轴正转，沿 Z 轴方向加工到点 Z，在此位置主轴再次停止后，刀具再次按原偏移量反向位移，然后主轴向上快速移动到达初始平面，并按原偏移量返回后主轴正转，继续执行下一个程序段。采用这种循环方式，刀具只能返回到初始平面而不能返回到 R 平面。

⑨ 镗孔指令 G88。加工动作如图 6-69 所示，刀具到达孔底后暂停，然后主轴停止且系统进入进给保持状态，在此情况下可以执行手动操作。但为安全起见，应先把刀具从孔中退出，再启动加工，按循环启动按钮，刀具快速返回到 R 平面或初始平面，然后主轴正转。

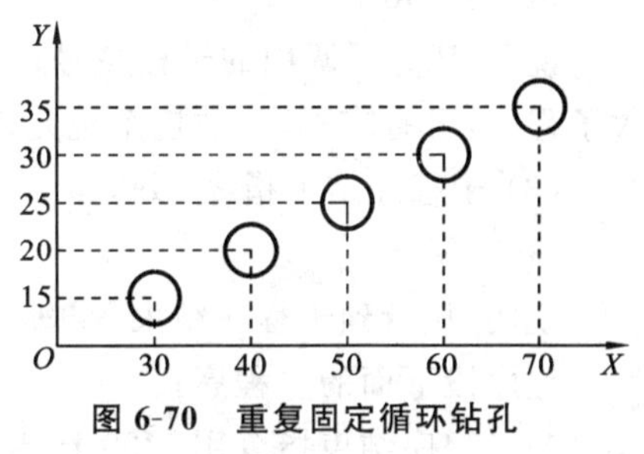

图 6-70 重复固定循环钻孔

(5) 重复固定循环加工的简单应用 钻削图6-70中的四个孔，加工程序为

G90 G00 X20 Y10

G91 G98 G81 X10 Y5 Z-20 R-5 L5 F80

当加工很多相同的孔时，应仔细分析孔的分布规律，合理使用重复固定循环加工，尽量简化编程。本例中各孔按等间距线性分布，可以使用重复固定循环加工，即用地址 L 规定重复次数。采用这种方式编程，在进入固定循环之前，刀具不能直接定位在第一个孔的位置，而应向前移动一个孔的位置。因为在执行固定循环时，刀具要先定位后再执行钻孔动作。

11）子程序指令

(1) 子程序调用的概念 在一个加工程序中，如果其中有些加工内容完全相同或相似，为了简化程序，可以把这些重复的程序段单独列出，并按一定的格式编写成子程序。主程序在执行过程中如果需要某一子程序，可通过调用指令来调用该子程序。子程序执行完后又返回到主程序，继续执行后面的程序段。

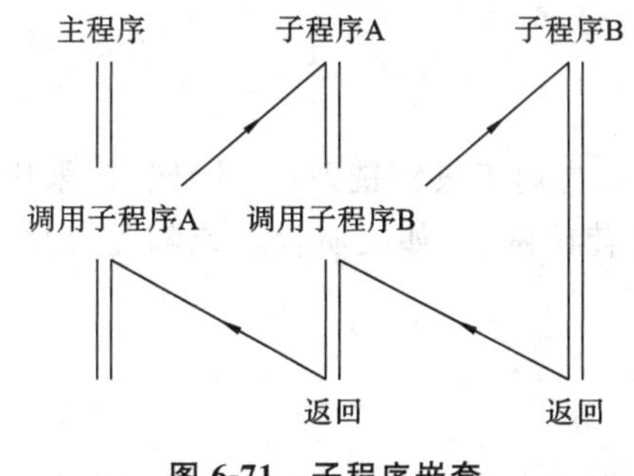

图 6-71 子程序嵌套

① 子程序嵌套 为了进一步简化程序，可以让子程序调用另一个子程序，这种程序的结构称为子程序嵌套。在编程中使用较多的是二重嵌套，其程序执行情况如图 6-71 所示。

② 子程序的应用 若零件上多处具有相同的轮廓形状，在这种情况下，只要编写一个加工该轮廓形状的子程序，然后用主程序多次调用该子程序的方法完成对工件的加工。

如果相同轨迹的走刀路线出现在某个加工区域或在这个区域的各个层面上，采用子程序编写加工程序比较方便，在程序中常用增量值确定切入深度。

在加工较复杂的零件时，往往包含许多独立的工序，有时工序之间需要作适当的调整。为了优化加工程序,可把每一个独立的工序编成一个子程序,这样形成了模块式的程序结构,便于对加工顺序的调整。主程序中只有换刀和调用子程序等指令。

(2) 调用子程序指令 M98

格式:M98 P __ ××××

说明:P 为要调用的子程序号;××××为重复调用子程序的次数,若只调用一次子程序,可省略不写,数控系统允许重复调用子程序 1~9999 次。

(3) 子程序结束指令 M99

格式:M99

说明:执行到子程序结束 M99 指令后,返回至主程序,继续执行 M98 P __ ××××程序段下面的主程序。

若子程序结束指令用 M99 P __格式时,表示执行完子程序后,返回到主程序中由 P __指定的程序段。

若在主程序中插入 M99 程序段,当程序跳步选择开关为“OFF”时,则返回到主程序的起点;当程序跳步选择开关为“ON”时,则跳过 M99 程序段,执行其下面的程序段。

若在主程序中插入 M99 P __程序段,当程序跳步选择开关为“OFF”时,则返回到主程序中由 P __指定的程序段;当程序跳步选择开关为“ON”时,则跳过该程序段,执行其下面的程序段。

(4) 子程序的格式

O(或:) × × × ×

⋮

M99

格式说明:其中 O(或:) ××××为子程序号,“O”是 EIA 代码,“:”是 ISO 代码。

6.5.5 数控铣削加工

1. 数控铣刀

根据结构铣刀可分为三种形式:① 整体式,如高速工具钢铣刀;② 镶嵌式,采用焊接或机夹式连接,机夹式又可分为不转位和可转位两种,如硬质合金或陶瓷刀片;③ 特殊式,如复合式、减振式、内冷式等。

根据用途,铣刀可分为以下几种。

1) 面铣刀

切削刃分布在圆周面和端面,圆周面上的切削刃为主切削刃,端面上的切削刃为副切削刃,如图 6-72 所示。当主偏角为 90°时,面铣刀能同时加工出与平面垂直的直角面。

2) 立铣刀

圆柱表面切削刃为主切削刃,端面上的切削刃为副切削刃。主要有硬质合金立铣刀(见图 6-73)和高速工具钢立铣刀(见图 6-74)两种。立铣刀是数控加工中心用得最多的一种铣刀,主要用来加工凹槽,较小的台阶面、二维曲面(平面凸轮的轮廓)、三维空间曲面。

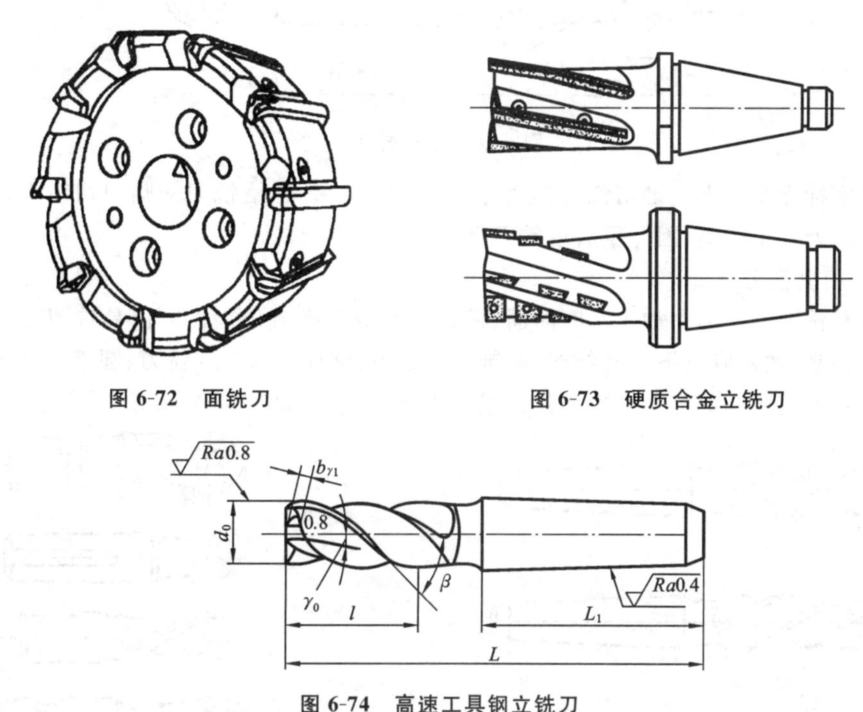

图 6-72 面铣刀

图 6-73 硬质合金立铣刀

图 6-74 高速工具钢立铣刀

立铣刀按照刀齿数量可分为粗齿立铣刀、中齿立铣刀和细齿立铣刀。一般粗齿立铣刀刀齿数为3～6,刀齿齿数少,强度高,容屑空间大,适用于粗加工。细齿立铣刀刀齿数为 5～8(套式结构刀齿数为 10～20),刀齿数多,工作平稳,适于精加工。中齿立铣刀刀齿数为4～10,其用途介于粗齿和细齿之间。立铣刀的有关尺寸参数如图 6-75 所示。记 $R_{曲}$ 为工件曲面的最小半径,r 为铣刀端刃圆角半径,则:取刀具半径 $R=(0.8\sim0.9)R_{曲}$;对细长刀具,为保证足够的刚度,取 $D/L=0.4\sim0.5$;加工深槽或盲孔时,取 $L=H+2$;加工外形或通孔、通槽时,取 $L=H+r+2$。

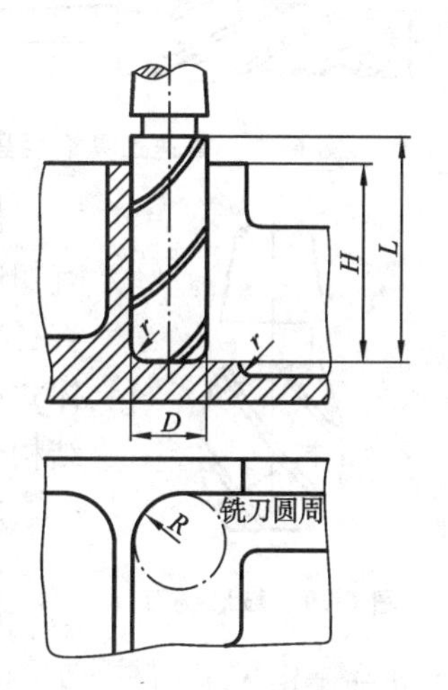

图 6-75 立铣刀尺寸参数

3) 键槽铣刀

键槽铣刀(见图 6-76)主要用来加工封闭的键槽。键槽铣刀结构与立铣刀相近,圆柱面上和端面上都有切削刃,它只有两个刀齿,端面刃延至中心,兼有钻头和立铣刀的功能。加工时,先沿轴向钻孔,加工到键槽规定深度后，沿键槽方向铣出键槽全长。

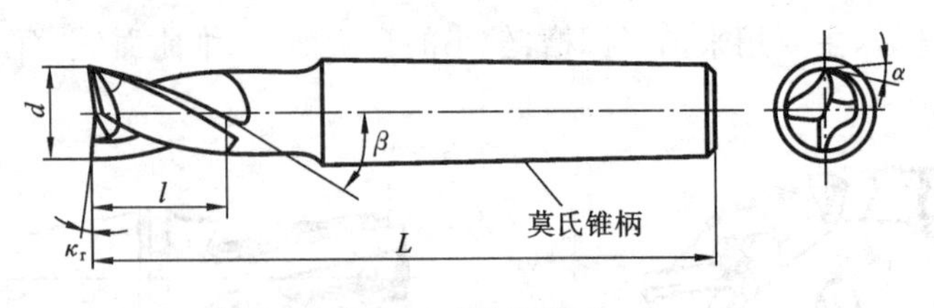

图 6-76　键槽铣刀

国家标准规定直柄键槽铣刀直径为 14～50 mm 。键槽铣刀的圆周切削刃仅在靠近端面处发生磨损，因此重磨后铣刀直径不变。

4）模具铣刀

模具铣刀主要用来加工空间曲面、模具型腔或凸模成形表面。模具铣刀由立铣刀发展而来，通常有以下三种结构：圆锥形立铣刀、圆柱形球头立铣刀、圆锥形球头立铣刀。铣刀的工作部分用高速工具钢或硬质合金制造，如图 6-77、图 6-78 所示。

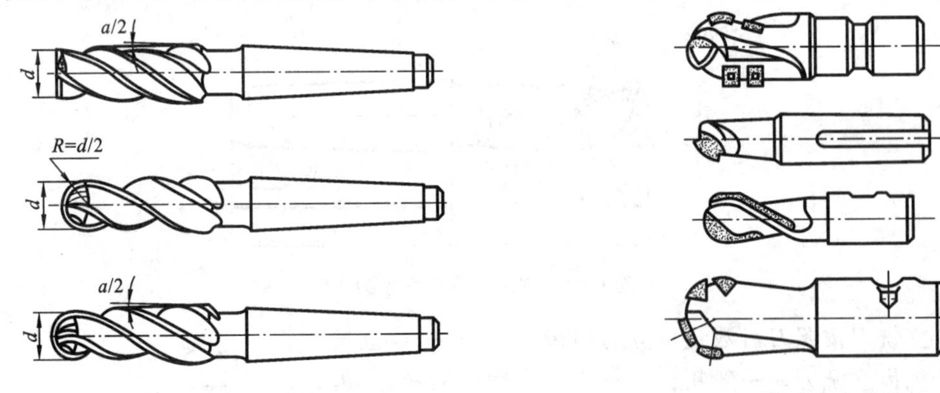

图 6-77　高速工具钢模具铣刀　　图 6-78　硬质合金模具铣刀

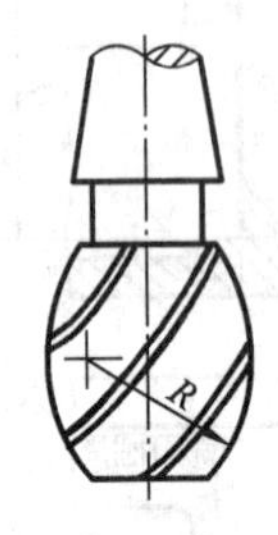

图 6-79　鼓形铣刀

模具铣刀的结构特点是头部(球部或端面)和圆柱面上都有切削刃，可进行轴向或径向进给切削。国家标准规定刀柄直径为 4～63 mm。直径较小的硬质合金模具铣刀多制成整体式结构，直径大于 16 mm 的制成焊接式或机夹可转位刀片结构。

5）鼓形铣刀

鼓形铣刀的切削刃分布在半径为 R 的中凸鼓形外廓上，其端面无切削刃，如图 6-79 所示。它主要用来在数控铣床和加工中心上加工立体曲面，可以加工出由负到正的不同斜角表面，加工时控制铣刀上下位置从而改变刀刃的切削部位。R 值越小，鼓形铣刀所能加工的斜角范围越广，但所获得的表面粗糙度也越高。另外与鼓形铣刀相比，球头铣刀的球径小，所以只能加工大于 90°的开斜角面，而鼓形铣刀的鼓径较大，能加工小于 90°的变斜角面(指工件斜角 α 大于 90°)，如图 6-80 所示。且加工后叠刀刀锋较小，因此鼓形铣刀的加工效果比球头铣刀好。这种刀具的缺点是刃磨困难，切削条件差，而且不适合加工有底的轮廓。

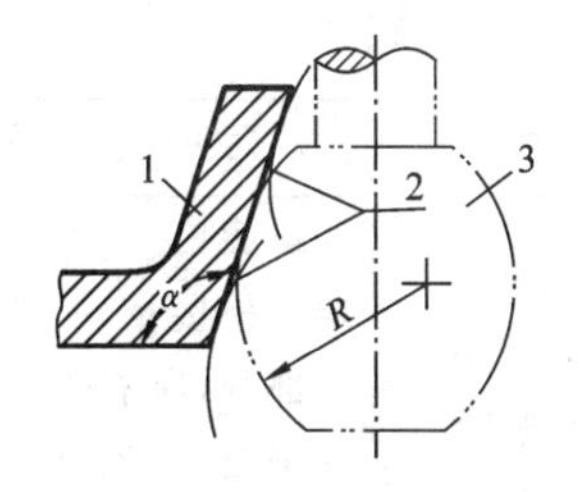

图 6-80　鼓形铣刀铣削斜角面

1—工件　2—残痕　3—鼓形铣刀

6）成形铣刀

成形铣刀也称专用成形铣刀，一般为特定的工件或加工内容专门设计制造的，适用于加工平面零件的特定形状(如角度面、凹槽面等)，适用于加工特定形状的孔或台。常见的几种成形立铣刀如图 6-81 所示。

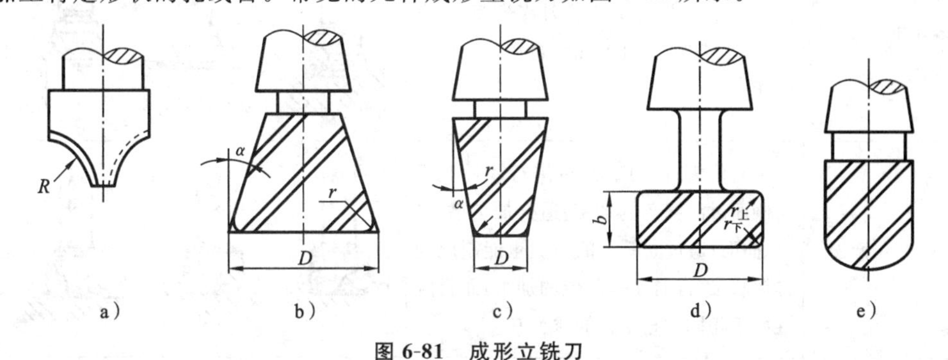

图 6-81　成形立铣刀

a) 圆弧立铣刀　b) 燕尾槽立铣刀　c) 锥形立铣刀　d) T 形槽立铣刀　e) 环形铣刀

前面所讲的立铣刀、键槽铣刀、模具铣刀等都属于立铣刀类。另外，生产中还使用平面立铣刀、可转位螺旋立铣刀(玉米铣刀)、圆角立铣刀(环形铣刀)、倒角立铣刀、多功能立铣刀、T 形槽立铣刀等。立铣刀的典型应用如表 6-18 所示。

表 6-18　立铣刀的典型应用

立铣刀种类	特点与用途	图　　例
普通立铣刀与球头立铣刀	直柄普通立铣刀一般做成整体式，锥柄普通立铣刀一般为焊接式；键槽立铣刀与普通立铣刀的区别在于键槽立铣刀根据键槽选用的配合不同有正负公差之分。普通立铣刀铣槽，通用立铣刀(面铣刀)铣轮廓，球头立铣刀铣圆弧槽和曲面	
铣台阶用立铣刀	可转位刀片为硬质合金并可更换，加工效率高；主偏角为 90°，能加工直角台阶。适合铣浅槽、台阶和平面	

续表

立铣刀种类	特点与用途	图　　例
可转位螺旋立铣刀	螺旋槽上的刀片交错排列,并有一定的搭接量,一个刀片只切除余量的一部分,所有刀片通过配合能切去全部余量;适合粗加工、粗铣槽、粗铣轮廓,也可加工台阶和平面	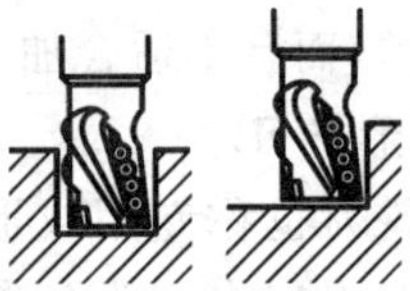
多功能立铣刀	可转位刀片为八角形,能一把刀完成多表面加工,节省了刀库空间及换刀时间;适合加工浅槽、台阶、平面和倒角	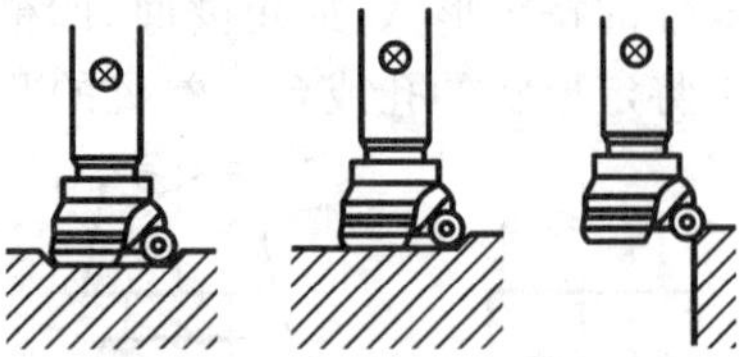
圆角立铣刀	可转位刀片为圆形,可进行零件底面与侧面过渡圆角的加工;适合加工槽、平面、曲面;通过立铣刀的刀尖也能制成同样形状,进行曲面等部位的加工,而且刚性好于相同圆角半径的球头刀	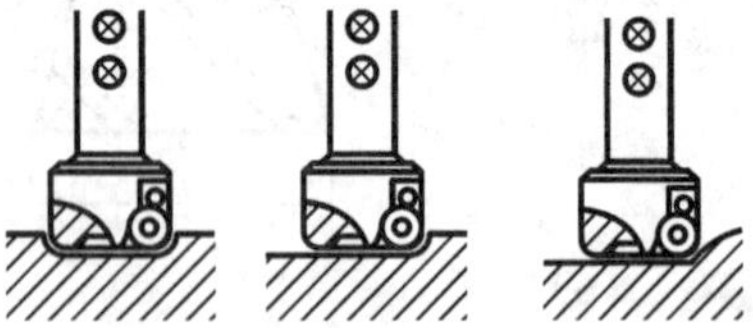
倒角立铣刀	倒角立铣刀的刀片为四边形,适合加工 45°的倒角、侧面槽、台阶和平面	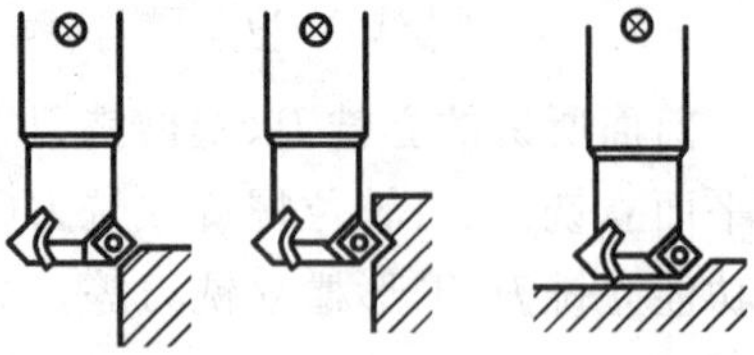
T 形槽立铣刀	可转位硬质合金立铣刀,适合加工 T 形槽、台阶和锪孔;高速工具钢 T 形槽立铣刀一般为焊接式,只用来切削 T 形槽	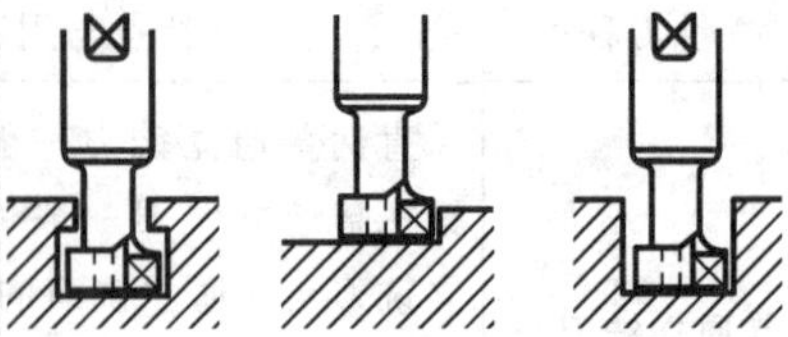

2. 数控孔加工刀具

选择数控刀具的一般原则是:① 选择刀具的种类和尺寸应与加工表面的形状和尺寸相适应;② 尽量采用硬质合金或高性能材料制成的刀具;③ 尽量采用机夹或可转位式刀具;④ 尽量采用高效刀具,如多功能车刀、铣刀、镗铣刀、钻铣刀等合金刀具。

(1) 硬质合金可转位浅孔钻　钻削直径为 20～60 mm 的孔,孔的长度与直径比小于 4 时,可选用硬质合金可转位浅孔钻(见图 6-82)。这种钻头刚性好,切削效率高,可保证钻孔的精度,适用于箱体零件的钻孔加工。可转位浅孔钻的结构是:刀体上有内冷却通道及排屑槽，刀体头部装有一组硬质合金刀片（刀片可以是正多边形、四边形），这种钻头切削速度高，v_c 为 150～300 m/min，是高速工具钢钻头的 4～6 倍，主要原因是刀片采用了先进刀具材料，如硬质合金刀片、涂层刀片、陶瓷刀片等。

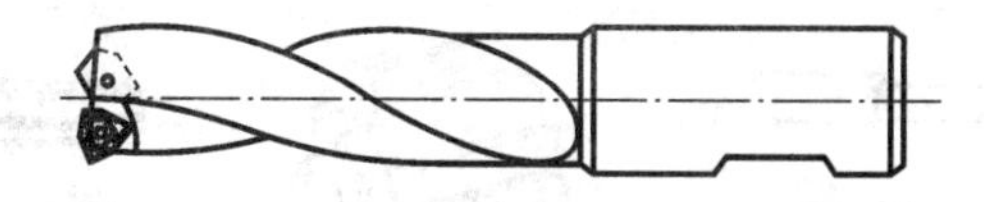

图 6-82 硬质合金可转位浅孔钻

（2）整体式钻头　钻尖切削刃由对称直线型改为对称圆弧型（$r=D/2$），以增长切削刃，提高钻尖寿命，钻芯加厚，提高其钻体刚度，用 S 形横刃（或螺旋中心刃）替代传统横刃，减小轴向钻削阻力，提高横刃寿命，采用不同顶角阶梯钻尖及负倒刃，提高分屑、断屑、钻孔性能和孔的加工精度；采用镶嵌模块式硬质（超硬）材料齿冠，油孔内冷却及大螺旋升角（不大于 40°）结构等。最近已研制出整体式细颗粒 Si_3N_4 陶瓷、钛基类金属陶瓷材料钻头。

（3）机夹式钻头　钻头采用长方异形专用对称切削刃、钻削力径向自成平衡的可转位刀片替代其他几何形状，钻削力径向总体合成平衡的可转位刀片，以减小钻削振动，提高钻尖自定心性能、寿命和孔的加工精度。

（4）扩孔钻　扩孔钻用于对铸造孔和预加工孔的加工。扩孔钻的切削刃较多，一般为 3～4 个，加工余量小，一般为 2～4 mm，扩孔钻主切削刃短，容屑槽较麻花钻小，刀体刚度好。扩孔钻切削部分的材料分为高速钢和硬质合金两种，其刀柄结构有整体直柄、整体锥柄和嵌套式三种，如图 6-83 所示。整体直柄用于直径小的扩孔钻，整体锥柄用于中等直径的扩孔钻，嵌套式用于直径较大的扩孔钻。

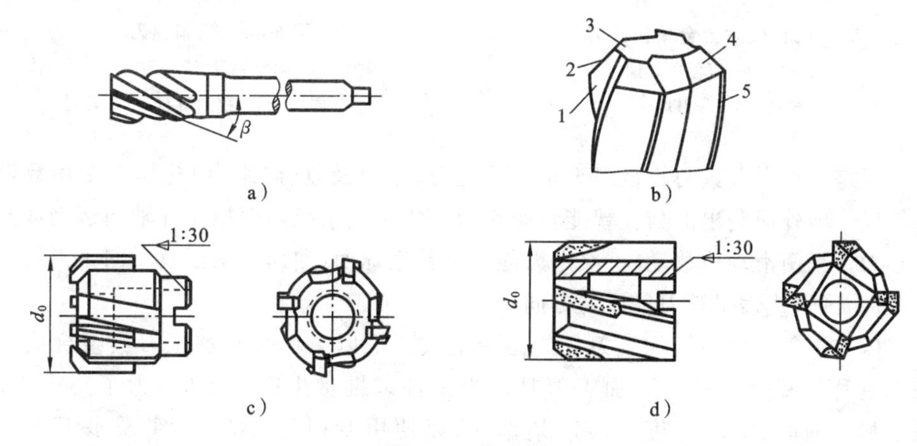

图 6-83 扩孔钻

a）整体锥柄　b）切削部分　c）直嵌套式　d）斜嵌套式

1—前面　2—主切削刃　3—钻芯　4—后面　5—刃带

（5）铰刀　常用铰刀（见图 6-84）对预制孔进行精加工，一般用于孔的最后加工或精细孔的初加工。数控机床上常用的铰刀还有机夹硬质合金刀片单刃铰刀(见图6-85)及浮动铰刀等;目前大螺旋升角(不大于45°)切削刃、无刃挤压铰削及油孔内冷却的结构是其总体发展方向,最大可铰削孔直径已达400 mm。

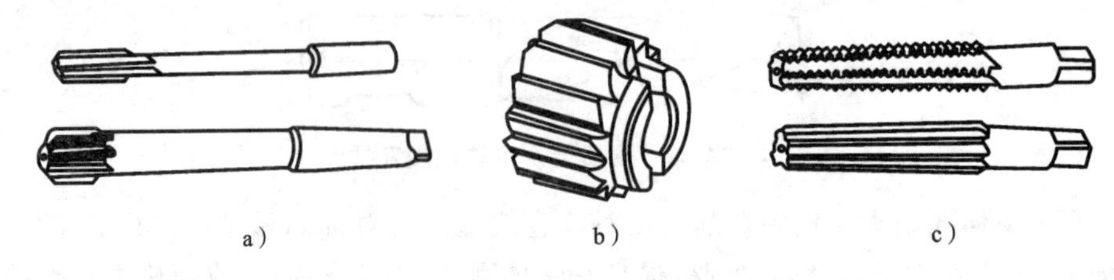

图 6-84　铰刀

a) 机用直柄和锥柄铰刀　b) 机用套式铰刀　c) 锥孔的粗铰刀和精铰刀

(6) 镗刀　镗刀用于对孔进行精加工,加工尺寸精度公差等级为IT7,表面粗糙度 Ra 为0.8 μm,特别适用于箱体孔系及大直径孔的加工。数控机床上常使用的微调镗刀如图6-86所示,其径向尺寸可在一定范围内调整,读数精度可达0.01 mm。调整尺寸时,先松开拉紧螺钉,然后转动带刻度盘的调整螺母,待刀头调整至所需尺寸,再锁紧拉紧螺钉。这种镗刀调整方便、刚性好。

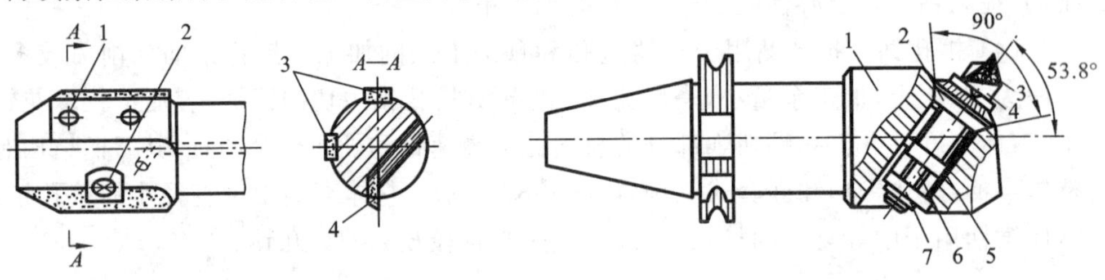

图 6-85　机夹硬质合金单刃铰刀

1—调整螺钉　2—压板压紧螺钉　3—导向块　4—刀齿

图 6-86　微调镗刀

1—刀柄　2—调整螺母　3—刀片　4—刀体　5—导向件　6—拉紧螺钉　7—螺母

但是单刃微调镗刀正被多刃扩(锪)孔刀、铰刀及复合(组合)孔加工专用数控刀具替代。国外研制出的数控智能精密镗刀采用工具系统内部推拉杆轴向运动或高速离心力带平衡滑动块移动,一次走刀能完成镗削球面(曲面)、斜面及反向走刀切削加工零件背面,代表了镗刀发展的方向。

(7) 复合(组合)孔加工刀具　由两把或两把以上单个孔加工刀具组合成一体的刀具称为复合(组合)孔加工刀具。当工件以批量生产加工时,为了集中工序、减少换刀时间、提高精度和生产效率,可以使用专用复合刀具,实现多刀多刃加工,如复合阶梯钻、钻-镗复合刀、复合镗刀、钻-扩-铰复合刀具等,如图6-87所示。由于它们与工件形状直接相关,所以专用性强,需要特殊设计、特殊制造、特殊刃磨。目前采用镶嵌模块式硬质(超硬)材料切削刃(含齿冠)及油孔内冷却、大螺旋槽等结构是其发展趋势。

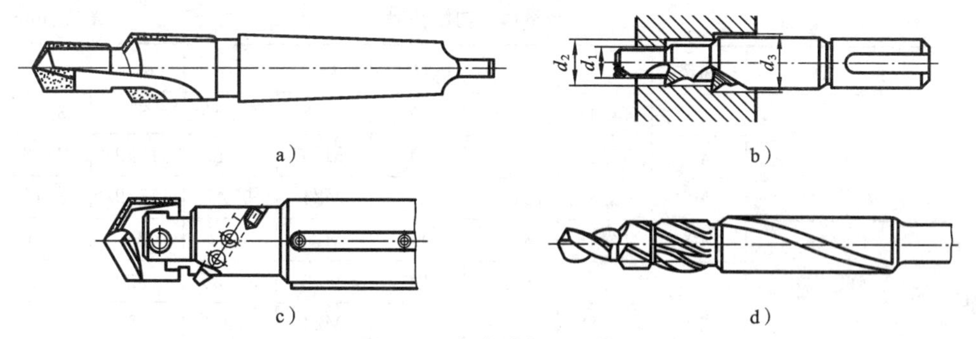

图 6-87　复合孔加工刀具

a) 复合钻　b) 复合镗刀　c) 钻-镗复合刀　d) 钻-扩-铰复合刀

由于复合刀具的结构特点及特殊的工作条件，使用复合刀具时，需注意如下几点特殊要求：

① 复合刀具重磨困难，安装、调整麻烦，所以制定刀具耐用度一般不低于4 h，由此应选择较低的切削速度。

② 复合刀具中各单个刀具的直径往往差别较大。其中，最小直径刀具的强度最弱，应按最小直径刀具确定进给量；最大直径刀具的切削速度最高，磨损最快，故应按最大直径刀具确定切削速度。

③ 各单个刀具所进行的加工工艺不同时，需兼顾其不同特点，如采用钻-铰复合刀加工孔，采用的切削速度应比一般钻削速度低些，而比一般铰削速度高些。

3. 工具系统

(1) 刀柄　加工中心使用的刀具种类繁多，而每种刀具都有特定的结构及使用方法，要想实现刀具在主轴上的固定，主轴必须有相应不同结构适应刀具的结构，这显然不合理，因此必须有一中间装置。该装置必须能够装夹刀具且能在主轴上准确定位，装夹刀具的部分(直接与刀具接触的部分)为工作头，安装工作头且直接与主轴接触的标准定位部分为刀柄，如图 6-88 所示。

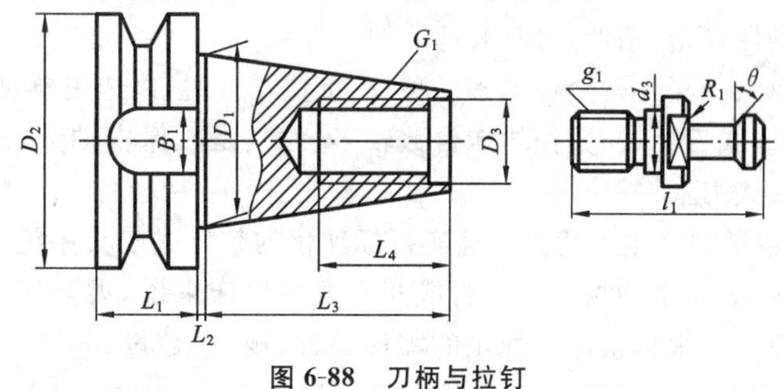

图 6-88　刀柄与拉钉

加工中心一般采用 7∶24 锥柄，这种锥柄不自锁，并且与直柄相比有高的定心精度和刚度。刀柄要配上拉钉才能固定在主轴锥孔上，刀柄与拉钉都已标准化，如表 6-19、表 6-20 所示。

表 6-19 刀柄尺寸 单位:mm

标准	规格	D_1	L_3	D_3	G_1	D_2	L_1	L_2
JT	40	44.45	68.4	17	M16	63.55	15.9	3.18
	45	57.15	82.7	21	M20	82.55	15.9	3.18
	50	69.85	101.75	25	M24	97.5	15.9	3.18
BT	40	44.45	65.4	17	M16	63	25	1.6
	45	57.15	82.8	21	M20	82.55	30	3
	50	69.85	101.8	25	M24	100	35	3

表 6-20 拉钉尺寸 单位:mm

标准	规格	l_1	g_1	d_3	θ	
					1	2
ISO	40	54	M16	17		
	45	65	20	21	30°	45°
	50	74	24	25	30°	45°
BT	40	60	16	17	30°	45°
	45	70	20	21	30°	45°
	50	85	24	25	30°	45°

(2) 整体式工具系统　整体式工具系统把刀柄和工作头做成一体,使用时选用不同品种和规格的刀柄即可使用,其优点是使用方便、可靠,其缺点是刀柄数量多,刀柄利用率较低。每一个刀柄都与一个刀具对应,如图 6-89 所示。

(3) 模块式工具系统　模块式工具系统的刀柄与工作头分开,做成模块式,然后通过不同的组合而达到使用目的,如图 6-90 所示。模块式工具系统减少了刀柄的个数,提高了刀柄的适应能力和利用率,属于比较先进的工具系统。

(4) 刀柄结构的选择　对于长期反复使用、不需要拼装的简单刀柄,如在零件外轮廓上加工用的端面铣刀刀柄、弹簧夹头刀柄和钻夹头刀柄等,以配备整体式刀柄为宜,这类刀柄刚性好、价格低,刀具装卸方便。

当加工孔径、孔深经常变化的多品种、小批量零件时,以选用模块式刀柄为宜,不宜准备大量整体式刀柄;当数控机床台数较多,尤其是机床主轴部、机械手各不相同时,宜选用模块式刀柄。

(5) 刀柄数量的确定　我国已经实行标准化的整体式工具系统 TSG82,共有 12 个类,45 个品种,574 个规格。对一台或几台数控机床来说,买全整个工具系统是没有必要的,用户一般根据机床要加工的零件品种、规格、数量、零件的复杂程度、机床的负荷来确定刀柄的配置数量,一般应为所需刀柄的 2～3 倍。这是因为要考虑到机床工作时间的同时,还有一定数量的刀柄正在预调或修理中。

(6) 刀柄与机床、机械手相适应　数控机床主轴孔一般具有 7∶24 的锥度,但刀柄与机床相配的柄部除锥角以外其他部分并没有完全统一,如与机床主轴相配的刀

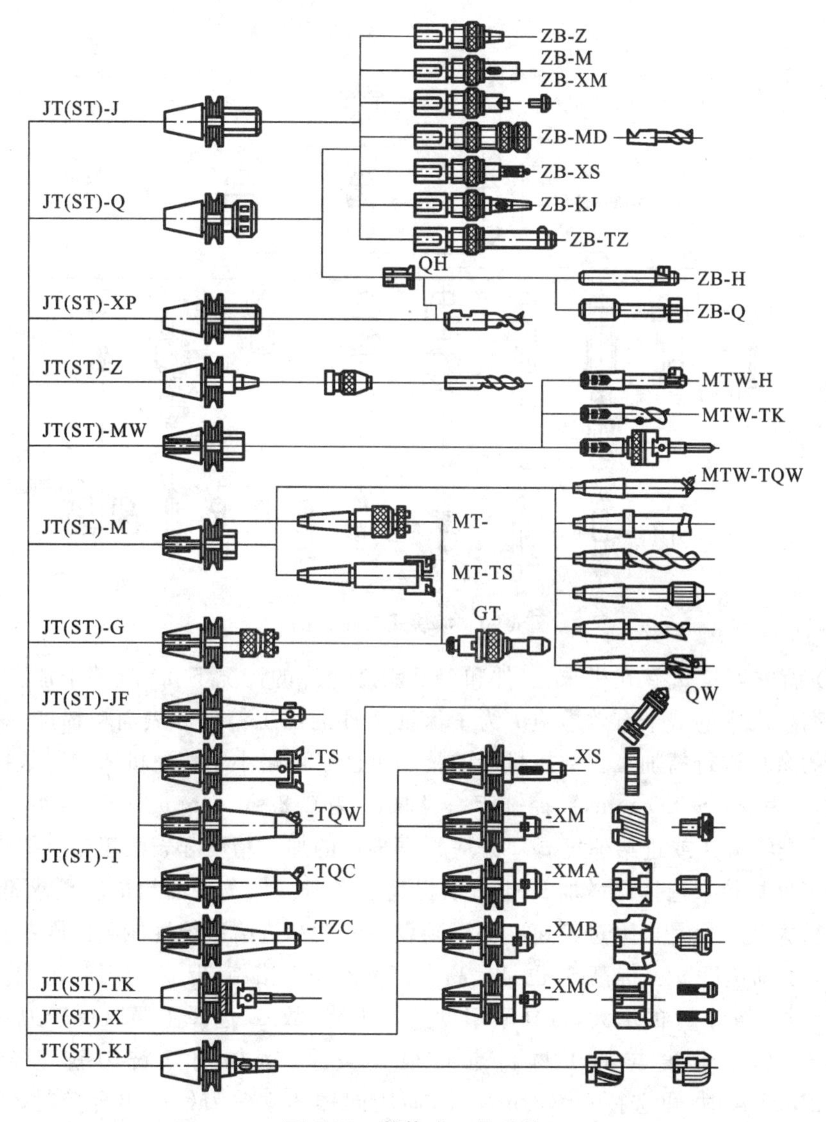

图 6-89　整体式工具系统

柄，有的采用国际标准 ISO7388(JT)，有的采用日本标准 MAS403 (BT)等。因此，选择刀柄时一定要仔细阅读机床使用说明书，搞清楚数控机床要求配备的工具系统的型号、机械手抓夹用的刀柄槽的形状、位置，以及拉钉的形状、尺寸等。

4. 数控加工切削用量的选择

选择切削用量的原则是：粗加工时，一般以提高生产率为主，但也应考虑经济性和加工成本；半精加工和精加工时，应在保证加工质量的前提下，兼顾切削效率、经济性和加工成本。具体数值应根据机床说明书、切削用量手册，并结合经验而定。切削用量包括以下三个方面：

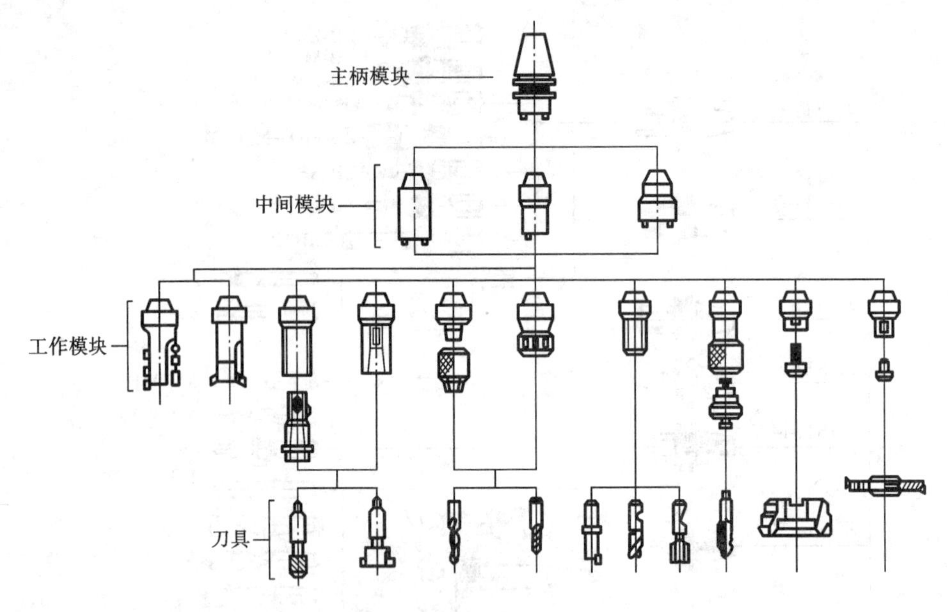

图 6-90 模块式工具系统

(1) 背吃刀量 a_p 在机床、工件和刀具刚度允许的情况下，a_p 就等于加工余量，这是提高生产率的一个有效措施。为了保证零件的加工精度和表面粗糙度，一般应留一定的余量进行精加工。数控机床的精加工余量可略小于普通机床的。数控车床一般取 a_p 为 0.1～0.5 mm，数控铣床一般取 a_p 为 0.2～0.5 mm。

(2) 进给量 f 或进给速度 v_f v_f 应根据零件的加工精度和表面粗糙度要求以及刀具和工件材料来选择。增加 v_f 也可以提高生产率。加工表面粗糙度要求低时，v_f 可选择得大些。但是最大进给速度要受到设备刚度和进给系统性能等的限制。

(3) 切削速度 v_c 提高 v_c 也是提高生产率的一个措施，但 v_c 与刀具耐用度的关系比较密切；随着 v_c 的增大，刀具耐用度急剧下降，故 v_c 选择主要取决于刀具耐用度。另外，切削速度与加工材料也有很大关系，例如用立铣刀铣削合金钢 30CrNi2MoVA 时，可选择 $v_c \approx 8$ m/min，而用同样的立铣刀铣削铝合金时，可选择 $v_c \geqslant 200$ m/min。

随着涂层硬质合金刀具材料的应用，切削速度将大大提高。以加工中碳结构钢时的切削速度为例，立铣刀的 v_c 为 100～200 m/min，钻头的 v_c 为 80～100 m/min；而加工铸铁时，丝锥的 v_c 为 20～40 m/min。

随着超硬刀具材料的生产和越来越广泛的应用，出现了以车代磨、以铣代磨、硬质加工、高速切削、干式切削等高效切削加工。例如：用 CBN 刀具加工铸铁，v_c 高达 2000～4000 m/min，加工镍基合金，v_c 可达 300 m/min；用高强度铝合金制作刀体的 PCD 面铣刀，v_c 高达 6500 m/min(铣刀直径为 ϕ80 mm)和 8600 m/min(铣刀直径为 ϕ200 mm)。又如氮化硅(Si_3N_4)陶瓷刀具有很好的韧性和耐热性，适合车削、铣削、钻削铸铁，采用这种刀具材料铣削缸体，v_c 可达 1500 m/min；用整体 Si_3N_4 钻头钻削载重汽车制动盘上直径为 14.5 mm、深度为 35 mm 的孔，v_c 可达 410 m/min，每转进给量为 0.16 mm。

PCD 刀具的切削用量及适用范围如表 6-21 所示。CBN 刀具的切削用量及适用范围如表 6-22 所示。

表 6-21 PCD 刀具的切削用量及适用范围

适用范围	推荐的切削用量		
	切削速度/(m/min)	进给量/(mm/r)	切削深度/mm
铝合金	100～1000	0.1～0.3	0.3
铜合金	200～500	0.08～0.2	0.3
木工材质	3000	0.04	0.5～9
陶瓷等硬质非金属材料	10～90	0.01～0.3	0.5

表 6-22 CBN 刀具的切削用量及适用范围

适用范围	推荐的切削用量		
	切削速度/(m/min)	进给量/(mm/r)	切削深度/mm
各种淬硬的钢(50～67HRC)	50～150	0.05～0.12	0.2
普通灰铸铁(200HBW 左右)	400～1 000	0.1～0.5	0.12～2
高硬度铸铁(50～63HRC)	50～100	0.1～0.3	0.5
粉末冶金零件	80～150	0.03～0.2	1
热喷涂焊零件	50～120	0.1～0.3	0.5
硬质合金(80～88HRA)	5～40	0.05～0.2	0.3

5. 数控铣削加工工艺分析

数控铣削加工工艺设计时，应在普通铣削加工工艺的基础上，考虑和利用数控铣削的特点，充分发挥其优势。关键在于合理安排工艺路线，协调数控铣削工序与其他工序之间关系，确定数控铣削工序的内容和步骤，并为程序编制准备必要的条件。

1）数控铣削加工的部位及内容的选择与确定

数控铣削机床工艺范围比普通铣床宽，但其价格较普通铣床也高很多。因此，选择数控加工内容时，应从实际需要和经济性两方面考虑。一般情况下，某个零件并不是所有的表面都需要数控铣削加工，应根据零件的加工要求和企业的生产条件进行具体分析，选择那些最需要进行数控加工的内容和工序。一般可按以下顺序考虑：① 普通铣床上无法加工的应作为优先选择的内容；② 普通铣床上难以加工，质量也难以保证的应作为重点选择的内容；③ 普通铣床上加工效率低、手工操作劳动强度大的,可在数控铣床尚有加工能力的基础上进行选择。

以下情况适宜采用数控铣削加工:① 由直线、圆弧、非圆曲线及列表曲线构成的内外轮廓;② 空间曲线或曲面;③ 形状虽然简单,但尺寸繁多、检测困难的部位;④ 用普通机床加工时难以观察、控制及检测的内外凹槽;⑤ 有严格位置尺寸要求的孔或平面。

2) 数控铣削加工工艺分析

有关铣削零件的结构工艺性示例如表 6-23 所示。更多的内容请参考"机械制造工艺基础"中的相关内容。零件的工艺性分析是制订数控铣削加工工艺的前提,主要内容有以下几点。

(1) 零件图及零件结构工艺性分析。

① 分析零件的形状、结构及尺寸的特点,确定零件上是否有妨碍刀具运动的部位,是否有会产生加工干涉或加工不到的区域,零件的最大尺寸是否超过机床的最大行程,零件的刚度随着加工的进行是否有太大的变化等。

表 6-23 有关铣削零件的结构工艺性示例

序号	A(工艺性差的结构)	B(工艺性好的结构)	说明
1	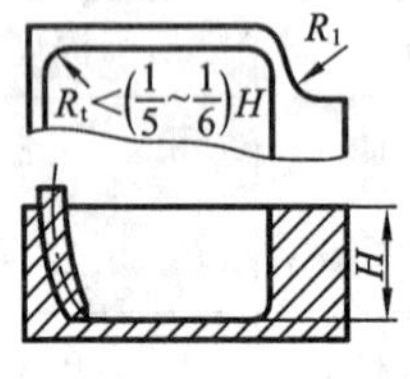 R_1 $R_t<\left(\frac{1}{5}\sim\frac{1}{6}\right)H$ H	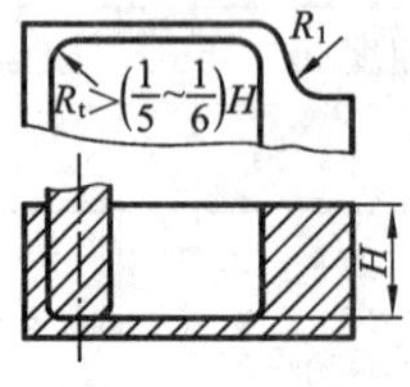 R_1 $R_t>\left(\frac{1}{5}\sim\frac{1}{6}\right)H$ H	B 结构可以选用刚度较高的刀具
2	 r_1 r_2 r_3 r_4	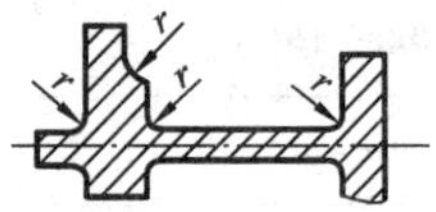 r r r r	B结构需用刀具数量比 A 结构少,减少了换刀时间
3	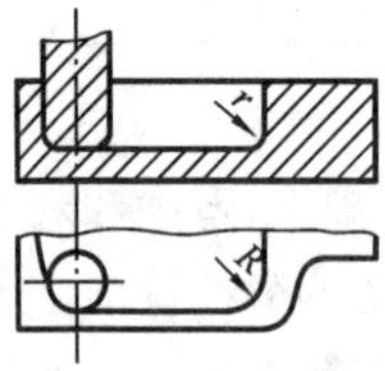 r R	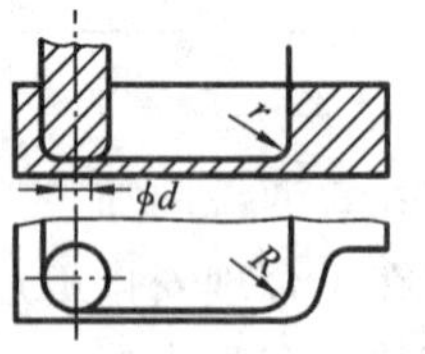 r ϕd R	B结构 R 大、r 小,铣刀端刃铣削面积大,生产效率高
4	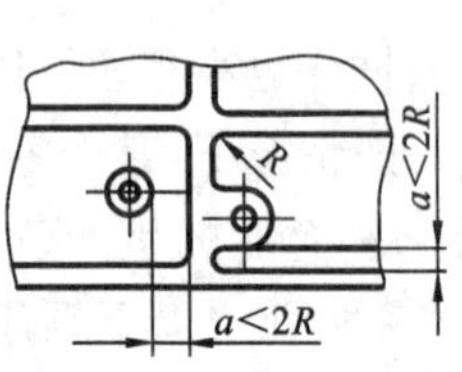 R $a<2R$ $a<2R$	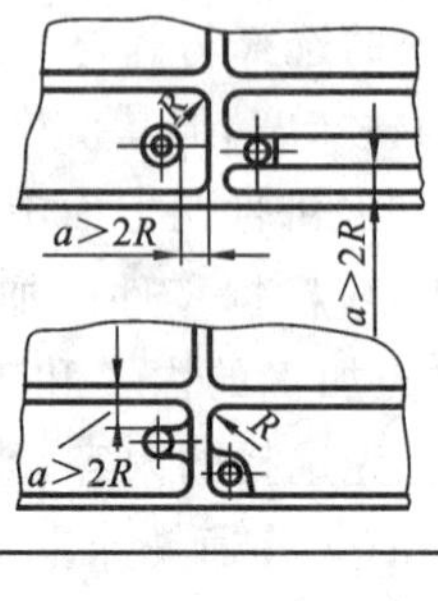 R $a>2R$ $a>2R$ R $a>2R$	B结构 $a>2R$,便于半径为 R 的铣刀进入,所需刀具少,加工效率高

续表

序号	A(工艺性差的结构)	B(工艺性好的结构)	说明
5	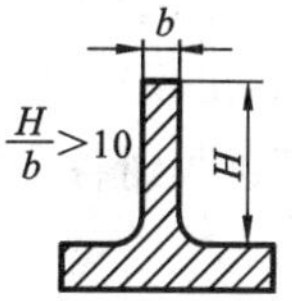 $\frac{H}{b}>10$	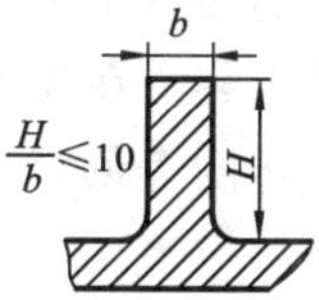 $\frac{H}{b}\leqslant10$	B结构刚度高,可用大直径铣刀加工,加工效率高
6	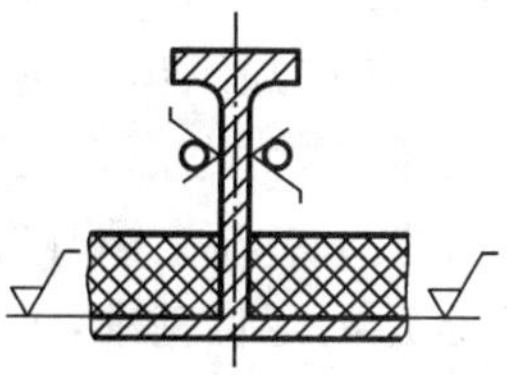	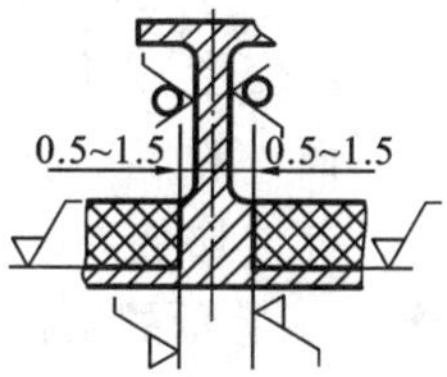 0.5~1.5 0.5~1.5	B结构在加工面和非加工面之间加入过渡表面,减小了切削工作量
7	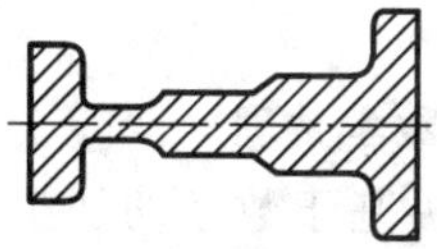	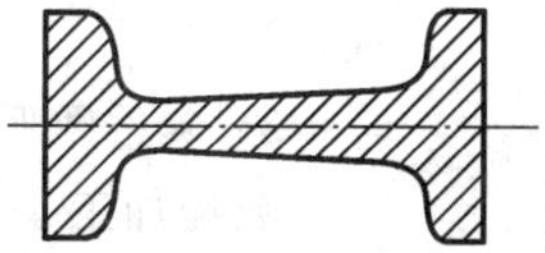	B结构用斜面肋板代替阶梯肋板,节约了材料,简化了程序
8	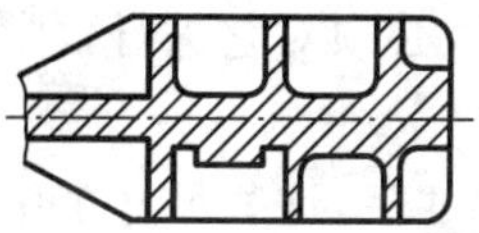	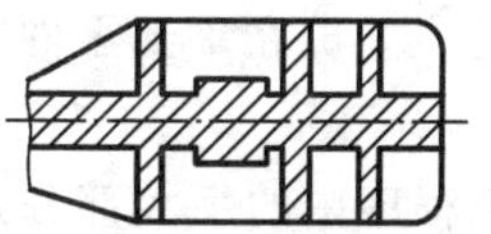	B结构采用对称结构,简化了程序

② 检查零件的加工要求(尺寸精度、几何精度及表面粗糙度要求)在现有的加工条件下是否可以得到保证,是否还有更经济的加工方法或方案。

③ 在零件上是否存在对刀具形状及尺寸有限制的部位,如过渡圆角、倒角等,这些尺寸要求是否可以统一,是否可以使用最少的刀具进行加工,以减少换刀及对刀次数和时间。

④ 分析零件上是否有可以利用的工艺基准。对于一般加工精度要求,可以利用零件上现有的一些基准面或基准孔,或者专门在零件上加工出工艺基准。但当零件的加工精度要求很高时,必须采用先进的统一基准装夹系统才能保证加工要求。

⑤ 分析零件材料的种类、牌号及热处理要求,了解零件材料的切削加工性能,合理选择刀具材料和切削参数。

(2) 零件毛坯的工艺性分析　零件在进行数控铣削加工时,由于加工过程的自动化,加工余量大小的确定、装夹方式的选择等问题在选择毛坯时就要仔细考虑好。否则,一旦毛坯不适合数控铣削,加工将很难进行下去。

根据实践经验,确定毛坯的加工余量和装夹方式应注意以下两点:

① 毛坯加工余量应充足和尽量均匀。毛坯主要指锻件、铸件。锻造时因压力不足或错模等会造成毛坯余量的不等,铸造时因砂型误差、收缩量及金属液的流动性差

等会造成毛坯余量的不等。此外,锻件、铸件的翘曲与扭曲变形量的不同也会造成加工余量不充分、不稳定。因此,除板料外,不论是锻件、铸件还是型材,只要准备用数控铣削加工,其加工面均应有较充分的加工余量。

热轧的中厚铝板经淬火、时效后很容易在加工中与加工后出现变形,所以在加工时需要考虑要不要分层切削、分几层切削等问题。一般应尽量做到各个加工表面的切削余量均匀,以减少应力所致的变形。

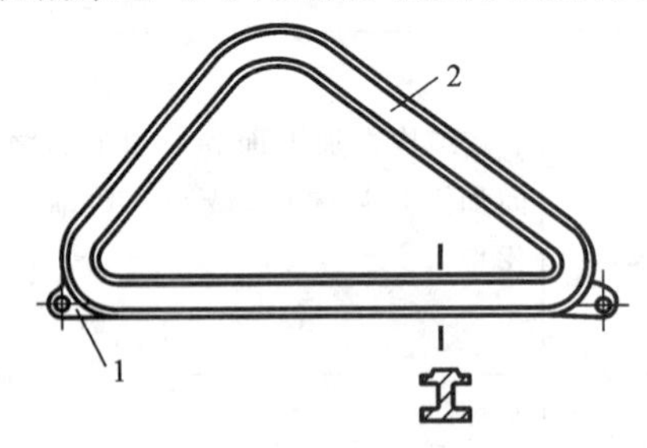

图 6-91　增加辅助基准示例

1—定位工艺凸耳　2—工件

② 加工时,毛坯的定位和夹紧应可靠,预防变形,以便在一次安装中加工出尽量多的表面。对于不便装夹的毛坯,可考虑在毛坯上另外增加装夹余量或工艺凸台、工艺凸耳等,图 6-91 所示的工件缺少合适的定位基准,可在毛坯上铸出两个工艺凸耳,在凸耳上制出定位基准孔。

3）零件图形的数学处理

数控加工是一种基于数字的加工,分析数控加工工艺过程不可避免地要进行数学计算和分析。对零件图的数学处理正是数控加工这一特点的突出体现。数控工艺员在拿到零件图后,必须对它进行数学处理并最终确定编程尺寸设定值。

(1) 编程原点的选择　加工程序中的字大部分是尺寸字,这些尺寸字中的数据是程序的主要内容。同一个零件,同样的加工,编程原点选得不同,尺寸字中的数据就不一样,所以编程之前首先要选定编程原点。

从理论上说,编程原点选在任何位置都是可以的。但实际上,为了换算尽可能简便以及尺寸较为直观(至少让部分点的指令值与零件图的尺寸值相同),应尽可能把编程原点的位置选得合理些。编程原点的位置不同,对刀的方便性和准确性也不同,并且,确定其在毛坯上位置的难易程度和加工余量的均匀性也不一样。一般来说,编程原点的确定原则如下:① 将编程原点选在设计基准上并以设计基准为定位基准,以避免基准不重合而产生的误差及不必要的尺寸换算;② 对刀容易且对刀误差小;③ 编程方便;④ 编程原点在毛坯上的位置容易准确地确定,可使各面的加工余量比较均匀;⑤ 对称零件的编程原点应选在对称中心上,以保证加工余量均匀。

(2) 编程尺寸设定值的确定　编程尺寸设定值理论上应为该尺寸误差分散中心,但由于事先无法知道分散中心的确切位置,可先由平均尺寸代替,最后根据试加工结果进行调整,以消除常值系统性误差的影响。

编程尺寸设定值确定的步骤如下:① 精度高的尺寸的处理。将基本尺寸形式换算成平均尺寸形式(如 $10^{+0.05}_{+0.03}$ mm→(10.04±0.01) mm)。② 几何关系的处理。保持原重要的几何关系(如角度、相切等)不变。③ 精度低的尺寸的调整。通过修改一般尺寸保持零件原有几何关系,使之协调。④ 节点坐标尺寸的计算。按调整后的尺寸计算有关未知节点的坐标尺寸。⑤ 编程尺寸的修正。按调整后的尺寸编程并加工一组工件，测量关键尺寸的实际分散中心并求出常值系统性误差，再按此误差对程序尺寸进行调整并修改程序。

6. 数控铣削加工工艺路线的拟订

随着数控加工技术的发展，在不同设备和技术条件下，同一个零件的加工工艺路线会有较大的差别。但关键的是要从现有加工条件出发，根据工件形状结构特点合理选择加工方法、划分加工工序、确定加工路线和工件各个加工表面的加工顺序，协调数控铣削工序和其他工序之间的关系以及考虑整个工艺方案的经济性等。

1）加工方法的选择

在数控铣床上加工的零件的表面不外乎平面、曲面、孔等，选择加工方法时主要考虑所选加工方法要与零件的表面特征、所要求达到的精度及表面粗糙度相适应。

（1）平面的加工方法　在数控铣床上加工平面主要采用端铣刀和立铣刀进行铣削加工。粗铣的尺寸精度公差等级一般为 IT11～IT13，表面粗糙度 Ra 一般为 6.3～25 μm；精铣的尺寸精度公差等级一般为 IT8～IT10，表面粗糙度 Ra 一般为 1.6～6.3 μm。注意，当零件表面粗糙度要求较高时，应采用顺铣方式。

（2）平面轮廓的加工方法　平面轮廓多由直线和圆弧或各种曲线构成，通常可采用三轴数控铣床进行两轴半坐标加工。图 6-92 所示为由直线和圆弧构成的零件平面轮廓 $ABCDEFA$，采用半径为 R 的立铣刀沿周向加工，虚线 $A'B'C'D'E'F'A'$ 为刀具中心的运动轨迹。为保证加工面光滑，刀具沿 PA' 切入，沿 $A'K$ 切出。

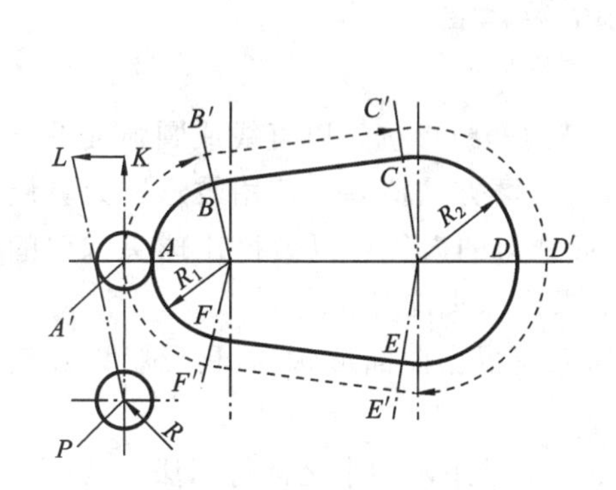

图 6-92　平面轮廓的走刀路径

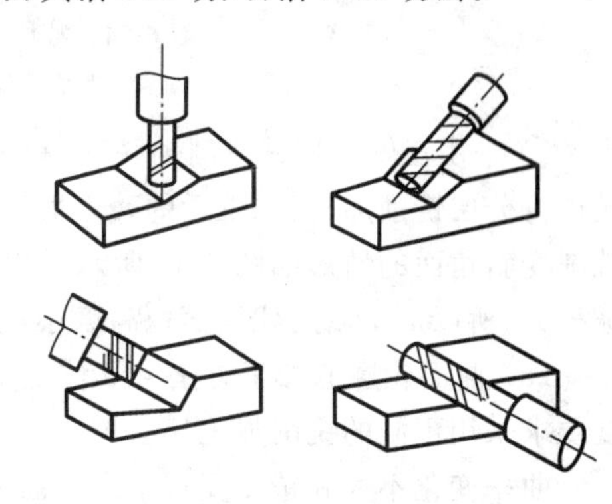

图 6-93　固定斜角平面的加工

（3）固定斜角平面的加工方法　固定斜角平面是与水平面成一固定夹角的斜面，当零件尺寸不大时，可用斜垫板垫平后加工；如果机床是五轴数控铣床，则可以摆成适当的定角用不同的刀具来加工，如图 6-93 所示。当零件尺寸很大、斜面斜度又较小时，常用行切法加工。行切法中，刀具与零件轮廓的切点轨迹是一行一行的，行间距离是按零件加工精度的要求确定的。但按行切法加工后，在加工面上会留下残留面积，需要用钳工加以清除。当然，加工斜面的最佳方法是采用五轴数控铣床进行加工，主轴摆角后加工可不留残留面积。

(4) 变斜角面的加工方法

① 对曲率变化较小的变斜角面,选用 X、Y、Z 和 A 四轴联动的数控铣床,采用立铣刀(当零件斜角过大,超过机床主轴摆角范围时,可用角度成形铣刀加以弥补)以插补方式摆角加工,如图 6-94a 所示。加工时,为保证刀具与零件型面在全长上始终贴合,刀具绕 A 轴摆动角度 α。

② 对曲率变化较大的变斜角面,用四轴联动加工难以满足加工要求,最好用五轴联动数控铣床,以圆弧插补方式摆角加工,如图 6-94b 所示。

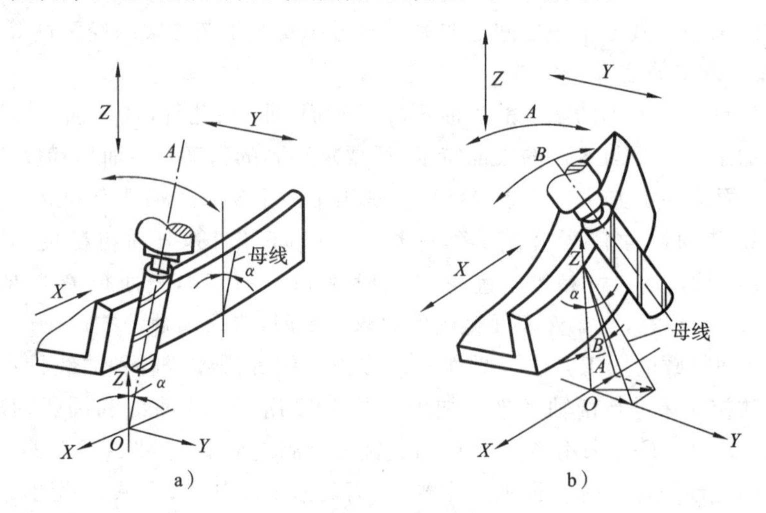

图 6-94 数控铣床加工变斜角面

a) 四轴联动 b) 五轴联动

③ 采用三轴数控铣床两轴联动,利用球头铣刀和鼓形铣刀以直线或圆弧插补方式进行分层铣削加工,加工后的残留面积用钳工修磨方法清除。使用鼓形铣刀分层铣削变斜角面的情形如图 6-80 所示。由于鼓形铣刀的鼓径可以做得比球头铣刀的球径大,所以加工后的残留面积高度小,加工效果比球头铣刀好。

(5) 曲面轮廓的加工方法 立体曲面的加工应根据曲面形状、刀具形状以及精度要求采用不同的铣削加工。

曲率变化不大和精度要求不高的曲面的粗加工常用两轴半坐标行切法。两轴半坐标行切法就是在 X、Y、Z 三轴中任意两轴联动插补,第三轴作单独的周期进给。如图 6-95 所示的行切法中,要根据轮廓表面粗糙度的要求及刀头不干涉相邻表面的原则选取第三轴的周期进给量,球头铣刀的刀头半径应选得大一些,有利于散热,但刀头半径应小于内凹曲面最小曲率半径。

曲率变化较大和精度要求较高的曲面的精加工,常用 X、Y、Z 三轴联动插补的行切法加工。如图 6-96 所示,P_{OYZ} 平面为平行于坐标平面的一个行切面,它与曲面的交线为 ab,由于是三轴联动,球头刀与曲面的切削点始终处在平面曲线 ab 上,可获得较规则的残留沟纹。但这时的刀心轨迹 O_1O_2 不在 P_{OYZ} 平面上,而是一条空间曲线。

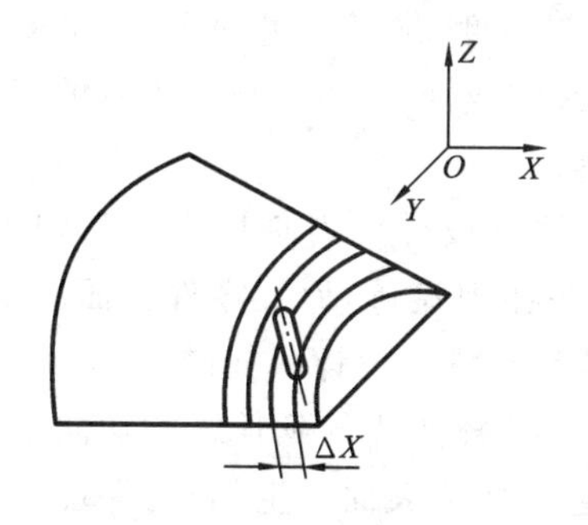

图 6-95 两轴半坐标行切法加工曲面

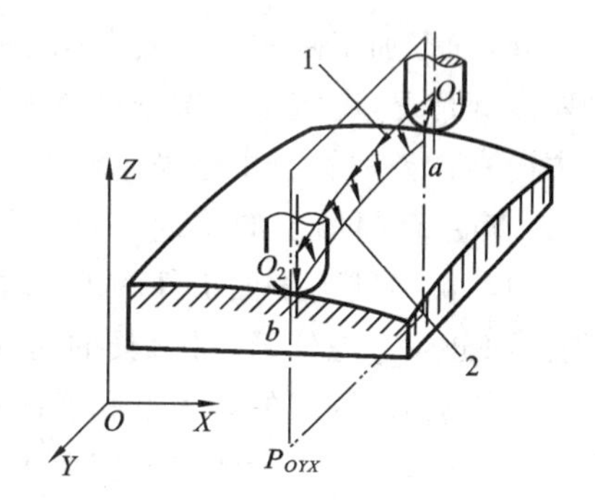

图 6-96 三轴联动行切法加工曲面

1—刀心轨迹 2—切削点轨迹

2）工序的划分

在确定加工内容和加工方法的基础上，根据加工部位的性质、刀具使用情况以及现有的加工条件，将这些加工内容安排在一个或几个数控铣削加工工序中。

当加工中使用的刀具较多时，为了减少换刀次数，缩短辅助时间，可以将一把刀具所加工的内容安排在一个工序（或工步）中。按照工件加工表面的性质和要求，将粗加工、精加工分为依次进行的不同工序（或工步），先进行所有表面的粗加工，然后再进行所有表面的精加工。

一般情况下，为了减少工件加工中的周转时间，提高数控铣床的利用率，保证加工精度要求，在划分数控铣削工序的时候，应尽量使工序集中。当数控铣床的数量比较多，同时有相应的设备技术措施保证工件的定位精度时，为更合理地均匀机床的负荷，协调生产组织，也可以将加工内容适当分散。

3）加工顺序的安排

在确定了某个工序的加工内容后，要进行详细的工步设计，即安排这些工序内容的加工顺序，同时考虑程序编制时刀具运动轨迹的设计。一般将一个工步编制为一个加工程序，因此，工步顺序实际上也就是加工程序的执行顺序。

数控铣削常采用工序集中的方式，这时工步的顺序就是工序分散时的工序顺序。通常按照从简单到复杂的原则，先加工平面、沟槽、孔，再加工外形、内腔，最后加工曲面；先加工精度要求低的表面，再加工精度高的部位等。

4）加工路线的确定

在数控加工中，刀具刀位点相对于工件运动的轨迹称为进给路线即加工路线。加工路线不仅包括了加工内容，也反映出加工顺序，是编制数控程序的依据之一。

（1）确定加工路线的原则 ① 加工路线应保证被加工工件的尺寸精度和表面粗糙度；② 在满足工件精度、表面粗糙度、生产率等要求的情况下，尽量简化数学处理时的数值计算工作量，以简化编程工作；③ 当某段加工路线重复使用时，为简化编程，缩短程序长度，应使用子程序。

此外,确定加工路线时还要考虑工件的形状与刚度、加工余量的大小、机床与刀具的刚度等情况,确定是一次进给还是多次进给来完成加工,以及设计刀具的切入与切出方向和在铣削加工中是采用顺铣还是逆铣等。

(2) 确定铣削加工的路线　铣削加工时,应注意设计好刀具切入点与切出点。用立铣刀的侧刃铣削平面工件的外轮廓时,为减少接刀痕迹,保证零件表面质量,切入、切出部分应考虑外延,对刀具的切入、切出程序要精心设计。如图 6-97 所示,铣削外表面轮廓时,铣刀的切入点和切出点应沿工件轮廓曲线的延长线的切向切入和切出工件表面,而不应沿法向直接切入工件,以避免加工表面产生划痕,保证零件轮廓光滑,这一点对精铣尤其重要。

铣削封闭的内轮廓表面时,同铣削外轮廓一样,刀具同样不能沿轮廓曲线的法向切入和切出。此时刀具可以沿一过渡圆弧切入和切出工件轮廓。图 6-98 所示为铣切内圆的加工路线,图中 R_1 为零件圆弧轮廓半径,R_2 为过渡圆弧半径。

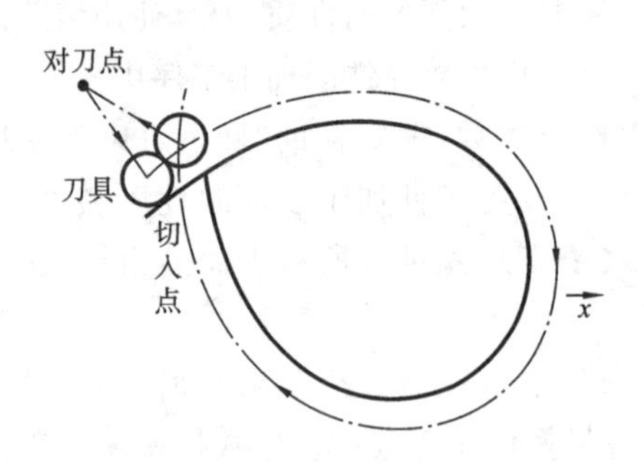

图 6-97　刀具切入和切出外轮廓的进给路线图

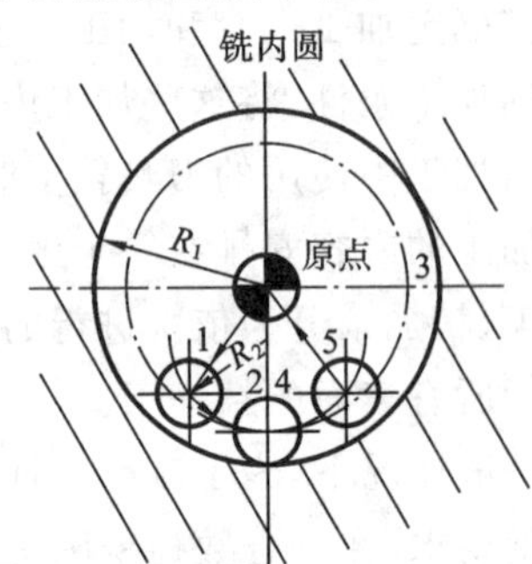

图 6-98　刀具切入和切出内轮廓的进给路线图

加工路线不一致,加工结果也将各异。图 6-99a 表示行切法,图 6-99b 表示环切法。两种进给路线的共同点是都能切净内腔中全部面积,不留死角,不伤轮廓,同时尽量减小重复进给的搭接量;不同点是行切法的进给路线比环切法的短,但行切法将在每两次进给的起点和终点间留下残留面积,而达不到所要求的表面粗糙度。而采用环切法获得的表面粗糙度要好于行切法,但需逐次向外扩展轮廓线,刀位点的计算

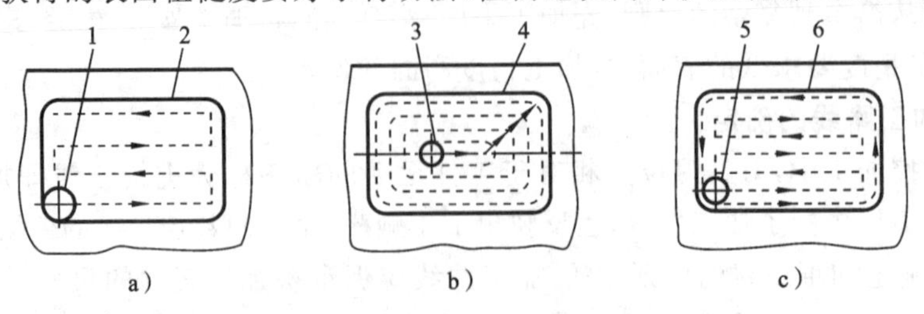

图 6-99　铣内槽的三种进给路线

a) 行切法　b) 环切法　c) 先行切后环切

1,3,5—铣刀　2,4,6—工件凹槽轮廓

稍微复杂一些。综合行切、环切的优点，采用图 6-99c 所示的加工路线，即先用行切法切去中间部分余量，最后环切一刀；这样既能使总的进给路线较短，又能获得较高的表面粗糙度。

加工过程中，若进给停顿，则切削力明显减小，会改变系统的平衡状态，刀具会在进给停顿处的工件表面留下划痕，因此在轮廓加工中应避免进给停顿。

铣削曲面时，常用球头刀进行加工。图 6-100 表示加工边界敞开的直纹曲面可能采取的三种进给路线，即沿曲面的 Y 向行切、X 向行切和环切。对于直母线的叶面加工，采用图 6-100a 所示的方案，每次直线进给，刀位点计算简单，程序段短，而且加工过程符合直纹面的形成规律，可以准确保证母线的直线度。采用图 6-100b 加工方案符合这类工件表面数据给出情况，便于加工后检验，叶形的准确度高。由于曲面工件的边界是敞开的，没有其他表面限制，所以曲面边界可以外延，为保证加工的表面质量，球头刀应从边界外进刀和退刀。图 6-100c 所示的环切方案一般应用在凹槽加工中；在型面加工中由于编程烦琐，一般不用。

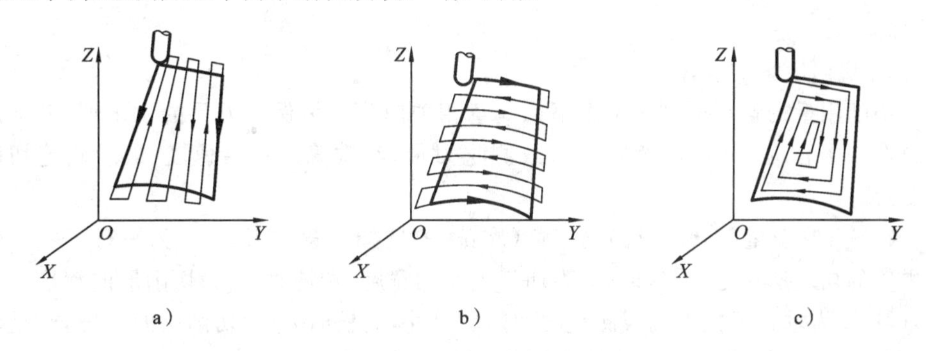

图 6-100　铣削曲面的三种进给路线

a) Y 向行切　b) X 向行切　c) 环切

铣削加工中采用顺铣还是逆铣，对加工后表面粗糙度有一定的影响，应视零件图的加工要求、工件材料的性质与特点以及具体机床、刀具等条件综合考虑。一般来说，当工件表面有硬皮，机床的进给机构有间隙时，宜采用逆铣；如粗铣或加工零件毛坯为非铁金属锻件或铸件时，一般采用逆铣。当工件表面无硬皮，机床进给机构无间隙时，宜采用顺铣。如精铣或加工铝镁合金、钛合金和耐热合金等材料时，建议尽量采用顺铣。在精铣内外轮廓时，为了改善表面粗糙度和提高刀具的耐用度，应采用顺铣的进给加工方案，如图 6-101 所示。

7. 数控铣削加工工艺参数的确定

1）数控铣刀的选取

选择铣刀时，要使刀具的尺寸与被加工工件的表面尺寸和形状相适应。

① 粗铣平面时，因切削力大，宜选用较小直径的铣刀，以减少切削扭矩；精铣时，可选大直径铣刀，并尽量包容工件加工面的宽度，以提高效率和加工表面质量。

② 对一些立体型面、变斜角轮廓外形、特形孔、凹槽等的加工，常采用球头铣刀、

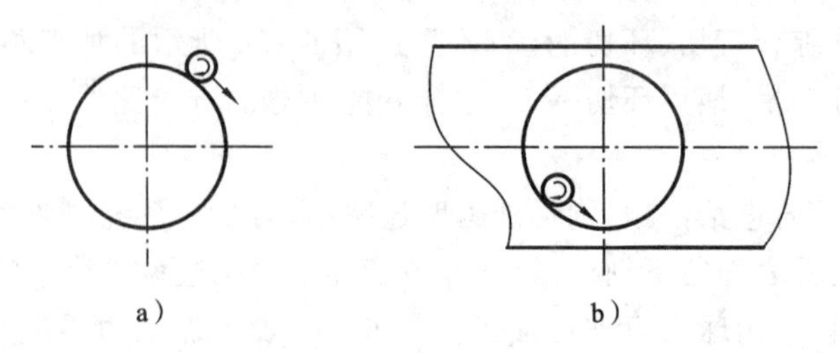

图 6-101 顺铣加工的进给路线

a）外轮廓顺铣 b）内轮廓顺铣

环形铣刀、鼓形铣刀和盘形铣刀等成形铣刀进行加工。

③ 曲面加工常用球头铣刀,但加工曲面较平坦部位时,刀具以球头顶端刃切削,切削条件较差,因而应采用环形铣刀。

④ 加工平面零件周边轮廓(内凹或外凸轮廓),常采用立铣刀;加工凸台、凹槽时,可选用高速工具钢立铣刀;加工毛坯表面时可选用镶硬质合金的可转位螺旋立铣刀。

2）切削用量的选择

切削用量的选择原则参考本书第 5 章相关内容。为保证刀具的耐用度,铣削用量的选择方法是:先选取背吃刀量或侧吃刀量,其次确定进给速度,最后确定切削速度。

(1) 背吃刀量(端铣)或侧吃刀量(周铣)的选择　背吃刀量 a_p 为平行于铣刀轴线测量的切削层尺寸,周铣时 a_p 为加工表面的宽度,端铣时 a_p 为切削层的深度。侧吃刀量 a_c 为垂直于铣刀轴线测量的切削层尺寸,周铣时 a_c 为切削层的深度,端铣时 a_c 为加工表面的宽度。铣削切削用量如图 6-102 所示。

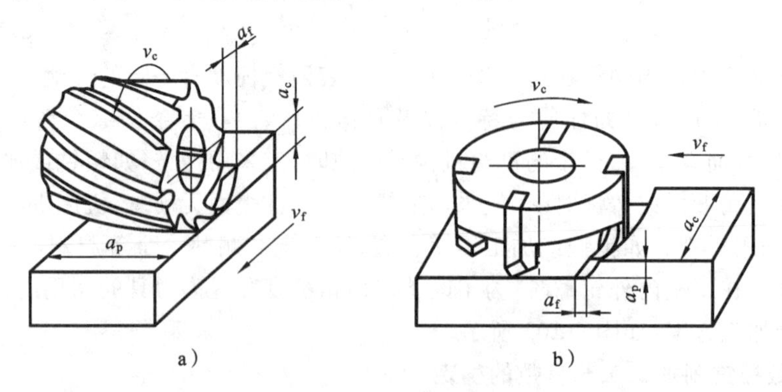

图 6-102 铣削切削用量

a）周铣 b）端铣

背吃刀量或侧吃刀量主要根据加工余量和对表面质量的要求决定。

① 在工件表面粗糙度 Ra 要求为 12.5～25 μm 时,如果周铣的加工余量小于 5 mm,端铣的加工余量小于 6 mm,则粗铣一次进给就可以达到要求。但在余量较

大，工艺系统刚性较差或机床动力不足时，可分两次进给完成。

② 在工件表面粗糙度 Ra 要求为 3.2～12.5 μm 时，可分粗铣和半精铣两步完成。粗铣时背吃刀量或侧吃刀量选取同前。粗铣后留 0.5～1.0 mm 余量，在半精铣时切除。

③ 在工件表面粗糙度 Ra 要求为 0.8～3.2 μm 时，可分为粗铣、半精铣、精铣三步完成。半精铣时背吃刀量或侧吃刀量取 1.5～2.0 mm；精铣时周铣侧吃刀量取 0.3～0.5 mm，端铣背吃刀量取 0.5～1 mm。

(2) 进给量 f(mm/r)与进给速度 v_f(mm/min)的选择　铣削加工的进给量是指刀具转一周，工件与刀具沿进给运动方向的相对位移量；进给速度是单位时间内工件与铣刀沿进给方向的相对位移量。进给量与进给速度是数控铣床加工切削用量中的重要参数，铣削的进给量与铣刀的转速 n、铣刀齿数 z 及每齿进给量 f_z 有关，它们的关系为

$$v_f = f_z n z$$

每齿的进给量选取主要取决于工件的表面粗糙度、加工精度要求、刀具及工件材料等因素。工件材料的强度和硬度越高，f_z 越小；反之则越大。硬质合金铣刀的每齿进给量高于同类高速工具钢铣刀。工件表面粗糙度要求越高，f_z 就越小。每齿进给量的确定可参考表 6-24 选取。工件刚性差或刀具强度低时，应取小值。

表 6-24　每齿进给量 f_z　　单位：mm/z

工件材料	粗铣		精铣	
	高速钢铣刀	硬质合金铣刀	高速工具钢铣刀	硬质合金铣刀
钢	0.10～0.15	0.10～0.25	0.02～0.05	0.10～0.15
铸铁	0.12～0.20	0.15～0.30	—	—

(3) 切削速度的选择　根据已经选定的背吃刀量、进给量及刀具耐用度选择切削速度，可用经验公式计算，也可根据生产实践经验在机床说明书允许的切削速度范围内查阅有关切削用量手册或参考表 6-25 选取。

表 6-25　切削速度参考值

工件材料	硬度(HBW)	切削速度 v_c/(m/min)	
		高速工具钢铣刀	硬质合金铣刀
钢	<225	18～32	66～150
	225～325	12～36	54～120
	325～425	6～21	36～75
铸铁	<190	21～36	66～150
	190～260	9～19	45～90
	260～320	4.5～10	21～30

在选择进给速度时,还要注意零件加工中的某些特殊因素。例如在轮廓加工中,应考虑由于惯性或工艺系统的变形而造成轮廓拐角处的"超程"或"欠程"。如图6-103所示,铣刀由 A 处向 B 处运动,当进给速度较高时,由于惯性作用,在拐角 B 处可能出现超程过切现象,即将拐角的金属多切去一些,使轮廓表面产生误差。解决的办法是选择变化的进给速度。编程时,在接近拐角前适当地降低进给速度,过拐角后再逐渐增速。

(4) 对刀点与换刀点的确定　对刀点又称起刀点,是数控加工中刀具相对于工件运动的起点。选择对刀点的原则是:便于数学处理和简化程序编制;在机床上容易找正;在加工中便于检查;引起的加工误差小。

对刀点可选在工件上,也可选在工件外面(如夹具)上,但必须与工件的定位基准有一定的尺寸关系,如图 6-104 中的 X_0 和 Y_0,这样才能确定机床坐标系与工件坐标系的关系。

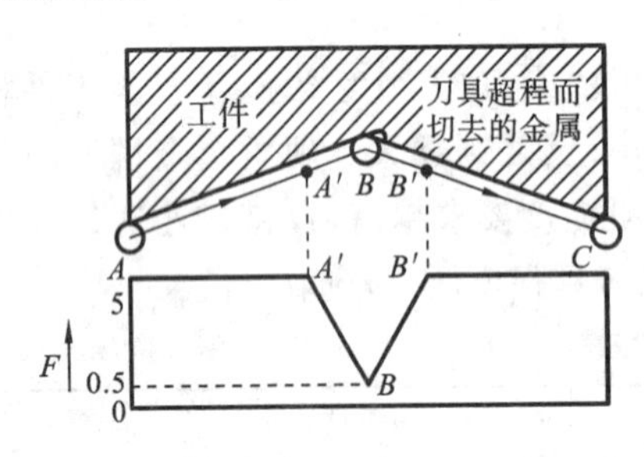

图 6-103　过切现象与控制

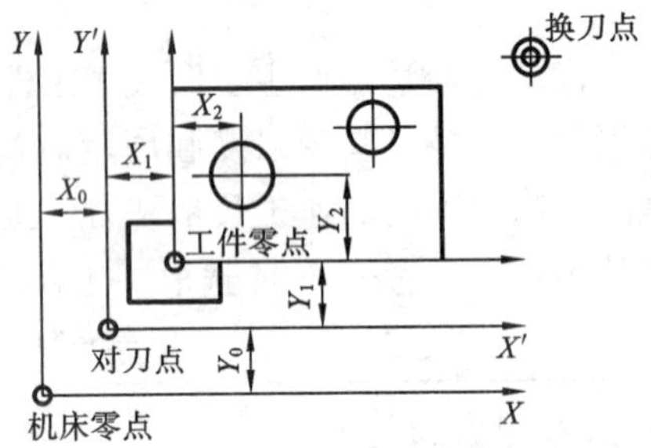

图 6-104　对刀点与换刀点的设定

为提高加工精度,对刀点应尽量选在零件的设计基准或工艺基准上,如以孔定位的工件,可选择孔的中心作为对刀点。刀具的位置则以此孔来找正,使刀位点与对刀点重合。为保证对刀精度,常采用千分表、对刀测头或对刀仪进行找正对刀。

换刀点是指刀架转位换刀时的位置,可以是某一固定点,也可以是任意的一点。换刀点应根据工序内容来安排。为了防止换刀时刀具碰上工件及其他部件,换刀点往往设在工件或夹具的外部,其设定值可用实际测量方法或计算确定。

6.6　加工中心

1. 加工中心的特点

1958 年,世界上第一台(machining center)加工中心在美国由卡尼·特雷克(Kearney Trecker)自动化公司面世。加工中心是一种备有刀库并能自动更换刀具对工件进行多工序加工的数控机床。箱体类零件的加工中心,一般是在镗床、铣床的基础上发展起来的,可称为镗铣类加工中心,习惯上简称为加工中心。加工中心与普通数控机床的区别主要在于它能在一台机床上完成由多台机床才能完成的工作。现代加工中心具有以下特点:

① 具有自动换刀装置，使工件在一次装夹后，可以连续自动完成对工件表面的钻孔、扩孔、铰孔、镗孔、攻螺纹、铣削等多工步的加工，工序高度集中。

② 一般带有自动分度回转工作台或主轴箱，可自动转角度，从而使工件一次装夹后自动完成多个平面或多个角度位置的多工序加工。

③ 能自动改变机床主轴转速、进给量和刀具相对工件的运动轨迹及其他辅助机能。

④ 如果带有交换工作台，工件在工作位置的工作台进行加工的同时，另外的工件可在装卸位置的工作台上进行装卸，不影响正常的加工工件。

2. 加工中心的组成结构

各种类型的加工中心虽然外形结构各异，但总体来看主要由以下几大部分组成：

(1) 基础部件　加工中心的基础结构由床身、主柱和工作台等组成，它们主要承受加工中心的静载荷以及在加工时产生的切削负载，因此必须有足够的刚度。这些大件可以是铸件也可以是焊接而成的钢结构件，体积和重量都比较大。

(2) 主轴部件　主轴部件包括主轴箱、主轴电动机、主轴和主轴轴承等。主轴的启、停和变速等动作均由数控系统控制，并且通过装在主轴上的刀具参与切削运动，是切削加工的功率输出部件。

(3) 数控系统　加工中心的数控部分是由CNC装置、可编程控制器、伺服驱动装置以及操作面板等组成，是执行顺序控制动作和完成加工过程的控制中心。

(4) 自动换刀系统　自动换刀系统由刀库、机械手等部件组成。需要换刀时，数控系统发出指令，由机械手(或通过其他方式)将刀具从刀库取出，装入主轴孔中。

(5) 辅助装置　辅助装置包括润滑、冷却、排屑、防护、液动、气动和检测系统等。这些装置虽然不直接参与切削运动，但对加工中心的加工效率、加工精度和可靠性起着保障作用，是加工中心中不可缺少的部分。

3. XH715A 型立式加工中心

XH715A型立式加工中心(vertical spindle machining center)是一种带有水平刀库和换刀机械手、以铣削为主的单柱式镗铣类数控机床，属于连续控制(三轴)型。该机床具有足够的切削刚度和可靠的精度稳定性，其刀库中有20把刀，可在工件一次装夹后，按程序自动完成铣、镗、钻、铰、攻螺纹及三维曲面加工等多种工序，主要适用于机械制造、汽车、拖拉机、电子等行业中加工批量生产的板类、盘类及中小型箱体、模具等零件。

1) 机床的布局及其组成

XH715A型立式加工中心(见图6-105)采用了机、电、气、液一体化，工作台移动结构，其数控柜、液压系统、可调主轴恒温冷却装置及润滑装置等都安装在立柱和床身上，减小了占地面积，简化了机床的搬运和安装调试。它的滑座安装在床身顶面的导轨上，可作横向(前后)运动(Y轴)；工作台安装在滑座顶面的导轨上，可作纵向(左

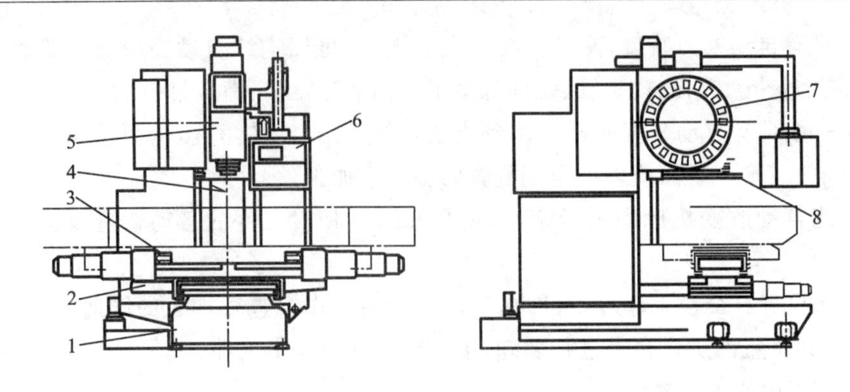

图 6-105　XH715A 型立式加工中心

1—床身　2—滑座　3—工作台　4—立柱　5—主轴箱　6—操作面板　7—刀库　8—换刀机械手

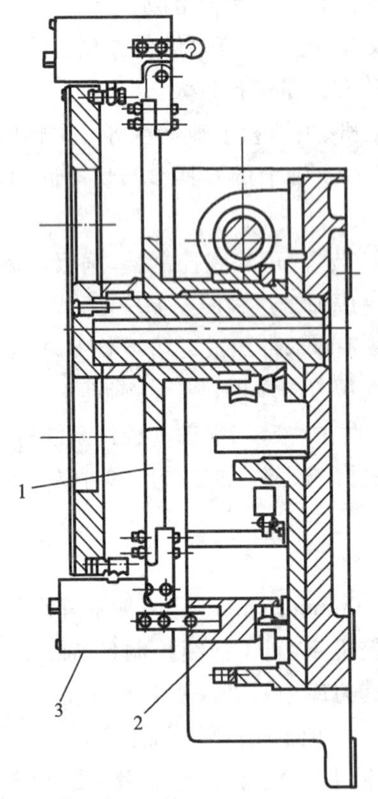

图 6-106　**圆盘式刀库**

1—圆盘　2—拨叉　3—刀座

右)运动(X 轴);在床身的后部固定有立柱,主轴箱在立柱导轨上可作竖向(上下)运动(Z 轴)。在立柱左侧前部是圆盘式刀库和换刀机械手,刀具的交换和选用是由 PC 系统记忆,故采用随机换刀方式。在机床后部及其两侧分别是驱动电柜、数控柜、液压系统、主轴箱恒温系统、润滑系统、压缩空气系统和冷却排屑系统。操作面板悬伸在机床的右前方,操作者可通过面板上的按键和各种开关按钮实现对机床的控制,同时,表示机床各种工作状态的信号也可以在操作面板上显示出来。这种单柱、水平刀库布局的立式加工中心,具有外形整齐,加工空间宽广,刀库容量易于扩展等优点。

2）刀库和换刀机械手

刀库和换刀机械手组成机床的自动换刀装置位于主轴箱的左侧面。圆盘式刀库如图6-106所示。由伺服电动机、十字滑块联轴器和蜗杆蜗轮副带动刀库圆盘旋转(圆盘上有 20 个刀座),可以使刀库圆盘上任意一个刀座转到最下方的换刀位置。刀座(见图 6-107)在刀库上处于水平位置,但主轴是立式的,因此,应使处于换刀位置的刀座旋转 90°,使刀头向下。这个动作是靠液压缸完成的,液压缸的活塞杆(图中未画出)带动拨叉上升时,拨叉向上拉动滚轮,使刀座连同刀具一起绕转轴逆时针旋转至垂直向下的位置。这时,刀座中的刀具正好和主轴中的刀具处于等高的位置,可由换刀机械手进行换刀。刀座锥孔的尾部有两个球头销钉，后有弹簧，用以夹住刀具，使刀座旋转90°后刀具不会下落。刀座顶部的滚子用以在刀座处于水平位置时支承刀座。

机械手臂(见图6-108)的两端各有一个手爪，刀具被带弹簧的活动销顶靠在固定爪中。锁紧销被弹簧弹起，使活动销锁住，不能后退，这就保证了在机械手运动过程中，手爪中的刀具不会被甩出。当手臂绕竖轴转过60°时，锁紧销被挡块(图中未画出)压下，活动销就可以活动，使得机械手可以抓住(或放开)主轴和刀座中的刀具，以便换刀。

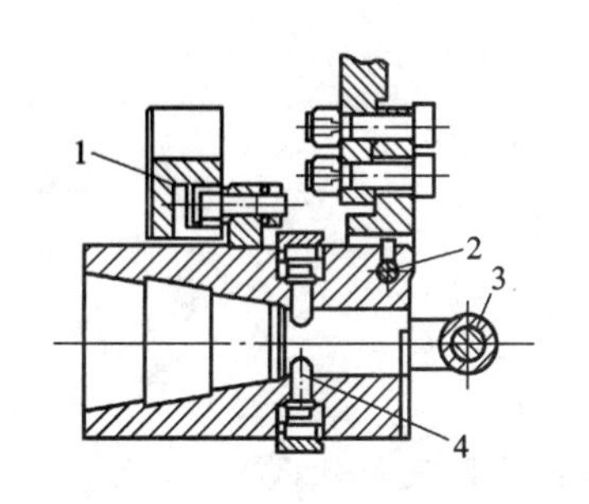

图6-107　刀座

1—滚子　2—转轴　3—滚轮　4—销钉

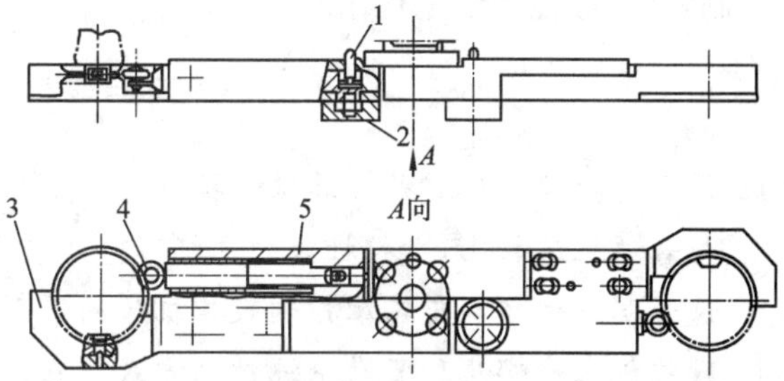

图6-108　机械手臂

1—锁紧销　2,5—弹簧　3—固定爪　4—活动销

自动换刀的动作过程如图6-109所示。在机床加工时，刀库预先按程序中的刀具指令，将准备换的刀具转到换刀位置；当完成一个工步后需要换刀时，按换刀指令，将换刀位置上的刀座逆时针转动90°，使其处于竖直向下的位置，主轴箱上升到换刀位置，机械手旋转60°，两个手爪分别抓住主轴和刀座中的刀具；待主轴孔内的刀具自动夹紧机构松开后，机械手向下移动，将主轴和刀座中的刀具拔出；松刀的同时主

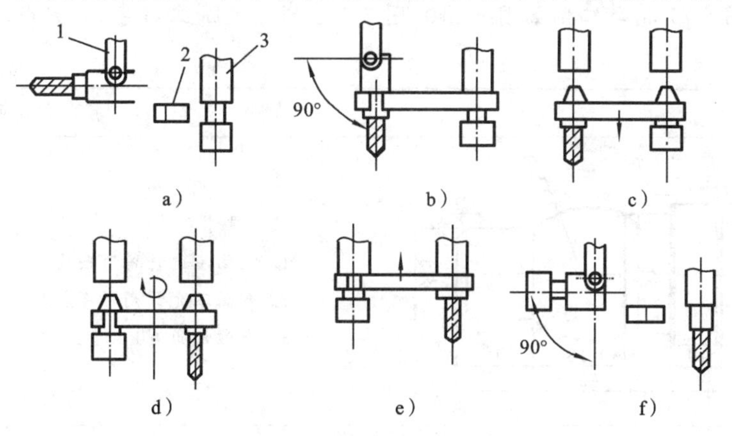

图6-109　自动换刀过程

a) 刀具转到换刀位置　b) 机械手抓住刀具　c) 拔出刀具

d) 机械手旋转180°　e) 新刀具插入主轴　f) 机械手复位

1—刀座　2—机械手　3—主轴

轴孔中吹出压缩空气，清洁主轴和刀柄，然后机械手旋转 180°；机械手向上移动，将新刀具插入主轴，将旧刀具插入刀座，刀具装入后，主轴孔内拉杆上移夹紧刀具，同时关掉空气压缩机；然后机械手回转 60°复位，刀座顺时针旋转 90°至水平位置，这时换刀过程完毕，机床开始下一道工序的加工。刀库又一次回转，将下一把待换刀具停在换刀位置上，这样就完成了一次换刀循环。

换刀过程的全部动作由三个液压缸配合完成，其中旋转动作由两个串联液压缸及齿轮传动完成，串联液压缸每往复一次，实现两个换刀循环，由五个行程开关配合控制，并由数控系统记忆循环次数。

复习思考题 6-1

1. 什么是数控？什么是计算机数控？什么是数控机床？
2. 与普通机床相比，数控机床的主机有哪些特点？
3. 试说明点位控制与轮廓控制数控机床的区别。
4. 数控机床有哪几种驱动系统控制方式？它们之间的主要区别是什么？
5. 数控机床的坐标轴与运动方向是怎样规定的？与加工程序编制有何关系？
6. 试述数控机床加工的特点和用途。
7. 数控机床由哪些部分组成？各有什么作用？
8. 什么是开环、闭环和半闭环控制系统？其优缺点有哪些？各适用于什么场合？试举例说明。
9. 数控机床如何分类？
10. 试述加工中心的特点及应用范围。
11. 试采用 G71 指令编制如图 6-110、图 6-111 所示的加工程序，并完成零件的车削加工。

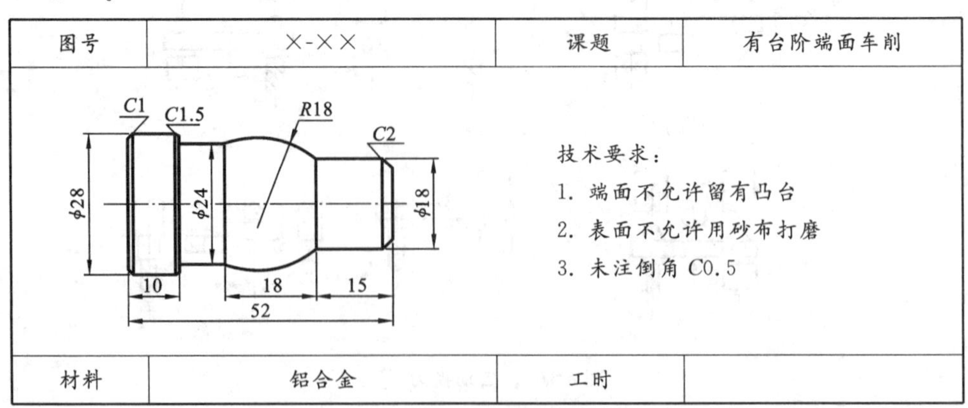

图 6-110　铝合金有台阶端面的车削

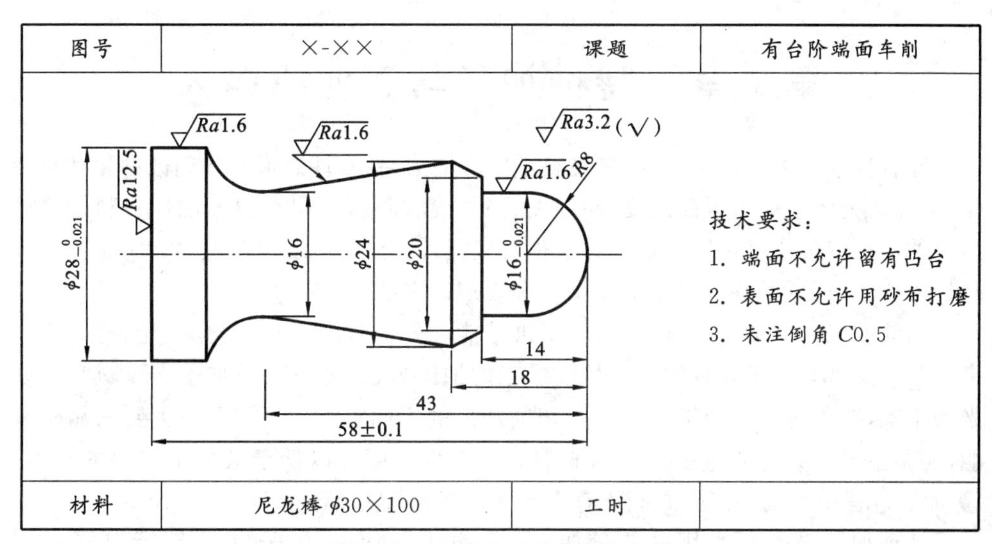

图 6-111 尼龙有台阶端面的车削

第 7 章　特种加工与工业机器人

随着科学技术的发展，为了满足科学实验的需要，零件的形状日趋微型化和复杂化，零件也更多地选用了高强度、高韧度、高硬度、高脆性、耐高温和磁性材料。这些零件的加工仅仅依靠传统的切削方法很难实现，甚至根本无法实现。特种加工(special machining)就是在这种情况下产生和发展起来的。

用软的工具加工硬的材料，除了用机械能之外，还可采用电、化学、光、声等能量来加工。这种有别于现有的金属切削加工的加工方法，如电火花加工、超声加工、激光加工等，统称为特种加工。它们与切削加工的不同点如下：① 不是主要依靠机械能，而是主要用其他能量去除金属材料；② 工具硬度可以低于被加工材料的硬度；③ 加工过程中工具和工件之间不存在显著的机械应力。

特种加工及其所采用的能量如下：① 电火花加工、电子束加工、等离子弧加工——电、热能；② 离子束加工——电、机械能；③ 电解加工、电解抛光——电、化学能；④ 电解磨削、电解珩磨、阳极机械磨削——电、化学、机械能；⑤ 激光加工——光、热能；⑥ 化学加工、化学抛光——化学能；⑦ 超声加工——声、机械能；⑧ 磨料喷射加工、磨料流加工、液体喷射加工——机械能。

值得注意的是，将两种以上的不同能量和工作原理结合在一起，可以取长补短获得很好的效果，近年来这些新的复合加工方法正在不断出现。

7.1　电火花加工

1. 电火花加工的原理

电火花加工(EDM，electrical discharge machining)的原理(见图 7-1)是基于工具和工件(正、负电极)之间脉冲性火花放电时的电腐蚀现象来蚀除多余金属，以达到对零件的尺寸、形状及表面质量要求的。电火花腐蚀的主要原因是：电火花放电时火花通道中瞬时产生大量的热，达到很高的温度(10000 ℃以上)，足以使任何金属材料局部熔化、气化而被蚀除掉，形成放电凹坑。

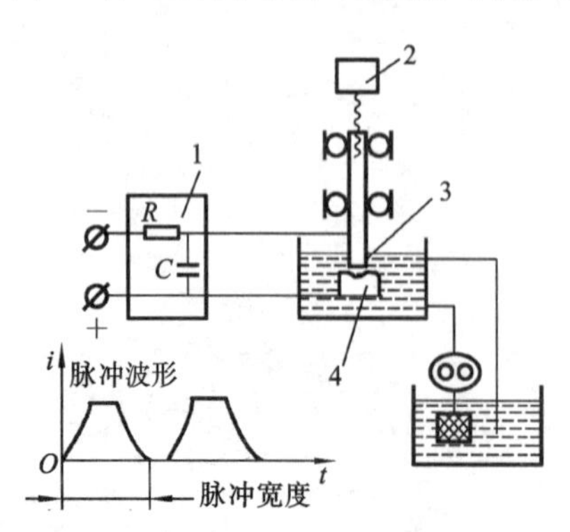

图 7-1　电火花加工装置原理

1—脉冲发生器　2—间隙自动调节器

3—工具电极　4—工件

电火花加工时，脉冲电源一极接工具电极，另一极接工件电极。两极浸入绝缘的工作液中，在放电间隙自动调节器的控制下，两极逐步接近，当达到一定距离时，极间的电压击穿间隙而产生火花放电，致使工件的局部金属熔化和气化，并刨出工件表面。第二个脉冲在工件和工具电极另一最近处液体介质被击穿，重复上述过程，如此循环下去，工具电极的轮廓和截面形状将复印在工件上，形成所需的加工表面。电蚀过程(见图7-2)如下：① 工具电极在自动调节器带动下向工件电极靠近；② 两极最近点处，液体介质被电离产生火花放电、局部金属熔化、气化并被抛离；③ 多次脉冲放电后，加工表面形成无数个小凹坑；④ 工具电极的轮廓和截面形状复印在工件上。

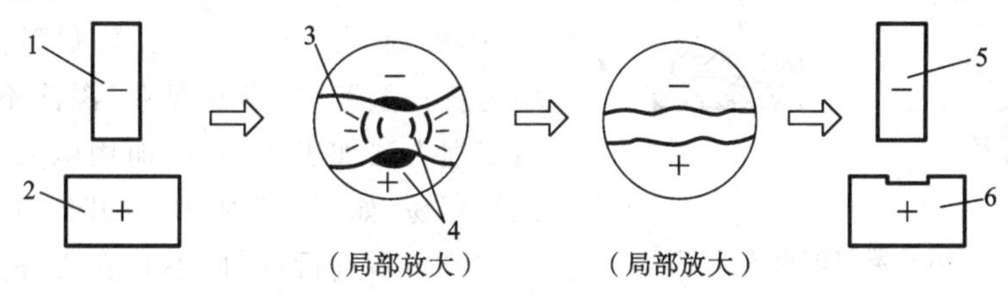

图7-2 电蚀过程

1,5—工具 2,6—工件 3—抛出的微粒 4—电蚀区

2. 电火花加工的条件

① 必须使工具电极和工件被加工表面之间经常保持一定的放电间隙，这一间隙随加工条件而定。如果间隙过大，极间电压就不能击穿极间介质，也不会产生火花放电；如果间隙过小，则很容易形成短路接触，同样不会产生火花放电。

② 必须采用脉冲电源。这样才能使放电所产生的热量来不及传导、扩散到其余部分，把每一次的放电点分别局限在很小的范围内；否则会像持续电弧放电那样，使表面烧伤而无法进行尺寸加工。

③ 电火花放电必须在绝缘的液体介质中进行。液体介质必须具有较高的绝缘强度，以有利于产生脉冲性的火花放电。同时，液体介质还能把电火花加工过程中产生的悬浮金属屑、炭黑等电蚀产物从放电间隙中排除出去，并且对电极和工件表面有较好的冷却作用。

3. 电火花加工的特点

(1) 适合加工难切削材料 材料的可加工性主要取决于材料的导电性及其热学特性，而几乎与其力学性能(硬度、强度等)无关。这样可以突破传统切削加工对刀具的限制，可以实现用软的工具加工硬、韧的工件。

(2) 可以加工特殊及复杂形状的零件 由于工具电极和工件不直接接触，没有机械加工的切削力，因此适合加工低刚度工件及微细加工。

(3) 加工速度较慢 通常多先用切削法来去除大部分余量，然后再进行电火花加工，以提高生产率。

(4) 表面质量和成形精度有限 在工件表面形成重铸层(厚度1～100 μm)和热影响层(厚度25～125 μm)，影响表面质量；工具电极会不可避免地损耗，而且损耗多集中在尖角或底面，影响成形精度。

4. 电火花加工的类型

(1) 穿孔加工 各种截面为圆形、方形、多边形及各种异形的型孔和弯孔、螺旋

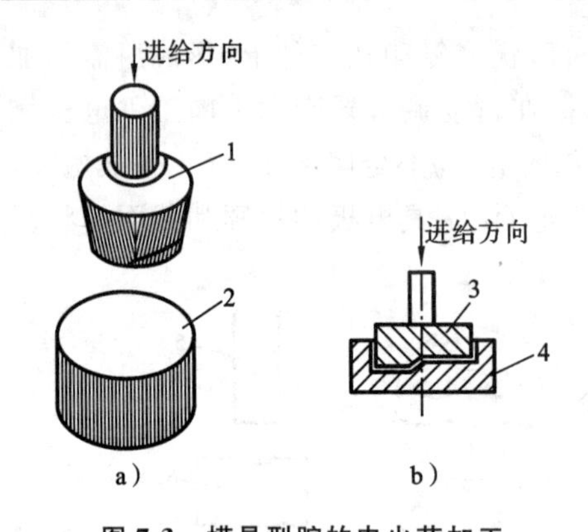

图 7-3 模具型腔的电火花加工

a) 锥度模具型腔加工 b) 阶梯底模具型腔加工

1,3—工具电极 2,4—工件

孔等曲线孔,直径在 0.01～1 mm 范围内的微细小孔等,例如各种拉丝模上的微细孔、化纤异形喷丝孔、电子显微镜光栅孔等,都可以用电火花加工。

(2) 型腔及曲面加工 各类锻模、压铸模、落料模、复合模、挤压模、塑料模的型腔均为盲孔型腔,且形状复杂,深浅不同,用普通切削方法加工较困难,而用电火花加工就比较容易,如图 7-3 所示。同时,电火花加工可在淬火后进行,因此不存在工件热处理变形的问题。叶轮、叶片的曲面,也都可以用电火花加工。

(3) 线电极切割 切断、切割用来加工各类复杂的零件和工具,例如冲压模具、刀具、样板等。

(4) 其他加工 电火花加工还可用来磨削平面、内外圆、小孔,成形镗磨和铲磨;表面强化,如表面渗碳和涂覆特殊材料;打印标记和雕刻花纹等。

5. 电火花线切割加工

电火花线切割加工(wire electrical-discharge machining or electrical-discharge wire cutting)是在电火花加工的基础上发展起来的一种加工工艺,它不是靠成形的工具电极"复印"在工件上,而是用线状电极(钼丝或铜丝)作工具电极,靠火花放电对工件进行切割。

电火花线切割的基本原理(见图 7-4)是利用细金属丝作工具电极,按预先编制的数控程序运行轨迹进行切割。脉冲电源的一个极接工件,另一个极接电极钼丝。在两极间沿金属丝方向喷射充分的、具有绝缘性的工作液。储丝筒通过导轮使电极

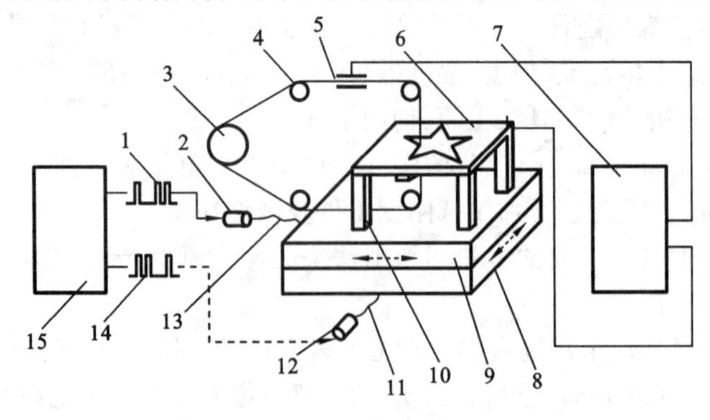

图 7-4 电火花线切割加工原理

1,14—信号 2,12—步进电动机 3—储丝筒 4—导轮 5—电极钼丝 6—工件
7—脉冲电源 8—下工作台 9—上工作台 10—垫铁 11,13—丝杠 15—数控装置

钼丝作正、反向交替的移动，工具电极和工件间产生脉冲放电形成电腐蚀来切割零件。数控装置输出电脉冲信号控制步进电动机转动，由步进电动机通过丝杠分别带动上、下工作台在水平面内的两个坐标方向上的进给运动，从而自动切割出所需的工件形状。

电火花线切割加工的特点有：① 不需要成形电极，大大降低了工具电极的设计和制造的费用，缩短了生产周期；② 钼丝很细，可以加工微细异形孔、窄缝和复杂形状的工件，并且精度高；③ 线切割因切缝很窄，只对工件材料进行套料加工，金属去除量少，可以节省贵重金属；④ 采用移动的长电极丝加工，电极丝损耗较少，从而提高加工精度。

7.2　激光加工

1. 激光特性

激光加工(LM，laser machining)是利用专门激发的光束所产生的热量进行加工的一种工艺。激光具有一般光的共性，如反射、折射及干涉等，还具有以下特性：

(1) 单色性好　激光包含的波长范围(仅零点几纳米)小，谱线窄。

(2) 方向性好　激光光束非常集中，其发散角很小(小于0.1 rad)。通过光学系统聚焦后，可成为一个极小的光斑(仅几微米到几十微米)。

(3) 亮度高　亮度是指光源在单位面积、单位立方体角内发射的能量。由于激光的方向性好，发射光的立体角极小，所以亮度高(甚至比太阳表面亮度还要高)，能获得很高的能量密度和极高的温度。

(4) 相干性好　在激光中原子或分子发出光不是相互独立而是相互关联的。

2. 加工原理

激光加工时，把光束聚集在工件的表面上，由于区域很小、能量密度达10^8～10^{10} W/mm^2、温度极高(可达一万多摄氏度)、时间极短(仅几微秒)，工件表面的材料急剧熔化，而且迅速气化蒸发，在工件上形成凹槽，同时也开始热扩散，使斑点周围的材料急剧蒸发，压力突然增大，熔融物被爆炸性地高速喷射出来，形成小孔。激光加工原理如图7-5所示。激光经镀金的平面反射镜偏转90°成垂直的光束，然后再用锗单晶材料制成的透镜(其焦距为20～30 mm)，将光束聚焦成很小的光点，照射到工件上，对工件进行加工。瞄准系统由一个可移动的45°直角棱镜和显微镜组成。将直角棱镜移入聚焦光路中(图中虚线位置)即可通过显微镜观察工件的位置，这时应将工件欲打孔的位置调整到激光的焦点上。移去直角棱镜，即可进行加工。

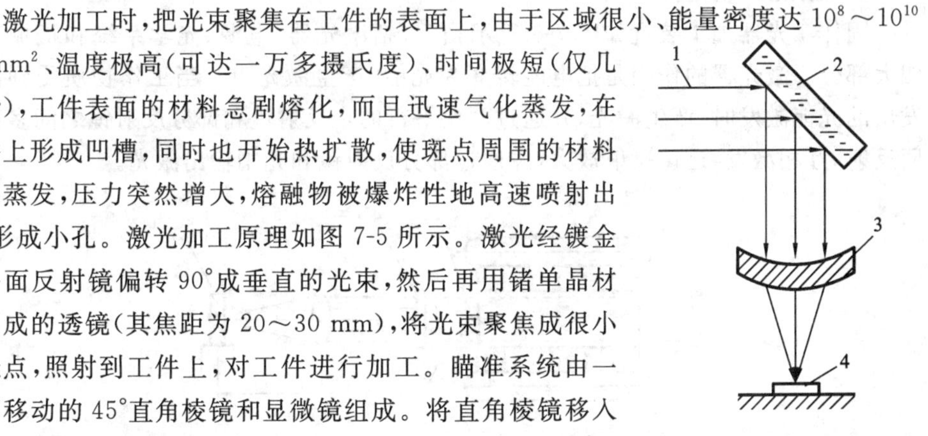

图7-5　激光加工原理

1—激光束　2—镀金反射镜　3—锗透镜　4—工件

3. 激光加工的特点

(1) 不受工件材料性能限制　激光加工能量密度高,几乎能加工所有的金属材料和非金属材料,如硬质合金、不锈钢、金刚石、陶瓷等。

(2) 不受加工形状限制　激光能聚焦成极细的光束,加工不需要工具,故可以加工微型(0.01～1 mm)深孔(深径比达 50～100)、窄缝,也可切割异形孔,适宜于精密加工。

(3) 打孔速度高　用激光打一个孔仅需 1 ms,而且热影响区小,工件无变形。

(4) 可透过透明介质(如玻璃等)进行加工　激光加工的这一特点对于某些特殊情况(例如在真空中加工)是十分有利的。

(5) 不需要加工工具　激光加工不需要加工工具,故不存在工具磨损的问题,同时也不存在断屑、排屑的麻烦,很适合自动化连续操作。

4. 激光加工的应用范围

(1) 激光打孔　利用激光可加工微型小孔,目前已应用于化学纤维喷丝头打孔,仪表中的宝石轴承打孔,金刚石拉丝模具加工以及火箭发动机燃料喷嘴的加工等。

(2) 切割　激光切割时,光束与工件做相对移动,将工件分割开,可将 1 cm^2 的硅片切割成几十个集成电路块。它还可用于异形孔的切割和精密零件窄缝的切割。

(3) 热处理　激光热处理是一种新工艺,它利用激光对金属表面扫描,在极短的时间内工件被加热到淬火温度,表面高温迅速向基体内部传导而冷却,使工件表面淬硬。

(4) 焊接　激光焊接不需要过高的能量密度,只要将工件的连接区熔化,使其焊合即可,焊接迅速,热影响区小,材料不易氧化,没有熔渣。它适用于晶体管元件及微型精密仪表中的焊接。

5. 激光加工装置

固体激光器加工装置如图 7-6 所示,它包括激光器、电源、光学系统和机械系统四大部分。激光器的作用是把电能转变为光能,产生激光束。当工作物质受到氙灯发出的光能激发时,产生激光,并通过两块平行的全反射镜和部分反射镜之间多次来回反射,互相激发,迅速反射放大,并通过部分反射镜和光阑输出激光。

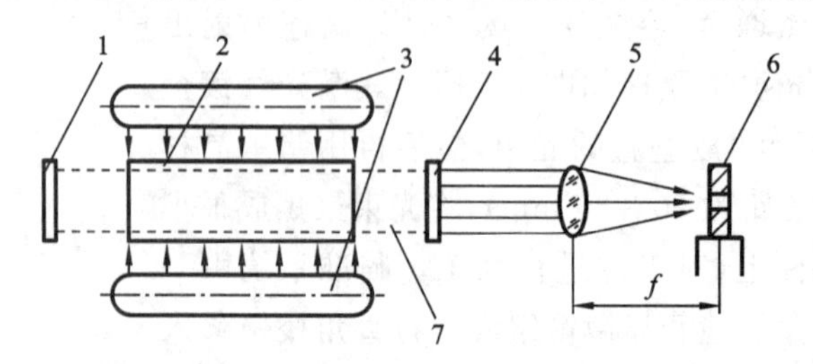

图 7-6　固体激光器加工装置

1—全反射镜　2—激光工作物质　3—光泵　4—部分反射镜　5—透镜　6—工件　7—谐振腔

电源为激光器提供所需的能量，包括电压控制、时间控制、储能电容等。光学系统的作用在于把激光引向聚焦物镜，调整焦点位置，使激光以小光点打到工作台上的工件上。它由显微镜瞄准，加工位置可在投影仪上显示。机械系统包括：① 床身，为固定各部件的基准；② 工作台，能在三轴范围内移动，以调整加工位置；③ 机电控制系统，为机床的电气操纵部分，控制加工过程；④ 冷却系统，是用循环水冷却激光器，以防过热，影响正常工件。

7.3　超声加工

超声加工（UM，ultrasonic machining）也称超声波加工。电火花加工只能加工金属导电材料，无法加工不导电的非金属材料，而超声加工不仅能加工硬质合金、淬火钢等脆硬金属材料，而且更适合于加工玻璃、陶瓷等不导电的非金属脆硬材料，同时还可以用于探伤等。

人的听觉频率范围为 16～16000 Hz。频率低于 16 Hz 的振动波为次声波，频率超过 16000 Hz 的振动波为超声波，加工用的超声波频率为 16～25 kHz。超声波的特点是频率高、波长短、能量大，传播过程中反射、折射、共振、损耗等现象严重。

1. 超声加工原理

超声加工是利用超声频振动的工具，使工作液中的悬浮磨粒对工件表面撞击和抛磨，使它成形的一种加工方法，其加工原理如图 7-7 所示。工具作高频振荡，常用频率为 18～25 kHz，振幅为 0.01～0.15 mm。

磨料悬浮液注入工具和工件之间，工具保持一定的进给压力。磨料在工具的超声振荡作用下，以高速不断撞击和抛磨工件表面，使材料受到瞬时的局部破碎。随着悬浮液的循环流动，磨料不断更新，并带走被粉碎下来的材料微粒，工具逐步深入工件中，工具的形状便“复印”在工件上。工作液在超声振动下，形成冲击波，使钝化了的磨料崩碎，产生新的刃口，进一步提高加工效率。超声振荡还使磨料混合流产生空腔，空腔不断扩大直至破裂；或不断被压缩至闭合。这一过程时间极短，空腔闭合压力可达几十万帕，爆炸时可产生水压冲击，引起加工表面破碎，形成空腔。

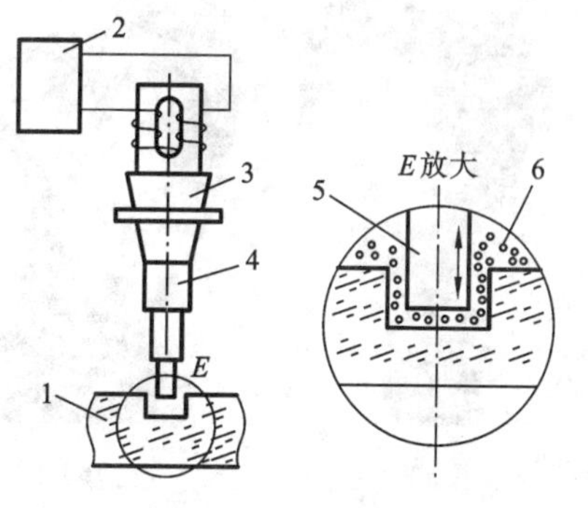

图 7-7　超声加工原理

1—工件　2—超声发生器　3—换能器　4—变幅杆　5—工具　6—磨料悬浮液

2. 超声加工的特点

① 加工时工具仅作轴向振动，更换不同截面形状的工具，即可加工出不同形状的孔、槽和型腔。

② 工件是通过磨粒的连续冲击和抛磨作用而去除材料的，故适合加工各种硬脆材料以及电火花加工无法进行的不导电材料，如宝石、玻璃、陶瓷等。硬度和脆性不

大的韧性材料对冲击具有缓冲作用,超声加工反而难以进行。

③ 工件只受磨料瞬时的局部冲击力,而不存在明显的横向摩擦力,所以受力很小。

④ 加工尺寸精度公差等级可达IT7～IT8,表面粗糙度 Ra 可达0.8～3.2 μm。

3. 超声加工应用范围

目前,超声加工主要用于硬、脆材料的孔加工、套料、切割、雕刻及研磨金刚石拉丝模等,如图7-8所示。

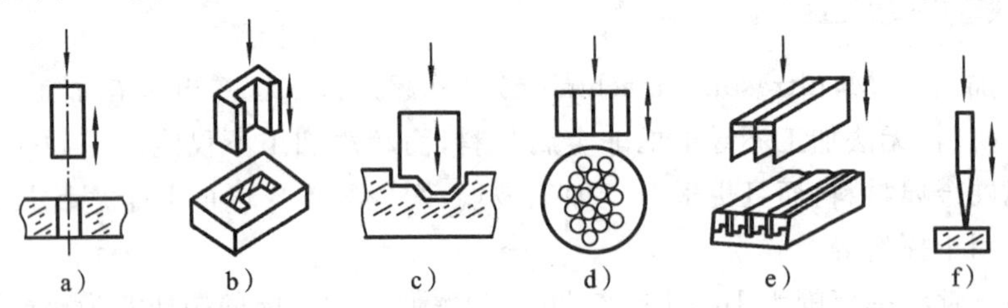

图7-8 超声加工主要应用类型

a) 加工圆孔 b) 加工异形孔 c) 加工型腔 d) 切割小圆片 e) 多片切割 f) 研磨拉丝模

7.4 工业机器人

在日常生活中,一提到机器人,人们往往首先联想到的是人形的机械装置,但实际并非如此。机器人的外表并不一定像人,有的根本不像人。人们制造机器人是为了让机器人代替人的工作,因此希望机器人具有人的劳动机能,即要求机器人能够代替人的劳动,人们就希望它有像人一样灵巧的双手、能行走的双脚,具有人的感觉功能,具有理解人类语言、用语言表达的能力,具有思考、学习和决策的能力。典型的弧焊机器人和点焊机器人如图7-9所示。点焊机器人为点位控制,弧焊机器人为轨迹控制。

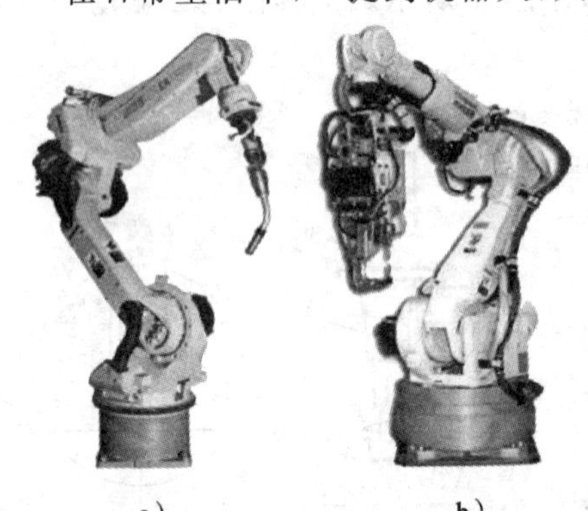

图7-9 焊接机器人外形结构

a) 弧焊机器人 b) 点焊机器人

7.4.1 工业机器人的结构、分类及应用

1. 工业机器人的结构

工业机器人(industrial robot)一般由主构架(手臂)、手腕、驱动系统、测量系统、控制器及传感器等组成,其典型结构如图7-10所示。机器人手臂具有三个自由度(运动坐标轴),机器人作业空间由手臂运动范围决定。手腕是机器人工具(如焊枪、喷嘴、机加工刀具、夹爪)与主构架的连接机构,它也有三个自由度。驱动系统为机器

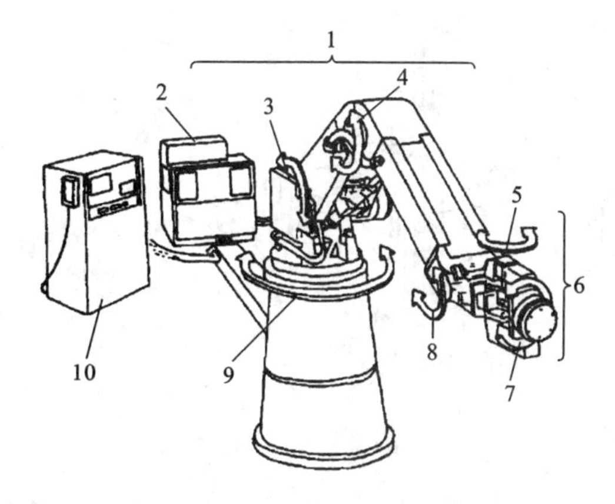

图 7-10　工业机器人的典型结构

1—手臂　2—液压/电气动力装置　3—肩部旋转　4—肘部伸长　5—手腕偏转
6—手腕　7—手腕转动　8—手腕俯仰　9—手臂摆转　10—机器人控制器

人各运动部件提供力、力矩、速度、加速度。测量系统用于机器人运动部件的位移、速度和加速度的测量。机器人控制器用来控制机器人各运动部件的位置、速度和加速度,使机器人的手爪或机器人工具的中心点以给定的速度沿着给定轨迹到达目标点,通过传感器获得搬运对象和机器人本身的状态信息,如工件及其位置的识别,障碍物的识别,抓举工件的重量是否过载等。

2. 工业机器人的分类

工业机器人运动由主构架和手腕完成,主构架具有三个自由度,其运动由两种基本运动组成,即沿着坐标轴的直线移动和绕坐标轴的回转运动。不同运动的组合,形成各种类型的机器人:① 直角坐标型(三个直线坐标轴,见图 7-11a);② 圆柱坐标型(两个直线坐标轴和一个回转轴,见图 7-11b);③ 球坐标型(一个直线坐标轴和两个回转轴,见图 7-11c);④ 多关节型(三个回转轴,见图 7-11d);⑤ 平面关节型(三个平面运动关节,见图 7-11e)。

3. 工业机器人的应用

(1) 双机协调机器人弧焊系统　MOTOMAN 的多轴控制机器人应用系统,目前单控制器可以达到同时控制 72 个轴的水平,是世界最先进的多轴控制技术。

图 7-12 所示的双机协调焊接机器人由 MOTOMAN-HP6 和 UP50N 两部分构成,UP50N 握持汽车消声器部件,HP6 进行焊接。此工件焊缝位置复杂,焊缝与工件间距狭小,焊缝最佳摆放位置对应的工件位置变化大,双机协调焊接很好地满足了该工件的焊接工艺要求。焊接过程中,握持工件的机器人根据焊接进程,随时进行工件的姿态和位置的调整,使焊接机器人在始终保持最优焊枪姿态和焊缝最佳摆放位置的条件下进行焊接,从而取得最好的焊接效果。

(2) 装配机器人　机械制造企业的柔性制造系统采用搬运机器人搬运物料、工件和工具,装配机器人完成设备的零件装配,测量机器人进行在线或离线测量。图

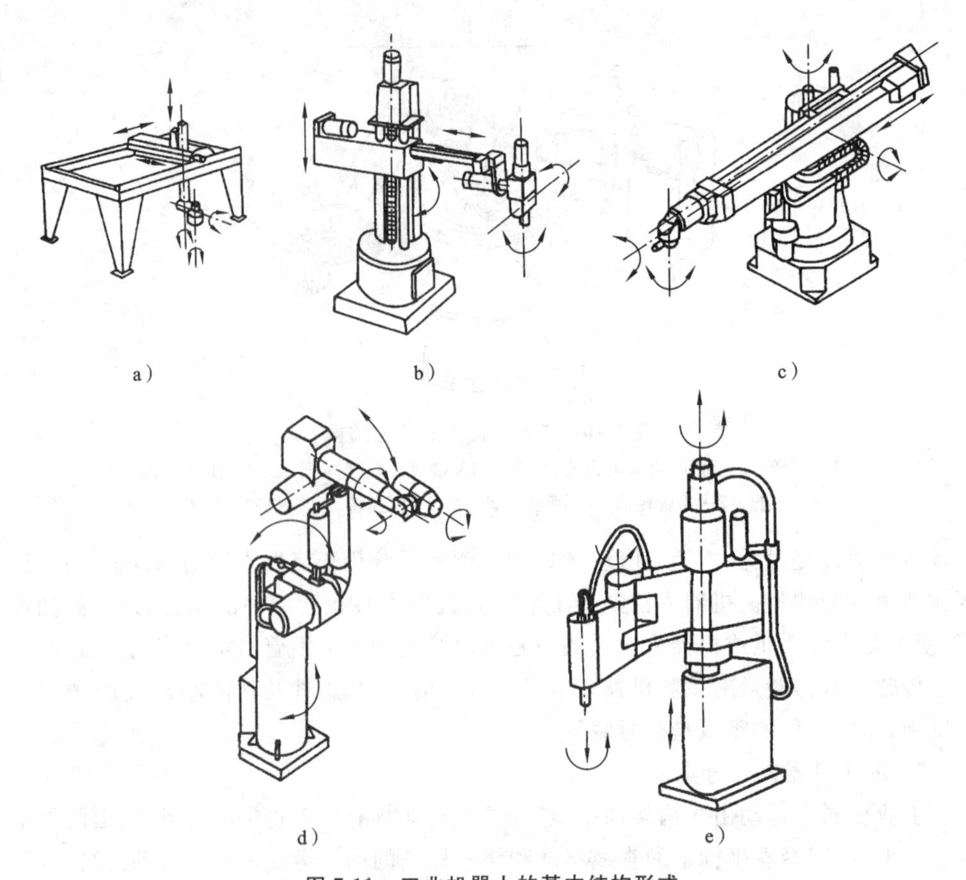

a）　　b）　　c）

d）　　e）

图 7-11　工业机器人的基本结构形式

a）直角坐标型　b）圆柱坐标型　c）球坐标型　d）多关节型　e）平面关节型

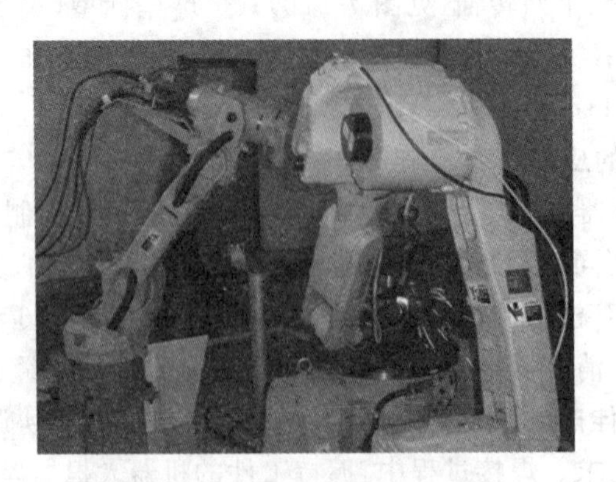

图 7-12　双机协调焊接机器人

7-13 所示是两台机器人用于自动装配的情况。

机器人在其他领域的应用也非常广泛，如工业机器人可以取代人去完成一些危险环境中的作业。例如，2004 年 1 月 4 日，美国“勇气号”火星探测机器人(见图

7-14)实现了人类登陆火星的梦想。

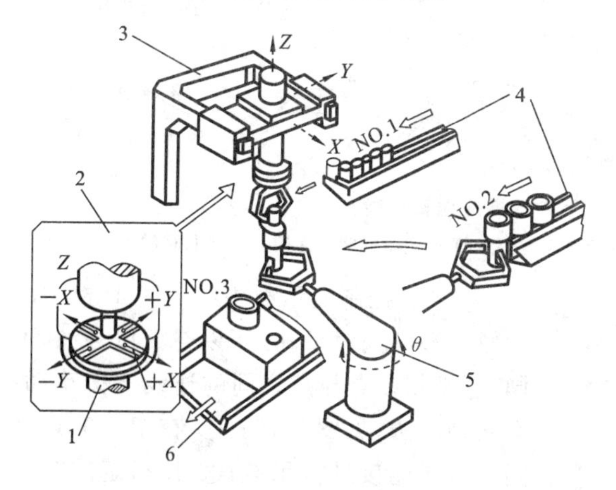

图 7-13　装配机器人

1—传感器　2—触觉传感器　3—主机械手

4—零部件供给　5—辅助机械手　6—到下一工位

图 7-14　“勇气号”火星探测机器人

7.4.2　工业机器人的示教再现控制

示教再现控制是指控制系统可以通过示教操纵盒或手把手进行示教,将动作顺序、运动速度、位置等信息用一定的方法预先教给工业机器人,由工业机器人的记忆装置将所教的操作过程自动地记录在磁盘、磁带等存储器中的过程。当需要再现操作时,重放存储器中存储的内容即可。如需更改操作内容,只需重新示教一遍或更换预先录好程序的磁盘或其他存储器即可,因而重编程序极为简便和直观。

1. 示教及记忆方式

1) 示教的方式

示教的方式种类繁多,总的可分为集中示教方式和分离示教方式。集中示教方式就是指同时对位置、速度、操作顺序等进行的示教方式;分离示教方式是指在示教位置之后,再一边动作,一边分别示教位置、速度、操作顺序等进行的示教方式。

当用点对点(PTP,point to point)控制的工业机器人示教时,可以分步编制程序,且能进行编辑、修改等工作。但是在做曲线运动而且位置精度要求较高时,示教点数一多示教时间就会拉长,且在每一个示教点都要停止和启动,因而很难进行速度的控制。

对需要控制连续轨迹的喷漆、电弧焊等工业机器人进行连续点(CP,continuous point)控制的示教时,示教操作一旦开始,就不能中途停止,必须不中断地进行到结束,且在示教途中很难进行局部修正。

示教中经常会遇到一些数据的编辑问题,其编辑机能有多种。在图 7-15 中,要连接 A、B 两点(见图 a)时,可以这样来做:① 直接连接(见图 b);② 先在 A 与 B 之

间指定一点 X,然后用圆弧连接(见图 c);③ 用指定半径的圆弧连接(见图 d);④ 用平行移动的方式连接(见图 e)。

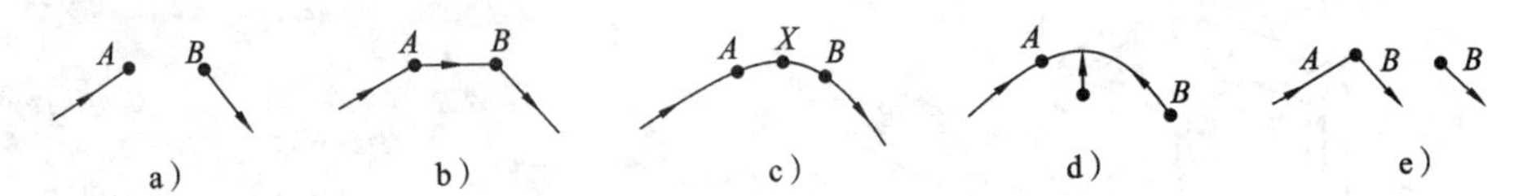

图 7-15　示教数据的编辑机能

a) A、B 两点　b) 直接连接　c) 指定点圆弧连接　d) 指定半径圆弧连接　e) 平行移动连接

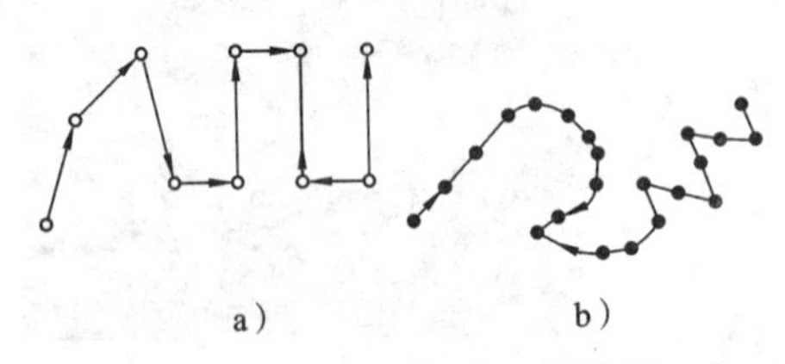

图 7-16　CP 控制的示教举例

a) 指定点间直线连接　b) 按指定时间对点位示教

在 CP 控制的示教中,由于 CP 控制的示教是多轴同时动作,所以与 PTP 控制不同,它必须在点与点之间的连线上移动,故有两种方法(见图 7-16):① 在指定的点之间用直线连接进行示教;② 按指定的时间对每一个间隔点的位置进行示教。

2）记忆的方式

工业机器人的记忆方式随着示教方式的不同而不同。又由于记忆内容的不同,故其所用的记忆装置也不完全相同。

通常,工业机器人操作过程的复杂程序取决于记忆装置的容量。容量越大,其记忆的点数就越多,操作的动作就越多,工作任务就越复杂。

最初工业机器人使用的记忆装置大部分是磁鼓。随着科学技术的发展,后来出现了磁线、磁芯等记忆装置。现在,随着计算机技术的发展,半导体记忆装置,尤其是集成化程度高、容量大、高度可靠的随机存取存储器(RAM)和可编程只读存储器(EPROM)等半导体的出现,使工业机器人的记忆内容大大增加,特别是适合于复杂程度高的操作过程的记忆,并且其记忆容量可达无限。

2. 示教编程方式

目前,大多数工业机器人都具有采用示教方式来编程的功能。示教编程一般可分为以下两种方式:

(1) 手把手示教编程　手把手示教编程方式主要用于喷漆、弧焊等要求实现连续轨迹控制的工业机器人示教编程中。具体的方法是人工利用示教手柄引导末端执行器经过所要求的位置,同时由传感器检测出工业机器人各关节处的坐标值,并由控制系统记录、存储这些数据信息。在实际工作中,工业机器人的控制系统再重复再现示教过的轨迹和操作技能。

手把手示教编程也能实现点位控制,与 CP 控制不同的是,它只记录各轨迹程序移动的两端点位置,轨迹的运动速度则按各轨迹程序段对应的功能数据输入。

(2) 示教盒示教编程　示教盒示教编程方式是人工利用示教盒上所具有的各种功能的按钮来驱动工业机器人的各关节轴,按作业所需要的顺序单轴运动或多关节协调运动,从而完成位置和功能的示教编程。

示教盒通常是一个带有微处理器的、可随意移动的小键盘，内部 ROM 中固化有键盘扫描和分析程序，其功能键一般具有回零、示教方式、自动方式和参数方式等。

示教编程控制由于具有编程方便、装置简单等优点，在工业机器人的初期得到较多的应用。但是，由于受其编程精度不高、程序修改困难、示教人员要熟练等限制，人们又开发了许多新的控制方式和装置，以使工业机器人能更好更快地完成作业任务。

7.4.3　机器人编程语言

1. 示教编程语言

在已有的机器人语言中，有的是研究、实验用的语言，有的是工作现场实用的机器人语言。前者中比较有名的有美国斯坦福大学开发的 AL 语言，IBM 公司开发的 AUTOPASS 语言，英国爱丁堡大学开发的 RAPT 语言等；后者中比较有名的有由 AL 语言演变而来的 VAL 语言，日本九州大学开发的 IML 语言，IBM 公司开发的 AML 语言等。

下面以 VAL 语言为例，说明机器人语言的结构和编程方法。

1979 年美国 Unimation 公司推出的 VAL 语言，是在 Basic 语言的基础上扩展的机器人语言，具有 Basic 语言的结构，在此基础上添加了机器人编程指令和 VAL 监控操作系统。操作系统包括用户交联、编辑和磁盘管理等部分。VAL 语言适用于机器人两级控制系统。上级机是 LSI-11/23，机器人各关节则由 6503 微处理器控制。下级机还可以和用户终端、软盘、示教盒、I/O 模块和机器视觉模块等交联。

在调试过程中，VAL 语言可以和 Basic 语言以及 6503 汇编语言联合起来使用。VAL 语言目前主要用于各种类型的 PUMA 机器人以及 UNIMATE2000、UNIMATE4000系列机器人。

在 VAL 语言中，机器人终端位置和姿态用齐次变换表征；当精度要求较高时，可以用精确点的数据表征终端位置和姿态。

1) VAL 语言的指令

(1) 程序指令

① 运动指令。描述基本运动的指令有

MOVE⟨loc⟩

MOVES⟨loc⟩

分别表示关节插补运动、笛卡儿直线运动。由此可以在运动过程中进行手爪的控制。如：

MOVETPI,75

该指令产生从目前位置到 PI 点的关节插补运动，并在运动过程中手爪打开 75 mm，即运动控制和手爪控制可在一条指令中。相应的笛卡儿直线插补运动为

MOVESTPI,75

DRIVE是进行单独轴的运动控制，图7-17是其指令框图。如：

DRIVE4,-62.5,75

表示第四个关节以标准速度的75%，朝负方向转动62.5°。

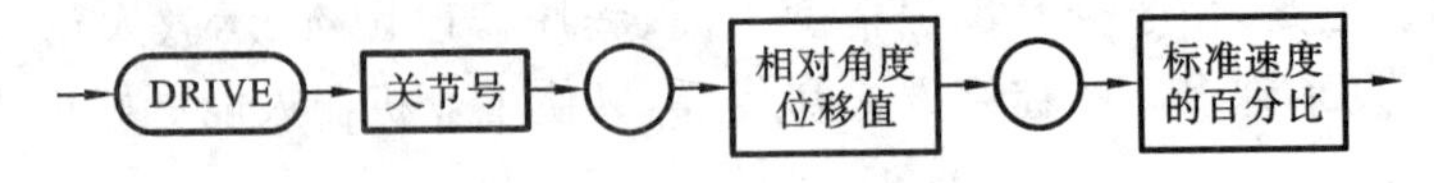

图 7-17 DRIVE 指令框图

类似地，可控制笛卡儿空间内的相对运动，其形式为

DRAW〈dx〉,〈dy〉,〈dz〉

如：

DRAW20,10

表示相对于目前位置朝 X 方向运动20 mm，朝 Y 方向运动10 mm。

VAL语言具有接近点和退避点的自动生成功能。如：

APPRO〈loc〉〈dist〉

表示终端从当前位置以关节插补方式移动到与目标点〈loc〉在 Z 方向上相隔一定距离〈dist〉处。

APPROS〈loc〉〈dist〉

含义同APPRO指令，但终端移动方式为直线运动。

DEPART〈dist〉

表示终端从当前位置以关节插补形式在 Z 方向移动一段距离〈dist〉。

DEPARTS〈dist〉

含义同DEPART，但移动方式为直线运动。

WEAVE指令可使机器人产生锯齿形式的运动。如：

WEAVE25,5,2

MOVES〈loc〉

表示距离值为25 mm，循环周期为5 s，在停止点（锯齿的尖部）停留时间为2 s。WEAVE指令使用时，要配合MOVE或者MOVES指令一起执行。

② 手爪控制指令。基本语句是OPEN和CLOSE，分别使手爪全部张开和全部闭合，并且在机器人下个运动过程中执行。指令OPENI和CLOSEI表示立即执行，执行完后，再转下一个指令。

GRASP指令，使手爪立即闭合，并检查最后的开启量是否满足给定的要求。如：

GRASP12.7,120

是使手爪立即闭合，并检查最后的开启量是否小于12.7 mm；如果满足该条件，则程序转到标号为120的语句执行。可以看出，GRASP语句提供了检查是否抓住物体和确保是否和物体接触的一个有效的方法。

③ 程序控制指令。

GOTO〈label〉

表示无条件转移。图7-18是条件转移的指令框图。EQ表示等于，NE表示不等于，LT表示小于，GT表示大于，LE表示小于等于，GE表示大于等于。

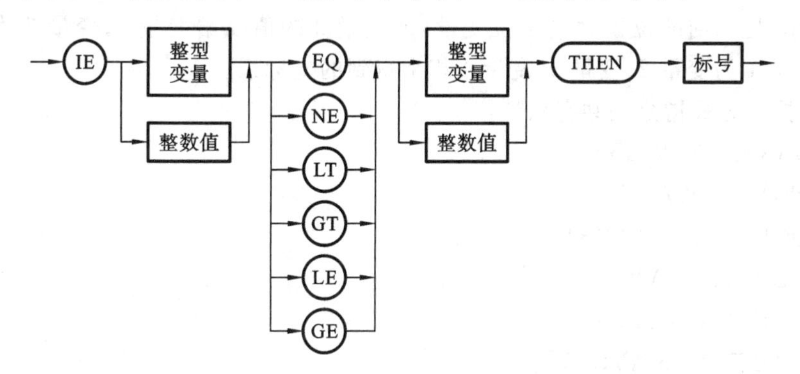

图7-18　条件转移的指令框图

GOSUB〈program〉

表示调子程序。通过测试与外面联系的通道〈ch〉的信号，进行程序控制的语句如下：

IFSIG〈ch〉[〈ch〉][〈ch〉][〈ch〉]THEN〈label〉

表示测试与外界联系的通道〈ch〉的信号，当〈ch〉为高电平时，转向标号为〈label〉的语句。

REACT〈ch〉[〈prog〉][ALWAYS]

表示启动指令通道的信号监测器，当输入信号符合指令条件时，等待当前执行指令结束，一结束就转入〈prog〉指定的子程序。

REACTI〈ch〉[〈prog〉][ALWAYS]

表示条件成立时，不等当前指令结束马上转入〈prog〉。

SIGNAL指令用来设置输出信号的状态(开或关)。如：

SIGNAL－1,4

WAIT〈ch〉

IGNORE〈ch〉[ALWAYS]

分别表示通道1的信号关断，通道4的信号接通；进入循环，等待外部条件成立；关掉已被启动的信号监测器。

④ 位姿控制指令。对于PUMA系列的机器人，对应于某一笛卡儿空间的方位，关节坐标空间有八组可行解，即机器人运动时，可以由右手或左手操作，并且有上肘、下肘、上腕和下腕之分。一般假定，机器人在整个程序执行过程中保持同一种形态。在VAL语言中，有专门的指令用以控制机器人的位态。如：RIGHTY，右手；LEFT-Y，左手；ABOVE，上肘；BELOW，下肘；FLIP，上腕；NOFLIP，下腕。

⑤ 赋值指令。有如下几种：

HERE〈loc〉

SET〈trans1〉=〈trans2〉

INVERSE〈trans1〉=〈trans2〉

FRAME〈trans1〉=〈trans2〉〈trans3〉〈trans4〉

分别表示:把当前的位置赋给定位变量;把变量 2 的值赋给变量 1;变量 2 为变量 1 的逆;变量 1 为变量 2、变量 3、变量 4 相乘得到的坐标系。

⑥ 控制方式指令。共有六种:

COARSE[ALWAYS]

FIWD [ALWAYS]

NONULL[ALWAYS]

NULL [ALWAYS]

INTON [ALWAYS]

INTOFF[ALWAYS]

分别表示:在伺服控制中允许较大的误差;在伺服控制中允许较小的误差;运动结束时,没有各个轴的到达位置;运动结束时有各个轴的到达位置;在轨迹控制中有误差积累;在轨迹控制中没有误差积累。

(2) 监控指令

① 定义位置、姿态指令。大致有六种:

POINT

DPOINT

HERE

WHERE

BASE

TOOL

分别表示:终端位置、姿态的齐次变换或以关节位置表征的精确点赋值;取消已赋值;定义当前的位置和姿态;显示机器人在笛卡儿坐标系中的方位、关节位置和手张开量;机器人基准坐标系位置;工具终端相对于工具支承端面的位置、姿态赋值。

② 程序编辑。用 EDIT 指令进入编辑状态后,可使用 C,D,E,I,L,P,R,S,T 等编辑指令字。

③ 列表指令。有如下功能:

DIRECTORY

LISTP

LISTL

分别表示:显示存储器中的全部用户程序名;显示用户的全部程序;显示位置变量值。

④ 存储指令。有如下功能:

STOREP

STOREL

LOADP

LOADL

分别表示:在磁盘文件内存储指定程序;存储用户程序中注明的全部位置变量名字和值;将文件中的程序送入内存;将文件中指定的位置变量送入内存。

⑤ 控制程序指令。有如下功能:

ABORT

DO

EXECUTE

NEXT

分别表示:紧停;执行单指令;按给定次数执行用户程序;控制程序单步执行。

⑥ 系统状态控制指令。有如下功能:

CALIB

STATUS

FREE

ZERO

分别表示:关节位置传感器校准;显示机器人状态;显示当前未使用的存储容量;清除全部用户程序和定义的位置。

2) VAL 程序设计举例

编制一个作业程序,要求机器人抓起送料器送来的部件,并送到检查站。检查站判断部件是A类还是B类,然后根据判断结果转入相应的处理程序。在这个程序中,要用到一些外部信号:传感器1,置位表示送料器正在提供部件;传感器2,置位表示部件已送到检查站;传感器3,4,5,判断部件所需的特征信号;传感器6,置位表示检查完毕。

程序名为DEMO,程序编辑如下。

```
EDITDEMO                    启动编辑状态
PROGRAMDEMO                 VAL 响应
1  SIGNAL-2                 关掉信号 2
2  OPENI100                 打开手爪 100 mm,完毕后转下一步
3  10REACT17,ALWAYS         启动监控
4  WAIT1                    等待供给的部件
5  SPEED200                 标准速度的 2 倍
6  APPROPART,50             移动到距部件 PART 位置 50 mm 处
7  MOVESPART                直线移动到部件 PART 处
8  CLOSEI                   立即抓住部件
9  DEPARTS50                垂直抬起 50 mm
```

```
10  APPROTEST,75                    移动到距检查站位置 75 mm 处
11  MOVETEST                        到达检查站
12  IGNORE7,ALWAYS                  关掉监控信号,监控停止
13  SIGNAL2                         部件准备完
14  WAIT6                           等待检查完
15  DEPART100                       取出部件
16  SIGNAL-2                        复位信号 2
17  IFSIG-3,-4,-5THEN20             部件为 A 型,则转到 20
18  IFSIG-4,-5THEN30                部件为 B 型,则转到 30
19  GOSUBREIECT                     若非 A、非 B,则取消该程序
20  GOTO40
21  20REMARKPROCESSPART
22  GOSUBPARTA
23  GOTO40
24  30REMARKPROCESSPART
25  GOSUBPARTB
26  GOTO40
27  40REMARKPARTPROCESSING
    COMPLETE
28  GETANOTHERPART
29  GOTO10
30  E                               退出编辑状态,返回监控状态
```

2. 离线编程系统

1)离线编程系统的特点和要求

早期的机器人主要应用于大批量生产,如自动线上的点焊、喷涂,故编程所花费的时间相对比较少,示教编程可以满足这些作业的要求。随着机器人应用范围的扩大,所完成任务复杂程度的增加,在中小批量生产中,用示教方式编程就很难满足要求。在 CAD/CAM/Robotics 一体化系统中,由于机器人工作环境的复杂性,对机器人及其工作环境乃至生产过程的计算机仿真是必不可少的。机器人仿真系统的任务就是在不接触实际机器人及其工作环境的情况下,通过图形技术,提供一个和机器人进行交互作用的虚拟环境。

机器人离线编程(OLP,off line programing)系统是机器人编程语言的拓展,它利用计算机图形学的成果,建立起机器人及其工作环境的模型;再利用一些规划算法,通过对图形的控制和操作,在离线的情况下进行轨迹规划。机器人离线编程系统已被证明是一个有力的工具,用以增加安全性,减小机器人待机时间和降低成本等。

与在线示教编程相比,离线编程系统具有如下优点:① 减少机器人不工作的时

间，在对下一个任务进行编程时，机器人可仍在生产线上工作；② 使编程者远离危险的工作环境；③ 使用范围广，离线编程系统可以对各种机器人进行编程；④ 便于和CAD/CAM系统结合，做到CAD/CAM/Robotics一体化；⑤ 可使用高级计算机编程语言对复杂任务进行编程；⑥ 便于修改机器人程序。

前面讨论了利用机器人语言进行编程，可以看出，机器人语言系统在数据结构的支持下，可以用符号描述机器人的动作，一些机器人语言也具有简单的环境构型功能。但由于目前的机器人语言都是动作级和对象级语言，编程工作是相当冗长繁重的。而高水平的任务级语言系统目前还在研制之中。任务级语言系统除了要求更加复杂的机器人环境模型支持外，还需要利用人工智能，以自动生成控制决策和产生运动轨迹。因此离线编程系统，可以看做动作级和对象级语言图形方式的延伸，是发展动作级和对象级语言到任务级语言所必须经过的阶段。从这点来看，离线编程系统是研制任务级编程系统一个很重要的基础。

离线编程系统不仅是当前机器人实际应用的一个必要手段，也是开发和研究任务级规划的有力工具。设计离线编程系统时应考虑以下几方面：① 机器人的工作过程的知识；② 机器人和工作环境三维实体模型；③ 机器人几何学、运动学和动力学知识；④ 基于①、②、③项的软件系统，该系统是基于图形显示的图形仿真；⑤ 轨迹规划和检查算法，如检查机器人关节角超限，检测碰撞空间的运动轨迹等；⑥ 传感器的接口和仿真，以利用传感器的信息进行决策和规划；⑦ 通信功能，进行离线编程系统所生成的运动代码到各种机器人控制柜的通信；⑧ 用户接口，提供有效的人机界面，便于人工干预和进行系统的操作。

此外，由于离线编程系统是基于机器人系统的图形模型，通过仿真模拟机器人在实际环境中的运动而进行编程的，存在着仿真模型与实际情况的误差。离线编程系统应设法把这个问题考虑进去，一旦检测出误差，就要对误差进行校正，以使最后编程结果尽可能符合实际情况。

2）离线编程系统的基本组成

作为一个完整的机器人离线编程系统，应该包含以下几个方面的内容：用户接口、机器人系统的三维几何构型、运动学计算、轨迹规划、三维图形动态仿真、通信及后置处理、误差的校正等。实用化的机器人离线编程系统都是在上述基础上根据实际情况进行扩充而成的。图7-19是通用的机器人离线编程系统的结构框图。

(1) 用户接口　用户接口又称用户界面，是计算机与用户之间通信的重要综合环境。在设计离线编程系统时，就应考虑建立一个方便实用、界面直观的用户接口，利用它能产生机器人系统编程的环境，以便方便地进行人机交互。作为离线编程的用户接口，一般要求具有文本编辑界面和图形仿真界面两种形式。文本方式下的用户接口可对机器人程序进行编辑、编译等操作，而对机器人的图形仿真及编辑则通过图形界面进行。用户可以用鼠标等交互式方法改变屏幕上机器人几何模型的位形。通过通信接口，可以实现对实际机器人的控制，使之与屏幕机器人姿态

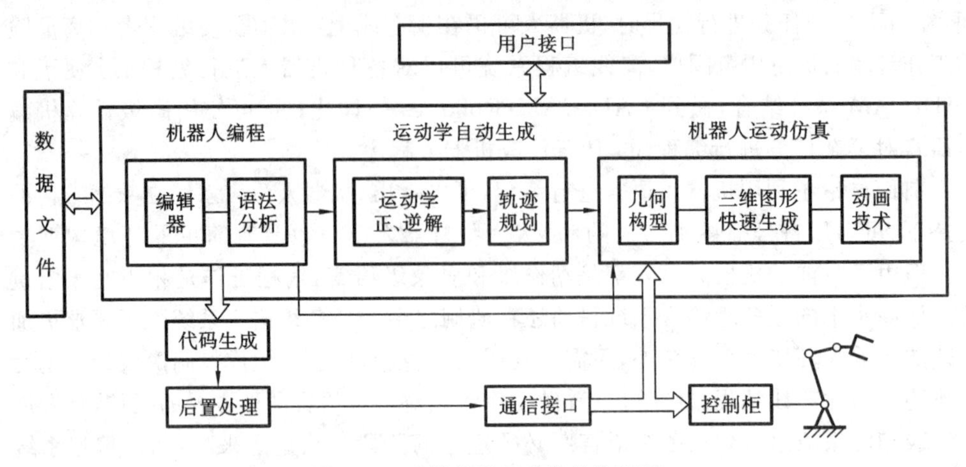

图 7-19　离线编程系统的结构框图

一致。

这一功能可以取代现场机器人的示教盒的编程。可以说,一个设计好的离线编程用户接口,能够帮助用户方便地进行整个机器人系统的构型和编程的操作,其作用是很大的。

机器人系统的三维几何构型在离线编程系统中有很重要的地位。正是有了机器人系统的几何描述和图形显示,并对机器人的运动进行仿真,才使编程者能直观地了解编程结果,并对不满意的结果及时加以修正。

要使离线编程系统构型模块有效地工作,在设计时一般要考虑:① 良好的用户环境,即能提供交互式的人机对话环境,用户只要输入少量信息,就能方便地对机器人系统进行构型;② 能自动生成机器人系统的几何信息及拓扑信息;③ 能方便地进行机器人系统的修改,以适应实际机器人系统的变化;④ 能适合不同类型机器人的构型,这是离线编程系统通用化的基础。

机器人本身及作业环境,其实际形状往往很复杂。在构型时可以将机器人系统进行适当简化,保留其外部特征和部件间相互关系,而忽略其细节部分。这样做是有理由的,因为对机器人系统进行构型的目的不是研究机器人本体的结构设计,而是为了仿真,即用图形的方式模拟机器人的运动过程,以检验机器人运动轨迹的正确性和合理性。

对机器人系统构型,可利用计算机图形学几何构型的成果。在计算机三维构型的发展过程中,已先后出现了线框构型、实体构型、曲面构型及扫描变换等方式。

(2) 运动学计算　机器人的运动学计算包含两部分:一是运动学正解,二是运动学逆解。运动学正解,是已知机器人几何参数和关节变量,计算出机器人终端相对于基座坐标系的位置和姿态。运动学逆解,是给出机器人终端的位置和姿态,解出相应的机器人形态,即求出机器人各关节变量值。

对机器人运动学正解和逆解的计算,是一项冗长、复杂的工作。在机器人离线编程系统中，人们一直渴求一种能比较通用的运动学正解和逆解的运动学生成方法，希望它能求解大多数机器人的运动学问题，而不必对每一种机器人都进行正解和逆解的推导计算。离线编程系统中如能加入运动学方程自动生成功能，系统的适应性就比较强，且易扩展，容易推广应用。

(3) 轨迹规划　轨迹规划是用来生成关节空间或直角空间的轨迹，以保证机器人实现预定的作业。机器人的运动轨迹最简单的形式是点到点的自由移动，这种情况只要求满足两边界点约束条件，再无其他约束。运动轨迹的另一种形式是依赖于连续轨迹的运动，这类运动不仅受到路径约束，而且还受到运动学和动力学的约束。图7-20是离线编程系统的轨迹规划器的方框图。轨迹规划器接受路径设定和约束条件的输入变量，输出起点和终点之间按时间排列的中间形态（位姿、速度、加速度）序列，它们可用关节坐标或直角坐标表示。

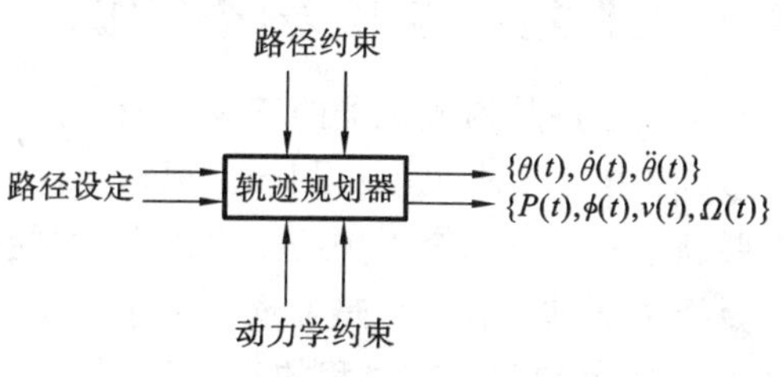

图7-20　轨迹规划器的方框图

为了发挥离线编程系统的优势，轨迹规划器还应具备可达空间的计算及碰撞的检测等功能。

① 可达空间的计算。在进行轨迹规划时，首先需要确定机器人的可达空间，以确定机器人工作时所能到达的范围。机器人的可达空间是衡量机器人工作能力的一个重要指标。

② 碰撞的检测。在轨迹规划过程中，要保证机器人的连杆不与周围环境物相碰，因此碰撞的检测功能是很重要的。

此外还能进行三维图形动态仿真、通信及后置处理、误差的校正等。

复习思考题 7-1

1. 特种加工的特点是什么？其应用范围如何？
2. 普通加工工艺和特种加工工艺之间有何关系？
3. 电火花加工与线切割加工的原理各是什么？各有哪些用途？
4. 简述激光加工的特点及应用。
5. 简述超声加工的基本原理及运用范围。

第 8 章　制造工艺过程的基础知识

8.1　工艺过程的基本知识

机械零件是构成机器的基本单元。由于机器的性能和用途不同，因而零件的结构形状和技术要求也不尽相同。根据零件的技术要求和结构的形状，一个零件往往需要经过一个或几个工种的多道工序，才能完成加工。例如回转体零件的加工往往需要经过车、铣、磨、钳、热处理等工序。

1. 机械加工工艺过程的组成

为了便于分析说明机械加工的情况和制订工艺规程，必须了解机械加工工艺过程是由一系列工序、工步、安装和工位等单元组合而成的。

(1) 工序　工件在某台机床(或某个工作地点)上连续进行的那一部分工艺过程称为工序(working procedure)。工件的工艺过程由若干工序所组成，工序是生产管理和经济核算的基本依据。

例如加工小轴，通常是先车端面和钻中心孔。可有两种加工方式。方式一：在车床上逐件车一端面，钻一中心孔，完成后卸下工件置于一边；加工完一批后，再逐件掉头安装，车另一端面，钻另一中心孔，直至加工完毕。这是两道工序。方式二：逐件车一端面，钻一中心孔，立即掉头安装，车另一端面，钻另一中心孔，如此完成一件再继续加工第二件。这是一道工序。

(2) 工步　工步(working step)是指在加工表面、切削刀具、切削用量均不变的条件下所完成的那部分工艺过程。一个工序可以包括几个工步，也可以只有一个工步。例如图 8-1 所示的小轴，在方式一，每道工序由两个工步组成；在方式二，这道工序则由四个工步组成。对于在一次安装中连续进行的若干相同的工步，例如在法兰上依次钻四个 ϕ15 mm 的孔，习惯上算作一个工步，如图 8-2 所示。

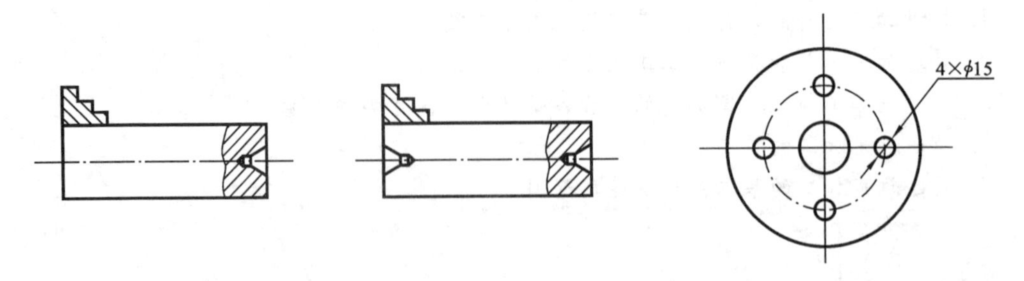

图 8-1　车小轴端面和钻中心孔　　**图 8-2　多次重复进行的工步**

(3) 安装　安装(setting)包括定位和夹紧两项内容。定位是在加工前工件在机床上(或在夹具中)处于某一正确位置。工件定位之后还需要夹紧，使它不因切削力、重力或其他外力的作用而变动位置。对于加工图 8-1 所示的小轴，方式一是每道工序安装一次,方式二则是一道工序内有两次安装。

(4) 工位 工件在一次安装以后,在机床上所占据的一个位置,称为工位(working location)。对于图 8-1 所示的小轴,方式一和方式二的每次安装均只有一个工位。

如果轴类零件的毛坯为锻件,那么两个端面的加工余量较大,也不平整,在生产批量较大时多采用铣两端面、钻中心孔的加工方法,如图 8-3 所示。工件在安装后先在工位一铣两端面。然后在工位二钻两中心孔。对于这种情况,是一道工序,两个工步,一次安装,两个工位。

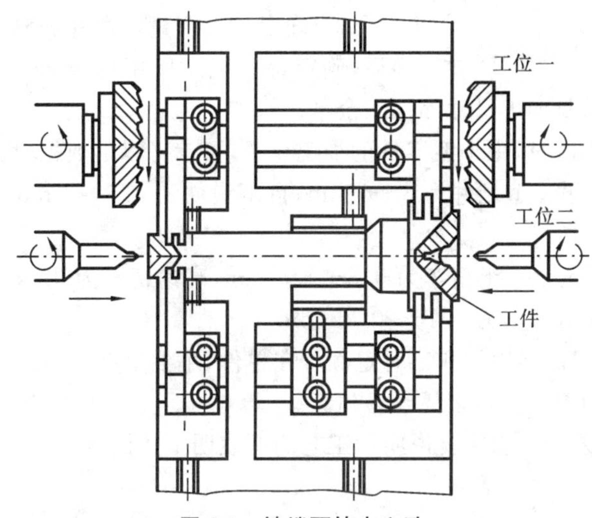

图 8-3 铣端面钻中心孔

2. 制订加工工艺的一般原则

(1) 精基先行原则 零件加工必须选择合适的表面作为在机床上或夹具上的定位基面。作为第一道工序定位基面的毛坯面,称为粗基面;经过加工作为定位基面的表面,称为精基面。主要的精基面一般要先行加工。对于轴类零件,在车削和磨削之前都要先车端面、钻中心孔,然后以中心孔为定位精基面。对于短套筒,先加工孔后加工外圆,在加工外圆时以孔作为定位基准,安装在心轴上。对于长套筒则相反,先加工外圆后加工孔,以外圆作为精基面,因为此时不便使用细长的心轴。

(2) 粗精分开原则 加工误差需要一步一步减小。粗加工由于切除的余量较大,切削力和切削热所引起的变形也较大。对零件上精度要求较高的表面,在全部粗加工完成后再进行精加工才能保证质量。在大量生产中,粗、精加工往往在不同的机床上进行,这有利于高精度机床的合理使用。

(3)"一刀活"原则 在单件、小批生产中,有位置精度要求的表面应尽可能在一次装夹中进行精加工(俗称"一刀活")。如图 8-4 所示的轮坯,应在一次安装中精加工孔、大端面和大外圆,以保证大端面和大外圆对孔轴线的圆跳动要求。

3. 制订零件加工工艺的内容和步骤

(1) 对加工零件进行工艺分析 阅读装配图和零件图,了解产品的用途、性能和

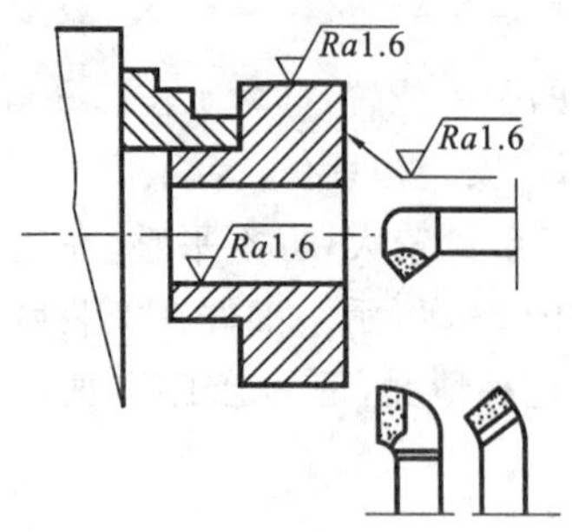

图 8-4　一次装夹完成所有加工

工作条件，查图样上的尺寸、视图和技术要求是否完整、准确、统一。熟悉零件毛坯的种类和质量，零件的结构工艺性等。

(2) 确定零件加工顺序　零件加工顺序应根据切削加工工序、热处理工序、精度、表面质量、力学性能等全部技术要求以及毛坯的种类和结构、尺寸来确定。

(3) 确定加工余量及所用机床　安排好加工顺序后，确定每一工序所用机床、工件装夹方法、加工方法、度量方法以及加工尺寸和加工余量。

单件、小批生产时，中小型零件的加工余量，可参考以下数据(均为单边余量)。

① 总余量　手工造型件为 3～6 mm，自由锻件为 3.5～7 mm，圆钢料为 1.5～2.5 mm。

② 工序加工余量　半精车为 0.8～1.5 mm，高速精车为 0.4～0.5 mm，低速精车为0.1～0.3 mm，磨削为 0.15～0.25 mm。

(4) 确定所用切削用量和工时定额　在单件、小批生产中，一般由工人自己选择切削用量，生产的工时定额多凭经验估算。

(5) 填写工艺卡　以简要说明和工艺简图表明上述内容。

8.2　毛坯

毛坯(rough)对零件的质量、加工方法、材料利用率、机械加工劳动量和制造成本等都有很大影响。

1. 毛坯的种类和制造方法

(1) 铸件　复杂形状的零件常用铸件(casting)毛坯。其常见的制造方法有砂型铸造、金属型铸造、压力铸造、低压铸造、熔模铸造、离心铸造等。毛坯的铸造方法及其工艺特点如表 8-1 所示。

(2) 锻件　锻造可使金属的晶粒细化，获得致密的纤维组织，从而提高了零件的强度，适用于对强度有一定要求、形状比较简单的零件。锻件(forging)有自由锻件、模锻件和精密模锻件，毛坯的锻造方法及其工艺特点如表 8-1 所示。

(3) 型材　常用型材(shaped material)截面形状有圆形、方形、正六边形和特殊截面形状等，型材由钢或非铁金属制成，有热轧和冷拉两种。热轧型材尺寸范围大，精度较低，用于一般机器零件。冷拉型材尺寸范围较小，精度较高，多用来制造毛坯精度要求较高的中小零件。在自动车床、半自动车床和转塔车床上多采用冷拉型材。

(4) 焊接件　用焊接的方法而得到的结合件称为焊接件(weldment)。焊接方法简单方便，生产周期短，节省材料。焊接件焊后变形大，机械加工前应进行时效处理，消除残余应力，改善切削性能。

表 8-1　毛坯的制造方法及其工艺特点

毛坯制造方法	最大质量/kg	最小壁厚/mm	形状的复杂性	材料	生产方式	尺寸精度公差等级 IT	尺寸公差/mm	表面粗糙度 Ra/μm	其　　他
手工砂型铸造	不限	3～5	非常复杂	铁碳合金和非铁合金	单件、小批	14～16	1～8	＞50	余量大，一般为 1～10 mm；砂眼和气孔等缺陷多而导致废品率高；表面有硬皮，金属组织粗大；适合铸造大件；生产率很低
机械砂型铸造	≤250	3～5	非常复杂		大批、大量	14 左右	1～3	＞50	生产率比手工砂型铸造高数倍至数十倍；设备复杂；对工人的技术水平要求不高；适合铸造中小件
金属型铸造	≤100	1.5	简单或平常			11～12	0.1～0.5	12.5	生产率高；单边余量一般为 1～3 mm；金属组织细密，能承受较大压力；占用的生产面积小
离心铸造	通常 200	3～5	主要是旋转体			15～16	1～8	12.5	生产率高，每件只需 2～5 min；铸件力学性能好且砂眼少；壁厚均匀；不需型芯和浇注系统
压力铸造	10～16	0.5（锌），1.0（其他）	由铸型模制造难易而定	锌、铝、镁、铜		11～12	0.05～0.15	6.3	生产率很高，可达 50～500 件/h；设备昂贵；铸件可不经加工或仅需少许加工
熔模铸造	小型零件	0.8	非常复杂	难切削材料	单件、成批	—	0.05～0.15	32	占用的生产面积小，每套设备需 30～40 m^2；铸件力学性能好；便于组织流水线生产；铸造延续时间长，铸件可不经加工
壳型铸造	≤200	1.5	复杂	铸铁和非铁合金	小批至大量	12～14	—	12.5～6.3	生产率高，一个工班产量为 0.5～1.7 t；外表面加工余量为 0.25～0.5 mm；孔加工余量最小为 0.08～0.25 mm；便于机械化与自动化；铸件无硬皮
自由锻造	不限	不限	简单	碳钢、合金钢	单件、小批	14～16	1.5～2.5	25	生产率低且对工人技术水平要求高；加工余量大，为 3～30 mm；适用于机械修理厂和重型机械厂的锻造车间

续表

毛坯制造方法	最大质量/kg	最小壁厚/mm	形状的复杂性	材料	生产方式	尺寸精度公差等级IT	尺寸公差/mm	表面粗糙度 Ra/μm	其　他
模锻(利用锻锤)	≤100	2.5	由模具制造难易而定	碳钢、合金钢	成批、大量	12～14	0.4～2.5	12.5	生产率高,对工人技术水平要求不高;材料消耗少;锻件力学性能好
精密模锻	通常100	1.5	由模具制造难易而定	碳钢、合金钢	成批、大量	11～12	0.05～0.1	6.3～3.2	锻件可不经机械加工或直接进行精加工

(5) 其他毛坯　其他毛坯包括冲压、粉末冶金、冷挤、塑料压制毛坯等。

2. 毛坯的选择原则

(1) 零件材料和性能的要求　零件材料性能的要求决定了毛坯的种类。例如,材料为铸铁和黄铜的零件应选择铸件;钢质零件当形状不复杂、力学性能要求不太高时可选择型材;重要的钢质零件,为保证其力学性能,应选择锻件。

(2) 零件的结构形状与外形尺寸　零件形状和尺寸在很大程度上决定了毛坯的制造方法。例如,形状复杂、壁薄的毛坯往往不能采用金属型铸造;大尺寸的毛坯,不能采用模锻和压铸,只宜采用自由锻和砂型铸造。

零件形状有时也决定毛坯的类型。例如,阶梯轴若直径相差不大,可直接选圆棒料;若直径相差较大,为减少材料消耗和机械加工的劳动量,则宜选择锻件。

(3) 零件的生产纲领　产量愈大,愈适宜采用高效率、高精度的先进毛坯制造工艺。零件产量较小时,应选择精度和生产率较低的毛坯制造方法。

(4) 现有生产条件(略)。

8.3 定位基准

在编制工艺规程中,正确选择定位基准(locating benchmark)对保证加工表面的尺寸精度和相互位置精度的要求,以及合理安排加工顺序都有重要的影响。

8.3.1 工件的安装

工件安装包括定位和夹紧两个过程。确定工件在机床或夹具中的正确位置的过程称为定位。定位要求使同一批工件中的每一件放置到机床(或夹具)中都能获得同一位置。工件在整个加工过程中始终保持正确位置的过程称为夹紧。

基准就是工件上用来确定其他点、线、面位置时所依据的点、线、面。根据基准的用途不同,分为设计基准和工艺基准两大类。

1. 设计基准

在零件图上用以确定其他点、线、面位置的基准称为设计基准。如图 8-5a 所示的钻套,轴线 O—O 是各外圆表面及内孔的设计基准,端面 A 是端面 B、C 的设计基准(图中未标注),内孔表面 D 的轴心线是 ϕ40h6 外圆表面的径向跳动和端面 B 端面跳动的设计基准。同样,图 8-5b 中的 F 面是 C 面及 E 面尺寸的设计基准,也是两孔垂直度和 C 面平行度的设计基准;A 面为 B 面尺寸及平行度的设计基准。作为设计基准的点、线、面在工件上不一定具体存在,例如表面的几何中心、对称线、对称面等。

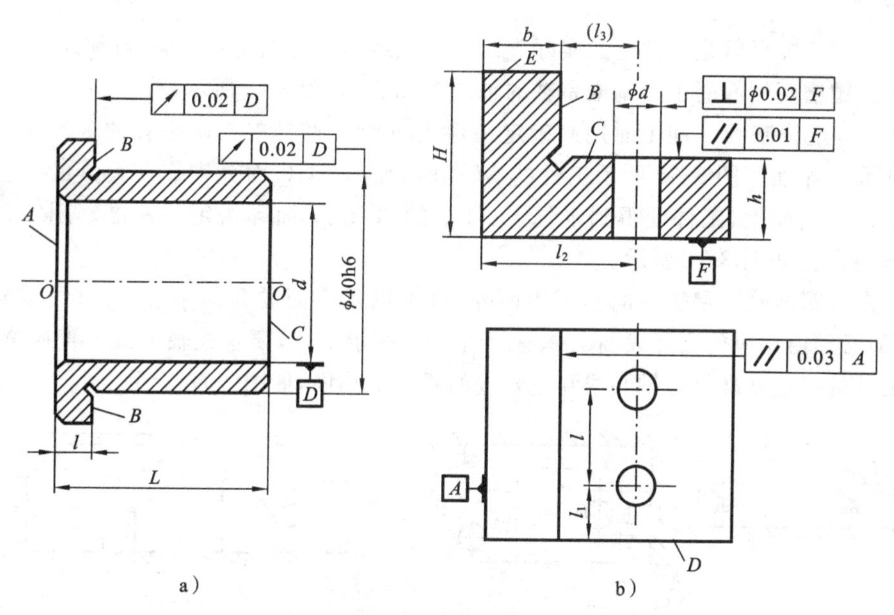

图 8-5　设计基准示例

a) 钻套　b) 定位块

2. 工艺基准

工件在工艺过程中所使用的基准称为工艺基准,按用途不同分为以下四类。

(1) 工序基准　在工序图上,用来标注本工序被加工表面加工后的尺寸、形状、位置的基准称为工序基准,其所标注的加工位置尺寸称为工序尺寸。

如在图 8-6a 中,A 为加工表面,本工序要求保证 A 面对母线 B 的距离尺寸 h 和 A 对 B 的平行度(图上没有标注时,平行度要求包括在 h 的尺寸公差范围内),则母线 B 为本工序的工序基准。

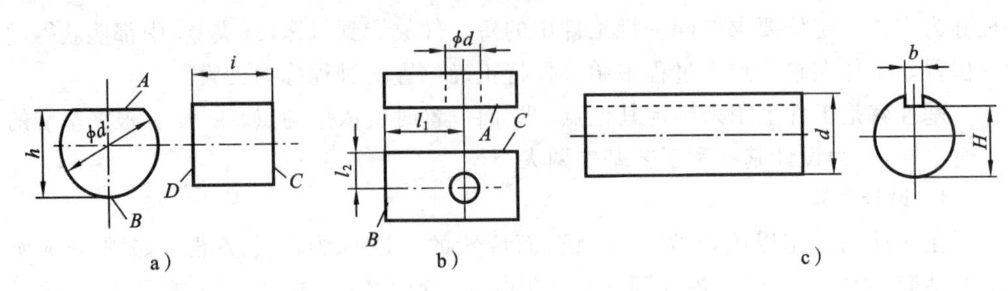

图 8-6　工件的工序基准

a) 切口圆柱　b) 带孔方块　c) 键槽轴

工序基准有时不止一个,其数目取决于本工序的加工表面数目以及加工面与多少个面的具体位置要求。如图 8-6b 中,ϕd 孔为加工表面,要求其中线与 A 面垂直,对 B 面、C 面的距离尺寸分别为 l_1、l_2,则本工序的工序基准为 A、B、C 三个表面。

工序基准可以是工件上的实际表面(或点、线),也可以是对称面、对称线、几何中心等。键槽两侧面的工序基准是轴的轴向对称面,如图 8-6c 所示。

(2) 定位基准　加工时用来确定工件在机床或夹具中正确位置的基准称为定位基准。如加工图 8-6b 所示工件的 ϕd 孔时,使 A、B、C 面分别靠在夹具的定位元件的定位表面上,工件便得到定位,工件上的 A、B、C 面即为定位基准。用定位销进行的定位如图 8-7a 所示。

定位基准除了是工件的实际表面外,也可以是表面的几何中心、对称线或对称面,但必须由相应的实际表面来体现。图 8-6c 所示工件,要求在轴上铣一直通槽,这时工件的定位基准就是轴心线和过轴线的垂直对称面,如图 8-7b 所示。

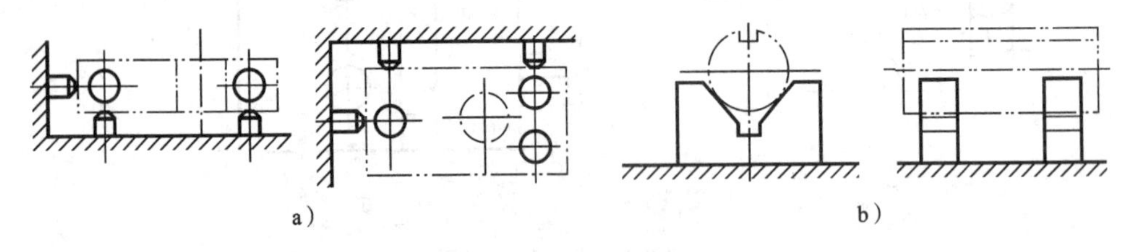

图 8-7　工件的定位基准

a) 定位销定位　b) V 形块定位

(3) 测量基准　零件检验时,测量已加工表面尺寸和位置时所用的基准称为测量基准。A 面是检查尺寸 L 和 l 的测量基准,$\phi 20$ 的孔是检查外圆跳动的测量基准,如图 8-8 所示。

(4) 装配基准　装配时用来确定零件或部件在机器中的位置所依据的基准称为装配基准。齿轮以内孔和端面确定安装在轴上的位置,故齿轮内孔轴线和端面是齿轮的装配基准,如图 8-9 所示。

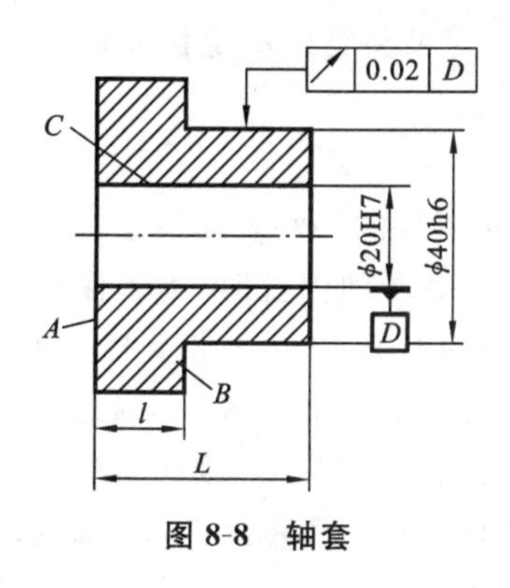

图8-8 轴套

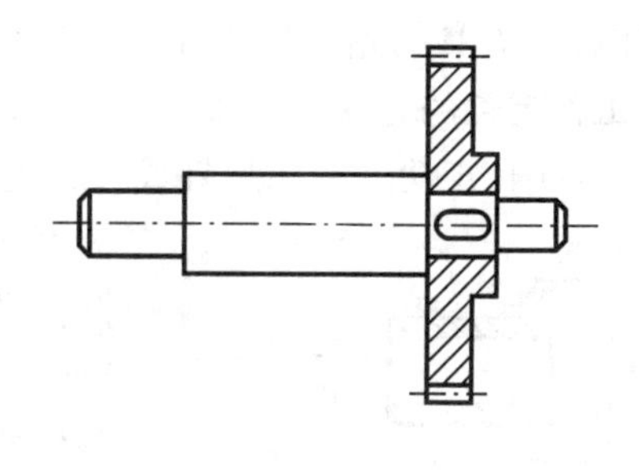
图8-9 齿轮的装配基准

8.3.2 工件定位

1. 工件定位的概念

工件在机床或夹具中的位置是由定位元件所规定的，在夹紧之前(或与夹紧同时)，使工件的定位基准表面与定位元件的定位表面相接触，工件就在机床或夹具中获得了确定位置，该过程称为工件定位。

工件定位的基本任务：一是根据工艺规程的要求，使工件在夹具中占据确定的位置；二是保证工件有足够的定位精度，即同一批工件中各件在夹具中的实际位置要保证足够的一致性。

表面间距离尺寸精度的获得通常有以下两种方法：

(1) 试切法 试切法指经过试切—测量加工尺寸—调整刀具位置—试切的反复过程来获得尺寸精度的方法。由于这种方法是在加工过程中通过多次试切才能获得距离尺寸精度，所以加工前工件相对刀具的位置可不确定。如在图8-10a中，为获得尺寸l，加工前工件在自定心卡盘中的轴向位置不必严格规定。

(2) 调整法 调整法指加工前按照尺寸要求调整好刀具与工件相对位置及进给行程，从而保证在加工时自动获得所需尺寸的方法。通过反爪自定心卡盘和挡块来

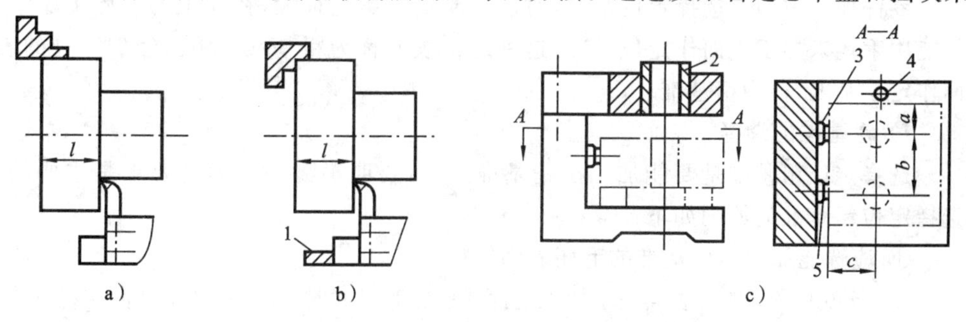

图8-10 获得相对位置尺寸精度的方法示例

a) 试切法 b) 调整法 c) 夹具定位法

1—挡块 2—钻套 3,5—定位元件 4—孔

确定工件与刀具的相对位置，如图 8-10b 所示。通过夹具中的定位元件与导向元件来确定工件与刀具的相对位置，图 8-10c 所示。

2. 工件定位的方法

(1) 直接找正法　利用划针或百分表直接按工件的某些表面找正位置的方法称为直接找正法。磨削内孔时，为了保证内孔与外圆同轴，通过百分表和单动卡盘找正外圆(见图 8-11a)；在牛头刨床上加工槽时，通过百分表找正零件侧面(见图 8-11b)。直接找正法的定位精度与找正的方法、找正工具及工人技术水平有关。这种方法用于单件、小批生产或工件定位精度要求特别高的场合。

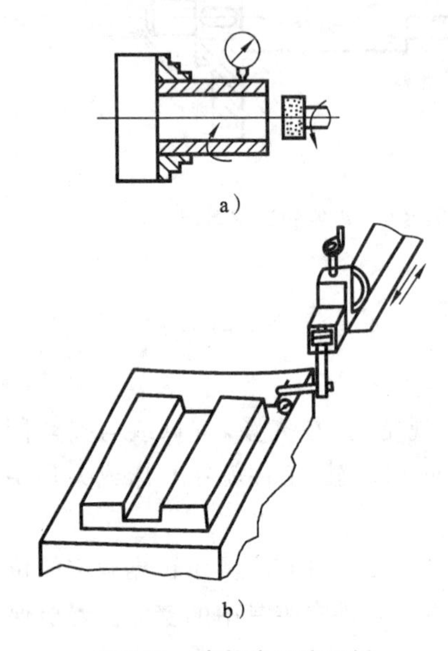

图 8-11　直接找正法示例

a) 通过百分表和四爪卡盘找正外圆
b) 通过百分表找正侧面

(2) 划线找正法　工件在机床或夹具中的位置是以所划的线来确定的方法称为划线找正法。特别复杂的零件往往需要几次划线，因为一些表面的划线工作必须等到另一些表面加工后才能进行。划线找正法精度低、费时，适用于批量不大形状复杂的铸件，或因表面粗糙、尺寸公差大而无法使用夹具的毛坯以及不宜使用夹具的尺寸、重量大的铸件和锻件。

(3) 夹具定位法　夹具定位法是用夹具上的定位元件使工件获得正确位置的一种方法。机床夹具是在机床上使用的一种工艺装备，用它来迅速准确地安装工件，使工件获得并保持在切削加工中需要的正确加工位置。采用夹具定位，工件定位精度高，定位和夹紧迅速，广泛用于成批和大量生产。

3. 定位基准的选择

零件加工中如何选择定位基准，对加工质量的影响很大，在加工的起始工序中，只能用毛坯未加工表面作定位基准，这种定位表面称为粗基准。用已经加工过的表面作定位基准，称为精基准。

1）粗基准的选择

选择定位粗基准是要能加工出精基准，同时要明确哪一方面的要求是主要的。选择定位粗基准的原则如下：

① 应选能加工出精基准的毛坯表面作粗基准。

② 当必须保证加工表面与不加工毛面的位置和尺寸时，应选不加工毛面作粗基准。如图 8-12a 所示，以 A 面为定位粗基准，能保证内孔与外圆毛面之间的壁厚均匀，同时，在一次安装中可加工较多表面，但内孔面 B 的加工余量是不均匀的。如图 8-12b 所示，以 B 面为定位粗基准，能保证内孔的加工余量是均匀的，但加工后的壁厚是不均匀的。

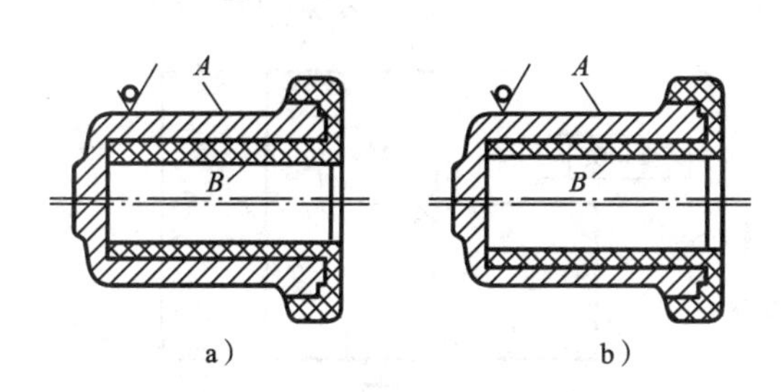

图 8-12　两种粗基准选择对比

a) 以不需加工的外圆面为粗基准

b) 以需要加工的内孔为粗基准

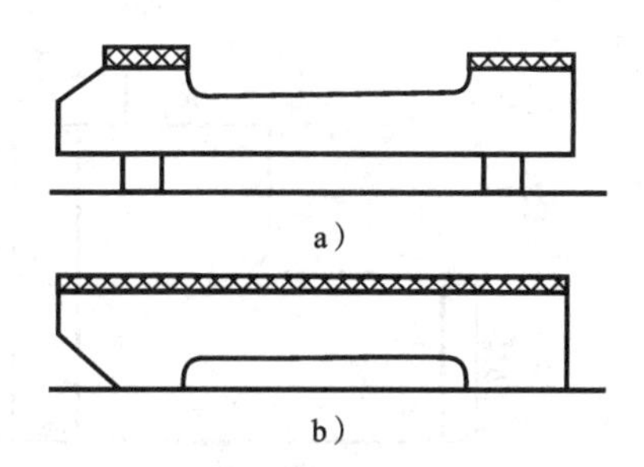

图 8-13　床身导轨面加工

a) 以导轨面为粗基准加工床脚底面

b) 以床脚底面为精基准加工导轨面

③ 若要保证工件某重要表面上加工余量均匀，则应选择该表面为定位粗基准，如图 8-13 所示。床身导轨面是床身最重要的表面，要求硬度高而均匀。因此，加工时应选导轨表面为粗基准加工床脚底面(见图 8-13a)，再以床脚底面为精基准加工导轨面(见图 8-13b)，以保证导轨面的加工余量比较均匀。

④ 当全部表面都需要加工时，应选余量最小的毛面作粗基准，以保证该表面有足够的加工余量。如图 8-14 所示阶梯轴锻件，两段外圆不同轴，以大直径加工余量最少的表面作粗基准，各加工表面都有足够的余量。如果以小头为粗基准，大头加工后可能会留下黑皮。

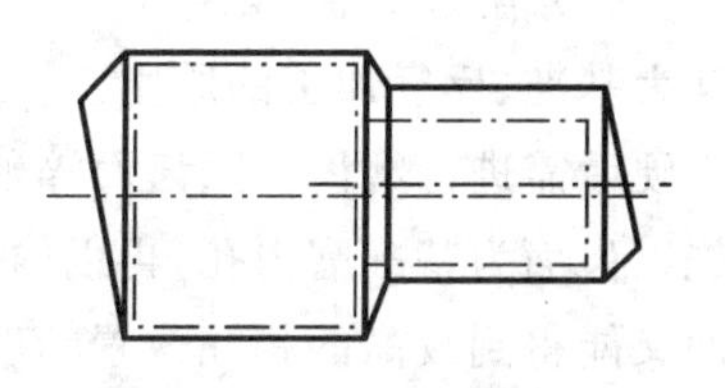

图 8-14　阶梯轴锻件

2) 精基准的选择

精基准的选择应从保证零件加工精度出发，同时考虑装夹方便、夹具结构简单等方面的因素。选择精基准一般应遵循以下原则：

(1) 基准重合　尽量选择零件的设计基准作精基准，可以避免因基准不重合引起的定位误差，这一原则称为基准重合原则。如图 8-15 所示，加工 B 面，应选择设计基准 A 面为定位基准；加工 C 面，应选择设计基准 B 面为定位基准。

按照调整法分别加工 B 面和 C 面，如果仍然选择表面 A 为定位基准，对 C 面来说，则定位基准与设计基准不重合，加工尺寸 c 的误差分布如图 8-15b 所示。可以看出，在加工尺寸 c 时，不仅包含本工序的加工误差 Δc，而且还包含尺寸 a 的加工误差，这是由于基准不重合造成的，称为基准不重合误差(Δb)。其最大值为定位基准(A 面)与设计基准(B 面)间位置尺寸 a 的公差 T_a。为了保证尺寸 c 的精度要求，上述两个误差之和应小于或等于尺寸 c 的公差，即

$$\Delta c+\Delta b(T_a)\leqslant T_c$$

从上式看出，在 T_c 为一定值时，由于 Δb 的出现，势必要减小 Δc 值，即需要提高本工序的加工精度。因此，在选择定位基准时，应尽可能遵守基准重合原则。

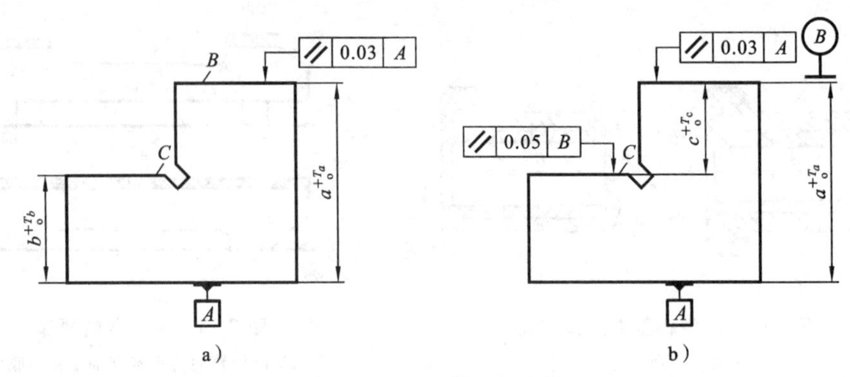

图 8-15　定位基准的选择

a) 以 A 面为基准加工 B 面　b) 以 B 面为基准加工 C 面

(2) 基准统一　尽可能使工件各主要表面的加工采用统一的定位基准,这一原则称为基准统一原则。采用该原则可以简化工艺过程,并减少夹具设计、制造的时间和费用,还可以避免基准转换带来的尺寸误差和表面相互位置误差。

(3) 互为基准、反复加工　当零件主要表面的相互位置精度要求很高时,应采用互为基准、反复加工的原则。例如加工精密齿轮时,选以内孔定位切出齿形面,齿面淬硬后需进行磨齿。因齿面淬硬层较薄,所以要求磨齿加工余量小而均匀。这时就先以齿面为基准磨内孔,再以内孔为基准磨齿面,从而保证加工余量均匀,且孔与齿面又能得到较高的相互位置精度。

(4) 自为基准　选择加工表面本身作为定位基准,这是自为基准原则。此工序要求加工余量小而均匀,表面的位置精度应由前道工序保证。例如精磨床身导轨面时,磨削余量一般不超过 0.5 mm。为了使磨削余量均匀,易于获得较高的加工质量,总是以导轨面本身为基准来找正。此外,用浮动铰刀铰孔、用圆拉刀拉孔等均为以加工表面本身作定位基准。

(5) 方便可靠　选择的定位精基准应保证工件定位准确,夹紧可靠,夹具结构简单,操作方便。

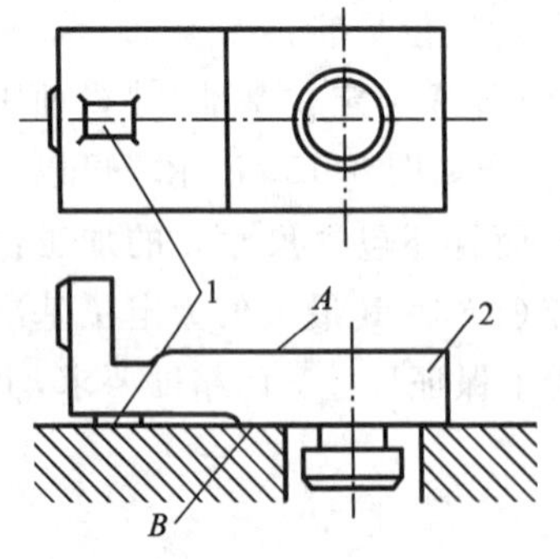

图 8-16　工艺凸台作辅助基准

1—凸台　2—工件

3) 辅助基准的应用

通常选用的定位基准都是零件上的设计表面。有时会遇到一些结构特殊的零件,在它的设计表面中没有可作定位基准的面,此时需要在工件上专为定位做出辅助性的表面,这种表面称为辅助基准。例如图 8-16 所示子刀架,在加工 A 面时,为了使 B 面的定位稳定可靠,铸造时专门增加了凸台(加工完后再将它去掉),此凸台就称为辅助基准。又如大多数轴类零件的中心孔,纯粹是为了定位、测量、维修等工艺上的需要而加工的，它在零件工作中毫无作用，也是辅助基准。

8.4　工艺路线

工艺路线的拟订是制订工艺规程的关键，其主要任务是选择各个表面的加工方法和加工方案，确定各个表面的加工顺序和工序的组合等。它与定位基准的选择有密切关系。

8.4.1　加工方法的选择

任何零件都是由各种简单表面（如外圆、内孔、平面和成形表面等）组成的。拟订工艺路线，首先就要选择零件各表面的加工方法。加工方法选择的原则是保证加工质量和生产率及经济性，以求得一个合理的方案。在选择时，应综合考虑以下各点。

（1）要考虑零件的加工精度和表面粗糙度要求　各种加工方法所能达到的加工精度和表面粗糙度等级，在机械加工手册中均能查到。表 8-2、表 8-3、表 8-4 分别摘录了外圆、内孔和平面等典型表面的加工方法、加工方案以及所能达到加工精度和表面粗糙度。表 8-5 中摘录了用各种加工方法加工轴线平行孔系的位置精度，供选用时参考。

表 8-2　外圆面加工方法的位置精度

序号	加工方法	经济精度（公差等级表示）	经济表面粗糙度 $Ra/\mu m$	适用范围
1	粗车	IT11～IT13	12.5～50	适用加工除淬火钢以外的各种金属
2	粗车—半精车	IT8～IT10	3.2～6.3	
3	粗车—半精车—精车	IT7～IT8	0.8～1.6	
4	粗车—半精车—精车—滚压（或抛光）	IT7～IT8	0.025～0.2	
5	粗车—半精车—磨削	IT7～IT8	0.4～0.8	主要加工淬火钢，也可加工未淬火钢，但不宜加工非铁金属
6	粗车—半精车—粗磨—精磨	IT6～IT7	0.1～0.4	
7	粗车—半精车—粗磨—精磨—超精加工（或超精磨）	IT5	0.012～0.1	
8	粗车—半精车—精车—精细车（金刚车）	IT6～IT7	0.025～0.4	主要加工要求较高的非铁金属
9	粗车—半精车—粗磨—精磨—超精磨（或镜面磨）	IT5 以上	0.006～0.025	加工极高精度的外圆
10	粗车—半精车—粗磨—精磨—研磨	IT5 以上	0.006～0.1	

表 8-3 孔加工方法及其加工精度和表面粗糙度

序号	加工方法	经济精度(公差等级表示)	经济表面粗糙度 $Ra/\mu m$	适用范围
1	钻	IT11～IT13	12.5	加工未淬火钢及铸铁的实心毛坯，也可加工非铁金属，孔径小于20 mm
2	钻—铰	IT8～IT10	1.6～6.3	
3	钻—粗铰—精铰	IT7～IT8	0.8～1.6	
4	钻—扩	IT10～IT11	6.3～12.5	加工未淬火钢及铸铁的实心毛坯，也可加工非铁金属，孔径大于15 mm
5	钻—扩—铰	IT8～IT9	1.6～3.2	
6	钻—扩—铰—精铰	IT7	0.8～1.6	
7	钻—铰—机铰—手铰	IT6～IT7	0.2～0.4	
8	钻—扩—拉	IT7～IT9	0.1～1.6	加工大批、大量生产的零件，精度由拉削的精度而定
9	粗镗(或扩孔)	IT11～IT13	6.3～12.5	加工除淬火钢外各种材料，毛坯有铸出孔或锻出孔
10	粗镗(粗扩)—半粗镗(精扩)	IT9～IT10	1.6～3.2	
11	粗镗(粗扩)—半精镗(精扩)—精镗(铰)	IT7～IT8	0.5～1.6	
12	粗镗(粗扩)—半精镗(精扩)—精镗—浮动镗刀精镗	IT6～IT7	0.4～0.8	
13	粗镗(扩)—半精镗—磨孔	IT7～IT8	0.2～0.8	主要加工淬火钢，也可加工未淬火钢，但不宜加工非铁金属
14	粗镗(扩)—半精镗—粗磨—精磨	IT6～IT7	0.1～0.2	
15	粗镗—半精镗—精镗—精细镗	IT6～IT7	0.05～0.04	主要加工精度要求高的非铁金属
16	钻(扩)—精铰—珩磨；钻—(扩)拉—珩磨；粗镗—半精镗—精镗—珩磨	IT6～IT7	0.025～0.2	加工精度要求很高的孔
17	以研磨代替上述方法中的珩磨	IT5～IT6	0.006～0.1	

表 8-4 平面加工方法及其加工精度和表面粗糙度

序号	加工方法	经济精度(公差等级表示)	经济表面粗糙度 $Ra/\mu m$	适用范围
1	粗车	IT11～IT13	12.5～50	加工端面
2	粗车—半精车	IT8～IT10	3.2～6.3	
3	粗车—半精车—精车	IT7～IT8	0.8～1.6	
4	粗车—半精车—磨削	IT6～IT8	0.2～0.8	

续表

序号	加工方法	经济精度（公差等级表示）	经济表面粗糙度 $Ra/\mu m$	适用范围
5	粗刨(粗铣)	IT11～IT13	6.3～25	加工一般不淬硬平面(端铣表面粗糙度较小)
6	粗刨(粗铣)—精刨(精铣)	IT8～IT10	1.6～6.3	
7	粗刨(粗铣)—精刨(精铣)—刮研	IT6～IT7	0.1～0.8	加工精度要求较高的不淬硬平面，批量较大时宜采用宽刃精刨方案
8	以宽刃精刨代替上述方法中的刮研	IT7	0.2～0.8	
9	粗刨(粗铣)—精刨(精铣)—磨削	IT7	0.2～0.8	加工精度要求高的淬硬平面或不淬硬平面的零件
10	粗刨(粗铣)—精刨(精铣)—粗磨—精磨	IT6～IT7	0.025～0.4	
11	粗铣—拉	IT7～IT9	0.2～0.8	加工大量生产、较小平面的零件，精度视拉削精度而定
12	粗铣—精铣—磨削—研磨	IT5以上	0.006～0.1	加工高精度平面

表8-5　轴线平行的孔的位置精度(经济精度)

加工方法	工具的定位	两孔轴线间的距离误差或从孔轴线到平面的距离误差/mm	加工方法	工具的定位	两孔轴线间的距离误差或从孔轴线到平面的距离误差/mm
立钻或摇臂钻床上钻孔	用钻模	0.1～0.2	卧式镗床上镗孔	用镗模	0.05～0.08
	按划线	1.0～3.0		按定位样板	0.08～0.2
立钻或摇臂钻床上镗孔	用镗模	0.05～0.03		按定位器的指示读数	0.04～0.06
车床上镗孔	按划线	1.0～2.0		用块规	0.05～0.1
	用带有滑座的角尺	0.1～0.3		用内径规或塞尺	0.05～0.25
坐标镗床上镗孔	用光学仪器	0.004～0.015		用程序控制的坐标装置	0.04～0.05
金刚镗床上镗孔	—	0.008～0.02		用游标卡尺	0.2～0.4
多轴组合机床上镗孔	用镗模	0.03～0.05		按划线	0.4～0.6

(2) 要结合零件材料和热处理要求来考虑　例如:加工尺寸精度公差等级为IT7、表面粗糙度 Ra 为 0.8～1.25 μm 的内孔,若材料是非铁金属,则采用镗、铰、拉等切削加工方法比较适宜,而很少采用磨削加工;加工尺寸精度公差等级为 IT6、表面粗糙度 Ra 为0.8～1.25 μm 的外圆,若零件要求淬硬到 58～60HRC,则只能采用磨削而不能用车削。

(3) 要结合零件的结构和尺寸大小来考虑　例如,箱体上有一内孔,尺寸精度公差等级为 IT7 级,表面粗糙度 Ra 为 1.6～2.5 μm,由于受结构限制,不能用拉、磨加工,但比较适合用镗削的方法。

(4) 要考虑生产率和经济性　选择的加工方法应与生产类型相适应,才能既是高效率的又是经济的。任何一种加工方法能获得的加工精度都是一个较大的范围,但在正常条件下能经济地达到加工精度只是其中某一较小范围。在正常加工条件下(采用符合质量的标准设备、工艺装备和标准技术等级工人,不延长加工时间)所能保证的加工精度,称为加工经济精度。选择表面加工方法,应从各种加工方法的经济精度中选取。表 8-2 至表 8-5 推荐的数据,都是正常条件下的经济精度。

8.4.2 加工顺序的安排

1. 加工阶段划分

工件的加工质量要求较高时,都应划分加工阶段。对于质量要求很高的零件,必须将整个加工过程划分为几个阶段。但具体应用时可灵活处理,在确保加工质量的前提下,尽量不要把加工阶段分得过细。按加工性质一般可分为以下几个阶段,其中光整加工只是在零件表面质量要求特别高时才使用。

(1) 粗加工阶段　粗加工阶段加工精度要求不高,主要是为了切除大部分加工余量,因此应采用大功率、高刚度机床,尽量提高生产率。

(2) 半精加工阶段　在粗加工的基础上,半精加工阶段为的是使各表面达到一定的精度,完成一些次要表面的终加工,并为主要表面的精加工做好准备。

(3) 精加工阶段　精加工阶段要求加工精度高,主要表面达到规定质量要求。

(4) 光整加工阶段　光整加工一般用来进一步提高尺寸精度和降低表面粗糙度,不用来纠正形状误差和位置误差。

划分加工阶段是对整个零件加工工艺过程而言的,通常以零件上主要表面的加工过程来划分,而次要表面的穿插在主要表面加工过程中,不能以某一表面的加工或某个工序的性质来判断。例如工件定位精基准,在精加工阶段就要加工得很精确,而在精加工阶段也可能要安排钻小孔等粗加工工序。

2. 工序集中与工序分散

在选择零件加工方法和确定工艺过程的加工顺序之后,还需要确定工序的内容,一般遵循以下两种不同的原则:

(1) 工序集中　工序集中就是将工件的加工集中在少数几道工序内完成,而每道工序所包含的加工内容很多。其特点有:① 便于采用生产率高的专用设备和工艺装备以及数控加工技术进行生产,减少了工件的装夹次数,缩短了装卸工件的辅助时间,容易保证各加工表面的相互位置精度;② 工序少,工艺路线短,简化了生产的计划和组织工作;③ 采用高效专用设备,减少了机床和夹具数量,相应地减少了操作工人和用地面积;④ 设备结构复杂,投资大,调整和维修困难,生产准备工作量大,不易转产。

(2) 工序分散　工序分散就是将零件各表面的加工分得很细,每道工序的内容很少。其特点有:① 所用机床设备及工艺装备简单,调整维修方便,生产准备工作量小,适应产品的变换;② 加工表面都可选用最合理的切削用量,减少了基本时间;③ 机床数量多,所需要工人数量多,占用生产面积大。

工序集中和工序分散各有特点,应根据生产类型、现有生产条件、零件的结构特点的技术要求等实际情况,进行综合分析,择优选用。

3. 加工顺序的安排

1) 机械加工工序的安排

根据零件的功用的技术要求,先将零件的主要表面和次要表面分开,以主要加工表面为主线,首先应安排定位精基准的加工。主要表面的预备加工,应安排在次要表面粗加工之前进行。工件上较大的表面,应安排先加工。次要表面的加工穿插在各阶段之间进行。

2) 热处理工序的安排

热处理工序的目的是提高材料力学性能,消除应力和改善金属的加工性能。安排热处理工艺主要取决于零件的材料和热处理的目的和要求。

(1) 最终热处理　最终热处理的目的是提高零件材料的硬度、耐磨性和强度等。

① 淬火　钢质零件常采用淬火＋回火来得到所要求的硬度和组织;铸铁件常用表面淬火来改变表层基体组织,提高硬度、耐磨性和疲劳强度。工件经淬火后,变形大,硬度高,一般不能切削加工。一般工艺路线是:下料—锻造—正火(退火)—粗加工—调质—半精加工—表面淬火—精加工。

② 渗碳　对低碳钢或低碳合金钢零件表层渗碳增加其含碳量,经淬火后表层硬度高、心部韧度高。渗碳层厚度常为 0.3～1.6 mm。由于渗碳层厚度有限,渗碳工序一般安排在半精加工之后精加工之前进行,对局部渗碳零件的不渗碳部分采用加大加工余量,镀铜遮盖、涂堵等方法。

③ 渗氮　渗氮是使氮原子渗入金属表面而获得一层含氮化合物的处理方法,能使得工件表层硬度、耐磨性和疲劳强度提高,零件变形量减小。渗氮层较薄(0.3～0.7 mm),所以,渗氮工序一般安排在粗磨之后精磨之前进行。

(2) 预备热处理　预备热处理的目的是改善加工性能、消除内应力和为最终热处理准备良好的金相组织,减小最终热处理变形。

① 退火和正火　退火和正火用于经过热加工的毛坯。例如,锻件和铸件,含碳

量大于0.5%(质量分数)的碳钢和合金钢,为了降低硬度,细化组织,利于切削,常采用退火处理;含碳量低于0.5%(质量分数)的碳钢和合金钢,硬度偏低,切削时易产生黏刀现象,常安排正火,以调整硬度,改善切削性能。退火和正火安排在粗加工之前进行。

② 时效处理　时效处理的目的是消除内应力以稳定尺寸。对于精度要求不太高的零件,一般在粗加工前(除应力退火)或粗加工后安排一次时效处理;对于高精度零件,应安排多次时效处理,例如,铸造—时效—粗加工—时效—半精加工—时效—精加工。

③ 调质　调质就是淬火后高温回火。它能获得均匀细致的索氏体组织,零件的综合力学性能好,对一些硬度和耐磨性要求不高的零件,可以作为最终热处理。调质处理通常安排在粗加工之后、半精加工之前进行。

3)辅助工序的安排

辅助工序包括检验、去毛刺、清洗、防锈等。检验是主要辅助工序,它是保证产品质量的重要措施。每道工序除自检外,通常在下列场合安排检验工序:① 粗加工阶段结束后;② 关键工序的前后;③ 零件转换车间的前后;④ 最终加工之后。

复习思考题 8-1

1. 制订零件加工工艺一般应遵循哪些原则?
2. 在零件的加工过程中,为什么将粗、精加工分开进行?
3. 如何选择粗基准和精基准?举例说明。

参考文献

[1] 吴晓林,余俊濠,陈大为. 质量控制与技术测量[M]. 南京:东南大学出版社,2001.

[2] 马爱斌,蒋建清,陈绍麟. 金属热处理及质量检验[M]. 南京:东南大学出版社,2001.

[3] 李绍成,陈绍麟. 金属液态成形技术[M]. 南京:东南大学出版社,2001.

[4] 李绍成,梁协铭. 焊接技术及质量检验[M]. 南京:东南大学出版社,2001.

[5] 高长水,赵剑峰,曲宁松,等. 特种加工[M]. 南京:东南大学出版社,2001.

[6] 楼佩煌,叶文华,陈富林,等. 机械制造自动化[M]. 南京:东南大学出版社,2001.

[7] 林家骝. 造型制芯及工艺基础[M]. 北京:化学工业出版社,2010.

[8] 刘世平,贝恩海. 工程训练(制造技术实习部分)[M]. 武汉:华中科技大学出版社,2008.

[9] 刘朝福. 冲压模具典型结构图册与动画演示[M]. 北京:化学工业出版社,2011.

[10] Serope Kalpakjian,Steven R Schmid. Manufacturing Engineering and Technology[M]. Upper Saddle River:Prentice Hall,2010.

[11] 邓劲莲. 机械 CAD/CAM 综合实训教程[M]. 北京:机械工业出版社,2008.

[12] 高琪. 金工实习教程[M]. 北京:机械工业出版社,2012.

[13] 江树勇. 材料成形技术基础[M]. 北京:高等教育出版社,2010.

[14] 张世昌,李旦,张冠伟. 机械制造技术基础[M]. 北京:高等教育出版社,2014.

[15] 张力真,徐允长. 金属工艺学实习教材[M]. 3 版. 北京:高等教育出版社,2001.

[16] 周世权. 基于项目的工程实践实操指导书[M]. 武汉:华中科技大学出版社,2014.

[17] 杨叔子. 机械加工工艺师手册[M]. 2 版. 北京:机械工业出版社,2011.

[18] 徐鸿本,曹甜东. 车削工艺手册[M]. 北京:机械工业出版社,2011.

[19] 徐鸿本,姜全新,曹甜东. 铣削工艺手册[M]. 北京:机械工业出版社,2012.

[20] 周世权. 机械制造工艺基础[M]. 3 版. 武汉:华中科技大学出版社,2016.